U0189432

刘华杰

编

自然写作读本

READINGS
IN NATURE WRITING

作为人，我们怎样看待自然；
作为文字工作者，我们如何描写自然。

中国科学技术出版社
·北京·

目录

第二章 自然科学视野中的自然

第三章 人类自然观的转变

第四章 万物竞争与共生

第五章 愧对自然及大自然的报复

导 言

刘华杰

作为人，我们怎样看待自然？作为文字工作者，我们如何描写自然？

观察渗透着理论；人带着观念看世界。其中"理论"是广义的，泛指一切框架、背景、观念。即便是拍照片，也不会如朴素"实在论者"天真地以为的那样直接如实地摹写、反映对象（包括大自然）。而人的眼睛、大脑从来就不是"白板"，"能看到什么"一定程度上决定于"想看到什么"及观察主体有怎样的潜力。

拥有什么样的理论，相当程度上就决定了一个人关注什么现象，选择以什么角度、心态、立场去书写大自然，甚至部分决定了结论。

这个"读本"，在文学手法上不会教你什么特别的东西，但会展示关于自然的有趣观念。其中一些观念是作家们、自然爱好者们从其他渠道可能不容易获取的。

人与自然不是单纯的对象性关系；自然作为存在包含着人的存在，这是必须一再强调的基本事实。

水塘中的鱼儿自己会故意把水搅浑或者把水排干而置自己或同类于不利于生存的境地吗？鱼儿会以发展"文明"、过上舒适的生活为名而主动从事科技开发，时不时往鱼塘里散点毒药（如向北京动物园的狗熊泼点硫酸）或者扔颗炸弹或者威胁研制和使用核武器以测试同伴的反应吗？大概不会。人类终究不同于水塘中的鱼儿。

人与自然的关系，很像那些鱼儿与水塘的关系。像的方面是，人类属于自然，在自然界中生存；这些鱼儿在水塘中生存，水包含着鱼儿。不像的地方是，人类更聪明、更有力量，人类不满足于现成的自然，而要改造和设计自然；鱼儿的智力即使很高、即使也想着换一换水塘甚至想改成在陆地上生存，单凭自己的力量也做不到，必须等待时机或漫长的进化历程。

本书第一章试图以感性的方式展示大自然的多样性、变易性，这方面的展示多多益善。这种展示再丰富也不可能由此得出唯一、一致的关于"我们应当如何"的启示（哲学家休谟早就指出过单由"是"不可能导出"应当"），但肯定会引发某些思索。

人类理解和利用大自然相当程度上要靠广义的科学，过去如此、现在和将来也如此。接着，第二章就讨论科学的本性。误解科学的本性，是造成拙劣自然观、生态观的一个重要原因。自然科学的眼界、结论并不能垄断和覆盖人类自然观的全部。

第三章以点带面地介绍人类历史上自然观的演变。人对自然的看法确实是多样的、不断变化的，这种变化过程有没有严格的规律暂且不论，但有一些闪光的东西和模式是显然的。

近代自然观主要受牛顿力学和达尔文演化论的影响，正的影响容易理解，这里不用多说，负的影响是，前者引出了科学决定论的幻象，后者引出了战争永远合理的谬论。

第四章主要讨论了生命领域的竞争与合作，特别强调了共生理念对于理解真实的生命演化过程的重要性。由生物演化论得出的教条不应当只是竞争，对于生命系统的演化，协同与竞争永远相伴。

第五章则有现实针对性地展现人类的盲目、短视和资本的贪婪所造成的人与自然关系的破裂。人性的这些弱点纵然不能消除也是可以约束的，对自己和对人类要有信心。

第六章讨论一个根本性的哲理：我们究竟应当怎样看待他物。保护自然环境，仅仅由于我们只有一个地球吗？那么有 N 个地球会怎样，就不用保护地球了？"大自然的权利"，是一个伟大的想法，一个需要各位读者参与论证的、绝对值得尊重的想法。

最后一章当然要开出点方子。事实上没有人能够找出灵丹妙药，但回到现象学讲的"生活世界"是一种可感的召唤。世界很美好，人这种源自大自然的、演化出了"理性"的"高级"动物，想必有办法克服曾经的狭隘，继续和平地享受大自然的恩赐。不要整日梦想着向外星球移民，而要努力把家园建设好、保护好。即使地球明天就会由于不可抗拒的力量而毁灭，我们也不能肆意糟蹋它。这就是道德，要"做一个有道德的物种"（田松语），要做一个文明的宇宙过客。

人与自然的关系，涉及一些根本性的思想史问题，不是上述七章内容能够完全容纳的，导言余下部分补充说明一下相关概念和逻辑关系。

"自然"（nature）一词主要有三种含义：（1）自然而然、自主演化；（2）相对于人工物和人为过程的天然物和天然过程；（3）本性、本质，进而指应当如此、合乎本来面目的、合理的。但是，人们对于什么是自然而然、什么是本性、什么是合理的，从来就有不同的理解。

人类属于大自然，人的一切行为，包括科技活动和生产活动，从（1）的眼光看都是自然的，性冲动、杀人、自杀、制造原子武器、破坏环境、克隆人、转基因、儿子欺负老子等都是自然的。也就是说，原则上没有什么东西可以不是自然的，无论天然的还是人造的都是自然的。这种冲突表现于人与自然讨论的诸多问题中。按"科技狂人"的说法，世界演化的各个环节都是必然的，科技无非实现了宇宙必然性所预定的种种可能性。一切都处在自然科学所讨论的范围，造什么和不造什么、"破坏"什么和"不破坏"什么都是自然的、决定好了的；人类的任何介入、干预都是不自然的，进而也是不合理的、不应当的。以克隆人为例，一种辩护策略是：克隆人是技术上可行的，不违反物理学、生物学、生物化学等自然规律，恰

B卷

好由于它不违反这些自然定律才是技术上可行的，也正好由于这一点它是伦理上无问题的。也就是说，因为它符合（1），而（2）是相对的，（1）要胜过（2），于是依靠科技的威力和人类的其他潜力能够实现的任何东西，都是自然的、合理的，都不要人为延缓、阻止。

这种狡辩是有问题的，分析、批判它们也需要好的常识判断力和严格的逻辑学、哲学、伦理学。

简单地说，我们同意这样的理解。人类应当与大自然共生，而不是寄生于自然之上而令其毁灭，其中"自然"的概念包括"无为自然"和"有为自然"，后者与"顺从自然的人为"并不矛盾。也就是说，"顺从自然的人为包含在自然之中"，"回归自然"和"守护自然"均是"人为"的（中村邦光著，张明国译，在与自然的共生及寄生之间，《山东科技大学学报》，8卷3期，2006年9月，第24页）。本书是一部自然写作读本，只要提醒读者注意概念的明晰性就够了，重要的还是用有限的篇幅展示人与自然题下的多重视角。说理是必要的，但此书不可能是严格论证的。需要提醒的是，说理并不仅仅指讲述逻辑理由和自然科学理由，也包括常识理由、情感理由和历史理由、宗教理由等。理性的范围不限于证据和逻辑，对话、交往、协商本身就是一种理性。

第一章

感受五彩缤纷的自然世界

"旅行者 2 号"与海王星会合之际，曾转过镜头给地球拍摄了照片。照片上，人类的家园——地球只不过是一个"暗淡蓝点"，比天上的恒星稍亮的一个光点。因为我们了解这个蓝点，所以对它十分感兴趣，但是在太空中这个蓝点确实没有任何特别之处，卡尔·萨根说："在浩瀚的宇宙剧场里，地球只是个极小的舞台""我们的心情，我们虚构的妄自尊大，我们在宇宙中拥有某种特权地位的错觉，都受到这个苍白光点的挑战。在庞大的包容一切的暗黑宇宙中，我们的行星是一个孤独的斑点。"（萨根著，叶式辉等译，《暗淡蓝点》，上海科技教育出版社 2000 年，第 13-14 页）

按现在得到的证据，我们人类所生活的地球已有 46 亿年的历史，所能言说的"整个宇宙"已有约 150 亿年的历史。而一个人充其量能活 200 岁，走得最远的人也不过才到过地球的卫星——月球，在可预见的将来，人类依然无法走出太阳系，走进宇宙深处在操作层面根本不可能。

目前地球是已知宇宙中唯一存在生命的星球，它在太阳系中与太阳有着恰到好处的距离（否则物理化学条件会完全不同），不管是幸运还是命中注定，生命在此星球上已有 30 亿年的历史，我们人类仅是生命中的一种。在地质时空尺度上，人类的出现是相当近的事情。我们是后来者，后来者是否一定要居上或者能居上？

人这种动物当然不会是生物进化最后的物种，在人之前有三叶虫、鱼类、腕足类、苏铁、恐龙、臭虫，等等，可是我们人类由最初的原子反复而反复的碰撞竟然演化出心智（mind），能够认识自己的生境、其他物种、太阳系甚至大尺度的宇宙结构；能够知道我们生活在大自然之中，我们是大自然的一部分，虽然我们也时常忘记这一基本事实。

人类借助长期的观察和思索，特别是经过自然科学研究，既对地质活动（板块碰撞、海陆变迁）、气象变化、生物演化、DNA 结构、电磁振荡、原子裂变、神经冲动等积累了惊人的知识，也发现大千世界无比宏伟壮丽。

自然世界既有博克(Edmund Burke, 1729-1797)所说的"秀美",也有他说的"壮美",实际上自然可以是"全美"的（见卡尔松的观点）。

　　你一定曾经在某处见过一朵不起眼的小花(或者一块石头、一粒沙子)，可曾像诗人一样发问过："它开了多久，每年都开花吗？它从哪里来？花是什么？只是性器官或变态的叶吗？"万物与花同，"一花一世界"。一朵花浓缩着一根枝条、一个土丘、一个乡村、一个地球、一个星系的历史。地球上的第一朵花何时开放？花儿为什么那样红，花儿与虫儿为什么互惠互利以及这种共生关系最初是如何建立起来的?

　　我们生活在由陌生而熟悉的万物构成的环境之中，大自然既变幻莫测又展现明显的模式。在大自然面前，我们既感到无限渺小、自卑和无助，又感到伟大、超越和无所不能。我们暂时不去深入考虑人与自然的关系，先从感性入手：大自然给我们的最深刻印象是什么？应当是多样性、变易性、层次性、复杂性。

　　可是，"说真的，几乎没有几个成年人能够亲眼看到自然。"(爱默生语)但愿爱默生概括得不准确。如果我们像丁宗皓一样（参见本书《雨落乡间》），哪怕只有一次，仔细地观察自然界中的一个"微不足道"的过程，也会有所体悟，有所发现。如果有机会，也可如单之蔷、刘兵、田松等到加拿大、伦敦和莫桑比克，用自己的眼睛和心灵体验异域的自然世界。

　　其实，接触大自然、了解大自然完全可以从身边的点滴小事做起。动物行为学家、诺贝尔奖得主劳伦兹说："一个鱼缸就是一个世界。"河谷、溪流、湖水、初雪、微风、爱犬、蝴蝶、落叶等都不曾引起过你的注意，或者你曾注意过但早已忘却，但不妨从现在开始，最好走出城市，来到乡间，随便锁一个自然对象，从各个角度仔细观察五分钟，思索一会，最好把看到的东西记录下来。

　　你看到了什么？体验到了什么？看到什么，不在于走了多远，也不在于眼睛有多大，甚至不在于视力是 0.1 的还是 1.5 的，而主要在于是否有一个开放的心灵（什么职业、知识多少，等等，都不太重要）。

首先得自己想看，然后才有"一座座山""青藏高原"等。

如果有可能，先看看影片《植物的私生活》《微观世界》（*Microcosmos*，也译《小宇宙》）《迁徙的鸟》《家园》《森林之歌》等优秀影片，也是了解大自然的捷径，我在课堂上试过多次，颇灵。回过头来，再来阅读本书或与大自然"亲密接触"，感觉将是不同的。

一朵小花（外两首）
普希金

我在书中发现一朵被遗忘的小花，
这朵小花早已干枯，不再散发芳香，
于是，我的心中便浮想联翩，
产生了一个个奇妙的遐想：

这朵小花究竟开放了多久？
何地？何时？是哪一年的春天？
是熟人还是陌生人之手采摘的？
为什么要夹在这本书页中间？

是为了纪念柔情脉脉的约会？
或者作为命中注定离别的证物？

还是为了纪念田野中的幽静？
或者是回忆在林荫中孤独的漫步？

是男朋还是女友？今在何方？
是栖身一隅，还是流落天涯？
啊，也许此君早已憔悴谢世，
正像这朵被人遗忘的小花？

A：谁见过那个地方？

谁见过那个地方？得天独厚，
草地丰腴，柞木林葱郁繁茂，
那里海水抚爱着宁静的海岸，
扬波翻浪，欢快地喧闹；
那里月桂树环抱着一座座丘陵，
忧郁凄凉的雪花儿不敢招摇。
请问：谁见到过如此美妙的地方？
我作为无名的流囚曾偎依在爱的怀抱。

金色的境界！艾尔温娜可爱的故乡，
我的幻想展开双翅向你飞行！
我记得你海滨附近的悬崖峭壁，
我记得一股股晶莹的溪水在欢腾，
记得树荫、林木的喧闹和艳丽的山谷，
纯朴的鞑靼人家家和乐而安宁，

全家老少辛勤劳作，互助友爱，
款待远方的来客既慷慨而又热情。

那里万物生机蓬勃，令人赏心悦目：
鞑靼人的城市、村镇与花园；
条条帆船消失在大海的远方，
层峦叠翠的山岭倒映于水面，
葡萄藤上悬挂着一串串琥珀，

成群的牛羊在芳草绿茵上撒欢……
航海人可眺望到米特里达特墓，
残阳留下了最后一束光线。

当桃金娘在倾塌的墓地喧闹，
我能否透过繁枝密叶再次纵览登高，
眺望座座山峰，大海的粼粼的碧波，
仰望天空，像欢笑一般明媚闪耀，
这生活风暴般的动荡能否平静下来？
往昔岁月能否再呈现它的美妙？
我能否再次走进沁人心脾的绿荫，
在闲适的慵懒中进入梦乡逍遥？

B：乡村

我向你问候，荒凉而又僻静之乡，

你是幽静的创作之所和激发灵感的源泉，——
在这里，在幸福与忘忧的怀抱中，
我的年华的清流悄然流逝，永不再复返。
我是你的呀，我舍弃了追欢逐乐的逍遥宫，
舍弃了游乐、困惑和奢华的酒宴。
在田野的静谧，树林的友善的喧闹声中，
来享受悠然自得的生活，并与沉思遐想结友为伴。

我是你的呀：我喜欢你神秘的花果园，
喜欢花果园中百花斗芳争艳、沁人心脾的气息，
喜欢这片堆满稻禾清香宜人的牧场，——
喜欢灌木林中流水潺潺清澈的小溪。
我环顾四周，到处是一幅幅生机盎然的景象：
这里的湖水波平如镜，没半点涟漪，
湖面上，有时有闪闪发光渔船上的白帆，
湖对面，田地阡陌纵横和山丘连绵逶迤，
远处，是疏疏落落的农家茅舍，
成群的牛羊在水草充足的岸边嬉戏，
谷物干燥房轻烟缕缕，磨坊风车飞旋；
劳动和富足呈现出一派蓬勃生机……

在这里，我挣脱了红尘俗世的枷锁，
我逐渐学会在真实生活中寻求幸福吉祥，
我以自由的心灵把自然规律敬若神明，
我绝不理睬愚妄之徒的议论和中伤，

我满怀同情之心去回报羞怯的恳求，

我从不垂涎恶棍依靠命运而凶狂，

对那些蠢材更是不屑一顾，

他们因多行不义而臭名远扬。

说明：

普希金（Александр Сергеевич Пушкин，1799-1837）著，田国彬译，《普希金诗选》，北京燕山出版社2000年，第239-240页；第135-136页；第105-106页。普希金为俄罗斯著名的文学家、诗人及现代俄国文学的始创人。

阅读思考：

生活中，你是否注视过一朵不起眼的小花，是否想了解它的前世今生？为你熟悉的某种自然物，可以是一块石头、一株草、某个虫子，写一首诗歌吧！你也许会说，我不会写诗。其实，没有会不会。把自己的观察和所想，直接表达出来。

自然

爱默生

　　一个人要想离群索居，他就需要像远离社会那样，远远地避开他的卧室。当我读书写作时，我并不是孤独的，尽管我身边没有旁人。可若是一个人希望独处，那就让他去看天上的星星。从天国传来的那些光线，将会把他和他触摸的东西分离开来。我们可以设想，四周的气氛将因此而变得圣洁而缥缈，它使得人在凝视那美妙的星体时领悟到静止不变的崇高境界。当你在城里的大街上仰望这些星星时，它们是多么璀璨动人啊！假如这些星星每隔一千年才出现一次的话，人们将会怎样地崇敬信仰它们、并且会怎样地为后代保存这一上苍显灵的记忆啊！然而，这些美的使者每个晚上都会出现，用它们那带有训诫意味的微笑照亮整个大地。

星星在我们心中唤起某种崇敬之情。因为它们尽管时常露面，却是不可企及的。但是当心灵向所有的自然物体敞开之后，它们给人的印象却是息息相关、彼此沟通的。大自然从不表现出贫乏单一的面貌。最聪明的人也不可能穷尽它的秘密，或者由于寻找出它所有的完美而丧失自己的好奇心。对于智者来说，大自然绝不会变成玩具。鲜花、动物、山峦都反映出他成熟的智慧，正如这些东西曾经在他幼年时给了他天真的欢愉一样。

当我们以这种口吻谈论自然时，我们的心目中有一种鲜明而又极富诗意的感觉。这感觉来自由无数自然物体造成的完整印象。正是这种完整统一的意识使我们能够分辨出伐木工人的木料和诗人笔下的树木。今天早晨我目睹的迷人风景，毫无疑问，至少是由二三十个农场组合而成的。米勒家拥有这一片田地，洛克占了那一块，而曼宁的地产在矮树林的那一端。但是他们中间的任何一家都无法拥有整个风景。在远方的地平线上有着一桩财产——它不属于任何人，除非有人能以自己的目光将它所有的部分组合起来——此人必定是个诗人。这风景是农场主财产中最好的部分，然而他们的地契却没有提及这一款。

说真的，几乎没有几个成年人能够亲眼看到自然。大多数人不会去盯住太阳细看。至少他们是一掠而过。太阳仅仅照亮成年人的眼睛，可它却一直透过孩子的眼睛照亮他的心灵。热爱大自然的人是那种内外感觉仍然协调一致的人，他在成年之后依然保持着孩童般的纯真。他与天地的交流变成了他每日食粮的一部分。面对自然，他胸中便会涌起一股狂喜，尽管他有自己的悲哀。大自然说——他是我的创造物，虽然他有种种无端的悲苦，总是高兴和我相处的。并非只有太阳与夏季是令人愉悦的。每个时辰、每个季节都会产生它独有的喜人之处。这是因为，每个时辰、每种变化都配合并导致一种不同的心灵状态，从静寂无声的中午，直到夜幕沉沉的午夜。大自然是一台背景，它既可做喜庆场合的陪衬，也同样能衬托悲哀的事件。当我身心健康时，空气中都弥漫着善意与美德。穿越空旷的广场，脚踩积雪的水坑，时值黎明前夕，天空布满云层——此时我心中虽然没有一点有关好运气的想法，但是我经历了极度的喜悦。我高兴到了恐惧的边缘。在丛林中也是如此：一个人像蛇蜕皮一样一年年长大，但是不论他年纪有多大，他永远是个孩子。人在丛林里能永久地保持青春。在这些上帝掌管的庄园里，有一种神圣的礼仪和秩序统治一切。一年四季，延绵不断地过节，而客人乐在其中，一千年也不会感到厌烦。我们在丛林中重新找到了理智与信仰。在那里，我觉得一辈子也不会有祸事临头——没有羞辱、没有灾难（让我的眼睛避开它们吧）——而这些人为祸事是大自然无法弥补的。站在空地上，我的头颅沐浴在清爽宜人的空气中，飘飘若仙，升向无垠的天空——而所有卑微的私心杂念都荡然无存了。此刻的我变成了一只透明的眼球。我不复存在，却又洞悉一切。世上的生命潮流围绕着我穿越而过，我成了上帝的一部分或一小块内容。最亲近的朋友的名字听起来也陌生奇异之极。兄弟也好，熟人也罢，是主人还是仆佣——这些都在一刹那变得无谓，甚至讨厌。我成了一种巨大而不朽的美的崇拜者。我在荒野里发现了某种比在大街上或村镇里更为亲昵、更有意味的气氛。在静谧的田野上，尤其是在遥远的地平线上，人看到了某种像他的本性一样美好的东西。

　　田野与丛树所引起的欢愉，暗示着人与植物之间的一种神秘联系。它们说明我不是孤身一人，也不是不被理睬。它们在向我点头，我也向它们致意。在暴风雨中摇摆的树枝，对我既是生疏的，又是熟悉的。它令我十分吃惊，但又不是完全陌生的东西。它的效果就好比是在我自以为是、沾沾自喜时，突然被一种更崇高的思绪或更美好的感情所征服。

然而可以肯定，产生这种欢愉心情的力量并不存在于大自然之中，它出自人的心灵，或者出自心灵与自然的和谐之中。人们有必要以极大的节制态度来利用这种欢愉。因为大自然并非总是用节日盛装打扮自己——昨天依然是花香四溢、光彩迷人的美景，仿佛是专供仙女们玩耍嬉闹的地方，今天却沉寂一片，毫无生气。大自然总是染有情绪色彩。对一个在苦难中辛苦工作的人来说，他心中怒火熊熊，饱含悲伤。在另一种情况下，一个刚刚得知朋友死讯的人则会感到他周围的风景含有讥讽意味。当天空为这位芸芸众生中的小人物致哀时，它看上去也不再像往日那样开阔壮观。

说明：

爱默生（Ralph Waldo Emerson，1803–1882）著，赵一凡、蒲隆等译，《爱默生集：论文与演讲录》（上），生活·读书·新知三联书店1993年，第8–11页。爱默生为美国文学家、诗人、哲学家。

阅读思考：

爱默生是梭罗的老师，是新大陆学术独立的发言人。他的视野非常宽广。在21世纪的今天，我们能否完全"访问"并理解他的精神世界？在哲学上爱默生信奉超验主义（transcendentalism），强调直觉，认为人可以超越感觉和理性而直接认识真理。你觉得，直觉、感性、理性对于普通人了解周围的自然世界分别起多大作用？

雨落乡间

丁宗皓

下大雨之前，燕子知道，蚂蚁知道，三大爷也知道。

燕子平摊翅膀低低地滑翔入屋，蚂蚁忙三火四地收拾家当，遂有一抹黑横过土黄的乡道。三大爷的老寒腿隐隐作痛，他拄着拐棍出屋，假装不经意地大声说：盖酱缸了！

我们起初并不注意西山上的变化：首先云低下来笼住了山顶，接着太阳光缩回云缝中，打出手电光一样的光束。再一眨眼，乌云已严丝合缝地在天上镶一大块黑铁板。有人惊叫：雨——雨！

抬头向西山望去，从天空被西山顶破的地方，突然泻下一大片灰白，灰白集聚着，排好队然后向四面漫去。我们傻子一样看着这灰白色的天幕，只觉得好玩。然而，只是那么一会儿，我们就听见了巨蟒过草丛、蚕食柞叶的唰唰声，声音卷过我们心里时，在我们身上留一片鸡皮疙瘩。

有人又大喊：雨——雨！

雨就在我们的四周，突然来到了并将我们围在核心。离我们只有几步远时，雨点在土路上噼啪地打起了黄色的烟尘，我害怕了。

第一滴雨砸在我的头上时，恐惧突然在我的心中消失。我们抹着落汤的脸相视大笑。

躲雨时，我们经常选择那些大树。

最好是叶子最大的那种椴树，它们叶叶相挨，如同妈婶一起搭起的手。急雨打在叶子上一如风夹雪击打在冬日的纸窗上。我们在此时无言。这时，爸和叔他们走过，并没有注意树下的我们，他们把鞋脱下来，夹在腋下，裤腿绾至膝盖上赤脚走着，脚在泥里发出一种奇怪的声音。爸两只手分别拽着一块塑料布的两个角儿，埋头过雨，像一个破帆。

当树叶终于擎不住聚集而成的硕大雨滴时，就有大水点砸在我们的头上，这时我们将衣服卷成一团，放在石头下，然后赤身下河。我们躺在河水里任雨砸在我们身上，然后我们仰头看天。

我们家住的是草屋，屋子在大雨之中就像一个披着蓑衣的稻草人。大雨之时，鸡、鸭和鹅都和三爷一起蹲在屋檐下，眼光穿过雨帘不知想些什么？爷坐在外屋中央，将锄头扛搭在门槛上，用一把锋利的短刀刮着锄头刃上的铁锈，一下两下，直到锄头露出铁色。

二婶头顶着锅盖奔过雨帘，到我家时，裤子已贴在了腿上。

雨再下两天，就有清泉四处汩汩而出，河道上则有水了。

我们带着生成一条河流的希望，同时躺在大雨的河里，我们赤裸的身体已经泛白。如果雨一定下到天黑，我们就在雨中回家，妈会在眨眼的工夫熬出一碗姜汤，里面放两小勺红糖。

我围着衣服斜依炕上。看雨翻山，听雨落院。

雨停了，我看见那只老母鸡最先试探着走出屋檐，它小心翼翼，像穿了新鞋的堂姐，在雨后的泥上留下了细碎的爪痕。鸭子噼里啪啦地抖翅，舒服了，然后一步三扭地急急地奔往河边。

这时我有一个强烈的愿望：我要领二狗子走到村口的那棵叶子细密的树下，假装有话说。等他站定后，我突然后退一步，猛地一脚踹在树干上，然后腾身而出，叶子上的水将全部落在他的身上。

我回身大笑，而他缩着脖子、张着嘴僵在那里，他的双手扎撒着，先是脸红，然后嘿嘿地笑了。

大雨过后，鸡的爪痕要留下来，等到下一场雨才能改掉，而乡道的车辙更深，风一过，又有黄尘了。

说明：

丁宗皓（1964-）著，《雨落乡间》选自散文集《阳光照耀七奶》。丁宗皓
为《辽宁日报》记者、作家。

阅读思考：

乡间在哪？生活在城市中如何感知乡间？"炕"是什么东西？"荞条"是什么
植物？荞条也写作杏条、星条，指豆科的某种胡枝子，北京丰台区的北京
园博园中就有栽种。东北、北京的山上有许多。胡枝子长什么模样？在网
络时代，不难找到图片，但最重要的可能是在野外亲自观察一下，在一年
四季都能准确地认出它来。能做到吗？当然。

温哥华岛：这里竟是雨林的世界
单之蔷

　　温哥华岛与温哥华市隔海相望，面积和台湾相当，都是3万多平方千
米，但人口却相差近百倍，温哥华岛人口20多万，台湾岛却有2000多万。
　　我们去温哥华岛是从温哥华乘飞机去的，本来只隔一个100多千米宽
的海峡，坐渡轮去也可，但是加拿大的朋友还是安排我们坐飞机前往。我
理解他们这样做，是为了让我们从空中欣赏浩瀚太平洋中被葱郁的植被覆
盖的翡翠般的温哥华岛，欣赏被古冰川剥蚀所形成的纵横交错的峡湾型海
岸和散布在海峡中的一座座岛屿。的确，在空中鸟瞰的感觉真是好极了，
在平地总有一种"身在此山中，不识真面目"的感觉，升到空中，一下子
就有了一种把握了全局的感觉。在空中我们不仅看到了整个岛屿的植被覆

盖状况，还看到了海水颜色的变化，在接近岛屿的时候，由于海水越来越浅，海水的颜色则由蔚蓝色逐渐变成嫩绿，冲刷着银色的海滩。

在接近终点——温哥华岛的最大城市、也是不列颠哥伦比亚省的省会维多利亚市的时候，加拿大的朋友告诉我们，在这里可以看到美国。因为维多利亚市位于温哥华岛的最南端，海峡的对面就是美国的著名城市西雅图。把维多利亚、温哥华和西雅图这三个城市连起来，可以组成一个以维多利亚为顶点的等腰三角形，两个边长 183 千米。

尽管维多利亚离美国如此之近，但是维多利亚却是典型的英国风格，这一点可以从建筑物体现出来。议会大厦具有鲜明的英国维多利亚时代的风格，青铜的王冠式尖顶，由于年代久远，已氧化成了绿松石般的色彩，给这个阳光明媚、洋溢着休闲时尚气氛的城市，增添了一种凝重和怀旧的情调。而且坐在女王饭店的茶厅里喝着精致的下午茶，看着窗外坐着 18 世纪的马车在街上兜风的游客，更让人恍惚觉得这里是英国某一个悠闲的小城。

园艺是这个城市居民的普遍爱好，街上路灯的柱子上都吊着一个插满鲜花的大花篮。每家每户似乎都在竞赛谁家的花园最漂亮。据说居民喜欢记录花园中每一朵花是几月几日开的……

其实这些都是生活的表层，好像大河上的浪花，温哥华岛真正的生活并不在这里。温哥华岛是一个还保留着较多荒野气息的地方，城市仅仅是它的一个点缀。温哥华岛曾经密布着原始森林，如今经过人类的砍伐，有四分之三已经消失了，但是剩下的四分之一古林，和新生的次生林还是让温哥华岛充满了野性。在温哥华岛的西岸，为了保护野生环境，人们在那里建立了太平洋海滨国家公园，克拉阔特湾不仅是省立公园还是联合国生物圈保育区。在这些地方，不仅有太平洋汹涌的海浪雕刻出的千姿百态的海岸形态，有着绵延十几千米、寂静无人的银色沙滩，还有长达近百千米的生物走廊小道，那里黑熊在湍急的溪流里捉食洄游产卵的红鲑鱼，狼群在夜色中涉过浅水的海滩，去寻找猎物，灰鲸在峡湾里游荡……这里是世界上生物多样性最繁多的少数地区之一。

到达温哥华岛第二天，我们就到海上去观鲸了。当快艇熄灭了发动机在海上漂荡时，有一阵我以为今天很难看到鲸鱼了，但很快就有人发出惊叫：原来海面上追逐鲑鱼的杀人鲸露出了黑色的脊背和三角形的尖鳍，一会儿我们就看到我们的四面八方都出现了鲸鱼的身影。看来在严格的保护下，这一带的鲸鱼种群得到了恢复。

在温哥华岛除了观鲸，给我留下最深刻印象的就是这里的森林了。由于这里的森林像亚马孙热带雨林一样遮天蔽日，因此这里的生物学家们给这种类型的森林起了一个名字：温带雨林。我查遍了《辞海》生物分册和《地理学词典》，竟找不到关于温带雨林的解释。看来温带雨林还是很少有人知道的。

我很惊诧于这里森林的茂密蓊郁。在去一个印第安人的小镇的路上，路边扑入眼帘的是一棵棵有着高大笔直的树干和锥形树冠的冷杉，树干上长满了苔藓，树枝上飘浮着松萝，林下则是黑黑的，偶尔会有一道阳光像探照灯一般射进林中。出于对温带雨林的好奇，我停车钻进了林中，立即被眼前的景象吸引住了：地上满是湿漉漉的绿油油的苔藓，踩上去，松软得像是海绵的床垫，一株巨大的长满苔藓的倒木横在眼前，倒木上有几处已朽烂了，上面生长着许多叫不出名字的蘑菇。一束阳光穿透了浓密的北美红杉的枝叶正好照射在这一簇蘑菇上，金黄的蘑菇的菌盖、菌褶在阳光的照射下呈现出透明的状态，既让人感到生机盎然，又让人想到生命的脆弱。我来到一棵道格拉斯杉跟前，才感到原来那些远看像铅笔一样竖立的树木竟是如此粗壮，我试着张开双臂，但仅仅环抱了它四分之一的身躯。当我抬头向上望去时，浓密的枝叶挡住了我的视线，但我知道温哥华岛上的红杉和道格拉斯杉是世界上最高大的树种之一，在这里道格拉斯杉能长到 90 多米高，平均可达 60 多米。地上满目都是各种蕨类，据生物学家调查，在温哥华岛的温带雨林中，仅地衣就有 500 多种，苔藓也达数百种。我向前走去，眼前又出现了横七竖八的倒木，我知道这些长满苔藓朽烂的倒木是判断这片森林是不是原始林、受没受到人类干预的最好的标志。因为如果人类干扰过这片森林，在其中进行过采伐活动，人类是不会让这些倒下的参天大树白白的朽烂掉而不加以利用的。走进森林如果到处能看到朽烂的倒木，说明这森林是原始林。其实这些倒木是整个森林生态系统的一部分，一棵道格拉斯杉倒下了，无数甲虫、微生物、菌类和其他大啖腐木生物将它分解，土壤中的氮、磷等树木生长所需的元素大大增加了，一棵倒下的大树要四五百年才能被完全分解。看着林中的倒木，我忽然感到林中无比的寂静，好像这里从来就没有出现过人的踪影，亘古以来这里就是这个样子，除非自然自己想变化一下。

一棵棵道格拉斯杉紧紧地挨在一起，密度很大，好像是上帝麦田里的麦子，又像一个青春少年头上浓密的黑发。在我的印象里只有在赤道附近的热带雨林中，才能看到这种景象。但是热带雨林似乎是多层错落的植物群落，枝干上垂落的气根、互相绞杀的藤蔓、地面上高耸的板根等构成了热带雨林的繁密，不像这里是一棵棵同样的像整齐划一的士兵一样的树构成了林中的茂密。《辞海》生物学分册关于雨林是这样解释的："热带和亚热带终年暖热湿润地区，由高大长绿阔叶树构成繁密林冠，多层结构，并包含丰富的木质藤本和附生高等植物的森林类型。"然而这里既不是热带也不是亚热带，就纬度而言，已是寒温带。这里的树也不是阔叶树，森林中的树木大多是针叶林。因为从北纬 70 度以南横贯欧亚大陆一直到美洲有一条针叶林带，也叫泰加林带。温哥华岛的针叶林应属于这一林带的一部分，但是这里的针叶林与分布在欧亚大陆比如俄罗斯西伯利亚和我国新疆和东北的针叶林确实不同。

B
卷

这里森林里的树是针叶树中的冷杉和云杉属的，冷杉和云杉组成的森林在森林学中都属于针叶林，在针叶林中又被称为"暗针叶林"，以区别类似落叶松之类的"亮针叶林"。对针叶林的"明""暗"划分，十分精彩，这其实就是从视觉印象进行分类，很形象。云杉和冷杉林不仅叶的颜色暗绿，而且树冠浓密，透光量很小，因此林中阴暗潮湿。尽管其他地方不乏大片大片的云杉和冷杉森林，但像这里这么"暗"、这么潮湿、这么繁茂、生物量这么巨大的"暗针叶林"只在从加拿大温哥华到美国阿拉斯加的南部这样一个带状地区才有。

　　这里之所以存在温带雨林是因为温度和降雨量适宜。由于北太平洋暖流避免了寒冷，但又不是很热，这里的气温正是云杉和冷杉生长最适宜的温度。这里的年降雨量多达 3000 多毫米，有些迎风的山峰上，甚至可以达到 7000 毫米。这么丰沛的雨量，是在这个温带地区出现雨林的原因所在。

　　为什么多雨的地区会长出枝叶繁茂的大树和铺天盖地的各种各样的植物，雨水是怎样变成参天大树的，这是一个很有意思的问题，一个愿意思考和善于观察的人早就应该提出这样的问题。的确，早在 2000 多年前，古希腊的哲学家泰勒斯就开始思考这个问题了，他提出的"万物是由水构成的"不是乱说的，是很深刻的。科学史上有一个著名的"大柳树"试验：1643 年，一位荷兰科学家凡·海尔蒙特把一棵柳树种到一盆泥土里，只给柳树浇水，但 5 年后柳树还是长到了 74 千克，所以海尔蒙特认为树木生长只需要水。直到后来，科学家们才发现了植物的光合作用，知道空气中的二氧化碳和光也秘密地参与了植物的生长过程。想想看，空气是较公平地包裹着地球，只有降水和光在地球上的分布是很不公平的。因此降水和光决定了一个地方植被状况，而植被又决定了动物的种类和生存，因此泰勒斯"万物源于水"的说法，是很精辟的。今天，我重新理解了这句话，这也是我在温哥华岛的雨林中的一大收获。

并不是仅仅在温哥华岛生长着温带雨林，在温哥华所在的太平洋西岸也是雨林的分布区，其实整个不列颠哥伦比亚省三分之二的土地上分布着森林，有些地方的森林虽然不是雨林，但也是令那些木材公司垂涎的宝藏。在温哥华，木材一直是出口的主要商品，更是温哥华长期以来的经济支柱。1993年，在温哥华岛曾经发生了一次来自全国各地的环保人士和当地居民对木材公司对雨林大规模砍伐的抗议活动，有数百人因此而入狱，但是那次抗议对加拿大的生态保护运动产生了深远的影响。木材公司再也不可能肆无忌惮地对一面山一面山的树木一棵不留地"皆伐"了，现在温哥华岛的森林砍伐还在继续，但是已经变成用直升机有选择地像拔草一样的"择伐"了。

　　从温哥华岛返回温哥华市时，我们没有坐飞机，而是选择了渡轮。渡轮十分巨大，几百辆汽车分几层装上渡轮。在横渡佐治亚海峡时，人们纷纷走上最上层的甲板，观赏海峡中的景色，海峡中到处是岛屿，所有的岛屿上都是暗绿色的针叶林。景色似乎有些单调，但是我的目光似乎透过树冠，看到了生机盎然的雨林中的世界，我知道在那里水汽氤氲、物种繁多，全然不是从外面看到的样子，这也许是温带雨林与热带雨林的不同。热带雨林中，上层植物结构复杂，种类多样，而温带雨林似乎相反，下层生物种类繁多，好像是"倒置的热带雨林"。海风劲吹，许多人都离开了甲板，我还在看那些绿茸茸的海岛，似乎越来越喜欢那些笔直的露出一个个锥尖的冷杉和云杉了。

　　晚上，我们住在位于温哥华西北角的滑雪胜地——惠斯勒的一家饭店里。让我惊喜的是我所住的房间竟紧邻着雨林，近到似乎我伸手就能握住一棵道格拉斯杉横伸过来的树枝。我搬来一把椅子，坐在雨林的对面，呼吸着森林中特有的那种好像是树枝被折断后散发出的那种清新的空气。一边喝着绿茶，一边看着这些近在眼前的冷杉树，对这些冷杉的垂直度我感到困惑。它们为什么长得这么直，好像是沿着一根根下面拴着一个铅坠的线长大的，比人竖立的水泥电线杆还要直。这是为什么？我在问自己。想到了达尔文的进化论，想到了生存竞争。这里的雨水是充足的，需要争夺的是阳光，针叶树的树冠是圆锥形的，不像阔叶树伞盖形的树冠占据很大的空间，而针叶树锥尖一样的树冠很容易被遮挡封杀。因此我面前的这些冷杉在争夺阳光的竞争中，一刻也不敢怠慢，只能直直地向上生长，才能获得阳光和生存的机会。假如有一棵树弯曲了一下，会怎样呢？就像一群狗面对前方一块骨头，所有的狗虽然没学过几何学但都知道两点间直线距离最短，都会径直地冲去，而有一条狗却拐了一个弯冲去，那么可以想象，这只狗只有被淘汰。想弯曲一下的树都被生存竞争淘汰了，所以我面前的冷杉都笔直笔直，好像学过欧几里得几何学似的。

　　想着想着，我竟睡着了。

说明：

单之蔷（1957–）著，《中国国家地理》2005 年 12 期，第 53–64 页。节选。题目为本书编者所拟。单之蔷，东北人，现为《中国国家地理》杂志执行主编。

阅读思考：

"温带雨林"是什么意思？在地图上查一下温哥华的纬度。

泛舟莱茵河

汪丁丁

　　这些五彩的葡萄园都倾斜着躺在山坡上，从对岸看去活像一幅幅艺术挂毯贴在蓝天和绿水之间。这就是美丽的莱茵河谷，它在科布伦茨与莫塞尔河谷汇合，为莱茵－美因地区酿造了如此甘醇的酒汁。所有的旅游书上都说：如果你没有尝过莱茵河谷的葡萄酒，就等于没有到过莱茵。这里有个小城——"莱茵谷"，那儿的僧侣们有酿酒的传统，整个教堂里都摆满了巨大的木制酒桶，让拜访教堂的客人随便品尝。

　　科布伦茨是个小城，很美。因为有四条河流以及相应的山谷在这里汇合。形势所至，河床极尽妖娆曲折，顾盼流连。本来我们计划在这里下车，沿莫塞尔河谷向着卢森堡方向步行几个小时，再乘火车返回。可是快到科布伦茨时，我被一位列车员说服，决定改道从科布伦茨换乘另一班车去美因茨。

　　我确实觉得从波恩到科布伦茨之间的莱茵河美景引人入胜。不过当我从科布伦茨乘车沿莱茵河转往美因茨时，我立刻发现刚才看到的莱茵河美景其实只是一次真正美丽的旅行的序幕。我不止一次地冲动着要在某个小站跳下车去，沿着那条河边小径融化在河谷里。欧洲的美丽首先美在没有人，没有像香港和亚洲各地那样无处不在的喧闹的人群。其次美在那些树木的婀娜多姿，尤其是深红色的枫树，绿色、白色和黄色的杨树，桔黄色的山毛榉，和火红的"爬山虎"（总是趴在其他树木的身上，向上伸展着它的"火舌"或者高高地倒挂下来）。现在列车已经快到美因茨了，那条从科布伦茨城外就开始了的河边小径居然始终没有中断。在它不断的诱惑下，我终于在宾根和美因茨之间的一个无名小站，带着妻子和女儿跳下了列车。

这是一个小镇，列车开走之后，我们几乎找不到道路去河边。不过当我们沿着铁轨走出几百米，看到远处一座古代城堡时，立刻发现莱茵河在这里分出了一条支流。那座带着悠久的铁锈般红色的城堡，就从岔口处的山岗上高高地守望着莱茵河的这两条水道。我们决定就沿着这条支流漫步，让它把我们带到莱茵河谷。这样走了十几分钟，我们站在莱茵河主流的河滩上了。那条从科布伦茨出发的小径被河岔隔断，在我们这边又重新开始……

我捧起一掬莱茵河水，端详着。我蹲下来，让这宁静的河水漫过河滩上古老的石缝，漫过我的脚面，紧挨着我拿照相机的手。我环顾远山近水，树影蹒跚，缓缓地按上快门，潺潺水波，托起五彩葡萄园。

仍然是这个小镇，河滩上有个码头，旁边落地玻璃窗罩着一个咖啡馆。妻子带我们进去，在玻璃角落里找了一张桌子，对着莱茵河，对着河岸上满地金黄和深红的落叶。咖啡煮得不好，我的印象里，在德国、荷兰、比利时，似乎没有喝过像样的咖啡。

船，一条三层豪华游船泊在码头上。我们花几十个马克，在船上找到了座位，两个半小时可以顺流而下到达另一个小镇，在科布伦茨附近。从那儿我们就可以上火车回家了。在甲板上我才意识到，莱茵河的美丽一定是船夫们最早发现的，这儿没有"两岸猿声啼不住，轻舟已过万重山"那样的激流和险滩；这儿只有宁静，那种把人直接带进"无限"的宁静。

从科布伦茨到美因茨之间的河谷上，分布着30几座城堡，从古罗马时代直到16世纪。离我们上船的地方不远，大约一个小时航程，有一处险滩，也许是莱茵河上唯一的险滩。100多米高的峭壁从船的右岸突怵而出，崖顶飘着两面旗帜。这就是莱茵河上最负盛名的劳莱利崖。传说中有一位少女终日在崖顶歌唱，她极其动人的歌喉让水手们忘记了帆索和生命，直到沉没在河底。我知道希腊传说中的英雄奥德塞有过类似的经历，只是靠了把他自己和水手们紧紧绑缚在桅杆上，才抵挡住那群致命的女妖西壬的歌声。

当河水绕过劳莱利崖时，水的力量自然减弱，在不远的地方形成一个流线型河心小岛，只有不到50米长，大约20米宽。岛上赫然耸立着一座城堡。半圆形铁灰色的瓦片，像鱼鳞似地覆盖着城堡，把它塑成古代武士头盔的形状，头盔的尖顶上斜插着两柄铁矛。这城堡的地基一定扎得很深，否则在丰水期，莱茵河水没过小岛，城堡就会倾倒了。我想象着当河水上涨，从河心里高耸出这座古代城堡，来往船只绕道而行，船客们仰望城堡顶上的铁矛，怎能不对这位莱茵河上的守护神肃然起敬呢？

前方右岸山脉起伏的制高点上，耸立着另外一座古代城堡。解说员介绍，在那里谋杀了勃兰登堡王朝的一位国王。再过去不远的左岸山峰上，枯草丛中现出半截城堡的残垣。那是罗马人的遗迹，已经近两千年了。那残垣的黑色，犹如森林大火之后的焦炭。城砖上攀附着暗红色的爬山虎，更显得深邃神秘。

船在圣高亚停泊。这儿也是我们莱茵河旅程的终点。小镇很热闹，都是游客。处处有鲜花和旅游大轿车。真想在这里住下来，那样我们就可以披着月光在莱茵河滩上散步了。然而旅店很贵，我们三个人要花170马克住一夜，问了几家客栈以后，我们放弃了过夜的计划。火车站是在一个小教堂的后山上。因为小镇在河谷里，所以铁路路基高高地敷设在山上。月台简陋到只有一张长椅和一间看更人的小屋。看更人正在屋旁的小花园里摆弄鲜花。长椅上坐着两个女学生，长发披肩，穿着时下流行的、后跟像马蹄子那样粗大的皮鞋，正在分享一包烤土豆片。沿着铁路望过去，一边是河谷，一边是山崖，狭长，通到寂静的远方。山谷里很远的地方，一柱青烟升起，因为没有风，让我联想起"大漠孤烟直"的情景。

尽管一夜酣睡，仍觉格外疲乏。不得不打消了再去科布伦茨，游莫塞尔河谷的念头。妻子建议去科隆度过这个星期天。在科隆大教堂前，我们随意跳上一辆公共电车。车开了没有几站，就已经看到不少古老建筑和雕塑。经不住诱惑，我们开始下车步行。我们下车的地方，正好是科隆西南部的一段古城墙，不过只有石头门洞保存了下来。门洞里正有一群游客在听解说。天下着细雨，我们也钻到门洞里，拱形门的上方，阴沉沉地悬着一排铁尖木栅，随时准备戳穿入侵者的头颅。基石上刻着"1200"，说明是13世纪的建筑。翻开1995年出版的《欧洲导游》，在科隆栏目里我发现这段城墙其实是罗马人修建的，现在已经完全找不到了。书上说德国保存了最多罗马遗迹的城市是特利尔。那里是马克思的故乡，我迟早会去拜访的。

　　我们在古城门附近的咖啡馆里吃了早餐，这儿的咖啡比我喝过的其他地方的咖啡好得多了，苦且香，不带任何酸涩。一杯饮过，回味不绝。跳上电车，继续我们的游览。这次，电车把我们带到了终点站，是科隆市南端的十字路口。刚走过路口，就看到几乎是"一望无际"的绿地。兴致大发，我们一头钻了进去。

　　这是科隆市的公园，修得整整齐齐的草地围在几乎完全没有人工雕琢过的森林中。公园很大，在地图上覆盖了整个科隆市的南边。我们沿着林间小径，在细雨里前行。最先进入眼帘的，是青草地远处的一丛白桦林，被后面的大片红松衬映得格外洁白和潇洒。德国的树木多是结实老成的橡树，只在街道和公园里有法国梧桐和枫树。不过这里见到的，却大都是杨树、枫树和松树。进入真正的森林时，迎面站在小径上的，竟是几株玉绿色、笔直、几十米高的冷杉。每次见到杉木，我总是被它那笔直的条纹吸引。冷杉的条纹不仅笔直而且散发着青光，犹如问天的宝剑，犹如帝王的权杖，带着出世的傲慢，带着凝固了的时间。

　　在森林里走了两个小时，仍然看不到公园的边，我们只好掉头向回走，另择了一条小路。路边草地上开遍了白色的无名小花。一个蘑菇亭。坐在亭下木椅上休息。远处是红枫、白桦、黄杨和绿桃。层林尽染，分外妖娆。妻子说，她见到了最浪漫的森林，最心旷神怡的草地，和这最细腻的雨丝。她说她希望让我每天坐在林间草地那张木椅里读书和思考，然后享用她为我送来的最可口的饭食，我说在这样幽静和湿润的空气里，思想会像蘑菇一样生长。

这条小路好长好长，思绪纠缠着蔓延在路上。妻子握着我的手，默默地走。

说明：

汪丁丁（1953-）著，《万象》，1999年第1卷第3期，第164-168页。汪丁丁为经济思想家、学者。

阅读思考：

莱茵河在哪？你外出旅行也写游记或日记吗？如果没写过，可以尝试一下，通过写作，可以加深对旅游目的地的深入理解，也能延长自己的记忆。

大地非洲
田松

越野车飞驰在晨曦初萌的大地，道路两岸是朦胧渐消的荒野。起雾了，越来越浓。我们停下车，拍照。雾只有大约几米高的一层，飘浮着，恰好遮住了人的视线。站在坡上，可以看到树梢，树梢上的远山，和远山映衬的红色天光。前面不断有人从雾里面钻出来，有步行的人，也有骑自行车的人，几乎每个人的头上都顶着什么东西，黑人的头功令人敬佩。路基下面不远处，有一座土著人的小房子，附近应该有一个村庄。刚刚支起三脚架，见到三个女人，头顶着水罐，从前面的田野中走过。她们保持着整齐的间距，款款而过。

2004 年七八月间，在我的陈年老友杰克尹的邀请和帮助下，我在非洲逗留了整整一个月。居住和路过了三四个城市；游了两处海滩；走进了中国的远洋货轮；去了一次准原始森林；访问了两处墓园；见到了全世界最大的椰林；看了一场电影，听不懂台词也看不懂字幕，但是看懂了电影！见到了陌生的非洲，梦幻的非洲，田园的非洲，危机渐显的非洲。

荒野

说是去非洲，其实只去了一个莫桑比克，路过了一个南非。莫桑比克位于非洲东海岸，紧邻南非，对面是著名的马达加斯加。莫桑比克国土狭长，从南到北有两千多千米，从南纬二十八度到南纬十一二度的样子，从东到西，平均不过几百千米。我从最南的首都马普托（Maputo），飞到了中部的克利马尼（Quelimane），又乘着越野车到了最北的重要城市彭巴（Pemba），几乎沿着东海岸穿过了整个莫桑比克。从南到北，又从北到南，感到了气温的变化，植被的变化，却没有感到高度的变化。

非洲大陆首先让我惊异的是它的平，和它的辽阔，从飞机上完全看不到山的褶皱和大地的起伏。从克利马尼到彭巴，越野车要开十几个小时，沿途最高的海拔也只是一些小丘，完全不能称之为山。其次是它的荒，和它的富饶。除了寥寥的村庄，只有连绵不断平荡如砥的荒野。

莫桑比克被称为农业国，被联合国宣布为最不发达的国家之一。连我们小区门口修车的小伙子，得知我刚刚去了非洲，第一个反应也是："那儿很穷吧？"的确，不但穷，而且荒凉。我们奔跑着的这条贯穿非洲南北的标准公路都是联合国出资修建的。——仿佛是为我们建的，在整个旅途的大部分时间里，我们的前后左右，只有我们这一辆车。更显荒凉。

诗人于坚写过一篇散文，叫做《丽江的荒》，他说，"整个云南和中国西部的价值就在于它还保留着许多荒的部分。"前年回东北过春节，说到我曾生活过的农村，我的母亲不经意地说了一句话："农村没有荒地了，农民没退路了。"语气的失落和无奈让我想了很多。荒地如同农民的保险，只要有了荒地，就会有弹性，有退路。荒意味着未知，意味着无穷的可能性，所以有荒地，就有退路，就有希望。

越野车在非洲平坦的荒野中奔跑，道路两岸的灌木、草丛和大树不断地变换。把地里的好东西挖出来，变成某种东西，是财富。但如果不挖出来，放在哪儿，就不是财富吗？现代人正在越来越快地把自然的东西，荒的东西，变成人造的东西；其实是把无价的东西，变成有价的东西，而有价的东西，又在使用的过程中，失去价值，最后成为不可用的垃圾。荒野一旦开发，就失去了他的神秘，也失去了其中隐藏的未知。

非洲的荒，正是非洲最大的价值，也将是它对世界未来的最大价值。

彭巴庄园

这次去非洲，不是什么课题，也不是什么项目，只相当于一次度假。没有任何任务，所以很轻松。有一次郊游，我曾经贪婪地讲述我的生活理想：有一个大院子和大园子；可以随时请朋友来住，下棋喝酒，谈谈哲学和艺术；院子里要有很多树，树上会有很多鸟；园子还要有几位仆人。我在非洲期间，却仿佛过上了遥不可及的理想生活。

彭巴是一个半岛，三面临海，一座美丽的小城。杰克尹在彭巴的家也很漂亮，我把它夸张地说成庄园。很大的院子，很多树，因为我不是刘华杰，所以叫不出树的名字，也不认识院墙上缠绕的花花草草。屋前的几棵很像梧桐，枝高叶大，枝繁叶茂，树上住着一个蝙蝠，白天就在屋前的树枝上挂着。躺在屋前的竹椅上，一睁眼就可以看到它。杰克尹认为那是他的吉祥物。不过有天晚上，大概是因为我给它照相时用了闪光灯，第二天就不见了，我找了好几天，直到离开彭巴也没有再看到它。不过离开前，听杰克尹的工人说，它还在这棵树上，只不过上了高枝。才稍感宽慰——以绿色精神自诩，却打扰蝙蝠的生活，岂不是自打耳光。何况杰克尹也很心痛，直到我们回到克利马尼，他还常常唠叨我赶走了他的福气。

前院已经不小了，后院更大，感觉有几十米深。出后门有一个酸枣树，枣正在熟着。不过熟透了的反而不好吃，有一种发酵了的味道。半熟的正好，有一点青涩，有一点甜。树下放着一张藤床，晚上可以躺在上面看星星。酸枣树的旁边有两个草棚子，里面放着发电机，预备停电的时候用。不过我在彭巴期间，一次也没有用上。据说是因为该国的总统正在彭巴一带视察。再往里，上一个台子，是一个修车场，杰克尹的工人们常在这里修车。修车场后面，还有很大的地方，荒着，随意地长着茅草和灌木。然后是院墙，墙外是一条小路，通向海滨。

莫桑比克的宗教很杂，有基督教，也有伊斯兰教，还有一些本土的原始宗教。彭巴是著名的穆斯林聚集区，不过在我们的园子附近却是一座教堂。有一天早晨，不小心醒得早了，黑夜里听到美妙的歌声，歌声整齐，起伏跌宕。一开始我还以为是杰克尹的瓜德拉在放录音机。黑人喜欢音乐，喜欢跳舞。我住在彭巴那几天，每天夜里录音机都放到很晚，而且差不多是同样的曲子。但是，这歌声却富有穿透力，没有复杂的配乐，只有简单的管风琴，歌声忽高忽低，让我意识到，这是教堂里传出来的歌声。我很意外，因为白天里，感觉那座教堂与我们的庄园要隔一个街区。

在彭巴的生活是悠闲的，彻底的放松。每天随便睡到什么时候——不过我却常常天刚亮就醒了，尤其是刚去的时候——起来之后，在院子里看看花，看看酸枣，活动活动筋骨，然后读书，或者写点东西。有一天起得早，就一个人去了海滨。从院子后边的小路过去，十几分钟就走到了。沿途有森林，那种非洲特有的叫做 Imbomduzo 的树。海滨也几乎只有我一个人，那种清澈超乎人的想象。每次和杰克尹去海滨，他都要问："你闻到海的味道了吗？"然后自己回答："没有！"我去过大连、北戴河、青岛、北海，也去过越南的下龙湾，都是远远地就能闻到海的味道，那种腥膻之气，文学化一点的语言叫做海风的气息。而在莫桑比克，彭巴、克利马尼，还有马普托，即使到了海里，也没有海的味道。杰克尹把这归为干净，没有污染。

杰克尹多次警告我，不要一个人带着相机在街上逛，免得被人抢去。杰克尹公司里的修车工老李，买了个新手机，在街上一边走一边打，被一个黑小伙一把抢过，绝尘而去。和黑人赛跑，那是不可能的任务。一个人去海边，更是不敢带相机了。不过后来，又觉得杰克尹也可能有些夸张，这人喜欢恶作剧，他曾把清凉油说成是外用的壮阳药，送给他的工人们。然后等着第二天听笑话。当然，他的夸张可能也是怕我出事。第二天，他给我找了一位瓜德拉，专门陪我去了一次海滨，照满了两张卡。

瓜德拉是葡萄牙语，大概是仆人、伙计、跟班的意思。公司的员工都是瓜德拉，杰克尹用中文称之为黑工。杰克尹的家里有好几位瓜德拉，负责家里的杂事。我们每次回来，都会有一位瓜德拉跑过来，替我们开门。杰克尹很信任他们，说黑人是最忠诚的仆人。"中国人只是拿我当老板，但是黑人把我当主人。"老李刚来的时候，还保留着在以前公司里打骂黑工的不良习惯，很快就遭到了杰克尹的严肃批评。

勤奋出"业绩"，悠闲出思想。自从读博士以来，我几乎不再有自由的读书，想读哪本读哪本，想读多少读多少，那种好读书而不求甚解的读书乐趣很少再有了。那种信笔由缰，想写什么写什么，写到哪里算哪里的写作乐趣也很少了。所有的读书和写作几乎都成了任务。尽管在莫桑比克，

B卷

我已经尽情地放松，依然惯性一般地完成了任务，只是不再给自己定额，轻松多了。莫桑比克期间，我的稻香园随笔又多了一篇《让我们停下来，唱一支歌吧》，这是我自己颇为得意的一篇。然而，一离开非洲，回到北京，马上就意识到，我要为这一个月的放松付出什么样的代价。

读书写作之外，就和杰克尹一起上班，我说：我要看看你是怎么砍人家非洲人民的木头的！

歌与欢乐

黑人是快乐的。

我们到彭巴的时候是晚上，一进院子，就听到很非洲的鼓点。这个曲子一直响到很晚，仿佛只有这么一支曲子翻来覆去地放。似乎整个彭巴期间，院子里响着的一直是这个舞曲。也许是我对音乐过于无知，不具备分辨能力吧。

黑人的生活很简单。按照杰克尹的中国工人老李的说法，像猴子似的，走到哪儿睡到哪儿，一有钱就喝酒，一有空就跳舞。

彭巴家里有一位干瘦矮小的瓜德拉，他在大门旁边铺了一张席子，席子旁边有一台录音机，我常常看见他躺在那儿听歌，很悠闲，很惬意的样子。

杰克尹给我讲过一个故事，很能看出黑人的性格。有一次他买了两辆新卡车，带着两个黑工去马普托接车。工人们乘长途车到马普托，他乘飞机第二天到，一同接车回克利马尼。结果车刚出城，另一辆车就停了下来，开车的小伙子说想要在马普托玩一天再走，因为他没有来过马普托。这个要求被杰克尹拒绝了，于是接着开，不过过一会儿，那辆车又停了。那小伙子说，他不干了！杰克尹说："这时候我也不能求他，我只能说，你给公司造成损失了，你来马普托的车钱都是我出的，那小伙子说他赔，他就是要在马普托玩两天。没办法，我只能让他走。那大卡车我没有开过，那我也得往回开呀。我就跟另一个黑工说，你在前面慢点开，我在后面跟着。一路开回去，浑身疼了一个星期。你看人家黑人这性格！从那以后我就注意了，再派人去马普托，先问他去过没有，要是没有去过，想在那儿玩，就早一天派他们去。多出一天房钱。"

虽然莫桑比克按照全球化的标准很穷，但是老百姓好像并不着急。我初到马普托正赶上周末，所有的商店都关着，只有在大街上专门卖老外工艺品的摊贩还在。连中国人也入乡随俗，我路过一个中国人开的华安超市，迎客的门紧锁着。如果到莫桑比克开小商店中的中国人多起来，不知道会不会像在西班牙似的。

选择什么样的生活，取决于怎样理解幸福。当然，这不只是个体的选择，更是集体的选择。一个工作狂去了非洲，虽然看起来是个怪物，却可能大发其财；反过来，那些有钱就喝酒，有空就跳舞的黑人兄弟们到了节奏快的地方，则可能会无法生存。所以现代化是不可逆的。

再换一种角度理解财富，黑人依然可以是富有的。在莫桑比克，我听到几次让我感动的歌声。一次是在彭巴，2004 年 7 月 17 日中午，海滨猛德拉内（Mondlane）雕像广场前的婚礼上，宾客们围着一对新人又唱又跳，有一位背着婴儿的妇女也在里面欢快地跳着，那个婴儿的表情显然是习惯了。他们的歌舞完全没有伴奏，只是有人起了个头，大家就一起唱起来。我虽然是音乐盲，也能听出那是不止一个声部的合唱！完全不需要指挥，恐怕也没有经过专门的训练。我想，那是出自人的音乐本能，就像中国侗族和苗族的大歌。

还有一次是在克利马尼的墓园。每个星期六，当地居民都要去墓园扫墓，拜祭过世的亲人。这个频率远远出乎我的想象，所以在一个周六，我专门起了个早，前往墓园。墓园里熙熙攘攘，人们也不显得怎样悲痛，倒是像走亲戚一般。就在我们将要离开的时候，墓园外开过一辆卡车，车后

B卷

站着一群装扮整齐的黑姑娘，唱着美妙的和声，疾驶而过。

我们的汉民族，尤其是城市里生活的汉民族，很久以前就失去了音乐本能。如果要想听到这样的歌声，要去大城市的音乐厅；要想唱出这样的歌声，需要接受专门的训练。我想，如果把这样的歌声，这样的舞蹈货币化，黑人的财富会增长几个百分点？

莫桑比克的衣食住行

我在马普托住在一家叫做 Pensao Martins 的小宾馆里，是亚当为我找的地方，杰克尹每次也住在这儿。钥匙牌上有三个星，也许是三星级吧。一个单人间，一张床，一张桌子，就几乎没有转身的地方了。屋子还算干净，不过比国内贵多了，40 美元一天。

莫桑比克的两极分化比较严重。按照杰克尹的说法，是上等人和下等人。上等人的生活比较昂贵，而普通人的生活则比较简单。比如我和杰克尹在海滩酒吧的一次消费，本地人大概能吃一个月。马普托的出租车我没有打过，亚当说，机场到市区要三四十美金，不过我感觉比北京机场到四元桥的距离要近得多。还好，我在马普托坐了一次小巴，只要五千梅蒂卡（Meticais），参观了莫桑比克革命历史博物馆，一万梅蒂卡。比价大约在 100 美元兑 230 万到 240 万梅蒂卡之间，也就是说，1 万梅蒂卡合人民币二三元钱。

除了马普托有一些大商场是专门供应上等人的，其他城市的商店都相当于国内的杂货铺，最大的无非是超市。一般来说，土产便宜，比如大虾、螃蟹，在哪儿便宜得像土豆一样。轻工业品非常贵，一把极普通的牙刷合人民币都要七八十元。一本英葡葡英辞典，我在国内花了 16 元，在马普托看到一种差不多相同开本，相同页码，相同装帧的，要 10 美元。日常用品都已经国际化，奥妙洗衣粉、力士香皂、高露洁牙膏等国际品牌的广告在城市里时有所见，当然最多的是可口可乐！连小村子的墙上恨不得都有。电子产品同样国际化了，数码相机、U盘，都已经进入了马普托市场，不过比国内要贵得多。也能上网，但是电话费奇贵，网费更贵。杰克尹每年要为此付几千美金。

小的轻工业品和小电器在莫桑比克是很受欢迎的。我送了Madina一把杭州天堂阳伞，看得出她非常喜欢，欢喜得连连感叹："Chinese umbrella！Chinese umbrella！"。送了Abiba一本《中国国家地理》，虽然她看不懂中文，也爱不释手的样子，后来又通过亚当把我那本在国内买的"英葡－葡英"辞典送给了她，她上学用得到，也应该是喜欢的吧。

别的，清凉油风油精之类的，我倒是带去了一大堆，不过后来不大好意思送了。给了老李和另外一位修车工小张一部分，剩下的就全扔在杰克尹家里了。非洲最厉害的疾病是马拉力、疟疾。那里的中国人谈马色变，好几次听到他们谈起谁谁得了马拉力，拉了几天，烧了几天。我去林子的时候，路过蒙特普兹（Montepuez）小城，在杰克尹租下的一个中国人聚集的房子里，正有一位中国人得了马拉力，有气无力的样子，都不忍心听他说话。我去林子，最让杰克尹担心的就是这个。对付马拉力有一种药，很灵，出国检疫的时候，一定要带上一盒。

莫桑比克的艾滋病很严重。克利马尼市中心的树上，电线杆子上随处可见红丝带的标志。我还见到一个院墙上画着长长的壁画，从与英文相似的单词上看，是科普——哪些性行为会传染艾滋病，哪些日常行为不会传染艾滋病。这些名词在国内都属于禁忌词，口啊，肛啊的，不可能写在墙上的，多少让我有点震惊。后来杰克尹告诉我，院墙内是一所中学。更让我震惊了。艾滋病的流行毫无疑问与当地的性风俗关系密切。在彭巴庄园，听到很多匪夷所思的故事。在克利马内的街头，有一位小伙子用英语和我搭讪，三言两语之后就问我要不要找女朋友，他可以给我介绍。在中国人的描述中，当地人对于性的态度是非常随意的。我相信这里面有文化的误读，但是性禁忌很弱是可以肯定的。莫桑比克有很多针对艾滋病的国际组织和项目。亚当的婶婶就在做一个和艾滋病有关的联合国课题。

从莫桑比克回来，没有更多可以带的东西，除了木雕。黑人的木雕风格独特，材料更特——很多木头的比重都大于一，到了水里就会沉底。不过现在，这些工艺品也都商品化了，所以一家摊贩上的，几乎家家都有。我在离开莫桑比克之前，在马普托只有很短的时间，又花了很多时间在机票上，所以真正买东西的时间只有一个下午，几个小时。又被卖蜡染的几个小伙子纠缠了好久，花在木雕上的时间就更少了。

黑人朋友热情，也能缠，更敢要价。所以在莫桑比克买东西，要准备充分的时间，才能谈出好价钱。我换了200美元，全花了出去，花了很多大头钱。一柄木手杖，10美元，当时觉得很便宜，回来一看，上面有很多裂纹和硬伤，估计是包装的时候被掉了包。

当然，如果是去大商场，那就没有多少价可讲了。我在大商场的专卖店里给女儿买了一个球，应该是某种植物的果实吧，上面画着精细的花纹，十几美元。感觉和北京燕莎的价格能有一比。

垃圾

垃圾是我最近几年关注的一个问题。在我看来，垃圾是现代化的痼疾。只要现代化战车开过去，就会留下一片片垃圾。现代化给人的便利的生活是显而易见的，而垃圾则要慢慢为人所看见，且往往被误认为是可以解决的。所以传统地区与现代化相遇，一开始总会有一段时期的热烈想往。

我和杰克尹在克利马尼海边喝咖啡的时候，看到了两个黑人，拉着整整一车大塑料桶在海边的马路上走过。杰克尹说，人家黑人兄弟喜欢这个。他们当然有喜欢的理由。塑料桶比木桶轻便，结实，装得也多，当然有很多好处。然而，木桶坏了，可以归于尘土。塑料桶坏了，只能变成垃圾。

彭巴的海滩是美丽的。但是，就在海滩的公路边上，已经开始有工业垃圾了。在进出彭巴的公路旁边，甚至有一片连绵几百米的垃圾堆放场。坡下是当地原住民居住区，再往下就是我曾去过的美丽海滩！

　　全球化是一个食物链，非洲处于这个食物链的最下游。一方面，要为上游提供资源；另一方面，不可避免地要接受上游的垃圾。在很多城市，都能看到有街头摊贩卖鞋的景观，他们是把鞋一串串地挂起来卖的。杰克尹说，这些是来自欧洲的二手鞋。

说明：

田松（1965–）著，节选自《社会学家茶座》2004 年第 4 期，2005 年第 1 期。田松为北京师范大学哲学与社会学学院教授，对现代性、科学主义有深刻的反思。

阅读理解：

田松说，黑人的生活是简单的，但黑人是快乐的。他为什么这么说？"非洲处于这个全球食物链的最下游"，这是什么意思？如果中国处于那样的位置，我们会怎么想？

对大自然的探究
利奥波德

　　不久之前的一个星期六晚上，两个中年农夫把闹钟设定在星期天凌晨天未亮之时。那是一个多雪、多风的星期天，挤好了牛奶，他们跳上一辆

B
卷

小货车，驰往威斯康星州中部的沙郡——一个生产税捐证书、美加落叶松和野饲草的地区。傍晚时，他们回来了，带着满卡车的美加落叶松幼木，以及一颗充满奇异经历的心。他们借着灯笼，将最后一棵幼木种在他们家的沼泽上，然后，又去挤牛奶。

在威斯康星州，和"农人种美加落叶松"相比，"人咬狗"算是一则陈腐的消息。自1840年以来，我们的农夫就一直在挖掘、燃烧、排水，以及砍伐美加落叶松。在这些农夫所住的地区，这种树已被砍光了。那么，为什么他们想重植这种树？这是因为二十年后的现在，他们想重新将泥炭藓引入小树林，然后再引入杓兰、猪笼草，以及其他几乎已经绝迹的威斯康星州原始沼泽的野花。

没有任何推广部门提供奖赏给这些农夫，鼓励这种完全是堂吉诃德式的行径，当然也没有任何有利可图的希望推动着他们。那么，我们如何诠释他们的行为？我把这种行为称为"反抗"——反抗对纯粹以经济角度看待土地的那种可憎态度。我们想当然地认为，因为我们必须征服土地，以便在土地上居住，因此，所谓最好的农田便是指完全开垦的农田，前述那两个农夫从经验中得知，完全开垦的农田不只为他们提供一个单薄的生计，也为他们提供一个局促的生活。他们认为，种植一般农作物，也种植野生植物，可以得到乐趣。因此，他们计划在一小块沼泽地种植当地的野花。或许他们对于土地的期望，和我们对于孩子们的期望一样——不只拥有谋生的机会，也拥有表达和发展各种受过和未受过训练的天赋能力的机会。有什么比原先长在这块土地上的植物更能表达这块土地？

我的论点是：我们可以从野生事物获得乐趣，而博物（注：原译为"自然史"，不准确）的研究是一项消遣和科学的结合。

大自然中的乐趣

历史并没有让我的工作变得轻松容易。身为博物学者，还有许多过失等待我们去补救。曾经有一段时间，绅士和淑女们喜爱在田野上漫游，他们这么做并不是为了要知道这个世界是如何形成的，而是为了要搜集一些午茶时间的话题。这是一个将所有的鸟都称作"小鸟儿"的时代，一个以拙劣的诗文表达植物学的时代，一个所有当代人都只会叫嚷着"自然不是很壮丽？"的时代。然而，如果翻一翻今日业余的鸟类学或植物学杂志，你会发现一种新的态度已十分普遍，只是我们很难将这种态度视为当前正式教育系统的结果。

我认识一位工业化学家，此人利用空闲时间重建动物家族一员——旅鸽的历史，以及其戏剧性的灭亡。在这位化学家出生之前，旅鸽便绝迹了，但是，他挖掘出来的旅鸽知识，还多于之前任何人在这方面所拥有的知识；他是借着阅读当代的日记、信件和书籍，以及这个州曾经印出的每一份报纸，而获得这项成就的。我估计当他在搜索旅鸽的资料时，他会读过十万份文件。任何将此浩大工程当作一件任务来执行的人，必然会拼掉老命。然而，他却自其中得到莫大的乐趣，仿佛他是在山上到处搜寻罕见鹿只的猎人，或者是在埃及四处挖掘，想找出一只圣金龟子（scarab）的考古学家。这种工作当然不只需要挖掘；圣金龟子被找着后，诠释的工作更需要最高明的技巧，而这种技巧不是从别人那儿学来的，是挖掘者在挖掘的过程中培养出来的。这个人在现今历史的后院里，找到了冒险、探索、科学和消遣，而几百万个庸碌之辈只能在那儿寻着沉闷和厌烦。

另一个从事这类探索的，是俄亥俄州一位家庭主妇所进行的歌带鹀研究。这一次，研究地点是一个名副其实的后院。一百年前，人们曾用科学方法为这种最常见的鸟命名和分类，之后，这种鸟便被人遗忘了。我们这位俄亥俄州的业余爱好者认为，鸟和人一样，除了名字、性别和衣服外，还有其他可供人认识的事物。她开始在她的花园设置陷阱捕捉歌带鹀，以赛璐珞脚环为每一只歌带鹀做标识，如此，她便能够借着有颜色的记号辨别、观察，并记录每只鸟的迁移、觅食、打斗、歌唱、交配、筑巢和死亡；简而言之，她能够诠释歌带鹀群落的内部运作。十年之后，她对于歌带鹀社会学、歌带鹀政治学、歌带鹀经济学和歌带鹀心理学的认识，多于任何一个人对于任何一种鸟的认识。科学辟出一条通往她家门的路径，各国的鸟类学家都来向她请教。

这两个业余爱好者碰巧都出了名，但是他们原先进行研究时，并未曾想到成名，名气是意外的收获。然而我想谈的并不是名气。他们获得比名气更重要的个人满足，而数百个其他业余爱好者也获得了这种满足。现在我要问：我们的教育制度做了些什么，来鼓励自然史的业余研究者？当我们去参观正规动物学系所开的一堂正规课程时，或许可以找到答案。我们发现那儿的学生正在默记猫骨头上隆起部位的名称。研究骨骼当然是件重要的事，不这样做，我们绝无法了解动物借以存在的进化过程。但是，为什么要默记隆起的部位？有人告诉我们，这是生物学训练的一部分。我要问，了解活生生的动物，以及它们如何在阳光下坚守阵地不是同样重要吗？很不幸的，当前的动物学教育系统实际上已删除活动物的研究。例如，在我自己的大学里，我们并没有研究鸟类学或哺乳类动物学的课程。

植物学教育也是如此，然而在植物学系，学生或许会有较多的机会研究活生生的植物。

学校排除户外研究的理由可以溯及过去的历史。实验室生物学诞生时，业余的自然史研究者仍然处于将一切鸟类称为"小鸟儿"的阶段，而专业的自然史研究者则忙着将物种分类，并且搜集关于食物习惯的知识，但并没有诠释这些知识。简而言之，当时生气勃勃的实验室研究和停滞不前的户外研究形成竞争的局面，自然而然地，实验室生物学很快就被视为较优越的科学形式。当这种科学继续发展下去时，自然历史便被挤出教育制度了。

实验室 vs. 活生生世界

当前这种默记骨头地理的教育马拉松赛，便是这种完全符合逻辑的竞争过程的结果。理所当然地，它有其他的正当理由。医科学生需要它，动物学的老师也需要它。但是，我认为一般民众对于它的需要，不如对于理解活生生世界的需要那般殷切。

在这期间，野外研究发展出来的技巧和观念，已经和实验室的技巧和观念一样的科学。业余学生不再只是愉快地漫步于乡间，然后只是列出一串物种名称、迁移日期，以及走禽的名字。为鸟上脚环、在羽毛上做记号、统计鸟数，以及从事行为和环境的实验等，是每个人都可应用的技术，而且这些是关于量的科学。具有想象力和耐力的业余爱好者，可以选择并解决和太阳一样未经探索的真正科学性的自然历史问题。

现代人的看法是：实验室的研究和田野的研究不应彼此竞争，而应形成互补。然而，学校的课程并未反映这种新的情势。扩大课程需要钱，因此，大学对于对博物学（注：原译为"自然历史"，不准确）有兴趣的学生并未加以鼓励，反而予以拒绝。他们教学生解剖猫，但没有教他们欣赏和理解乡野。如果可能，两者可以兼顾，如果不能，我们应舍弃前者，保留后者。

生物学教育是一种塑造公民的途径，为了更清楚地看出这种教育的失衡和贫乏，我们可以和某个典型的优秀学生一起到野外去，然后问他几个问题。我们可以十拿九稳地说，他知道植物如何生长，以及猫的结构，但是，让我们看看他是否了解土地的构造。

我们在密苏里州北部一条乡间道路上驱车南下，来到一个农场。看看院中的树和田野里的土壤，告诉我们原先的开拓者是从草原或是从森林辟出他的农场？感恩节时，他吃草原榛鸡还是野火鸡？什么植物原先生长在

B卷

这儿，现在却消失了踪影？为什么这些植物会消失？草原的植物和创造这块土壤的玉米生产力有什么关系？为什么现在这里的土壤被侵蚀，而以前并没有这种情形？

假定我们正在奥札克山旅游。这里有一块废弃的田地，其上的猪草短而稀疏。这个事实是否告诉我们，为什么抵押物的赎回权被取消？而这是多久之前的事？这片田野是否是一个寻找鹌鹑的好地方？短小的猪草是否和彼端墓园背后的人类故事有关？如果这整个流域的猪草都是短小的，那么我们是否可以预测溪流未来的泛滥？是否可以预测未来溪流里鲈鱼和鳟鱼的多寡？

许多学生认为这些是愚蠢的问题，其实不然。任何一个具有洞察力的业余博物学者，应该都能明智地思考这些问题，而且从其中得到莫大的乐趣。你将也能看出，现代的自然历史只偶尔探讨动植物本身，或者动植物的习惯和行为，因为现代的自然历史主要探讨动植物彼此的关系、动植物及其生长的土壤和水的关系，以及动植物和歌颂"我的故乡"但却不知其内部运作的人类的关系。这些关系的科学被称为生态学，但是名称并不重要。重要的是，受过教育的公民是否明白，他只是一个生态机制中的一个钝齿？是否明白如果他和这个机制合作，那么他的精神和物质财富将无限地扩大？是否明白如果他不愿和这个机制合作，后者终将把他碾成灰尘？如果教育不能教导我们这些，那么教育的功用是什么？

我们永远无法和土地和谐共处，就像我们永远无法获得绝对的公义和自由一样。在追求这些较崇高的目标时，重要的不是完成，而是奋斗。只有在机械化的企业中，我们可以期盼得到早来而圆满的努力结果，这结果亦即所谓的成功。

当我们说"奋斗"时，我们自始即承认，我们所需要的事物必须是从内在产生出来的。外在的力量无法完全鞭策人为一个理念奋斗。

因此，我们所面临的问题是：当人们已遗忘了土地的存在时，或者当教育和文化几乎已经和土地脱节时，我们如何让人们努力和土地和谐共处。这是"自然资源保护教育"的问题。

说明：

利奥波德（Aldo Leopold，1887–1948）著，吴美真译，《沙郡岁月：李奥帕德的自然沉思》（也译作《沙乡年鉴》），中国社会出版社2004年，第242–250页。原小标题为"大自然的历史"，不准确，因为其中history不是"历史"而是"探究"的意思。利奥波德为美国林学家、环境伦理学家。

阅读思考：

以经济（学）角度看待土地、看待大自然有何特点？除此之外还有其他视角吗？利奥波德说："现代人的看法是：实验室的研究和田野的研究不应彼此竞争，而应形成互补。"据你了解，你所在的城市或中国的学术机构，是否这样考虑问题了？

蜜蜂花朵谁为先
威尔福特

在时间老人于2亿2千万年前把它们变为石头之前，这些亚利桑那东部化石森林中的石化木头还是挺拔入云的，就像热带的大树一样。科学家们现在发现，它们中有很多还保存着当年收留下来的昆虫巢穴呢。

这些树干中藏着小室的洞，这些洞连成一串或聚成一团，看上去就和

B
卷

现代的蜂巢没什么两样，但却给人们留下了很多待解之谜。

问题之一就是，和这些蜂巢相比，花朵的年龄只及它们的一半。是蜜蜂在花朵之前就已存在了吗？这一想法在过去听来是可笑的，以往关于蜜蜂的早期发展的理论，以及蜜蜂和开花植物的共生关系等，都被这一想法动摇了。

如果得到进一步证明的话，在化石森林得到的发现就可以论定了，即蜜蜂存在的时间要比以往认为的早1亿4千万年。现存最早的蜜蜂化石是一只8000万年前的标本，是裹在琥珀中的一只蜜蜂，那是在新泽西发现的。科学家们现在必须努力寻找更多的蜜蜂化石，以填补这一巨大的空白时期。

于是，科学家们必须说明，在被子植物出现之前，蜜蜂在干什么？被子植物的最早遗迹被测定为1亿2千万年至1亿1千万年前，所以答案只有两个，或者是花朵的出现比人们认定的早得多，或者是最早的蜜蜂在没有花朵的情况下已生存了很长时期，它们取食和授粉的对象是结球果的木质植物，即裸子植物，其中包括蕨类植物、苏铁和针叶树等。

科学家们说，后一种答案比较可信。传统的看法认为，群居的昆虫如蜜蜂等是和开花植物有着共生关系的，被子植物以到处盛开的花朵影响着蜜蜂的繁衍和分化，但新发现对此却提出了质疑。

"新的证据表明，事实很可能是另一种样子，像蜜蜂和黄蜂这样的昆虫也许推动了被子植物的繁衍和分化。"美国地质研究所的古生物学家斯蒂芬·T·哈肖提斯说道。他也是科罗拉多大学的博士研究生。

哈肖提斯先生是在化石森林中从事研究工作时偶然发现化石蜂巢的。他的研究工作原本是要复原化石森林当年生态系统，弄清它对非脊椎动物的影响。他和其他一些研究者发现了几百个巢穴和卵袋的遗迹，经测定年代在2亿2千万年至2亿零7百万年前之间。他们说，虽然没有发现蜜蜂或黄蜂的身体器官，但在现代营造这样结构的巢穴的，就只有蜜蜂和黄蜂。

在美国地质学会的一次区域会议上，哈肖提斯先生宣布了他的发现，这次会议是上周在蒙大拿州立大学召开的。他的合作者有美国地质研究所的鲁塞尔·杜比尔博士和科罗拉多州立大学的提姆·德姆考博士。

尽管这一发现给人带来震惊，但科学家们却表现出积极的肯定态度。这在某种程度上是因为证据本身很有说服力，另外，这项发现和近来关于昆虫进化问题的修正意见十分吻合。这种意见越来越认定，昆虫的极盛时期在开花植物出现之前千百万年时就到来了。

堪萨斯大学的古生物学家查尔斯·D·米奇纳博士说："这给我们带来了强烈的影响。"米奇纳博士是 1974 年哈佛大学出版社出版的《蜜蜂的社会行为》一书的作者，今年早些时候哈肖提斯先生访问了堪萨斯校园，把自己发现的证据给米奇纳博士和他的同事们看过。

米奇纳博士同意，化石巢穴呈现出聚成一团的小室样子，很像现代的蜂巢。但像其他一些科学家们一样，他提醒说，还需要有更多的研究工作来确认这一发现。一种可能性是始终存在的，即没能活到今天的某种昆虫造成了这些像蜂巢的东西。最好的证据，当然啦，是找到和这些巢穴有关联的蜜蜂化石。

芝加哥大学的古生物学家小约翰，塞珀考斯基博士说："这也的确是我们所真正希望得到的证据。"他和一位昆虫化石专家、位于华盛顿的斯密森协会的公立自然史博物馆的康拉德．C·拉班德拉博士一道，报告了关于昆虫进化的综合研究的结果。他们的结论是，开花植物并没有促进昆虫的大繁衍，因为昆虫的繁荣至少比开花植物的出现早 1 亿 2 千万年。他们的这一结论对正统的理论提出了挑战。

哈肖提斯先生是在化石森林进行 4 年之久的野外作业过程中发现这些蜂巢的。它们大多处在树干的浅层空洞中，树干上的节孔就是进出的通道。每个巢中藏有 15~30 只巢室，像一个个小瓶子，每个巢室都有一个细小的孔，通到较宽敞的小室中。巢室壁可能是用树木本身的树液和树脂造成的。

哈肖提斯先生说，每只巢室在形状和大小上都"完全相似于"现代蜜蜂的巢室。现代蜜蜂的做法是把每只卵放在一个巢室里，同时把一些花粉和树脂一道存放进去，作为从卵中生出的幼虫的食物。

研究者们还发现了地下巢穴的遗迹和树干中遗留的卵袋。那些卵袋很接近现代黄蜂的卵袋。这一证据可能要将黄蜂的已知起源时间提前1亿年之久。

哈肖提斯先生说："这些昆虫巢穴的构造相当复杂，说明其建造过程属于一种很发达的行为。"

他说，这些巢穴的建造者可能不是与现代蜜蜂同一种系的昆虫，很可能是和现代一个形体很小的种群有关的原始昆虫，这个现代种群通常称为集蜂。从巢穴的形状来看，它们的建造者在解剖特征上接近现代的蜜蜂和黄蜂。这就是说，它们应该有着连接灵活的头，有长着结实的腿、胸和腹，能把翅膀向后平整地收拢到背上，以便在各个巢室之间灵活地穿梭。

脱离开花朵来想象蜜蜂是很难让人接受的，所以，新发现必定会给植物学带来很大的启示，改变以往的思维习惯。

就现有的资料来看，已知最早的花朵是一块小小的植物化石，这株植物生活在1亿2千万年前，1990年耶鲁大学的植物学家们对它进行了鉴定。它显然是一株香草植物，勉强有1英寸高，很像胡椒。科学家们推测，在它之后，才有被子植物进化出的烂漫花朵，以花蜜吸引着昆虫、飞鸟和蝙蝠，使它们成为传播者，把花粉从一棵植物传播到另一棵植物的花蕊上。

不过，最近的研究进展使一些科学家开始想到，第一批被子植物也许发生得早得多，也许早在三叠纪的2亿年前就出现了，那时，恐龙才刚刚出现。如果那时已经有蜜蜂存在的话，关于早期被子植物的理论就会得到极大的推进了。

俄亥俄州立大学的古植物学家汤姆·泰勒博士说，虽然存在这种可能，但是早期的蜜蜂是并不依赖被子植物的。他并没有研究过化石蜂巢实物，但是他说，他可以想象出蜜蜂生活在蕨类植物、针叶树和苏铁等古老的裸子植物造成的绿色世界的情形，这些植物在三叠纪占据了统治地位。

这些植物的花粉通常是靠风媒而不是昆虫和鸟类来传播的，但是，泰勒博士说："我觉得，蜜蜂和蕨类植物进化出涉及授粉活动的相互关系也是可以理解的。"

按照哈肖提斯的推想，被子植物并没有为蜜蜂和黄蜂之类昆虫开辟任何新的生存环境，相反，它们却相互竞争地吸引昆虫的注意，而昆虫在那时已经很丰富了。

一位研究者说："原始被子植物可能依靠色彩斑斓的花朵来利诱蜜蜂黄蜂的授粉行为，以此与裸子植物竞争。而且，经过漫长的演变，大部分昆虫也真的从裸子植物那里跑到开花植物那里去了。"

被子植物很可能是在蜜蜂具有重要作用的时候才形成开花功能的，但是在忙碌不停的蜜蜂的帮助下，它们很快就繁荣起来了。

说明：

威尔福特 (John Noble Wilford，生年不详) 著，赵沛林译，《千古魔镜：化石》，长春出版社 2001 年，第 153–157 页。本文原载于《纽约时报》1995 年 5 月 23 日。威尔福特为《纽约时报》记者。

阅读思考：

你经常读《纽约时报》的科学报道吗？美国极少有《科技日报》《中国科学报》《大众科技报》《北京科技报》之类专门的科技类报纸，是不是美国的科技传播就做得比较差？如果你是一名科学类记者，写报道时会怎样注意自

B
卷

己的观点和专家的观点？昆虫与花朵之间构成怎样的关系？如果大量栽培植物长重瓣花（花蕊因而会变少），是否会影响一些昆虫采食花粉？

英不落札记

鲍尔吉·原野

杏花露出了后背

"笃、笃、笃……"，沉睡的众树木间响起了梆子。

梆子的音色有点空，缺光泽。是什么木的？胡琴桐木，月琴杉木，梆子约为枣木吧。

梆子一响，就该开始了。

"开始"了什么，我也说不清。本想说一切都开始了，有些虚妄。姑且说春天开始了。

梆子是啄木鸟搞的，在西甲楼边的枯杨树上，它和枯树干平行。

"笃……"，声传得很远，急骤，推想它脖颈肌肉多么发达。

人说，啄木鸟啄木，力量有 15 千克（147 牛顿——编者注）；蜡嘴雀敲开榛子，力量 20 千克（196 牛顿——编者注）。好在啄木鸟没对人脑袋发力。

有了梆子，就有唱。鸟儿放喉，不靠谱的民族唱法是麻雀，何止唱，如互相胳肢，它们乐得打滚儿；绣眼每三分钟唱一乐句，长笛音色，像教麻雀什么叫美声；喜鹊边飞边唱，拍着大翅掠过树梢，像散布消息。什么消息？

——桦树林里出现一条青草，周围的还黄着。这条青草一米宽，蜿蜒（蜿蜒？对，蜿蜒）绿过去，像河水，流向柏油路边上。这是怎么回事儿？

地下有什么？它们和旁边的青草不是一家吗？

—— 湖冰化水变绿，青苔那种脏绿。风贴水面，波纹细密，如女人眼角初起的微纹。在冰下过冬的红鲤鱼挤到岸边接喋，密集到纠缠的程度。

—— 柳枝一天比一天软，无事摇摆。在柳枝里面，冬天的干褐与春天的姜黄对决，黄有南风撑腰，褐色渐然逃离。柳枝条把袖子甩来甩去，直至甩出叶苞。

在英不落的树林里走，树叶厚到踩上去趔趄，发出翻书页的声音。蹲下，手拨枯叶能见到青草。像婴儿一样的青草躺在湿暗的枯叶里做梦，还没开始长呢？

英不落没有鹰，高大的白杨树纠结鸟巢，即老鸹窝。远看，黑黑的鸟巢密布同一棵树上，多的几十个，这些老鸹估计是兄弟姐妹。一周后，我看到鸟巢开始泛绿，而后一天比一天绿，今天绿得有光亮。这岂不是笑话吗？杨树还没放叶，老鸹窝先绿了。

请教有识之士。答我：那是冬青。

冬青，长在杨树杈上，圆而蓬张？

再问有识之士。说，鸟拉屎把冬青籽放置杨树之上。噢。

在大自然面前，人无知的事情很多，而人也没能力把吃过的带籽的东西转移到树梢上发芽与接受光照。人还是谦虚点吧，"易"之谦卦，六爻皆吉。其他的卦，每每吉凶相参，只有谦卦形势大好，鬼神不侵。

啄氏的枯木梆子从早上七时敲响，我称之开始。对春天，谁说"开始"谁不懂事儿。春天像太极拳的拳法一样，没有停顿、章节，它是一个圆，流转无尽，首尾相连。

林里，枯枝比冬天更多。拾柴人盯着地面东奔西走。杏树枝头的叶苞挣裂了，露出一隙棉花般的白，这是杏花白嫩的后背，现在只露出一点点。

这么小的小风

最小的小风俯在水面，柳树的倒影被蒙上了马赛克，像电视上的匿名人士。亭子、桑树和小叶柞的倒影都有横纹，不让你看清楚。而远看湖面如镜，移着白云。天下竟有这么小的风，脸上无风感（脸皮薄厚因人而异），柳枝也不摆。看百年柳树的深沟粗壑，想不出还能发出柔嫩的新枝。人老了，身上哪样东西是新的，手足面庞、毛发爪牙，都旧了。

在湖面的马赛克边上，一团团鲜红深浅游动，红鲤鱼。一帮孩子把馒头搓成球儿，放鱼钩上钓鱼。一条鱼张嘴含馒头，吐出，再含，不肯咬钩。孩子们笑，跺脚，恨不能自己上去咬钩。

此地亭多，或许某一届的领导读过《醉翁亭记》，染了亭子癖。这里的山、湖心岛、大门口，稍多的土积之成丘之地，必有一亭。木制的、水泥的铁管焊的亭翘起四个角，像裙子被人同时撩起来。一个小亭子四角飞檐之上，又有三层四角，亭子尖是东正教式的洋葱头，设计人爱亭之深，不可自拔。最不凡的亭，是在日本炮楼顶上修的，飞檐招展，红绿相间，像老汉脖上骑一个扭秧歌的村姑。

干枯的落叶被雨浇得卷曲了，如一层褐色的波浪。一种不知名的草，触须缠在树枝上。春天，这株草张开枣大的荚，草籽带着一个个降落伞被风吹走。伞的须发洁白晶莹，如蚕丝，比蒲公英更漂亮。植物们，各有各的巧劲儿。深沟的水假装冻着，已经酥了，看得清水底的草。我想找石头砸冰，听一下"噗"或"扑通"，竟找不到。出林子见一红砖甬道，两米宽。道旁栽的雪松长得太快，把道封住了，过不去人。不知是松还是铺甬道的人，总之有一方幽默。打这儿往外走，有一条小柏油路，牌子上书：干道。更宽的大道没牌子。

看惯了亭子，恍然想起这里有十几座仿古建筑，青砖飞檐，使后来的修亭人不得不修亭，檐到处飞。

我想在树林里找到一棵对早春无动于衷的树，那是杨树。杨树没有春天的表情，白而青的外皮皲裂黑斑，它不飘舞枝条，也不准备开花。野花开了，蝴蝶慢吞吞地飞，才是春天，杨树觉得春天还没到。杨树腰杆太直，假如低头看一下，也能发现青草。青草于地，如我头上的白发，忽东忽西，还没连成片。杨树把枝杈举向天空，仿佛去年霜降的那天被冻住了，至今没缓过来。

鸟儿在英不落的上空飞，众多的树，俯瞰俱是它的领地。落在哪一棵上好呢？梨树疏朗透光，仪态也优雅，但隐蔽性差；柏树里面太挤了，虽然适合调情；小叶柞树的叶子还不叶，桑树也未桑。小鸟飞着，见西天金红，急忙找一棵树歇息。天暗了，没看清这是一棵什么树。

鸟儿在嘲笑什么？

榆苑冒一片浓烟，过去瞧，工人烧荒。借春风，把地上厚厚的茅草烧尽，化灰肥地。男工人穿迷彩服，亚热带丛林作战时的伪装衣现在普遍成了劳动服。女人戴口罩，扎厚头巾，穿运动服。他们手举铁锹扫帚，面对四处奔突的火焰。枯索的早春，火焰以其明亮的活泼让人爱也有点不安。如果火窜树上，铁锹扫帚伺候。工人是附近的农民，在园林打工。女人的运动服是孩子穿剩的校服。

草地过火之后，留下流动的痕迹，像急流冲过。是说，枯萎的1尺（约0.33米）多高的草被水冲过，如头发卷曲地面，火烧过，黑色的灰烬留下水流一般的波纹。脚一踩，炭灰"噗"地没了。看上去，灰是黑炭，烬是白炭。一夜过去，风把黑白炭吹跑了，地干净，露出一绺绺的青草尖。它们烧不尽，草尖却黄了。

到今天，青草还没有成片出现。一条被人踩得光亮的土路上，青草露头儿。它们挑土硬和人走过的地方先发芽，真犟。青石板台阶的缝隙先出青草，横竖划出绿色的格子，比地上绿得快。

英不落的园林除去亭子，还有雕塑和桥。有一个通往湖心岛的桥凹兜向下，如同把赵州桥造反了，行人由上而下再上，从功能说，也属于桥。雕塑是这里的大观。一个女武术家塑像背剑矗立，二指冲天。塑像跟基座相比显单薄。周围几棵柏树长得太快，把武术家挤在当中，成了隐蔽的哨兵。看得出所有的雕塑系出一人之手，无不写实，一丝不苟。人和动物若做成塑像，必须变化，而不能按解剖学的比例做，写实就失真。古希腊的雕塑若看着写实，也只在"看"时，再看，比例全有改变。某楼前一座母子鹿雕塑，难为了雕塑家，它们的嘴太像嘴了，微张的样子像念俄文单词。鹿的犄角和尾巴断了，放在边上。放生池有一座少女塑像，高挑身材，纱衣，腹肌做得很好，长发却像一卷书。还有一座白大夫塑像，他热切地凝视前方——晋察冀边区受伤的将士。想起白求恩遗嘱——"把我的行军床送给聂司令，皮箱送给贺司令，马送给冀中的吕司令。请加拿大党组织关照我的妻子……"

林中出现新挖的树坑，堆着的土像洗过。土在土的里面就是新的，没有灰尘。那么，什么是灰尘？它不是土吗？从树坑边湿润、带纹理的土看，土是土，端正，质地如一。而灰尘是灰尘，到处跑，它们弄脏了土的外衣。灰尘和风是一伙的，土没有和它们联盟。走着，见一根电线杆子，木质，裂缝，刷黑色的柏油。如果在林中见到一根电线杆子，谁都想骂它。和树一般高一般粗的电线杆子，虽然直立，却像叛徒，像水货，像欧典地板，或暗探。它的头上穿过电线，打扮得如同公家人，但还不招人待见。我拍拍它，说：回去吧！

鸟可能会笑。快到家了，东边榆树传来"唧唧——"，刚抬头，西边"唧唧"。鸟在一秒钟换了位置，后一句"唧唧"听着像"嘻嘻"，它在嘲笑人。鸟惹不起人，只好嘲笑一下，笑他们混浊的眼力、迟钝的听力以

自然写作读本

及转动脖颈的笨拙。没安滚珠儿，没安万向轮，怎不笨拙？鸟儿打不过人，也科技不过人，却可以高距人类头顶，看这帮没翅膀的家伙在地上埋头走，用声音追他们。早上看电视，一位野外动物学家说："人们不一定能发现珍稀动物，要靠动物的粪便判断其行踪。"

对城市人类学家来说，靠人类粪便判断他们是什么人、在搞什么，实在太难了。腊八蒜、烤鸡胗、扒口条、鱼香肉丝、汉堡，他们什么都吃。

"紫微紫微紫微紫"

布谷鸟的歌唱近于幽怨，布谷！布谷！粮食生产真是大事。音色还好，木管乐味道。喜鹊之唱像用碗岔子刮铁锅，是乐器族里钹或宿醉人晨吐的声音。一对在天上调情的鸟儿这样唱道：

公：紫微、紫微、紫微、紫（音译）。

母：瞧瞧（声低微）。

它们盘旋环绕，飞得不高不低、不快不慢，"紫微紫微紫微紫，瞧瞧"。

倘若——我暗自想——对一位姣好的女人说：紫微紫微……她会怎样？东北女人不外回答：拉倒吧！

还有一种鸟鸣，单音儿，"吱"，给我的感觉，它叫一声眨一下眼。此音好像不闭眼发不出来，而且是眨双眼皮的圆眼。鸟眼都圆，见不到细长如关羽或林忆莲式的眼睛。

鸟的视力——鸟类学家说——是动物中最优秀的，它们几乎靠视力生存（白日的猫头鹰除外）。鸟儿有最好的听力，可以同时分辨二百分之一的两个音。这最使我困惑。对人来说，它是一个音。

有的鸟儿唱连音，重音在后面。啾啾啾啾、嘀！五言。前四个音节如拨弦，后边的音节是鼓。这里面有奥妙。读古诗最舒服的就是五言，四言六言均不贴人心怀。"白日依山尽，无人送酒来，青青河畔草，大雪满弓刀"。诵诗时敲一只木鱼，觉得五言之诗简直是真理。其实诗的每句为六

B
卷

言，第六个音符是休止符，参差上口，意味连绵。这和汉语的单音节相关。斯拉夫语系之元音、转音、粘连音得不到五言的脆白之韵。英不落的鸟儿也有斯拉夫语系的演唱，声音在喉咙里打滚，有舌音和脑部共鸣的混音。我听不懂意思，波希米亚的斯美唐娜一定听得懂。

风吹过，圆而密的雪松摇不得枝叶，只好扭动腰身，像摆呼啦圈。柳条叩首，杨树不动。风大了，杨树掰掉枯枝扔下。白杨不知如何迎合风，甩一甩枝条不就保全筋骨了吗？给我的感觉，杨树一直闭着眼睛，在夏天到来之前，在圆而微卷的绿叶长出之前，它不屑看眼前的一切，即使喜鹊把粪便拉了一身也不睁眼。难怪小鸟说：瞧瞧！

我住的房间在二楼，南面是公路。路基高，眼前有墙遮挡。摩托车像在冰上滑过，卡车也看不见轮子。城里听到的车声只是鸣笛，在这里，汽车的声音穿过树林仍保留发动机的轰鸣，同时听得见鸟鸣，包括它们自言自语式的啁啾。西面有一条铁道线，火车间或通过。有一天，我站在垃圾堆上看见客车的窗口在林木间嗖嗖闪过，只30秒就没影了。火车的声音更真切，车轮在钢轨上的摩擦，还有车厢之间的撞击声，呼隆隆或咣当当，象声词，说不好。在乡村听到火车的行驶声，让人的心思通向远方。

湖里的红鲤鱼因为抢吃掰碎的方便面扎成一堆，面块儿像球场的球那样传来传去，攒拥它的是无数圆嘴。也可以说，在这里看到了众嘴的群吻。在离湖边很远的假山边上，有一条小鱼随波逐流。我算一下，它离群吻之地约有一千米，中间有岛，可能它再也游不回去了。

猴们和娃们

树林西边有个大铁丝笼子，标牌书大字：禁扔杂物。小字：猴笼。更小的字：广西猴。

我看了半天，想看出猴的广西性，脑里结合漓江山水和南宁国际歌会，没看出来。猴，像在一个半圆的毛坯上刻出一张脸，只刻半个面颊和一线额头就停止了，上帝累了，而眼睛炯炯有神。猴走起来东张西望，每步俱张望。它为给自己的多动找一些缘由，作各种动作。用哲学家思考的问题发问，它们动作的意义在哪里？猴的作为没有人类所说的意义，游戏自己，动而已。基因不让它们停下来。小广西猴把一个胶皮圈套进脖子，摘不下来而上蹿下跳，但不急，换了人不知急啥样，说不定要打120。小猴劈腿跨过大广西猴头顶，再倒着跨回来，使它尝受韩信之辱。大猴没感觉，读一片食品包装袋上的字，生产日期、配料什么的。

　　猴不像鹰那样远望，不像狼那样踱步。许多动物在笼里并不观察人。狼和熊什么时候盯着人看过？吓死你，它们不瞭人。"天低吴楚，眼空无物"。猴偶尔瞥一下人类，流露出无助。小广西猴伸展比外科医生和锁匠还灵巧的手指在铁丝笼上攀爬，大广西猴剥东西。猴喜剥，喜观察可剥之物的核心与真相。

　　两个孔雀一起开屏。它们可能记错日子了，今天没什么庆典。孔雀的屏上有几十只宝蓝色的眼睛窥视你，唰唰抖动，荡漾流苏。这时候怕风来捣乱，兜腔吹来的风让孔雀艰难转向，屁股示人。不过孔雀的屁股也没什么好看。雌孔雀也开屏，开合利落，如相声演员手里的扇子。

　　马鹿低头吃玉米秸枯干的叶子，一片喧哗。它们行步迟疑，后腿不得已才移前，像舞蹈。

　　鸵鸟笼的牌上写着"孔雀"。鸵鸟像一帮驼背的强盗，用异样的眼神看人。据说它一脚能蹬死一个人，有 300 千克（2940 牛顿——编者注）的力量。一鸵鸟俯首，两翅垂张及地，如谓：请、请吧！

　　动物园边上是花房，三角梅开得极尽热烈，从盆里开出盆外一米多，有花无叶。人说，花叶不相见，是狠心的植物，不知狠在哪里。

　　比动物和花好玩儿的是餐厅的孩子们，他们也被称作服务员。这些乡村的孩子（陕西话叫娃）经过培训，女孩红短裙粉格衬衣，男孩黑马甲白衬衣。他们为客人点菜端菜，表情愉快，仿佛说：这算工作吗？玩儿而已，而且好玩儿。支使他们拿葱、蒜、酱，十次八次也不烦，好像越玩儿越深入了，如出牌一样。余暇，他们打闹、唱歌、起哄，比小广西猴更雅致，而快乐不减。在一起，他们有口无心地谈论爱、梦中情人。他们认真地倾听胖厨师谈结婚的事儿。娃们在年龄上刚刚进入"爱"的临界期，在阅历上刚刚接触城市和所谓现代生活方式。更多的时候，娃们一人压另一人肩膀唱无病呻吟的情歌，破碎呀、抛弃呀，而表情健康。如果有一天他们得知自己是在工作、在赚钱，养活一个家，就没这么轻松了。

英不落柳树最多。有一棵半抱粗的老柳树好像被雷劈过，躯干残破，却生出柔枝，垂地依依。还有一棵大柳树，及抱，枝叶阔大。人们围着树砌了一圈白石矮椅，乍一看，像大树的裤衩落地，来不及提起来。

说明：

鲍尔吉·原野（1958–）著，《作家杂志》月刊，2006年5月。鲍尔吉·原野，蒙古族，辽宁省公安厅专业作家，当代著名散文家。

阅读思考：

文中的冬青，指的是槲寄生，作者说它长在杨树上。除此之外你认为它还能长在什么树上？从鲍尔吉·原野的短句散文中你听出了自然之音吗？东北人为何喜欢用象声词？大量"东北成词"与东北人的"地方性知识"和生活习惯有关吗？

自然写作读本

初雪

普里斯特利

　　罗伯特·林德曾这样评论简·奥斯汀笔下的人物："他们是这样的人，在他们的生活中，能遇上一场小雪就算是一件大事。"尽管可能被这位诙谐而温和的评论家看成是伍德豪斯式的人物，我仍然坚持认为，昨晚这里下了一场雪的确是一件大事。清晨，看到这皑皑白雪，我和孩子们不禁兴奋起来，我看到他们在幼儿室的窗户前凝望着外面奇妙的世界，七嘴八舌说个没完，仿佛又要过圣诞节了。事实上，这场雪对我和孩子们来说都是惊奇、迷人的。这是今年冬天这里的第一场雪，由于去年此时我身在国外，在落雪时节正经历着热带的高温，所以再次看到铺设着这洁白地毯的大地时，有种久违了的感觉。去年在国外时，我遇上英属圭亚那三个年轻的女孩子，她们刚结束对英国的初访。在她们印象之中，最深的两件事是：伦敦街头熙熙攘攘的人群，全都是陌生的面孔（她们强调这一点，是因为她们一直生活在小镇，人们彼此都很熟悉）；另外一件事是在索默塞特某地，一天清晨醒来忽然见到了白雪皑皑的景象。她们欣喜若狂，一扫淑女的矜持，冲出屋子，来回奔跑在那片晶莹洁白的雪地上，在无人踩过的雪毯上，留下了横七竖八快乐的脚印，正像孩子们今天早晨在花园里做的那样。

　　这场初雪不仅是件大事，而且还是件富有魔法的大事。你睡觉时处在一个世界里，而醒来时，却发现你在一个截然不同的天地里。如果这都不让人沉醉，到哪里去找更醉人的东西呢？一切都悄然地在一种神秘的沉静中完成，因而更给这场初雪增添了玄妙的色彩。若所有的雪铺天盖地倾泻下来，把我们从午夜的沉睡中惊醒，那么，这就没什么值得欢呼雀跃的了。但它却是趁我们熟睡时，分秒必争，悄无声息地飘落下来。卧室里窗帘拉拢了，外面却发生着翻天覆地的变化，犹如无数的精灵仙童在悄悄地施展魔法，而我们只是翻个身，打个呵欠，伸一下懒腰，对此毫无知觉。然而，这变化是多么巨大呀！我们住的房子仿佛掉进了另一片天地。即使在白雪鞭长莫及的室内，也好像不一样了，每个房间都显得小巧而温暖，好像有某种力量的驱使让它成为一个伐木工的棚屋，或一所温暖舒适的圆木房。外面，昨天的花园，现在却是晶莹皎洁的一片，远处的村落犹如置于古老德国神话中的一个仙境，不再是你所熟识的一排排房屋了。所有住在那里的人们：戴眼镜的邮政局女局长、鞋匠、退休的小学校长以及其他人，如果你听说他们都改弦更张，成了古怪精灵般的人物，能为你提供隐身帽和魔术鞋，你也不会感到不可思议。你也会觉得自己和昨天不太一样。一切都在变化，你又怎会一成不变？屋子萦绕着一种莫名其妙的激动，一种由兴奋而产生的微弱的颤动，让人心神不宁，这和人们将要作一次旅行时所常有的那种感觉没什么两样。孩子们当然无比兴奋，就连大人们在准备开始一天的工作之前，拢在一起聊侃的时间也比以往要长一些。任何人都会不由自主地到窗户前去瞧瞧——这种情形就和人们在一艘远行的游轮上一样。

今天早晨起床时，整个世界变成了淡蓝洁白交相呼应的冰封天地。光线从窗户射进来，迷迷离离，竟然使得洗脸、刷牙、刮胡子、穿衣服这些日常小事也显得很离奇古怪。接着太阳出来了，到我坐下来吃早餐时，太阳的光彩已经是绚丽夺目，给雪地添上一抹柔和的淡粉色。餐室的窗户成为一幅可爱的日本版画。屋外的小梅树愉快地沐浴着日光，枝杈上镶嵌着淡粉色的雪花巧妙地装点着树干。过了一两个小时，万物都成了寒气四溢、白蓝交辉的发光体。世界再次焕然一新。那精巧的日本版画已然消失。我从书房的窗户中望去，穿过花园，越过草地，看到那远处的低丘，大地晶莹皎洁，天空一片铅灰，所有的树木呈阴森恐怖状——确实有种非同寻常的危险蕴藏在这景象之中。它好像把我们这个与英国中心毗邻地区里的宜人乡村变成了一个残忍冷酷的荒原。在那幽暗的矮树林中，似乎有一队骑兵随时都会从里面冲杀出来，随时都会听到刀剑无情的砍杀声，也可能会看到远处某一处雪地被鲜血染红。——这就是我看到的情景。

这时情况又在变化。光亮已经消逝，那恐怖的迹象也荡然无存。雪下得正紧，大片大片柔软的雪花洋洋洒洒，因而人们几乎看不清对面那浅浅的山谷，厚厚的积雪压着屋顶，树木也都弯下了腰，映着影影绰绰的空茫，依然能清晰地看见乡村教堂的风标，然而它已变成安徒生笔下的某种动物了。我的书房独立于整所房子，从这儿我可以看到幼儿室的孩子们把鼻尖紧巴巴地贴在窗玻璃上。突然，我的脑海里响起一首儿歌，虽然音韵不协调，但在我孩提时，鼻尖紧贴着冰冷的玻璃凝视着飘舞的雪花时，总唱起它：

雪花，雪花，飘得快：
洁白的雪花真可爱！
苏格兰宰了多少鹅，
片片鹅毛这边飘落！

说明：

普里斯特利（John Boynton Priestley,1894–1984）著，徐翰林译，《世界上最优美的散文》，机械工业出版社2004年，155–157页。普里斯特利是英国小说家、剧作家、评论家。

阅读思考：

作者为何说"昨晚这里下了一场雪的确是一件大事"。北京的冬天，已经变得基本不下雪。对于北京人，下一场雪，仿佛得到了上天的一份大礼。你认为北京的冬天为何少雪？你滑过雪或者打过雪仗吗？"雪是人之身体和精神的延展"，你能明白这句话吗？

B
卷

湖

普里什文

湖光天影

在大地的历史上，湖的生命是非常短促的，比如从前美丽的别连捷伊湖，产生过别连捷伊的童话，现在这个湖死了，变成了沼泽。普列谢耶沃湖还很年轻，仿佛不仅不会淤平，不会长上草木，还会永葆青春。这个湖有许多大的泉源，森林里又有无数支泉水流入湖中。关于湖的童话和湖的余水，一起顺着特鲁贝日河奔流向前。

学者们对于湖的生命说法不一，我不是这方面的专家，弄不清他们的见解，只是我的生命也如同湖一样，我一定会死去。无论湖、海、行星，全都会死去。这一点大概没有什么可争论的。但是一想到死，怎么便会产生"如何办"这样荒唐的问题呢？

我想，这也许是因为生命比科学更重要的缘故。一味闷闷不乐想着死，是无法生活的，所以人们对于生的感情，只用童话或者笑话来表达："人都有一死，我是人，也就无足轻重，大家都会死，还是让我想个法儿逃过去吧。"个别人对于不免一死这一点说的这些可怜的笑话，普通的别连捷伊人却无动于衷，他们信奉的是了不起的要干活的规矩，死管死，黑麦可要种。

生的压力要比逻辑无比强大，所以科学不该怕。我已不年轻，为了我的罐里水常满，我长年忙忙碌碌；我知道，罐里水满的时候，对于死的一切想法都是空的。不管今后有什么山高水低，每天早晨我还是高高兴兴端出茶炊来烧茶。我这个茶炊，自从我初次见到别连捷耶芙娜[1]一直到我和

---

[1] 指普里什文的第一个妻子叶夫罗西尼娅·帕夫洛夫娜。——译注。

她银婚之日，侍候了我许多年月。

在春光最亮的时日里，曙色比我醒来还早，即使如此，我仍然日出以前一定起床，那时候连野地和森林里的普通的别连捷伊人都还没有起身。我把茶炊提起来，对着木盆翻转过来，倒出隔日的灰烬，然后照例放在后门外，装上哗泉的水，点燃细劈柴，并把烟囱靠在院墙上。茶炊快烧开时，我在台阶平台的桌上放好两套茶具。来得及的话，我把小块的炭火最后吹一遍，然后沏上茶，靠桌子坐下来。——从这一刻起，坐在桌边的不是我这个普通的忙碌的人，而是别连捷伊本人了，他举目眺望那整片美丽的湖，迎接朝阳冉冉升起。

不一会儿，别连捷耶芙娜也出来喝茶，她打量一下当家的身上是否已收拾整齐，吩咐道：

"又是满脸胡子，看着吓人，擦擦干净吧。"

她常斥责别连捷伊，而且总是称"你们"，把他等同于孩子们，别连捷伊倒也乐意服从她。对女人以妻子一词相称的平常态度，在别连捷伊早已成为过去，妻子在他已如同母亲，自己的孩子们如同爱打猎的兄弟。也许有一天，别连捷耶芙娜会成为他的妻子兼祖母，孙子们成为新的兄弟——你来时幼小，去时也幼小，就像在湖里一样，几支水流进来了，又有几支水流走了。你如果保持罐里水常满，生命就会是无穷尽的……

别连捷伊们从森林里陆陆续续走出来：有的带来公鸡，有的带来鸡蛋，有的带来的却是家织的呢料和花边。别连捷耶芙娜全都仔仔细细看过，有时也买点什么；别连捷伊本人却问他们住在哪儿，做什么事，土地、水、树林怎么样，过节时怎么玩，唱什么歌……

今天来了一个波洛韦茨乡的别连捷伊人，说他们那儿的沼泽林中有一条三俄里长的路，全是一根根原木铺的，他盛情邀请别连捷伊去看看，一定会对那条做的路惊讶不已。另一个从韦多姆沙来的别连捷伊人，做焦油的，待了老半天，讲他怎样把大树桩劈为小块，怎样干馏纯净的焦油，熬树脂和松节油。第三个人来自爱河外村。

"这个名字是什么意思？"别连捷伊问道，"爱河外村，这怎么理解？"

"我们那儿有一条湍急的小河，我们住在河那边，河名就叫爱河。"

"爱河，多美啊！"别连捷伊本人赞叹道。

"是的，"客人心满意足地说，"我们爱河那边全是平坦的斜坡地，顺着恨慰河也全是好村子：吹笛村，对吹笛村，神勇村，华妆村，守户村。"

"我们那儿可不一样，"韦多姆沙来的扎列西耶的别连捷伊人说道，"只有树桩、树脂，各种各样的苍蝇、蚊子，村子也都不好：鬼啤酒村，妖坡地村，偶像裤村，造反村，小丑村。"

大大小小的河流、水泉，纵横交错的支路，直至一些潮湿地，便是整个扎列西耶地方的变化无穷的杂色图案，所有这些去处，别连捷伊本人预计等到普列谢耶沃湖全部解冻以后，都要去游历一番的。

当朝霞初升，五色变幻，太阳照例要大放异彩的时候，别连捷伊们散了，别连捷伊本人也消失了。

那时我回到我的工作室，拉上窗帘挡住阳光，开始写作。

不知为什么，我今天一个字也写不出来，似乎全乱了套了。棕红色的猎狗亚里克蹲在房角落里，一双美丽聪明的眼睛望着我，猜到我坐不长久。我忍受不了这一双目光，便开始同亚里克就野兽和人的问题纵谈哲理：野兽什么都知道，就是说不出来；人倒能说，可什么也不知道。

"亲爱的亚里克，有一位圣贤说过，大地上的一切秘密都会随着最后一只野兽的消失而消失。如今巴黎的大街上已经没有马了，人都说只用汽车怪没有意思。可是你看，我们莫斯科有多少马，林阴道上有多少鸟啊，据说世界上没有一个城市的街道上有这么多鸟……亚里克，我跟你在小艇这儿建一个别连捷伊生物学实验所，完完整整保护好方圆近 25 俄里的所有森林，所有鸟儿，所有野兽，所有别连捷伊水泉。哗山上建一个高等学府，只收少数证明具有特殊创造力的人，而且要用较短的时间，目的是为了准备盛大的生活节日，让所有参加过节的人那时都会喜气洋洋，人人都肯定会为别连捷伊世界贡献点什么，而不是乱扔夹肉面包的包装纸，把那世界弄脏。"

我真还会这样长久地同亚里克谈下去，要不是别连捷耶芙娜突然喊起来：

"去，快去看看湖什么样了！"

我跑了出去，见到了无法再重现的景象，因为这一次湖把它一切最好的给了我，我也就把我最好的给了湖。整个天宇，连同它那一座座城市和村庄、草地、柱廊式大门、普普通通像白浪似的浮云，都倒映在如镜的湖面上，离我们这么近，离人这么近……

我不禁回想起了那春天时节，那时她对我说："你拿走了我最好的。"我又回想起她在秋天说的话，那时太阳离开了我们，我对太阳大为恼火，买来最大的煤油灯，由着自己的性子扭转了整个生活……

结果如何呢？

我们长久地沉默着，但我们一位客人按捺不住，只是为了打破沉默，没头没脑地说：

"你们看，那儿有一只黑黢黢的野鸭。"

别连捷耶芙娜深深地叹了口气，也说：

"假如我跟以前一样，还是个小姑娘，见到这样的湖，就会跪下来……"

那是春天里气象万千的一天，突然一切都明白了，为什么我们忍受了如此多的阴沉、严寒、刮风的日子，原来都是为了创造这样的一天所必需的啊……

杜鹃的第一声啼鸣

一旦见到湖水开冻，水光潋滟，还有什么别的事可想呢？惟有赶紧沿着水边到森林中去，到森林深处的乌索利耶村去，造小船的师傅们都在那里忙活。

一路上所见，似乎都说明我同亚里克谈的那个自然保护区已经建成了。

我们的右边，紧靠着湖水，是一片参天的古木，传来哗哗的松涛，左边是一片无法通行的野沼泽林，快要变为大片的沼泽地了。松林里越桔丛生的地方，阳光斑驳中，我们见到一些活动的影子，我抬起头来，猜到那是老鹰在松树间无声地飞来飞去。

"天还是有点冷，可昨天突然什么都开场了。"护林员对我说。

"天亮时候还是相当冷的。"我回答说。

"可就在今天早晨，鸟儿拼命地叫！"

正说着，传来一声鸟叫，我们好容易才听出是杜鹃的第一声啼鸣，那真是拼命地叫，和松涛混成一片。连苍头燕雀那样的小鸟，也不是吟唱，而是拼命叫。整片松林都在拼命叫，无声的是那些大猛禽，只凭越桔丛中斑驳阳光里的影子才能辨认出来，从一个树冠飞到另一个树冠。

第一只夜莺

在河水汇入湖里的地方，有一只大麻鳽在柳丛中忽然叫了一声，这只灰色巨鸟的叫声之大，真像一头至少有河马那样大的身躯的动物。叫声一停，湖里又复沉寂。水面很清洁——轻风吹了一天，把它洗净了。水上稍有一点声音，老远就可以听到。

那大麻鳽喝水，能听得清清楚楚，接着它"咳"地大叫一声，两声，三声，打破了周围的寂静；停了10来分钟，它又"咳"地大叫起来；常常是叫三声、四声，没有听见过超过6声。

到了乌索利耶，听说一个渔人的独木舟被风浪打翻，他只好抱住朝天的船底在湖上漂。我听了不无害怕，就沿着岸边的阴影处划。我仿佛听到岸上有一只夜莺在啼鸣。远处什么地方，仙鹤昏昏沉沉地叫着。湖上极轻微的声音我们船上都能听得清：赤颈鸭咻咻地叫，潜鸭在打架，后来鸭科动物齐鸣，很近的什么地方一只公鸭踩着母鸭，好一阵折腾。这儿那儿都常有潜鸟和晨凫把脖子露出水面，仿佛骗人的路标。一条小狗鱼的白肚子和另一条缠住它的大狗鱼的黑脑袋，跃出水面，溅起粉红色的水花。

后来天空布满了云，我找不到一处可以停船的地方，一直往左划去，湖岸已昏朦不清。每当大麻鳽叫，我们就数数，这声音真怪，我们总要猜它能叫几回，令人吃惊的是，离两俄里远还能听见这叫声，后来离三俄里远也能听见，甚至 7 俄里之遥，也始终能够传到我们耳里，同时却已清晰地听到哗山上无数夜莺的啼鸣了。

金龟子

稠李花还没有凋谢，早春柳树还没有撒尽种子，花楸却已盛开，苹果和锦鸡儿花也已绽蕾舒萼，彼此你追我赶，春天一到便竞相开放，争奇斗妍。

金龟子蜂拥而出了。

清晨湖面一片宁静，漂满了开花草木的种子。我划船出行，船迹久远不散，好像湖上一条路。野鸭所停之处，涟漪成圈，鱼儿把头甩出水面，形成一个小洞。

森林和湖水拥抱。

我来到湖岸上，欣赏饱含树脂的树叶的香气。地上横着一棵大松树，树身上的枝杈以及梢头都砍得精光，树枝就堆在旁边，它上面又堆着山杨和赤杨带枯叶的树枝，全部杂乱积聚在一起，这些树木的受损肢体，一面腐烂，一面发出十分好闻的香气，使过往动物无不奇怪，它们怎么还能活着，甚至死到临头还香气扑鼻。

黄鹂

松树上的花穗像蜡烛似的，老远就能看见。黑麦高及膝盖。树木，蒿草，花，都披上华丽的衣衫。早春的小鸟安静下来了。公鸟换毛，躲到严实的地方去，母鸟守在巢里节食，野兽忙于为子女觅食。农民们要春耕春播，又要放牧，忙得不可开交。

黄鹂、鹌鹑、雨燕、岸燕飞来了。一场夜雨以后，早晨浓雾弥漫，后来出了太阳，起了风。日落以前，风向变了，从我们的山上向湖里吹去，但是水面涟漪却仍然久久地向这边泛来。太阳从蓝云里落到森林后面，好像一个不发光的毛茸茸的大球。

黄鹂很喜欢变化无常的不稳定的天气，它们希望太阳时隐时现，风儿像摆弄波浪似地摆弄树叶。黄鹂、燕子、白鸥、雨燕同风沾亲带故哩。

从早开始天色就晦暝。后来闷热起来，大片的乌云向我们这边飘来。起风以后，在黄鹂的长笛似的鸣声和雨燕的尖叫声中，乌云好像从此涌到扎泽里耶的森林那边去了，但是过不多久，它在那儿越积越大，戴着巨大的白帽子，顶着风，又向这边移过来。湖面上风顶风，浪对浪，一片动荡不安，还有一些黑乎乎的东西，像是鸟翅的影子，在水面上迅速地从一头窜向另一头。对岸打了一下闪，雷声隆隆。黄鹂不唱了，雨燕安静下来，夜莺却一直唱到后脑勺大概被大颗温暖的雨滴打了一下，才停下来。接着便大雨倾盆了。

雨燕

雷雨过后，朔风劲吹，天气突然十分寒冷。雨燕和岸燕不再飞翔，乱纷纷成片落到什么地方去了。

风日夜不停地吹，今天阳光明媚，湖上仍然白浪滔滔，雨燕、岸燕、村燕和城燕多得如云似雾，不倦地上下飞舞。哗山那边所有的白鸥倾巢出动，像一个美丽童话中讲的小鸟，不过不是蓝色的，而是白色的，衬着蓝天……白的鸟，蓝的天，白的浪头，黑的燕子——但凡活的东西，都少不了这一着：不是自己觅取食物，就是作为食物遭别个吃掉。小蚊子一群又一群落到水上，鱼儿纷纷蹿上来吃小蚊子，白鸥又吃鱼，鲍鱼吃蠕虫，鲈鱼吃鲍鱼，狗鱼吃鲈鱼，狗鱼又遭从天而降的鱼鹰吃掉。

寒冷的清晨，风稍静一些，我们张起帆，斜对着风，在霞光染红的水面上行进。在离我们极近的地方，一只鱼鹰从空中向狗鱼俯冲下来，可惜找错了对象，狗鱼比鱼鹰强大得多，一阵搏斗以后，狗鱼沉入水中，鱼鹰扇起巨大的翅膀，瓜却已扎入鱼身，拔不出来，水中强者就把空中猛禽拖到水底去了。波浪无动于衷地带走小片的羽毛，抹去了搏斗的痕迹。

湖面远处风急浪高，有一只小舟上不见有人，也没有桨和帆。一只无人的小舟，令人看来惶恐不安，就像见到一匹马，无人驾驭，拉着车子直奔沟壑一样。我们划的是独木舟，并不很安全，但我们还是决心划过去，看看到底是怎么回事，是不是有人遇难了。正在这时，那小舟里突然出现一个人，拿起桨，顶着波浪划来。那人的脸看不清。

在这片世界里出现人，我们高兴得几乎叫喊起来，尽管我们也知道，那不过是一个渔人，因为太疲劳，在小舟里睡着了，然而反正我们是极想看见出来一个人，我们果然看见了。

说明：

普里什文（Михаил Михайлович Пришвин，1873–1954）著，潘安荣译，《大自然的日历》，长江文艺出版社，2005年，第198–206页。题目为本书编者所拟。普里什文为俄国著名文学家，世界生态文学和大自然文学的先驱，

B
卷

被称为伟大的"牧神"。

不碍事的鱼缸
劳伦兹

万物相形以生，

众生互惠而成。

——歌德（J. W. von Goethe，1749–1832），《浮士德》（*Faust*）

在一个玻璃缸里铺一层干净的细沙，再丢几根水草进去，这件事既不花钱又有趣。然后倒几桶水，把整个玻璃缸移到有阳光的窗台上，几天之后，水渐渐清了，水草也开始生长；然后再放进几条小鱼，或者带个罐子、一张小网跑到附近的水塘里，用网子在水底下兜几兜，你马上就可以带回家一大堆有趣的生物了。

孩童时代的魅力，对我而言，就属一个粗制滥造的渔网，最好不要有铜丝边和纱布网那些复杂东西。照艾顿堡的传统，渔网的边用一根铁丝弯一弯就成了，一只破袜子、一块旧窗帘布，或者一块尿布都可以做网。我在九岁的时候，就是用这样的一张网，替我养的鱼找到了第一批水蚤（daphnia），因此而对整个淡水池塘的奇妙天地发生了兴趣。在渔网之后是放大镜，再后是一具小型的显微镜，这之后我的命运就算定了。正如柏拉图所说的：一个人只要亲眼见过真正的美，死亡就不能够奈何他。的确，一个人只要见过大自然的美，就能体会柏拉图话中的意思。如果他的眼睛够好，观察力够敏锐，那他一定可以成为博物学家。

所以你就带着网子在水塘里兜鱼，就是把鞋子都弄上水和泥也不要担心。如果你找对了地方，一下子你的网底就会有好多像玻璃一样透明的、蠕动着的小生物，你把这些东西倒在预先预备好、已经装满了水的罐子里，带回家去，再把罐子里的东西小心地转到水缸里，于是一个新的世界就显现在你的眼前和你的放大镜之下了。

一个鱼缸就是一个世界，因为它就像是一片天然的池塘和湖泊，就像是我们住的星球，里面的动植物是在完全平衡的生态状况下生活在一起的。动物呼出的二氧化碳是植物所需要的，植物呼出的氧气又是动物所需要的。不过有一点要弄清楚：植物并不是颠倒动物的呼吸法，呼氧吸碳；植物和动物一样，吸的是氧气，呼的是二氧化碳。不过撇开呼吸作用不谈，植物需要二氧化碳来制造生长所需的养料，换句话说，植物需要"吃"二氧化碳。在这个过程之中，它会排出大量的氧气，除了供它自己呼吸外，还有多余的，这些过剩的氧气，刚好可供人和动物呼吸。还有，动物死后尸体会被细菌分解，分解后的成分植物又可以加以同化利用，因此，构成生命大循环的三大关键：

植物——创造者

动物——消费者

细菌——分解者

乃是息息相关、互生互惠的。

在一个鱼缸的小小天地里，动植物间的生态平衡只要一受到扰乱，就会造成十分悲惨的结局。许多养鱼的人，小孩子也好，大人也好，常常会忍不住再加一条鱼进去，其实鱼缸里的鱼可能已经太多了，这新加的一条鱼很可能就是使骆驼不支倒地的最后一根草。一个鱼缸里的动物太多了，氧气就会不够，迟早就会有一两条鱼窒息死掉。如果我们没有注意，水缸里因为有了腐烂的尸体，细菌就会大增，所以水也浑了。水一浑氧气就更少，于是更多的动物死掉。这样越演越糟，我们好不容易培养出来的小天地渐渐就要化为乌有，很快地连植物也开始腐烂了……几天以前还是一个干净、漂亮、有鱼、有草的小池子，现在却成了一缸臭水！

在行的养鱼人常常用人工的法子把空气打进水中，以避免上面所说的危险，只是这样做就失去了养鱼的真正意义了。我们本来是要这个小小的水中世界自给自足，除了喂一喂养在里面的生物，清洁一下鱼缸顶上的一块玻璃板（其他的玻璃板上如果生了水藻，最好不要去动它，因为它们有助于氧气的供应），不应该再为别的事费心了。一旦鱼缸里的动植物达到了生态上的平衡，我们就再也用不着去清理它了。如果我们不养大鱼，特别是那种喜欢到水底下翻来搅去的大鱼，就是水缸底部堆积了一层鱼的排泄物和枯萎了的碎草也不要紧，因为这新加的一层使得原来干净但贫瘠的一层沙顿成沃土，反而有好处；且不管这一层新泥，水的本身会和阿尔卑斯山上的湖一样，始终清澄，始终没有气味。

不管是就生物学上的理由，还是就美观上讲，都是以春天修槽种藻、大兴渔事为最合适。而且开始时最好只放少许几根正在萌芽的水草，因为只有在水缸里长大的植物才能适应缸里面特殊的环境，而越长越美；凡是在别的地方长大成熟的水草，再移植到缸里，常常连原来的美都不能保持。

我觉得最奇妙、最使人迷惑的一件事就是：如果我们在原来的鱼缸之外再新添一个别的水槽，让两者之间只隔两三英寸，它们会发展成迥然不同的两个天地，就像离开好几英里（1英里＝1.609千米）的两个湖一样，各有千秋。

一个人在开始设槽养鱼的时候，绝对没法想象它会怎样发展，更不能猜到它达到平衡状态时的模样。假定一个人在同一时间同一地点，在用同样材料造成的三个水缸里，都种下水生的麝香草（water thyme）和小二仙草（water milfoil），而且把三个水缸都放在同一个架子上，结果也许第一个缸里，麝香草越长越密，渐渐把小二仙草的位置挤掉了；第二个缸里，刚好相反，成了小二仙草的天地；第三个缸里，两者也许平均发展，然后不知道从哪里，又生出一种新的丽藻（nitella flexilis），它们像枝形灯架一样，伸出许多分支，非常美观。就这样，这三个水缸会发展成三种完全不同的地理环境，各有其特殊的生物性条件，各自适合于不同种类的生物滋长繁殖。简单地说：虽然它们都是在同样的情况下造将起来的，每一个鱼缸却有它自己的小小世界。

　　一个人在养鱼的时候，一定要有一点儿自制力，才不至于影响到鱼缸里的鱼和水草的自然发展，有时候，甚至好意的调整也会造成很大的损害。当然，如果我们只是要一个"漂亮"的人工化的水族馆，那么也可以这样：先把植物安置得好好的，再装一个过滤器，这样泥巴就不会堆积在缸底；然后用人工打气的法子，使水里面的氧气永远不缺，这样就可以养更多的鱼。在这种情形下，水缸里的植物完全是做装饰用，动物并不需要它们，因为打气机已经可以供给它们足够的氧气了。

　　至于要用哪种法子养鱼，完全看各人的口味。我是觉得水族馆应该是个活生生的社会，应该能维持自己的动态平衡。一个人工化的水族馆，就像个牢笼似的，顶多只是个弄干净了的容器而已，它是用来"关"某一些生物的工具。

　　要决定在水缸里养哪一种生物、种哪一样水藻，真是一门学问。一个人一定要有很多的经验和生物学上的常识，才晓得替水缸的底层选怎样的材料，把水缸放置在哪里，怎样把光线和温度安排得恰到好处，以及选择彼此适合的动植物。过去有一个人是这方面的大师，我的老友赫尔曼（Bemhard Hellman），可惜他已悲惨地去世了。

赫尔曼能够随心所欲地仿造任何一种池塘、湖泊、小溪或大河。他曾造过一个很大的水族馆，和阿尔卑斯山的湖完全一样，真是一件杰作：整个水箱又深又凉，并不近光；清澈的水中长着玻璃一样透明的、淡绿色的水草；底层的碎石上面还有一层暗绿色的水苔和好看的轮藻（chara）。除了微生物外，赫尔曼只象征性地选了几种小型的鳟鱼、鲦鱼（minnow）、一些淡水虾和一条小小的蝲蛄（crayfish）。水缸里的动物这么少，他根本用不着喂它们东西吃，仅是里面天然的微生物，已够它们安居乐"游"了。

如果你是想养一些比较娇生惯养的水中动物，在造水槽的时候，就得想法子把它们的天然环境，包括和它们一起生长的大小生物——保存。就是水族馆里最常见的热带鱼，养不养得好，也得看做到这个条件没有。只是这类鱼的天然居地本来就小，水也不怎么干净，而且这些热带水塘里的水，经年累月地受到同样高温的日光曝晒，因此它们生活其中的天然环境，就和装设电气保温设施（且又安置在向南的窗边）的水族箱里的环境相当类似，所以热带鱼一般说来较容易饲养。欧洲大陆上的河流池沼就不同了，因为各地气候不同，发展也各异其趣，要在室内保存它们的特色真是谈何容易，所以要养欧洲土生土长的鱼，比养热带鱼麻烦得多。

你现在大概明白了，为什么我劝你用自己做的网到附近的池塘里去捞鱼了吧。我有过好几百个各式各样的鱼槽，不过最喜欢的还是这种就地取材、又便宜、又普通的"池塘式"鱼缸，因为这是用人力所能得到的一个最自然、最完全的活的社会。

一个人可在鱼缸前面坐着看好半天，就像看熊熊的火舌和奔腾的流水般，好像连思想、意识都在这种悠悠然神往的境界里遗失了。其实就是在这种怡然自得的时候，最能学到有关众生群相的真理。如我把这些年来从书本里学到的知识，与从大自然的活书里"看"来的学问，一起放在天平上称一称的话，前者实在是太微不足道了。

说明：

劳伦兹（Konrad Lorenz,1903-1989）著，游复熙，季容光译，《所罗门王的指环》，中国和平出版社2003年，第32-41页。劳伦兹为动物行为学家，诺贝尔奖得主。

阅读思考：

人是一种动物，你会经常想到这一点吗？研究其他动物的行为对于理解人的行为有帮助吗？劳伦兹有许多作品都有中译本，你读过几种？

寂寞

梭罗

　　这是一个愉快的傍晚，全身只有一个感觉，每一个毛孔中都浸润着喜悦。我在大自然里以奇异的自由姿态来去，成了她自己的一部分。我只穿衬衫，沿着硬石的湖岸走，天气虽然寒冷，多云又多风，也没有特别分心的事，那时天气对我异常地合适。牛蛙鸣叫，邀来黑夜，夜鹰的乐音乘着吹起涟漪的风从湖上传来。摇曳的赤杨和白杨，激起我的情感使我几乎不能呼吸了；然而像湖水一样，我的宁静只有涟漪而没有激荡。和如镜的湖面一样，晚风吹起来的微波是谈不上什么风暴的。虽然天色黑了，风还在森林中吹着，咆哮着，波浪还在拍岸，某一些动物还在用它们的乐音催眠着另外的那些，宁静不可能是绝对的。最凶狠的野兽并没有宁静，现在正找寻它们的牺牲品；狐狸、臭鼬、兔子，也正漫游在原野上，在森林中，它们却没有恐惧，它们是大自然的看守者，——是连接一个个生气勃勃的白昼的链环。

等我回到家里，发现已有访客来过，他们还留下了名片呢，不是一束花，便是一个常春树的花环，或用铅笔写在黄色的胡桃叶或者木片上的一个名字。不常进入森林的人常把森林中的小玩意儿一路上拿在手里玩，有时故意，有时偶然，把它们留下了。有一位剥下了柳树皮，做成一个戒指，丢在我桌上。在我出门时有没有客人来过，我总能知道，不是树枝或青草弯倒，便是有了鞋印，一般说，从他们留下的微小痕迹里我还可以猜出他们的年龄、性别和性格；有的掉下了花朵，有的抓来一把草，又扔掉，甚至还有一直带到半英里外的铁路边才扔下的呢；有时，雪茄烟或烟斗味道还残留不散。常常我还能从烟斗的香味注意到 60 竿之外公路上行经的一个旅行者。

我们周围的空间该说是很大的了。我们不能一探手就触及地平线。蓊郁的森林或湖沼并不就在我的门口，中间总还有着一块我们熟悉而且由我们使用的空地，多少整理过了，还围了点篱笆，它仿佛是从大自然的手里被夺取得来的。为了什么理由，我要有这么大的范围和规模，好多平方英里的没有人迹的森林，遭人类遗弃而为我所私有了呢？最接近我的邻居在一英里外，看不到什么房子，除非登上那半里之外的小山山顶去瞭望，才能望见一点儿房屋。我的地平线全给森林包围起来，专供我自个享受，极目远望只能望见那在湖的一端经过的铁路和在湖的另一端沿着山林的公路边上的篱笆。大体说来，我居住的地方，寂寞得跟生活在大草原上一样。在这里离新英格兰也像离亚洲和非洲一样遥远。可以说，我有我自己的太阳、月亮和星星，我有一个完全属于我自己的小世界。从没有一个人在晚上经过我的屋子，或叩我的门，我仿佛是人类中的第一个人或最后一个人；除非在春天里，隔了很长久的时候，有人从村里来钓繁重，——在瓦尔登湖中，很显然他们能钓到的只是他们自己的多种多样的性格，而钩子只能钩到黑夜而已——他们立刻都撤走了，常常是鱼篓很轻地撤退的，又把"世界留给黑夜和我"，而黑夜的核心是从没有被任何人类的邻舍污染过的。我相信，人们通常还都有点儿害怕黑暗，虽然妖巫都给吊死了，基督教和蜡烛火也都已经介绍过来。

然而我有时经历到，在任何大自然的事物中，都能找出最甜蜜温柔，最天真和鼓舞人的伴侣，即使是对于愤世嫉俗的可怜人和最最忧悒的人也一样。只要生活在大自然之间而还有五官的话，便不可能有很阴郁的忧虑。对于健全而无邪的耳朵，暴风雨还真是伊奥勒斯[1]的音乐呢。什么也不能正当地迫使单纯而勇敢的人产生庸俗的伤感。当我享受着四季的友爱时，我相信，任什么也不能使生活成为我沉重的负担。今天佳雨洒在我的豆子上，使我在屋里待了整天，这雨既不使我沮丧，也不使我抑郁，对于我可是好得很呢。虽然它使我不能够锄地，但比我锄地更有价值。如果雨下得太久，使地里的种子，低地的土豆烂掉，它对高地的草还是有好处的，既然它对高地的草很好，它对我也是很好的了。有时，我把自己和别人作比较，好像我比别人更得诸神的宠爱，比我应得的似乎还多呢；好像我有一张证书和保单在他们手上，别人却没有，因此我受到了特别的引导和保护。我并没有自称自赞，可是如果可能的话，倒是他们称赞了我。我从不觉得寂寞，也一点不受寂寞之感的压迫，只有一次，在我进了森林数星期后，我怀疑了一个小时，不知宁静而健康的生活是否应当有些近邻，独处似乎不很愉快。同时，我却觉得我的情绪有些失常了，但我似乎也预知我会恢复到正常的。当这些思想占据我的时候，温和的雨丝飘洒下来，我突然感觉到能跟大自然作伴是如此甜蜜如此受惠，就在这滴答滴答的雨声中，我屋子周围的每一个声音和景象都有着无穷尽无边际的友爱，一下子这个支持我的气氛把我想象中的有邻居方便一点的思潮压下去了，从此之后，我就没有

---

[1] 希腊神话中的风神。

再想到过邻居这回事。每一支小小松针都富于同情心地胀大起来，成了我的朋友。我明显地感到这里存在着我的同类，虽然我是在一般所谓凄惨荒凉的处境中，然则那最接近于我的血统，并最富于人性的却并不是一个人或一个村民，从今后再也不会有什么地方会使我觉得陌生的了。

　　"不合宜的哀恸销蚀悲哀；

　　在生者的大地上，他们的日子很短，

　　托斯卡尔的美丽的女儿啊。"[1]

　　我的最愉快的若干时光在于春秋两季的长时间暴风雨当中，这弄得我上午下午都被禁闭在室内，只有不停止的大雨和咆哮安慰着我；我从微明的早起就进入了漫长的黄昏，其间有许多思想扎下了根，并发展了它们自己。在那种来自东北的倾盆大雨中，村中那些房屋都受到了考验，女佣人都已经拎了水桶和拖把，在大门口阻止洪水侵入，我坐在我小屋子的门后，只有这一道门，却很欣赏它给予我的保护。在一次雷阵雨中，曾有一道闪电击中湖对岸的一株苍松，从上到下，划出一个一英寸，或者不止一英寸深，四五英寸宽，很明显的螺旋形的深槽，就好像你在一根手杖上刻的槽一样。那天我又经过了它，一抬头看到这一个痕迹，真是惊叹不已，那是八年以前，一个可怕的、不可抗拒的雷霆留下的痕迹，现在却比以前更为清晰。人们常常对我说："我想你在那儿住着，一定很寂寞，总是想要跟人们接近一下的吧，特别在下雨下雪的日子和夜晚。"我喉咙痒痒的真想这样回答，——我们居住的整个地球，在宇宙之中不过是一个小点。那边一颗星星，我们的天文仪器还无法测量出它有多么大呢，你想想它上面的两个相距最远的居民又能有多远的距离呢？我怎会觉得寂寞？我们的地球难道不在银河之中？在我看来，你提出的似乎是最不重要的问题。怎样一种空间

---

[1] 引自英国诗人汤麦斯·格雷（Thomas Gray，1716—1771 年）的《写于乡村教堂的哀歌》。

才能把人和人群隔开而使人感到寂寞呢？我已经发现了，无论两条腿怎样努力也不能使两颗心灵更形接近。我们最愿意和谁紧邻而居呢？人并不是都喜欢车站哪，邮局哪，酒吧间哪，会场哪，学校哪，杂货店哪，烽火山哪，五点区[1]哪，虽然在那里人们常常相聚；人们倒是更愿意接近那生命的不竭之源泉的大自然，在我们的经验中，我们时常感到有这么个需要，好像水边的杨柳，一定向了有水的方向伸展它的根。人的性格不同，所以需要也很不相同，可是一个聪明人必须在不竭之源的大自然那里挖掘他的地窖……有一个晚上在走向瓦尔登湖的路上，我赶上了一个市民同胞，他已经积蓄了所谓的"一笔很可观的产业"，虽然我从没有好好地看到过它；那晚上他赶着一对牛上市场去，他问我，我是怎么想出来的，宁肯抛弃这么多人生的乐趣？我回答说，我确信我很喜欢我这样的生活；我不是开玩笑。便这样，我回家，上床睡了。

让他在黑夜泥泞之中走路走到布赖顿去，或者说——走到光亮城[2]里去，大概要到天亮的时候才能走到那里。

对一个死者说来，任何觉醒的，或者复活的景象，都使一切时间与地点变得无足轻重。可能发生这种情形的地方都是一样的，对我们的感官是有不可言喻的欢乐的。可是我们大部分人只让外表上的、很短暂的事情成为我们所从事的工作。事实上，这些是使我们分心的原因。最接近万物的乃是创造一切的一股力量。其次靠近我们的宇宙法则在不停地发生作用。再其次靠近我们的，不是我们雇用的匠人，虽然我们欢喜和他们谈谈说说，而是那个大匠，我们自己就是他创造的作品。

"神鬼之为德，其盛矣乎。"

---

[1] 烽火山是波士顿的高级区域，五点区是以前纽约曼哈顿一个低级的危险区。

[2] 布赖顿原文为 Brighton，bright 意思是"光亮"，所以这里说"光亮城"。

"视之而弗见，听之而弗闻，体物而不可遗。"

"使天下之人，斋明盛服，以承祭祀，洋洋乎，如在其上，如在其左右。"

我们是一个实验的材料，但我对这个实验很感兴趣。在这样的情况下，难道我们不能够有一会儿离开我们的充满了是非的社会，——只让我们自己的思想来鼓舞我们？孔子说得好："德不孤，必有邻。"

有了思想，我们可以在清醒的状态下，欢喜若狂。只要我们的心灵有意识地努力，我们就可以高高地超乎任何行为及其后果之上；一切好事坏事，就像奔流一样，从我们身边经过。我们并不是完全都给纠缠在大自然之内的。我可以是急流中一片浮木，也可以是从空中望着尘寰的因陀罗[1]。看戏很可能感动了我；而另一方面，和我生命更加攸关的事件却可能不感动我。我只知道我自己是作为一个人而存在的；可以说我是反映我思想感情的一个舞台面，我多少有着双重人格，因此我能够远远地看自己犹如看别人一样。不论我有如何强烈的经验，我总能意识到我的一部分在从旁批评我，好像它不是我的一部分，只是一个旁观者，并不分担我的经验，而是注意到它；正如他并不是你，他也不能是我。等到人生的戏演完，很可能是出悲剧，观众就自己走了。关于这第二重人格，这自然是虚构的；只是想象力的创造。但有时这双重人格很容易使别人难于和我们做邻居，交朋友了。

大部分时间内，我觉得寂寞是有益于健康的。有了伴儿，即使是最好的伴儿，不久也要厌倦，弄得很糟糕。我爱孤独。我没有碰到比寂寞更好的同伴了。到国外去厕身于人群之中，大概比独处室内，格外寂寞。一个在思想着在工作着的人总是单独的，让他爱在哪儿就在哪儿吧，寂寞不能以一个人离开他的同伴的里数来计算。真正勤学的学生，在剑桥学院最拥挤的蜂房内，寂寞得像沙漠上的一个托钵僧一样。农夫可以一整天，独个

---

[1] 吠陀神话中的大神，用雷电和雨战胜敌人。

儿地在田地上，在森林中工作，耕地或砍伐，却不觉得寂寞，因为他有工作；可是到晚上，他回到家里，却不能独自在室内沉思，而必须到"看得见他那里的人"的地方去消遣一下，照他的想法，是用以补偿他一天的寂寞；因此他很奇怪，为什么学生们能整日整夜坐在室内不觉得无聊与"忧郁"；可是他不明白虽然学生在室内，却在他的田地上工作，在他的森林中采伐，像农夫在田地或森林中一样，过后学生也要找消遣，也要社交，尽管那形式可能更加凝练些。

社交往往廉价。相聚的时间之短促，来不及使彼此获得任何新的有价值的东西。我们在每日三餐的时间里相见，大家重新尝尝我们这种陈腐乳酪的味道。我们都必须同意若干条规则，那就是所谓的礼节和礼貌，使得这种经常的聚首能相安无事，避免公开争吵，以致面红耳赤。我们相会于邮局，于社交场所，每晚在炉火边；我们生活得太拥挤，互相干扰，彼此牵绊，因此我想，彼此已缺乏敬意了。当然，所有重要而热忱的聚会，次数少一点也够了。试想工厂中的女工——永远不能独自生活，甚至做梦也难于孤独。如果一英里只住一个人，像我这儿，那要好得多。人的价值并不在他的皮肤上，所以我们不必要去碰皮肤。

我曾听说过，有人迷路在森林里，倒在一棵树下，饿得慌，又累得要命，由于体力不济，病态的想象力让他看到了周围有许多奇怪的幻象，他以为它们都是真的。同样，在身体和灵魂都很健康有力的时候，我们可以不断地从类似的，但更正常、更自然的社会得到鼓舞，从而发现我们是不寂寞的。

我在我的房屋中有许多伴侣；特别在早上还没有人来访问我的时候。下面的几个比喻，或能传达出我的某些状况。我并不比湖中高声大笑的潜水鸟更孤独，我并不比瓦尔登湖更寂寞；我倒要问问这孤独的湖有谁作伴？然而在它的蔚蓝的水波上，却有着不是蓝色的魔鬼，而是蓝色的天使呢；太阳是寂寞的，除非乌云满天，有时候就好像有两个太阳，但那一个是假的；上帝是孤独的，可是魔鬼就绝不孤独；他看到许多伙伴；他是要结成帮的。我并不比一朵毛蕊花或牧场上的一朵蒲公英寂寞；我不比一张豆叶，一枝酢浆草，或一只马蝇，或一只大黄蜂更孤独。我不比密尔溪，或一只风信鸡，或北极星，或南风更寂寞；我不比四月的雨或正月的融雪，或新屋中的第一只蜘蛛更孤独。

在冬天的长夜里，雪狂飘，风在森林中号叫的时候，一个老年的移民，原先的主人，不时来拜访我；据说瓦尔登湖还是他挖了出来，铺了石子，沿湖种了松树的；他告诉我旧时的和新近的永恒的故事；我们俩这样过了一个愉快的夜晚，充满了交际的喜悦，交换了对事物的惬意的意见，虽然没有苹果或苹果酒，这个最聪明而幽默的朋友啊，我真喜欢他，他比谷菲或华莱[1]知道更多的秘密；虽然人家说他已经死了，却没有人指出过他的坟墓在哪里。还有一个老太太，也住在我的附近，大部分人根本看不见她，我却有时候很高兴到她的芳香的百草园中去散步，采集药草，又倾听她的寓言；因为她有无比丰富的创造力，她的记忆一直追溯到神话以前的时代，她可以把每一个寓言的起源告诉我；哪一个寓言是根据了哪一个事实而来的，因为这些事都发生在她年轻的时候。一个红润的、精壮的老太太，不论什么天气什么季节她都兴致勃勃，看样子要比她的孩子活得还长久。

太阳，风雨，夏天，冬天——大自然的不可描写的纯洁和恩惠，他们永远提供这么多的康健，这么多的快乐！对我们人类这样地同情，如果有人为了正当的原因悲痛，那大自然也会受到感动，太阳黯淡了，风像活人一样悲叹，云端里落下泪雨，树木到仲夏脱下叶子，披上丧服。难道我不该与土地息息相通吗？我自己不也是一部分绿叶与青菜的泥土吗？

是什么药使我们健全、宁静、满足的呢？不是你我的曾祖父的，而是

---

[1] 威廉·谷菲和爱德华·华莱在17世纪的英国大革命中谋害了英国查理一世后逃亡到了美国。

我们的大自然曾祖母的，全宇宙的蔬菜和植物的补品，她自己也靠它而永远年轻，活得比派尔[1]还更长久，用他们的衰败的脂肪更增添了她的康健。不是那种江湖医生配方的用冥河水和死海海水混合的药水，装在有时我们看到过装瓶子用的那种浅长形黑色船状车子上的药瓶子里，那不是我的万灵妙药；还是让我来喝一口纯净的黎明空气。黎明的空气啊！如果人们不愿意在每日之源喝这泉水，那么，啊，我们必须把它们装在瓶子内；放在店里，卖给世上那些失去黎明预订券的人们。可是记着，它能冷藏在地窖下，一直保持到正午，但要在那以前很久就打开瓶塞，跟随曙光的脚步西行。我并不崇拜那司健康之女神，她是爱斯库拉彼斯[2]这古老的草药医师的女儿，在纪念碑上，她一手拿了一条蛇，另一只手拿了一个杯子，而蛇时常喝杯中的水；我宁可崇拜朱庇特的执杯者希勃，这青春的女神，为诸神司酒行觞，她是朱诺[3]和野生莴苣的女儿，能使神仙和人返老还童。她也许是地球上出现过的最健康、最强壮、身体最好的少女，无论她到哪里，那里便成了春天。

---

[1] 英国人汤麦斯·派尔，据说活到了 152 岁。
[2] 罗马神话中的医神。
[3] 罗马神话中的天后，主神朱庇特的妻子。

说明：

梭罗（Henry David Thoreau，1818–1862）著，徐迟译，《瓦尔登湖》，吉林人民出版社 1997 年，第 122–131 页。梭罗是美国著名文学家、思想家、生态学家。

阅读思考：

人为何有时会感觉孤独、寂寞？作家徐迟为何在那样的年代就能想着翻译

B
卷

梭罗的作品？梭罗为何要到瓦尔登湖边搭房子生活一段时间？梭罗毕业于哪所学校？他跟爱默生是什么关系？

西风胡杨

潘岳

在我国西部额济纳旗，有这样一种树它活着可 300 年不死，死后 300 年不倒，倒后 300 年不朽，它的名字叫———胡杨。虽然由于水的匮乏有的早已死去，但它们依然用不屈的躯体，迎接着一个又一个的黎明。

胡杨，生在西域。在那里，曾经 36 国的繁华，曾经英雄逐霸的故事，曾经狂嘶的烈马，腾燃的狼烟，飞旋的胡舞，激奋的羯鼓，肃穆的佛子，缓行的商队，以及那 600 里加急飞奔的长安信使……都已被那浩茫茫的岁月风沙洗礼得苍凉斑驳。仅仅 1 千年，只剩下白白的沙，蓝蓝的天，残破的烽台与荒凉的城，七八匹悠然的骆驼，三五杯血红的酒，一支天边飘忽的羌笛。当然，还剩下胡杨，还剩下胡杨簇簇金黄的叶。这醉人心魄的金黄之美令人震撼无声。

金黄之美，属于秋天。凡秋天最美的树，皆在春夏时节显得平淡无奇。人们会忽视他，会忘记他，会在偶不经意时抬头一看，哦，那只是几棵绿树。可当严冬来临时，一场凄雨击打，跟着一场霜风。棵棵秋树积聚饱满的美，突然迸发出最鲜活最丰满的生命。那金黄，那鲜红，那刚烈，那凄婉，那裹着红云顶着青天的娇艳，那如泣如诉如烟如雾的摇曳，会使你在夜里借着月光去抚摸隐约朦胧的花影，会使你在清晨踏着雨露去感触沙沙的落叶。你会凝思，你会倾听，你会去当一个剑者，披着一袭白衫，在飘然飞起的片片飞黄中遥遥劈斩，从零零落红中挥出悲凉的弧线。这便是秋天的树。如同我喜爱夕阳。太阳每天挂在当空十几个小时，并不让人觉得特别。惟有傍晚，惟有坠落西山的瞬间，太阳变红了，金光变柔了，道道彩霞喷射出万朵莲花，整个天穹被泼染得绚丽缤纷。使这最后的挣扎，最后的拼搏，抛洒出最后的灿烂。人们开始突然明白他的存在，人们开始追忆他的辉煌，人们开始探寻他的伟大，人们开始恐惧黑夜的来临。这秋树，这夕阳，成了人们心中的诗，成了人们梦中的画，而金秋的胡杨，便是这诗画中的灵魂。

胡杨，是1亿3千万年前遗下的最古老树种，只生在沙漠。能在零上40℃的烈日中娇艳，能在零下40℃的严寒中挺拔，不怕侵入骨髓的斑斑盐碱，不怕铺天盖地的层层风沙，他是神树，是生命的树，是不死的树，是长得最美的树。全世界90%的胡杨在中国，中国90%的胡杨在新疆，新疆90%的胡杨在塔里木。我去了塔里木。在这里，一边是世界第二大的32万平方千米的塔克拉玛干大沙漠，一边是世界第一大的3800平方千米的塔里木胡杨林。两个天敌彼此对视着，彼此僵持着，整整1亿年。在这两者中间，是一条历尽沧桑的古道，它属于人类，那便是丝绸之路。想想当时在这条路上络绎不绝、逶迤而行的人们，一边是空旷的令人窒息的死海，一边是鲜活的令人亢奋的生命；一边使人觉得渺小而数着一粒粒流沙去随意抛逝自己的青春，一边又使人看到勃勃而生的绿色去挣扎走完人生的旅程。太多心中的疑惑，使人们将头举向天空。天空中，风雨雷电，变幻莫测。人们便开始追求，开始探索，开始感悟，开始有了一种冲动，便是想通过今生的修炼而在来世登上白云去了解天堂的奥秘。如此，你就会明白，佛祖释迦牟尼，是如何从这条路上踏进中国的。

胡杨，是我平生所见最坚韧的树。那种遇强则强，逆境奋起，一息尚存，绝不放弃的精神，使所有真正的男儿热血沸腾。霜风击倒，挣扎爬起，沙尘掩盖，奋力撑出。虽断臂折腰，仍死挺着那一副铁铮铮的风骨；虽伤痕遍体，仍显现着那一腔硬朗朗的本色。就像红军，就像无数倒下去又站起来的共产党人，就像一切为理想的天国而付出生命的中国人。

胡杨，是我平生所见最无私的树。胡杨是挡在沙漠前的屏障，身后是城市，是村庄，是青山绿水，是喧闹的红尘世界，是并不了解他们的芸芸众生。背后的芸芸众生，是他们生下来活下去斗到底的惟一意义。他们不在乎，他们并不期望人们知道他们，他们将一切浮华虚名让给了牡丹，让给了桃花，让给了月季，让给了所有稍纵即逝的奇花异草，而将这摧肝裂胆的风沙留给了自己。

胡杨，是我平生所见最包容的树。包容了天与地，包容了人与自然。胡杨林中，有梭梭、甘草、骆驼草，他们和谐共生。容与和，正是儒学的真髓。胡杨林是硕大无边的群体，是一荣俱荣一损俱损的团队，是典型的东方群体文明的构架。胡杨的根茎很长，穿透虚浮漂移的流沙，竟能深达20米去寻找沙下的泥土，并深深根植于大地。如同我们中国人的心，每个细胞，每个支干，每个叶瓣，无不流动着文明的血脉，使大中国连绵不息的文化，虽经无数风霜雪雨，仍然同根同种同文独秀于东方。

胡杨，是我平生所见最悲壮的树。胡杨生下来1千年不倒，倒下去1千年不死，死了后1千年不朽。这不是神话。我看见了大片壮阔无边死而不倒的枯杨，他们生前为所挚爱的热土战斗到最后一刻，死后仍奇形怪状地挺立在战友与敌人之间，他们让战友落泪，他们让敌人尊敬，无论是在塔里木还是在内蒙古的额济纳旗，我都看到无数棵宁死不屈、双拳紧握的枯杨，似一幅悲凉壮丽的冬天童话。一看到他们，就会想起岳飞，想起袁崇焕，想起谭嗣同，想起无数中国古人的气节，一种凛凛然，士为知己而死的气节。当初，伍子胥劝夫差防备越国复仇，忠言逆耳，反遭谗杀，他死前的遗言竟是：把我的眼睛挖下来镶在城门上，我要看着敌军入城。他的话应验了。入城的敌军怀着深深的敬意重新厚葬了他与他的眼睛。此时，胡杨林中飘过的阵阵凄风，这凄风中指天画地的条条枝干，以及与这些枝干紧紧相连的凌凌风骨，如同一只只怒目圆睁的眼睛。眼里，是高洁的心与叹息的泪。

胡杨是当地人的生命。13 世纪，蒙古人通过四个汗国征服了大半个世界，其中金帐汗国最长，统治俄罗斯三百多年。18 世纪，俄罗斯复兴了，这使得桀骜不驯的蒙古土尔扈特骑士们怀念东方的故土。他们携家带口，整整 16 万人，万里迢迢回归祖国。这些兴高采烈的游子们怎么也没想到"回乡的路是那么的漫长"，哥萨克骑兵追杀的马刀，突来的瘟疫与浩瀚无边的荒沙，踏进新疆，只剩 6 万人。举目无亲的土尔扈特人掩埋了族人的尸体，含泪接受了中国皇帝的赐封，然后，搬进了莽莽的胡杨林海。胡杨林收留了他们，就像无怨无悔的母亲。两百年后，他们在胡杨林中恢复了自尊，他们在胡杨林中繁衍了子孙，他们与美丽的胡杨融为一体。我见到了他们的后裔。他们爱喝酒，爱唱歌，爱胡杨。在他们眼中，胡杨是赋予他们母爱的祖国。

胡杨并不孤独。在胡杨林前面生着一丛丛、一团团、茸茸的、淡淡的、柔柔的红柳。她们是胡杨的红颜知己。为了胡杨，为了胡杨的精神，为了与胡杨相同的理念，她们自愿守在最前方。她们面对着肆虐的狂沙，背倚着心爱的胡杨，一样地坚韧不退，一样地忍饥挨渴。这又使我想起远在天涯海角，与胡杨同一属种的兄弟，他们是红树林。与胡杨一样，他们生下来就注定要保卫海岸，注定要为身后的繁华人世而牺牲，注定要抛弃一切虚名俗利，注定长得俊美，生得高贵，活得清白，死得忠诚。身后的人们用泥土塑成一个个偶像放在庙堂里焚香膜拜，然后再将他们这些真正神圣的勇士砍下来烧柴。短短几十年，因过度围海养殖与乱砍滥伐，中国 4.2 万公顷的红树林已变成 1.4 万公顷。为此，红树哭了，赤潮来了。

胡杨不能倒。因为人类不能倒，因为人类文明不能倒。胡杨林外是滚滚的黄沙，黄沙下埋的是无数辉煌的古国，埋的是无数铁马冰河的好汉，埋的是无数富丽奢华的商旅，埋的是无知与浅薄，埋的是骄傲与自尊，埋的是伴他们一起倒下的枯杨。让胡杨不倒，其实并不需要人类付出什么。胡杨的生命本来就比人类早很多年。 这凄然无语的树，只想求人类将上苍原本赐给他们的那一点点水仍然留给他们。上苍每一滴怜悯的泪，只要洒在胡杨林入地即干的沙土上，就能化出漫天的甘露，就能化出沸腾的热血，就能化出清白的正气，就能让这批战士前仆后继地奔向前方，就能让他们继续屹立在那里奋勇杀敌。我去了塔里木与额济纳旗，那里的河水在骤减，因为上游的人们要拦水造坝，要围垦开发，要赚钱，要用赚的钱洗桑拿。每每此时，他们便忘了曾经养护他们爷爷的胡杨，他们更忘了胡杨后面那些等着亲吻他们儿孙的风神与沙魔。

写胡杨的人很少。翻遍古今资料，很难找到一篇像样的胡杨诗文。任何民族、任何国家、任何社会都有那么一批默默无闻的精英，都有那么一批无私奉献的中坚，都有那么一批淡泊名利的士子，如中流砥柱般地撑起整个江河大川，不被人知的伟大才是真正的伟大，同理，不被人知的平凡才是真正的平凡。我站在这凄然高耸的胡杨林中，我祈求上苍的泪，哪怕仅仅一滴；我祈求胡杨、红柳与红树，请他们再坚持一会儿，哪怕几十年；我祈求所有饱食终日的人们背着行囊在大漠中静静地走走，哪怕就三天。我想哭，我想为那些仍继续拼搏的战士而哭，我想为倒下去的伤者而哭，我想为那死而不朽的精神而哭。我想让更多的人在这片胡杨林中都好好地哭上一哭，也许这些苦涩的泪水能化成细雨再救活几株胡杨。这难道是一种英雄末路的悲怆？这难道是一种传教士的无奈？不是。因为胡杨还在，胡杨的精神还在，生命还在，苍天还在，苍天的眼睛还在。那些伤者将被治疗，那些死者将被祭奠，那些来者将被鼓励。

直到某日，被感动的上苍偶然看到这一大片美丽忠直、遍体鳞伤的树种问：你们是谁？烈烈西风中有无数声音回答：我是胡杨。

说明:

潘岳(1960—)著,本文曾在多种刊物上刊出,此处选自云南省环保局网站 http://www.ynepb.gov.cn/2005-3/200533111919.htm,访问时间 2006 年 8 月 28 日。潘岳,曾担任过国家环保总局副局长。

阅读思考:

胡杨是哪一科的植物,通常生长在什么环境?青海省同德县然果村附近的一片滩地上有一片古老的柽柳林,你听说过它们的故事吗?你关心它们的命运吗?

自然全美
彭锋

在当今形形色色的环境美学中,卡尔松(A. Carlson)和他的肯定美学(positive aesthetics)产生了广泛的影响,同时也引起了热烈的争论。什么是肯定美学?简要地说,就是一种主张所有自然物都具有肯定的审美价值的美学。卡尔松说,我主张全部自然世界都是美的,"按照这种观点,自然环境,就它未被人类触及或改变的意义来说,大体上具有肯定的审美性质;如它是优美的、精致的、浓郁的、统一的和有序的,而不是冷漠的、迟钝的、平淡的、不连贯的和混乱无序的。简而言之,所有未被人类玷污的自然,在本质上具有审美的优势。对自然世界的恰当或正确的欣赏,在根本上是肯定的,否定的审美判断是很少有的或者完全没有。"[1]

[1]Allen Carlson, Aesthetics and the Environment: The Appreciation of Nature, *Art and Architecture* (London and New York : Routledge, 2000) , p.72.

B
卷

卡尔松的这种主张尽管十分奇怪，因为按照正常的思维，有自然美就有自然丑，所有自然物都具有肯定的审美价值的观点是很难成立的，但环境美学家中持这种观点的人却不在少数，如哈格若夫（E.Hargrove）用更强的语气说，"自然是美的，而且不具备任何负面的审美价值"；"自然总是美的，自然从来就不丑"；甚至断言"自然中的丑是不可能的"。[1]伽德洛维奇（S.Godlovitch）则将肯定美学的主要观点总结为两个相互关联的命题：A. 自然中的所有东西具有全面的肯定的审美价值；B. 自然物所具有的全面的肯定的审美价值是不可比较和不可分级的。[2]

肯定美学的这种主张，可以用一句话来概括，那就是"自然全美"，即所有的自然物在本质上都是美的，或者我们应该将所有的自然物都看作美的。前者是一个本体论的判断；后者则是对一种恰当的自然审美方式的要求，它要求一种恰当的审美态度，进而要求一种恰当的伦理生活。

当然，如果仔细区分，我们会发现在同时主张"自然全美"的观点中，仍然存在一些细节上的区别。比如，有一种观点主张，自然在总体上来说是全美的，但并不排除某些个别的自然物是丑的。换句话说，承认一些个别的丑的自然物的存在，并不妨害自然在总体上是美的。[3]另一种观点主张，自然不仅在总体上是美的，而且任何个别的自然物都是美的，自然无论在总体上还是个体上都是全美的，但自然事物的审美价值是可以客观确定的，因而是可以区分的。[4]还有一种最极端的观点，不仅主张自然无论在总体

---

[1] Eugene Hargrove, *Foundation of Environmental Ethics*, Englewood Cclifs,NJ: Prentic Hall, 1989, p. 177,184.

[2] Stan Godlovitch, *Valuing Nature and the Autonomy of Natural Aesthetics*, *British Journal of Aethetics*, Vol.38 (2), April 1998 .p.190.

[3] 如贝尔伦特(A. Berleant) 就认为，自然中也有丑的事物存在，自然物也能引起人们负面的审美反应。

[4] 卡尔松就持这种观点，他不仅主张自然在总体上是美的，而且主张任何个别的自然物，只要它们没有受到人类活动的损伤，就都是美的。但卡尔松并不主张自然事物的审美价值是不可估价的，而是像艺术作品的审美价值那样，是可以客观评估的。

上还是部分上都是全美的，而且认为自然事物的审美价值是不可区分的，因而所有的自然事物都具有同等的审美价值。[1] 后两种观点是一种强势的肯定美学的主张。

肯定美学所主张的这种"自然全美"的观点，初听起来难以置信。因为在我们习惯的对艺术的审美欣赏中，不仅有肯定的审美判断，而且有否定的审美批评。有些艺术作品具有很高的审美价值因而被认为是伟大的作品，有些艺术作品没有什么审美价值而被认为是平庸的甚至一钱不值。就是在对一件伟大的艺术作品的审美欣赏中，也不排除对其中的某些部分或方面做出否定的评价。因此，将所有的对象全部判断为美的，这对具有审美鉴赏力的人来说，确实是不可思议的。

然而，据卡尔松的观察，肯定美学的这种主张，无论在过去还是现在，都有众多的支持者，只不过他们只是表达自己的感受，没有给出强有力的论证，没有形成理论体系，从而没有引起特别的关注而已。

……

显然对"自然全美"观念的证明，关键并不在于确立与艺术相似的欣赏方式。换句话说，即使采取了与艺术相似的欣赏方式，也不一定能够得出"自然全美"的结论。因为即使当我们按照正确的艺术范畴来欣赏一件艺术作品时，也会出现否定的审美评价，不能得出"艺术全美"的观念。为什么当我们在正确的自然范畴中欣赏自然对象的时候，就一定能够得出全部肯定的审美判断，从而有所谓的"自然全美"或者肯定美学呢？根据正确的范畴欣赏艺术作品与欣赏自然对象之间究竟存在什么本质的区别？

在卡尔松看来，问题的关键不在艺术欣赏和自然欣赏在欣赏活动的性质上有什么区别，而在于自然对象和艺术作品之间存在区别，在于正确的自然

---

[1] 在伽德洛维奇看来，肯定美学不仅主张自然全美，而且主张自然事物的审美价值是不可比较、不可分级，因而所有的自然物完全具有同等的审美价值。

范畴的确立和正确的艺术范畴的确立之间存在区别。自然对象是发现的，艺术作品是创造的。艺术范畴是根据作品本身的特征和起源，如它们的创作时间、地点、艺术家的意向以及艺术家所生活的社会的传统等共同决定的。对具体的艺术作品来说，正确范畴的决定也取决于这些要素。一件艺术作品所具有的审美特质的价值，在很大程度上是那些适合它们的正确范畴所决定的。例如，《星夜》是一件后印象派作品，因此它比看作表现主义作品时的审美效果要好。但这并不是说，我们为了得到好的审美效果，可以标新立异地将某件不是后印象派作品看作后印象派作品。《星夜》被看作后印象派作品，因为它本身就是一件后印象派作品，我们将它看作后印象派作品时，能够显示它的审美特质从而获得更好的审美效果。因此，在艺术欣赏中，对范畴和它的正确性的决定，一般要先于或者独立于审美效果的考虑。这就有助于解释为什么艺术作品没有必要都具有好的审美效果和为什么没有一种关于艺术的肯定美学立场。由于艺术范畴的确立独立于或先于艺术作品的审美效果的考虑，因此即使按照它的正确范畴来欣赏它，一件具体作品也可能没有好的审美特质、没有好的审美效果，从而导致否定的审美评价。

卡尔松还教我们设想一种独特的"正确的"艺术范畴的确立方式，一种完全主观的、私人的范畴确立方式：针对某件特殊的艺术作品所具有的特质，设计一套与它完全符合的艺术范畴，当我们按照这套范畴来欣赏这件艺术作品的时候，因为处处都符合范畴的理想，从而会产生好的审美效果，不会导致否定的审美评价。瓦尔顿就设想过这种范畴的确立方式：假设事先存在一件平庸的艺术作品，我们再根据它的特质创造出一套适合于它的艺术范畴，似乎就能够将它从一件平庸的作品转变为伟大的杰作。但瓦尔顿认为，这种情况在实际上并不存在。他说：

的确如果有了这种范畴，我们可以将一件平庸的作品转变为杰出的作品，但是这不能得出结论说这件作品真的是迄今为止尚未发现的杰作。当按照这种范畴来感知它时，与其说它显得令人激动，具有天才的创造性，等等，不如说它显得扞格（不合适、不和谐、矛盾）、陈腐和呆板，因此它不可能变成杰出的作品。[1]

为什么创造范畴将平庸的作品变成杰出的作品，其结果不会真的使它变成杰作？关键的原因在于，在我们的世界中，无论这种范畴是怎样创造性地产生，它们也不可能是适合于那些平庸作品的正确范畴。因为一个适合于作品的正确范畴，在作品被创作时就已经被艺术家和他所在的社会共同决定了。换句话说，根本不存在先有艺术作品，然后再根据作品创造出与之相应的艺术范畴的情形。因为艺术作品总是由人创造的，人们在创造艺术作品时总是事先设想好了把它创造为某种形式的艺术作品；同时，人总是生活在一定的社会中，他所创作的作品总会受当时社会的艺术观念的影响，或者得到当时人们的评论，因此，艺术作品在它被创作时与它相应的正确范畴就业已被确立了。[2]

卡尔松还教我们设想一种这样的情形：有一个完全不同于我们这个世界的世界，在这个世界中，"艺术作品"根本不是创造的，而是发现的；"艺术家"根本没有必要用他们的天才和灵性去创作艺术作品，而是用它们去创作范畴以便使已有的作品在其中显现为杰出的作品。再进一步想象，范畴的正确性的标准取决于它是否使作品显现为杰出作品，也就是说，如果作品显现为杰出的，就是正确范畴，否则就是不正确的范畴。在这个世界中，范畴的决定和它们的正确性完全取决于审美优势上的考虑；由此，所有的作品将成为事实上的杰作。或者可以换一种说法，所有作品将在根本上具有审美优势，而且只要对它们进行恰当的欣赏就会如此。由此，我

[1] Walton，Categories of Art，*Philosophical Review*，1970, p.364.

[2] Allen Carlson, Aesthetics and the Environment: The Appreciation of Nature, *Art and Architecture*, p.92.

们想象的世界将具有关于艺术的肯定美学，"艺术全美"的观念也能够成立。

显然，这种想象的世界事实上并不存在，因此不可能有"艺术全美"的观念，从而不存在关于艺术的肯定美学。但这种想象，有助于我们证明"自然全美"的观念，有助于证明关于自然的肯定美学是合理的。我们可以做这样一种类比：在我们这个世界上的自然对象和景观与我们想象的世界中的艺术类似，我们这个世界中的科学家与我们想象的那个世界中的艺术家类似。前一个类似是十分明显的：跟艺术作品不同，自然对象和景观不是由人们创作或制作的，而是被人们"发现"的。只有一旦它们被发现之后，才能被描述、分类和做进一步的理论化的工作。因此，自然对象和景观在某种意义上是给予的，而自然范畴是针对它们而创造的。自然科学中，对象在先，范畴在后；不像艺术实践那样，范畴在先，作品在后。更重要的是，在自然科学中，范畴和对象是不可分离的，对象是在范畴中显现的，范畴是根据对象创造的；而在艺术实践那里，虽然作品是艺术家根据范畴来创造的，但一旦作品被创造出来之后，就与范畴脱离了。

自然世界是发现的这个事实，暗示出我们的科学家也可以像那个想象的世界中的艺术家一样工作，他们都是由给予的对象开始，用他们的聪明才智替这些给予的对象创造范畴。然而，那个想象的世界中的艺术家是根据审美的标准来确定范畴的正确性的，从而使被给予的对象显现为杰出的作品；如果说我们的科学家仅仅像艺术家那样根据审美来判定范畴的正确性好像不太可信，但也许可信的是他们做了十分相似的事情：在科学进程中，审美在一定程度上扮演了标准的角色，例如，在对相互冲突的描述、分类和理论的判决中，美是其中的一个重要标准。当然，即使存在这样的事实，美也不是科学家确定描述、分类和理论的惟一标准。科学中的正确和美之间的关系是非常复杂和偶然的。

不过，科学和审美的关系也许更像这种情况：科学中的一个更正确的范畴，随着时间的流逝使得自然世界对于这种科学来说似乎变得更可理解和易于理解。科学要求某些特性来实现这个目标。这些特性包括秩序、整齐、和谐、平衡、张力和清晰性之类的性质。如果在自然世界中科学没有发现、揭示或者说创造这样的特性，并根据这些特性来解释这个世界，它就没有完成它的使命：使这个世界变得更可理解。它将留给我们一个不可理解的世界，就像那些我们视为迷信的五花八门的世界观所做的那样，留给我们一个在本质上不可理解的世界。在这些使世界变得更可理解的特质中，我们同样也可以发现美。因此，当我们在自然世界中经验这些性质的时候，或者按照这些性质来经验自然世界的时候，我们发现它们完全具有审美上的优越性。这并不令人感到吃惊，因为在艺术中，我们也是在诸如秩序、整齐、和谐、平衡、张力和清晰性之类的性质中发现美的。正因为这样，一些人主张科学和艺术具有同样的基础或目标；也正因为如此，有些人宣称科学在某种意义上可以说是一种艺术工作。除此之外，在美和科学的正确之间的联系就不会清楚。这也许是生物学或文化在起作用；也许是人类进化或者人文主义信仰的结果；也许仅仅是我们的迷信的一种反映。但无论如何，这是我们发现科学在审美中的重要角色的惟一可能。[1]

按照卡尔松的这种设想，自然的确在根本上不可能是丑的，或者至少是为我们所认识的自然是全美的。这种观点至少得到以下三方面的保证：首先，科学家用一种美的形式或范畴，如对称、平衡等，发现自然；其次，自然只有显现在美的形式或范畴中才是可理解的，才可以进入我们的认识范围之内；最后，那些没有在美的形式中显现的自然，是混乱的、不可理解的，不能进入我们的认识世界，因此即使设想它们可能是丑的，也在我们的认识之外，我们也不知道它们的丑。总之，自然在科学的美的形式和

---

[1] Allen Carlson, Aesthetics and the Environment: The Appreciation of Nature, *Art and Architecture*, p. 93.

范畴中显现为美的，在科学的美的形式和范畴之外的自然是不可知的。这就是卡尔松对肯定美学的科学证明。

说明：

彭锋（1965—）著，节选自《完美的自然》，北京大学出版社 2005 年，第 94-96，125—129 页。彭锋是北京大学哲学系教授。

阅读思考：

"自然全美"是什么意思，是说自然界中真的没有丑恶现象吗？自然全美的思想对于我们有何启发意义？

三棵树

苏童

很多年以前我喜欢在京沪铁路的路基下游荡，一列列火车准时在我的视线里出现，然后绝情地抛下我，向北方疾驰而去。午后一点钟左右，从上海开往三棵树的列车来了，我看着车窗下方的那块白色的旅程标志牌：上海——三棵树，我看着车窗里那些陌生的处于高速运行中的乘客，心中充满嫉妒和忧伤。然后去三棵树的火车消失在铁道的尽头。我开始想象三棵树的景色：是北方的一个小火车站，火车站前面有许多南方罕见的牲口，黑驴、白马、枣红色的大骡子，有一些围着白羊肚毛巾、脸色黝黑的北方农民蹲在地上，或坐在马车上，还有就是树了，三棵树，是挺立在原野上的三棵树。

三棵树很高很挺拔。我想象过树的绿色冠盖和褐色树干，却没有确定树的名字，所以我不知道三棵树是什么树。

树令我怅惘。我一生都在重复这种令人怅惘的生活方式：与树擦肩而过。我没有树。西双版纳的孩子有热带雨林，大兴安岭的伐木者的后代有红松和白桦，乡村里的少年有乌桕和紫槐。我没有树。我从小到大在一条狭窄局促的街道上走来走去，从来没有爬树掏鸟蛋的经历。我没有树，这怪不了城市，城市是有树的，梧桐或者杨柳一排排整齐地站在人行道两侧，可我偏偏是在一条没有人行道的小街上长大——也怪不了这条没有行道树的小街，小街上许多人家有树，一棵黄桷、两棵桑树静静地长在他的窗前院内，可我家偏偏没有院子，只有一个巴掌大的天井，巴掌大的天井仅供观天，不容一树，所以我没有树。

我种过树。我曾经移栽了一棵苦楝的树苗，是从附近的工厂里挖来的，我把它种在一只花盆里——不是我的错误，我知道树与花草不同，花入土，树入地，可我无法把树苗栽到地上——是我家地面的错误。天井、居室、后门石埠，不是水泥就是石板，它们欢迎我的鞋子、我的箱子、我的椅子，却拒绝接受一棵如此幼小的苦楝树苗。我只能把小树种在花盆里。我把它安置在临河的石埠上。从春天到夏天，它没有动窝，但却长出了一片片新的叶子。我知道它有多少叶子。后来冬天来了，河边风大，它在风中颤动，就像一个哭泣的孩子，我以为它在向我请求着阳光和温暖，我把花盆移到了窗台上，那是我家在冬天惟一的阳光灿烂的地方。就像一次误杀亲子的戏剧性安排，紧接着我和我的树苗遭遇了一夜狂风。狂风大作的时候我在温暖的室内，却不会想到风是如何污辱我和我的树苗的——它把我的树从窗台上抱起来，砸在河边石埠上，然后又把树苗从花盆里拖出来，推向河水里，将一只破碎的花盆和一抔泥土留在岸上，留给我。

这是我对树的记忆之一。一个冬天的早晨，我站在河边向河水深处张望，依稀看见我的树在水中挣扎，挣扎了一会儿，我的树开始下沉，我依稀看见它在河底寻找泥土，摇曳着，颤动着，最后它安静了。我悲伤地意识到我的树到家了，我的树没有了。我的树一直找不到土地，风就冷酷地把我的树带到了水中，或许是我的树与众不同，它只能在河水中生长。

我没有树。没有树是我的隐痛和缺憾。像许多人一样，成年以后我有过游历名山大川的经历。我见到过西双版纳绿得发黑的原始森林，我看见过兴安岭上被白雪覆盖的红松和榉树，我在湘西的国家森林公园里见到了无数只闻其名未见其形的珍奇树木。但那些树生长在每个人的旅途上，那不是我的树。

我的树在哪里？树不肯告诉我，我只能等待岁月来告诉我。

1988 年对于我是一个值得纪念的年份，那年秋天我得到了自己的居所，是一栋年久失修的楼房的阁楼部分，我拿着钥匙去看房子的时候一眼就看见了楼前的两棵树，你猜是什么树？两棵果树，一棵是石榴，一棵是枇杷！秋天午后的阳光照耀着两棵树，照耀着我一生得到的最重要的礼物，伴随我多年的不安和惆怅烟消云散，这个秋天的午后，一切都有了答案，我也有了树，我一下子有了两棵树，奇妙的是，那是两棵果树！

果树对人怀着悲悯之心。石榴树的表达很热烈，它的繁茂的树叶和灿烂的花朵，以及它的重重叠叠的果实都在证明这份情怀；枇杷含蓄而深沉，它决不在意我的客人把它错当成一棵玉兰树，但它在初夏季节告诉你，它不开玉兰花，只奉献枇杷的果实。我接受了树的恩惠。现在我的窗前有了两棵树，一棵是石榴，一棵是枇杷。我感激那个种树的素未谋面的前房东。有人告诉我两棵树的年龄，说是十五岁，我想起十五年前我的那棵种在花盆里的苦楝树苗的遭遇，我相信这一切并非巧合，这是命运补偿给我的两棵树，两棵更大更美好的树。我是个郁郁寡欢的人，我对世界的关注总是忧虑多于热情，怀疑多于信任。我的父母曾经告诉过我，我有多么幸运，我不相信，朋友也对我说过，我有多么幸运，我不相信，现在两棵树告诉我，我最终是个幸运的人，我相信了。

我是个幸运的人。两棵树弥合了我与整个世界的裂痕。尤其是那棵石榴，春夏之季的早晨，我打开窗子，石榴的树叶和火红的花朵扑面而来，柔韧修长的树枝毫不掩饰它登堂入室的欲望，如果我一直向它打开窗子，不消三天，我相信那棵石榴会在我的床边、在我的书桌上驻扎下来，与我彻夜长谈，热情似火的石榴呀，它会对我说，我是你的树，是你的树！

树把鸟也带来了，鸟在我的窗台上留下了灰白色的粪便。树上的果子把过路的孩子引来了，孩子们爬到树上摘果子，树叶便沙沙地响起来，我及时地出现在窗边，喝令孩子们离开我的树，孩子们吵吵嚷嚷地离开了，地上留下了幼小的没有成熟的石榴。我看见石榴树整理着它的枝条和叶子，若无其事。树的表情提醒我那不是一次伤害，而是一次意外，树的表情提醒我树的奉献是无边无际的，我不仅是你的树，也是过路的孩子们的树！

整整 7 年，我在一座旧楼的阁楼上与树同眠，我与两棵树的相互注视渐渐变成单方面的凝视，是两棵树对我的凝视。我有了树，便悄悄地忽略了树。树的胸怀永远是宽容和悲悯的，树不做任何背叛的决定，在长达 7 年的凝视下两棵树摸清了我的所有底细，包括我的隐私，但树不说，别人便不知道。树只是凝视着我。7 年的时光做一次补偿是足够的了。窗外的两棵树后来有点疲惫了，我没有看出来，一场春雨轻易地把满树石榴花打落在地，我出门回家踩在石榴的花瓣上，对石榴的离情别意毫无察觉。我不知道，我的两棵树将结束它们的这次使命，7 年过后，两棵树仍将离我而去。

城市建设的蓝图埋葬了许多人过去的居所，也埋葬了许多人的树。1995 年的夏天，推土机将一个名叫上乘庵的地方夷为平地，我的阁楼，我的石榴树和我的枇杷树消失在残垣瓦砾之中，拆房的工人本来可以保留我

B
卷

的两棵树，至少保留一些日子，但我不能如此要求它们，我知道两棵树最终必须消失，7年一梦，那棵石榴，那棵枇杷，它们原来并不是我的树。

现在我的窗前没有树。我仍然没有树。树让我迷惑，我的树到底在哪里？我有过一棵石榴，一棵枇杷，我一直觉得我应该有三棵树，就像多年以前我心目中最遥远的火车站的名字，是三棵树，那还有一棵在哪里呢？我问我自己，然后我听见了回应，回应来自童年旧居旁的河水，我听见多年以前被狂风带走的苦楝树苗向我挥手示意说，我在这里，我在水里！

说明：

苏童（1963—）著，选自《大自然与大重合》，百花文艺出版社2003年，第127—130页。

阅读思考：

"我没有树。没有树是我的隐痛和缺憾。"没有树，这事重要吗？苏童描写了哪三种树，它们分别是什么科的植物？

第二章

自然科学视野中的自然

据说，目前在人类所有学问中，自然科学是最核心、最客观、最有效力的，因为通过它而产生的技术极大地改变了自然与人类社会，真正的科学即使你不相信也灵验。相比而言，其他学问，包括西方历史上曾经担负当代科学所担负的同样社会角色的宗教，均相形见绌。这种看法有学科歧视的味道，不过在讨论人与自然关系问题时，高度重视自然科学的视角、方法与成就，是颇有根据的。

另一方面，虽然我们处在一个科技的时代，准确说是一个技术的时代、高技术的时代，但我们首先应当明确，自然科学的眼界并不是大自然的界限。李约瑟曾说，"科学往往被看作是人类经验惟一有根据的方式；假如是那样，则科学很可能是有害的。"（《李约瑟文录》，浙江文艺出版社2004年，第242页。）

自然科学是人类千百年来为了生存、更好地生存逐步发展起来的认识自然和利用自然的思想观念和技术手段。自然科学无疑成百倍、成万倍地开拓了人类的视野，现代人可上九天揽月、可下五洋捉鳖。古人说的千里眼、顺风耳在现代科技技术看来不过是小菜一碟。显微镜、电子显微镜、X射线成像、fMRI、夜视镜、雷达、卫星影像、GPS（出租车上的车载定位系统可以反映出5~10米的道路细节）等，无不大大延伸人的感觉器官，科学技术带领我们发现了新自然，而且发明了新自然——人工自然。人工智能也会越来越厉害，现在对于国际象棋和围棋，机器都完胜人类棋手。

但是，占据当今世界主流话语系统的科学技术，一方面敞开了自然：新的领地不断被开拓，以至于原则上没有什么东西可以是不自然的；另一方面也通过培植一系列新神话而遮蔽着自然：越来越多的人，不管有文化还是没文化，有科学素养还是没有科学素养，都在呼唤回归自然。

什么叫回归自然，为什么还要回归自然？我们不是始终在自然之中吗？在"自然"概念的"本性"含义与"万物集合"含义上，自然科学与日常生活都有所不同。科学阐述的本性未必是人们认同的本性，一段时期内科学上认为自然的东西，如普遍的生存斗争及其合理性，未必是人们认可的，更未必永远正确。

实际上，当代自然科学技术所揭示的自然并不等同于全部自然，也不等同于日常生活中人们所理解的自然。自然科学的自然与日常生活的自然这两种概念有两方面的非重合性：(1)科学技术不断创造出人们直观认为"不自然"的东西，即有所超出；(2)自然科学视野有意或无意忽视人们日常生活中接触之"自然"中的相当一部分，不把它们视为自然，即有所遗漏。

科学追求真理，科学技术对人类社会发展有着极为重要的正面价值。不过，科学史和科学哲学均十分明确地指出，科学不等于正确，特别是冠以"科学的"字样的东西并不意味着当下不能质疑，更不意味着永远不能质疑。正确性对于科学既不充分也不必要。

科学的本性是什么？起先这仅是科学哲学家的正当话题，后来科学史家、科学社会学家以及其他人文学者不断介入讨论，逻辑经验主义（也称逻辑实证主义）的经典理念已经遭受全方位批判。霍金算不上历史上最有成就或次有成就的大科学家，但在公众理解科学（PUS）或者科学普及的意义上，他的地位是无法取代的，他与萨根、道金斯、威尔逊、古尔德等均擅长"科学传播"。霍金在《时间简史》诸版本中一直没有专门谈自然科学的本性，但在《时间更简的历史》（*A Briefer History of Time*，即中文说的普及版）中新增一章（第三章）论述此事，特意引用了科学哲学家波普尔的证伪思想。霍金对科学本性的阐述应当说比较谦虚："任何物理理论都只不过是一个假设，在这个意义上，它只能是暂时的：你永远不能证明它。"在《大设计》中，霍金更讲述了一种非实在论意义上的科学观。

对自然现象的解释和预测是科学的两大职能，预测更能显示科学的威力和可信性。综合而论，没有任何一种学问在预测能力上能与科学相比，在当今时代，不相信这一点就不能算个文化人。但是，近代自然科学的历史只有300多年，这与人类历史长河时间跨度相比或与地球、宇宙的漫长演化相比，十分可怜，因而科学是相当年轻的，科学处在童年。到目前为止，最好的科学也只能处理一定范围内的简单事物，不切实际地指望科学预测一切甚至包治百病都是对科学的误解。非常遗憾，许多人可能由于过分"热爱"科学或者过分看重了以往的科学成就而曲解科学，从而坚持科学决定论、彻底的还原论以及科学主义的自然观、科学观。来自科学一线的学者波拉克和盖尔曼的文章有助于人们了解开放的、新型科学家的看法。

科学以建制化的方式不断打开自然的新窗口，每天都在生产关于自然的新知识，但这并不等于说科学知识对人、对自然都是有利的，也不能简单地说科学知识是纯粹价值中立的。对"致毁知识"的承认、讨论有助于高扬人类的理性精神以及理想中的政治正确的"科学精神"，当然也对处理人与自然的关系、妥善利用人类的智力有警示意义。

构建人与自然的和谐关系，离不开科学技术，但科学与科学主义是两回事。两者不是必须"捆绑销售"的。在中国，科学显然不够发达、科学精神不够昌明，但这丝毫不意味着中国的科学主义不发达。实际情况是科学主义非常强势，已经渗透到日常话语而不自觉。保护环境依靠科学是应当的、可行的，但保护森林、河流及我们的家园，并非科学的专利，甚至也没有证据表明科学的手段是最有效的。只要对人类的持久生存有利，只要对构建人与自然命运共同体有利，任何思想观念和手段都是可以考虑的，哪怕是科学很看不起的角度、方法。

《穿越不确定花园》与《生活世界是自然科学的被遗忘了的意义基础》似乎颇难理解，的确如此。不过，这也有传统的课堂教育方面的影响。自然科学追求确定性，但并没有消灭不确定性，科学中的结论均具有暂时性，科学理论与科学预测是可以出错的。

胡塞尔的现象学很难懂，但这一篇写得相对清晰，细读的话也能理解。可以作如下更通俗的解释和引申：(1)近代以来的自然科学在发展的过程中，由于大量采用数学，对现实世界作了简化、理想化的处理。这是科学得以前进的一种策略，也是一种有效的方法。(2)但是，这种路子如果走得远了，学者可能就只生活在模型世界而不是现实世界中了，人们会产生一种错觉，以为模型世界更真实，而现实世界不够真实。(3)更为关键的是，人们在纸面上操作已作了化简的模型世界时，得到的若干结论本来只适用于那个被化简的、其实并不真实的模型世界，当不加区分地把那些结论翻译回现实世界并以为现实世界就是如此这般，这样做就有潜在的危险。比如，可控制性、可预测性问题。(4)然而，科学以及一切学问，最终的基础都是现实的生活世界，我们可以暂时离开它，但不能忘记它。某一时段自然科学的发展如果真的忘记了这个重要基础，那么科学就可能出问题、科学所引出的结论也就有问题。胡塞尔的思想并不必然引向反科学，更直接的是，让人们反思科学、改进科学，让科学更好地为生活世界服务。

我们能够认识宇宙吗

卡尔·萨根

　　科学不仅是知识，更是一种思想方法。它的目的是弄清楚世界怎样运动，找出其中的规律性，洞察事物间的联系——从可能是一切物质组分的亚核粒子到生物机体、人类社会群落直至宇宙，是个整体。我们的直觉绝不可能是确实可靠的向导。我们的感知可能因所受的教育和偏见或单纯由于我们感觉器官的局限性而被歪曲了，况且感觉器官也只能直接感知到世界一小部分现象。在没有摩擦力的情况下，一磅铅是否比一克绒毛下落得快，甚至像这样一个简单的问题，也被亚里士多德以及几乎伽利略时代以前的每一个人答错了。科学是以实验为基础，以向旧教义挑战的意志为基础，以弄清楚宇宙真实情况的广阔胸怀为基础的。因此，科学有时需要勇气——至少要有向传统的见解提出疑问的勇气。

　　此外，科学的主要风格是对事物应该实事求是地思考，例如，云的形状以及它们偶尔在天空同一高度出现的底部锋利边缘；叶子上露珠的形成；一个名字或一个单词——比如说"莎士比亚"或"慈善"——的来源；人类社会风俗（如禁止乱伦）的成因；透镜放在阳光中为什么能点燃纸片；为什么一根手杖看起来像一条树枝；为什么月亮像是跟着我们走；是什么东西阻止我们在地上掘洞深入地心；在球形地球上"下面"这个词的定义是什么；身体是怎样能把昨天的午餐变成今天的肌肉和气力；或者，哪里是宇宙尽头——宇宙是否永无止境，如果不，那么，是否意味着那边还有什么东西？这些问题中有的是很容易答复的。另外一些问题，特别是最后那个问题则很神秘，甚至在今天仍没有人能回答。它们是自然而然要提出的问题。每一种文化都以这种或那种方式提出过这类问题。几乎所作的回答都像《故事杂谈》，都是企图脱离实验、甚至脱离仔细的对比观察来加以解释。

　　但是，有科学头脑的人则是批判地审查这个世界，好像还可能存在着别的世界，好像还有许多这里没有但实际却存在的东西。然后不禁要问，为什么我们所见到的就说是存在的，难道没有别的吗？为什么太阳、月亮和行星会是球体？为什么不是金字塔状、立方体或十二面体？为什么不是多边体、乱七八糟的形状？为什么诸天体这么对称协调？假如你花点时间拟定一些假说，检查它们是否有意义，它们是否符合我们已知道的实际情况，试试你能不能使你的假说进一步具体化或者否定它，那么，你就将发现你自己是在搞科学。而一旦当你养成想了又想的习惯时，你就会在这方面变得越来越好。像瓦尔特·怀特曼所说的那样，钻到事物的核心中去，哪怕对一件小小的事物，一根草，也是这样——就是去体验幸福，这种幸福在本行星的一切生物中，可能只有人类才能享受到。我们是一种智能物种，运用我们的智能可以给我们理所当然的快乐。从这方面说，大脑和肌肉一样，只要我们越加思维，就会感到自己越发能思维。释疑是一种莫大的欣慰。

　　但是，我们对周围的世界究竟能真实地认识到什么程度呢？有时这个问题是由希望得到反面答复的人们提出来的，他们害怕有朝一日世界万物都被弄清楚。而有时我们又听到科学家们的呼声，他们满怀信心地叙述，凡是值得认识的事物都将很快被认识甚至已被认识了，他们描绘出一幅希腊酒神狄俄尼索斯或波利尼西亚时代的图景，那时，人们运用智力去从事发现的兴趣低落下去了，取而代之的是一派消沉，贪图安逸的人们喝着发酵的椰子汁或其他味道的兴奋液汁，还诽谤无畏的探索者们波利尼西亚人（他们那昙花一现的天国，现在是可悲地结束了），诽谤他们利用某些兴奋液汁引诱人们去从事发现，从而使这种争论走上了歧途，变得庸俗不堪。

让我们来探讨一个更为朴实的问题吧：撇开我们是否能认识宇宙或银河系或某一星球或某一世界不说，我们是否能极详细地认识一粒盐呢？试考虑一微克食盐吧，也就是一颗刚好勉强够人们用肉眼看得出来而无须借助显微镜去看的小盐粒。在该盐粒中，大约有 10^{16} 的钠原子和氯原子。这就是 1 后面跟 16 个零，即 100 个百万亿的原子，如果我们想要了解一粒盐，我们至少必须了解这些原子中各原子的三维位置（事实上，还有更多的东西需要认识——例如诸原子之间的力的性质——但我们只作了适当的计算）。现在我们要问，这个数目是多于还是少于人脑所能认识的东西的数目呢？

人脑能认识多少东西呢？脑子里大约有 10^{11} 个神经细胞，它们是负责我们精神活动的电的和化学的冲动的线路元件和开关。一个典型的脑神经细胞大约有一千根小线路，叫作"树突"，将它同别的树突相互联系起来。如果脑子里每一个比特（信息量单位——译注）信息都相当于这些联系中的一个联系（看来也很可能是这样），那么，脑子可以认识的东西的总和，至多不会超过 10^{14} 个，即一百万亿个。但是，这个数目仅仅是我们的一颗盐粒里面的原子数的百分之一。

因此，在这个意义上，对于任何一个什么都想知道的人来说，世界是如此难以对付并且如此之大，按照我们现有的水平，是不可能理解一颗盐粒的，更别提世界万物了。

但是，让我们稍为深入地观察我们那一微克盐吧。盐是一种结晶体，其中除了晶格结构上的缺陷外，每一钠原子和氯原子的位置都是一定的。假使我们能缩小自己并钻进这个晶体世界的话，那么，我们将看到一排一排的原子依次排列，形成一种有规则的交替结构，即钠、氯、钠、氯，我们所站立的那层上面的原子是如此排列，我们上上下下的所有各层原子也都是如此。一颗绝对纯净的盐结晶体所拥有的每个原子的位置，可以用大约 10 比特信息量[1] 这样的单位来说明。这么一点信息不至于用尽脑子存储信息容量。

假使宇宙具有自然法则，能控制它的运动，达到一种有规律的程度，同决定盐的晶体的规律一样，那么，宇宙当然是可知的了。纵然有这样多的法则，而每一法则又都相当复杂，但人类仍具有全部了解它们的能力。即使这些知识超过脑子的存储信息容量，我们仍可把额外的信息存储在我们身体外面（如存储在书本上或计算机的记忆装置里），这样，在某种意义上讲，我们仍然可以认识宇宙。

人类正在清醒地、非常主动地寻找规律性和自然法则。寻求规律便叫作科学，它是理解如此庞大而复杂的宇宙的唯一可能途径。宇宙迫使它的寄居者去理解它。天天要经历一大堆乱七八糟的事件而没有预见性和也不知客观规律的生物是非常危险的。宇宙属于那些至少在某种程度上能算计它的生物。

有许多自然法则和规律，不仅能定性地并且定量地概括说明世界是怎样运动的，这是一种令人惊奇的事实。我们可以设想一个世界，其中没有这些法则，其中构成像我们这个世界一样的 14^{80} 基本粒子绝对放肆地运动。要理解这样一个世界，我们将需要有至少像这世界那么大的脑子。这样的世界中，似乎不大可能有生命和智力，因为人和脑子需要一定程度的内部稳定和秩序。不过，即使在一个比较紊乱的世界里存在着智力比我们大许多的生物，那里也不可能有很多知识、热情或乐趣。

对我们来说很幸运的是，我们生活在一个至少有许多重要部分是可知的世界里。我们的常识经验和我们的进化历史给我们了解日常见到的世界

---

[1] 氯在第一次世界大战的欧洲战场上被用来作为一种致命的毒气。钠是一种腐蚀性金属，与水接触即燃烧。把它们合起来就制出一种平静无毒的物质即食盐。为什么这些物质各有各的性质呢？这是一项所谓化学的课题，它需要 10 比特以上的信息来理解（原书注）。

B
卷

的一些事物做好了准备。然而，当我们走进另外一个世界时，常识与普通的直观就将成为极不可靠的向导。使人要大吃一惊的是，当我们接近光速时，我们的质量将会变得无穷大，朝着运动方向，我们的厚度将缩小到趋向于零，而时间对我们将过得像我们所希望的那样接近停止。许多人以为这是无稽之谈，每一两个星期我总得收到人们对我这种说法抱怨的信件。但这是事实的必然结果，不仅通过了实验，而且也来于阿尔伯特·爱因斯坦在所谓的狭义相对论中对空间和时间所做的卓越分析。这些结果在我们看来好像不合理，这是不足为奇的。我们没有经历过接近光速的旅行，我们是凭常识来怀疑高速度的。

现在再来考虑一下多少有点像哑铃似的由两个原子组成的单独存在的分子——也许是一个盐分子。这样的分子会绕着由这两个原子连成的轴旋转。但在量子力学的世界中，也就是在最小物质的领域中，并非所有的哑铃状分子都是可以定向的。该类分子中两个原子系按水平位置或按垂直位置方式相连，两者之间不存在角度。因此，有些旋转方向是受到限制的。受什么限制呢？受自然法则限制。宇宙是按照诸如限制、量子化、旋转等方式建立起来的。我们在日常生活中不能直接体会到这一点，我们在仰卧起坐的练习中感到吃惊地笨拙，我们也发现手臂从两侧伸出或往上指向天空是可以的，但有许多中间摆动位置是受限制的。我们并不住在 10~13 厘米大小的物质世界里，即小数点 1× 和 1 之间有 12 个零那么小的世界里。我们凭常识直观是计算不出来的。计算是怎样实验出来的呢？——在本事例中系根据分子的远红外光谱观察得出的。它们表明分子的旋转被量子化了。

世界对人类的行为加以限制，这个观念就是挫折。为什么我们不能做上述的中间配置的旋转？为什么我们不能作快于光速的旅行？仅就我们所知，这就是构成宇宙的方式。这样的禁令不仅使我们感到有点自卑，而且也使世界比较好认识。每一项限制相当于一条自然法则，相当于一项宇宙规律。关于物质与能量的运动形式的限制越多，人类将获得的知识也就越多。宇宙能否在某种意义上被最大限度地认识，不仅取决于有多少能够广泛概括分散现象的自然法则，而且也取决于我们是否有了解这类法则的胸怀和智力。系统地表述自然的规律性，肯定地取决于脑子是怎样构成的，但在很大程度上说，也取决于宇宙是怎样构成的。

至于我自己，我是喜欢这个宇宙的，它拥有这么多的未知事物，同时又拥有这么多已知事物。一个一切事物都已被认识的宇宙，会是平淡和呆板的，就像某些意识脆弱的神学家们的天堂那样讨厌。不可知的宇宙是一个不适合于肯思索的人类的场所。对我们来说，理想的宇宙正是像我们所居住的这个世界。我想，这难道不是一种真正的巧合吗！

说明：

卡尔·萨根（Carl Edward Sagan，1934—1996）著，陈增林译，节选自《宇宙科学传奇》，河北人民出版社 1984 年，第 14—20 页。卡尔·萨根为美国著名天文学家、科普作家，被称为"科学先生"。

阅读思考：

完全已知或完全未知的宇宙为什么都有问题？人类个体在宇宙中是否感觉足够渺小？

科学理论的本性

霍金　蒙洛迪诺

为了谈论宇宙的本性，并且讨论诸如它是否有起始或终结的问题，你必须弄清楚什么是科学理论。我们将要采用素朴的观点，即理论只不过是宇宙或者它受限制的一部分的一个模型，以及一组规则，这组规则把这个模型中的量和我们进行的观测相联系。它只存在于我们的头脑中，而不具有任何其他真实性（不管其含义如何）。如果一个理论满足如下两个要求，即是一个好理论。在一个只包含一些任意要素的模型基础上，该理论应能精确地描述大量的观测，而且它还应能明确预言未来的观测结果。例如，亚里士多德相信恩贝多克的理论，万物都是由 4 种元素：土、空气、火和水组成。这是足够简单了，但是它不能够做出任何明确的预言。另一方面，牛顿引力论基于更简单的模型，在该模型中物体相互吸引，其吸引力和称作它们质量的量成正比，和它们之间的距离的平方成反比。然而牛顿引力论以很高的精确度预言了太阳、月亮和行星的运动。

任何物理理论都只不过是一个假设，在这个意义上，它只能是暂时的，你永远不能证明它。不管实验的结果多少次和某种理论相一致，你永远不能断定下一次的结果不和该理论相冲突。另一方面，一旦找到哪怕一个单独的和理论预言不一致的观测，就足以将该理论证伪。正如科学哲学家卡尔·波普强调过的，一个好的理论应以下面的事实为特征：它做出一些在原则上可被观测证伪的预言。每一回观察到和预言相一致的新实验，则该理论存活，而我们就增大对它的信赖；但是一旦发现和预言不一致的新观测，我们就必须抛弃或者修正该理论。

人们认为这迟早总会发生，但是你总可以质疑进行该观测人员的能力。

在现实中经常发生的是，设计出的新理论实际上是原先理论的一个扩展。例如，非常精确地观测水星，发现它的运动和牛顿引力论的预言之间有一个微小的差异。爱因斯坦的广义相对论预言了和牛顿理论预言稍微不同的运动。爱因斯坦的预言和观测到的相符合，而牛顿理论做不到，这一事实是对新理论的一个关键性的证实。然而，因为在我们正常处理的情形下，牛顿理论和广义相对论的预言之间差异非常微小，所以在所有实用的场合，我们仍然使用牛顿理论。（牛顿理论还有一个巨大的优势，用它计算比用爱因斯坦理论简单多了！）

科学的终极目的是提供一个描述整个宇宙的统一理论。然而，大多数科学家实际采取的手段是把问题分成两部分。首先，存在告诉我们宇宙如何随时间变化的定律。（如果我们知道宇宙在任一时刻的状态，这些物理定律就告诉我们它在未来任何时刻的状态。）其次，存在宇宙初始状态的问题。有些人觉得科学只应该关心第一部分；他们将初始状态的问题看作玄学或者宗教的事体。他们会说，无所不能的上帝可以随心所欲地启始宇宙。那也许是真的，但是在那种情形下，上帝还可以使宇宙以完全任意的方式发展。然而，似乎上帝决定让它根据一定的定律，以一种非常规则的方式演化。所以似乎可以同等合理地假定，也存在着制约初始状态的定律。

毕全功于一役地设计一种能描述宇宙的理论，实际上是非常困难的。换一种方法，我们可将这个问题分成一些小块，并发明一些部分理论。其中每一种部分理论描述并预言某些有限种类的观测，而忽略其他的量的效应，或者将这些效应用简单的数的集合来代表。这样的方法也可能全错了。如果宇宙中任何事物都以一种基本的方式依赖于其余事物，用隔离法来研究问题的部分也许不可能接近完整的答案。尽管如此，我们过去正是用这种方法取得进展。最好的例子仍然是牛顿引力论，它告诉我们两个物体之间的引力只依赖和每个物体相关的一个数，即它的质量，但和物体的构成无关。这样，我们为了计算太阳和行星的轨道，不需要它们的结构和成分

B
卷

的理论。

当今科学家按照两个基本的部分理论——广义相对论和量子力学来描述宇宙。它们是 20 世纪上半叶伟大的智慧成就。广义相对论描述引力和宇宙的大尺度结构，也就是从仅仅几英里到大至 1 亿亿亿（1 后面跟 24 个零）英里的可观测宇宙的结构。另一方面，量子力学处理尺度极端微小的。比如一万亿分之一英寸（1 英寸 =2.54 厘米）的现象。然而不幸的是，人们知道，这两个理论不能相互协调——它们不可能都正确。当今物理学的一个主要抱负，以及这本书的主要论题，便是寻求一种把两者结合在一起的新理论——量子引力论。我们还没有获得这个理论，寻找它的路途也许还相当遥远，但是我们已经知道它必须具有的许多性质。我们在后面的章节中将会看到，关于量子引力论应做出的预言，我们已经知道得相当多了。

现在，如果你相信宇宙不是任意的，而是被明确的定律制约的，你最终必须把部分理论结合成一个完备的统一理论，它描述宇宙中的万物。但是，在寻找这样一个完备的统一理论时，存在一个基本矛盾。在上述有关科学理论的思想中，假定我们是理性的生物，可以随心所欲地观测宇宙，并且从看到的事物中得出逻辑结论。在这样的方案中可以合理地假定，我们可能不断地趋近制约我们宇宙的定律。然而，如果的确存在一个完备的统一理论，它也很可能决定我们的行动——于是，理论本身会决定我们寻求它的结果！而为什么它必须决定我们从这些证据得到正确的结论？难道它不会同样地决定我们得出错误的结论吗？或者根本没有结论？

对于这一诘问，我们仅能给出的回答是基于达尔文的自然选择原理之上的。其思想是，在任何自我繁殖的有机组织群体中，不同个体的遗传物质和成长存在变异。这些差别意味着，某些个体比其他个体更能得出有关它们周围世界的正确结论并相应地行为。这些个体就更可能存活并繁衍，这样他们的行为和思维模式就会处于优势。下面这一点在过去肯定是真的，我们称作智慧和科学发现的东西传递存活的优势。这种情况是否仍然如此，就不清楚了：我们的科学发现可以轻而易举地把我们所有人都消灭掉，而且即使它们没有这样，一个完备的统一理论对我们存活的机会并没有多大影响。然而，假如宇宙以规则的方式演化至今，我们可以预料，自然选择赋予我们的推理能力，对于我们寻找完备的统一理论方面也会有效，因此，这样就不会误导我们去得到错误的结论。

因为我们已经拥有的部分理论，对除了最极端之外的所有情形都可以做出精确的预言，为了实用的原因，似乎没有太多的理由去寻求宇宙的终极理论。（值得注意的是，虽然类似的议论也可以用来反对相对论和量子力学，然而这些理论给我们既带来了核能，又带来微电子学革命。）因此，发现完备的统一理论也许无助于我们人种的存活。它甚至对我们的生活方式毫无影响。但是自从文明肇始以来，人们总是不满足于把事件视做互不相关和神秘莫测的。我们渴求理解世界的根本秩序。今天我们仍然渴望知道，我们为何在此，以及我们从何而来。哪怕仅仅出于人类对知识的最深切渴求，我们就应该继续探索。而我们的目标不多不少，正是完整地描述我们生活于其中的宇宙。

说明：

霍金（Stephen Hawking，1942—2018 年）和蒙洛迪诺（Leonard Mlodinow，生年不详）合著，吴忠超译，《时间简史》普及版，湖南科学技术出版社2006 年，第 10—14 页。霍金是英国物理学家；蒙洛迪诺是物理学博士、电影剧作家。

阅读思考：

好的科学理论应当满足哪些条件？寻求宇宙终极理论是可行的吗？

B
卷

地球板块构造

哈勒姆

板块构造的基本思想是加拿大地球物理学家威尔逊1966年在《自然》杂志上发表的一篇文章中提出的。这样的事实给他印象很深：地壳运动主要集中在由地震和火山活动作为标志的三类构造地形上，即山脉（包括岛弧）、洋中脊、以及有巨大水平移动的大断层，特别令人费解的是这些地形常常看起来沿它们的走向突然终止。

威尔逊提出，"活动带"实际上被把地球表面分为几个巨大的刚性板块的连续网络联接在一起。每一个构造带在其明显的末端都可以转变为其他两类中的一类。这种联接称为"转换"。移位突然终止或改变方向的断层被称为"转换断层"，威尔逊提出了一个大西洋张开的简化模式，显示了这种断层是如何发展的；大西洋中脊的断错与大陆运动的距离无关，仅仅反映大陆板块之间的初始断裂的形状。

尽管威尔逊第一个使用"板块"这一术语，但是理论的系统表达和发展是由普林斯顿的地球物理学家摩根完成的。（几乎同时，剑桥的麦肯齐发展了同样的思想。）

摩根又把转换断层概念扩展到球面的想法。他把地球表面分为20个壳块，有大有小，有三种类型边界：（1）海洋隆起，新地壳在这里生成；（2）海沟，地壳在此消亡；和（3）转换断层，地壳在此既不生成也不消亡。为了赋予这个解释性的模式以数学的严密性，壳块被设想为是完全刚性的。地壳，尤其是洋壳，过于薄以至于不能显示所必需的强度，所以地块或者说板块被认为向下延伸100千米到所谓的地幔低速层，它构成了较弱的"软流圈"的顶部。上部100千米相对刚性的地带最初被摩根称为构造圈，现在已广泛地称为岩石圈。

摩根应用了欧拉原理,即球面上的块体通过围绕一给定轴的旋转可以运动到该球面的任何其他地方。参考大西洋的资料,他能支持海底扩张速度在不同地方变化的计算。勒皮雄依据摩根的工作及他自己对海底扩张资料的深刻认识,做了非常重要的分析,确立了六个大的板块。(像加勒比地区这样的小板块则至少有一打。)大陆漂移这一术语不再恰当,因为虽然大陆在运动,但大陆只构成某一板块的一部分,并且肯定不是在海洋上"漂移"。板块构造的基本原则是在分离板块边缘生成的地壳数量必定等于在汇合边缘通过"消减"而损失的地壳数量。

根据测定相邻板块相对运动方向的断层面解释,板块构造成功地经受了一系列的地震学检验。新的深海钻探计划还总体上证实了所谓海茨勒时间表的准确性,该时间表被用来测定洋底年龄,是建立在瓦因——马修斯假说正确这一假定之上的。

20世纪60年代末和70年代初是地球科学界极其振奋、非常活跃的时期。当时以板块构造为根基的新的资料和新的解释从海洋学和大陆地质学两方面如潮般涌来。所提出的新的解释涉及一系列大的课题,如造山作用,火山活动,海平面的变化,矿床成因及灭绝生物的生物地理学。普遍承认,随着我们的地球观发生转变,地球科学被赋予的活动,几乎认不出其本来面目了。

地球科学界的思想转变

我们已经看到,在20世纪50年代早期,大陆漂移说不为什么人重视。少数信奉者往往被斥之为奇想者,这在美国尤其严重,这点很有社会学意义。大批人或者态度暧昧,或者对魏格纳和杜·托伊特思想虽暗地同情,但认为在专业上还是保持缄默为佳,但是到60年代末情况已完全相反,否定大陆漂移说,支持信誉扫地的固定论的顽固分子变成了少数派。

固定论的盔甲由于50年代中期剑桥小组和皇家学院小组岩石磁性研

B
卷

117

究结果的公布而出现第一条裂口。这肯定缓和了英国人对活动论观念的抵制，但没有太多的迹象表明地质学的一致性意见发生了重大改变。对陌生的、新的研究技术仍然有不少怀疑，其研究结果的可靠性也被广泛争论。在北美，人们一般用极端怀疑的态度对待新的古地磁学工作。

50 年代中期另一重要事件是在塔斯马尼亚的霍巴特召开的大陆漂移讨论会。当时的贵宾是耶鲁大学教授朗韦尔，多年来，他一直是少数几个公开宣布对魏格纳的思想持不可知态度的美国地质学家之一。大会组织者是霍巴特的地质学教授凯里，他还在大会文献汇编中发表了最长、也是最重要的文章。

凯里是个既有胆略又有独创性的思想家。他复兴了修斯和阿尔冈倡导的大尺度构造地质学的视野，把整个造山带作为他的研究题材。这与大多数同时代的构造地质学家形成了鲜明对比。他们正越来越专注于日渐琐细的和技术性的问题。凯里据其宏观分析论证说，活动论不能再被搁置不理了，还说地球在最近两亿年中已大大地膨胀了；大陆不是被漂移开去，而是分散开去。（这一更加激进的观点，尽管是活动论的，但却否定了消减过程的现实性。它吸引了一小部分支持者。）

凯里后来在欧洲和北美各地进行了广泛游说，强有力地宣传了他的观点。虽然他的工作被吹毛求疵的人斜眼相视，毫无疑问的是，他的确影响了很多文章的观点转向对地球的活动论解释。

著名的英国地球物理学家布拉德爵士，到 1959 年已完全被有关大陆漂移为真的古地磁成果说服。1963 年他在为伦敦地质学会所做的一次演讲中毫无保留地表示支持这一学说。他面对有关大陆上和海洋下的大规模水平移动的越来越多的证据，沿着霍姆斯的思路讨论了地幔对流机制的可能性。布拉德后来写道，他对后来的讨论中显示出来的支持程度感到惊诧。

另一个重要的伦敦会议是 1964 年 3 月皇家学会举行的大陆漂移讨论

会，其文献汇编后来以书的形式发表。从这次会议上可以明显地看出漂移学说已被广泛接受。尤为有力的证明是埃弗雷特与史密斯用计算机对大西洋两岸大陆进行的拼合，他们采用了布拉德的建议，即认为欧拉原理可能适用于这个问题。该技术涉及编写一个计算机程序以测定球体上两条不规则线间最佳的最小平方拼合。其最佳的拼合证明是 1000 米的等深线，其接近大陆的真正边缘，所发表的拼合图惊人地精确，这使得杰佛里斯及其他人认为魏格纳的最初拼合有很大歪曲的看法最后落空了。

我们已经提及拉蒙特观测所在观点上的戏剧性转变。朗科恩在这一关键时刻访问之后说道："我感到自己像是一个改信君士坦丁转变之后访问罗马的基督教徒。"但尤因本人在这一早期阶段仍然持怀疑态度。

布拉德认为，更一般地讲，国家航空和宇宙航行局主办的 1966 年 11 月的纽约会议标志着美国人观点改变的转折点。在这次会议上提出了线状地磁和海岭上地震震中的全球性证据。他说：

"效果是惊人的。在我们第一天集会的时候，尤因来到我身边说——我想他是有些担心地，'你不会相信这些垃圾吧，特迪，'那天会议结束时我以赞成大陆运动作为总结而麦克唐纳则表示反对；最后一天，麦克唐纳没能出席会议，也没有其他人愿意替代他的位置。我、试图讲我认为麦克唐纳会讲的话，但是很没有说服力，我就把它排除在发表的内容以外了。在我的总结中，我指出我们已离开对大陆及其山系的传统地质兴趣多么之远，建议回到这些问题上去。我还强调了深海钻探对证实和扩充关于洋底的思想的重要性。"

到 20 年代初，地球科学界的观念转变实质已经完成了。（有人已试图对这一过程作定量性的统计，见 Nitecki 等）不可避免的是，仍然存在着一些反对的声音，但它们被证明无法说服绝大多数人。至于杰佛里斯，他仍然通过绝对怀疑新的地球物理学证据顽固地坚持其固定论观点，正像他早些时候对待地质和生物证据一样，他宁愿更多地相信自己对地幔黏性的估计，在他看来这将仍然排除重大的侧向活动的可能性。

回顾性的后记

对魏格纳的盖棺才论定，如无偏见的同时代人所看到的那样，自然地引起了人们对他的科学能力的好奇。柏林的一位学生朋友冯特是这样评价他的：

"阿尔弗雷德·魏格纳开始处理他的科学问题时，只有很普通的数学、物理及其他自然科学的才能。整个一生中他从来没有想掩饰这一事实。但是他具有将这些才能运用于远大的目标和自觉的目的能力。他在观测方面，认识既简单又重要的东西和可望得到结果的东西方面具有非凡的才能。此外，他还有严密的逻辑，这使他能收集恰好与他的观点有关的一切。"

让我们把这一评价与魏格纳在格拉茨的同事物理学教授本多夫（H.Bennborf）的评价做一比较：

"魏格纳获得知识主要靠直觉，从不或很少靠公式推导，而当他用公式推导时，这个公式必须是非常简单的。另外，如果牵涉到有关物理问题，即在一个与他自己的专长领域相距很远的领域里，他的判断之正确经常会使我感到惊讶。他在进行理论家们的最复杂的工作时，是多么自由自在！对关键点又是多么敏感！他经常会思考很长一段时间后说，我想是这样，这样的。然而大部分时候他是正确的。我们在严密分析了几天之后才会证实同样结果。魏格纳对重大问题有着很少出错的敏感。"

事后才认识到魏格纳本质上是对的，这自然使得我们想知道，为什么他的漂移说在那么长时间里引起如此的敌视，直到大量新的地球物理资料最终战胜了反对意见后。对此可以得出不同的回答：

1. **魏格纳**提出的证据不确定，海洋地质学实际上是未知的，大陆拼合过于粗糙，以及批评者中很少有人对南方大陆晚古生代地层和化石有亲身的知识。

由于有这些问题存在，因此大量地球科学家仍然有点怀疑或不信服，看起来就有相当道理了。但是，为什么如此振奋人心的新思想没有激起主动的研究以验证它，而却引起了如此众多的人强烈的反面反应？而且，魏格纳许多更好的论证从未得到他的批评者们适当的反应。

2. 很容易证明魏格纳假设的大陆运动的动力总体上量级太小，并且关于大陆"在硅镁层上前进"还有物理上的困难。

这似乎是更有力的批评，然而我们记得科学史记载了很多现象，如电和磁，都是在证据充足的理论出现之前很长时间就被经验地接受了；而人们在了解热、光及声的真正本质前很长时间就已经在研究它们的特性了。地质学上一个好的例子是更新世冰期，这一冰期已被普遍认为是事实，尽管它的成因仍在讨论中。而且，霍姆斯的对流说排除了魏格纳面临的最明显的困难。但并未明显地使很多人改变观点相信漂移说。就是今天，虽然板块构造差不多已被普遍接受，但有关控制力的问题仍然了解甚少。

可能性远大得多的是，科学上不太体面但可能较富于人的特性的原因在普遍的反对中起了重要作用。这种把戏是由魏格纳的最强大的批评者之一张伯伦泄露的。他以明显赞成的口吻引用 1926 年纽约会议上无意中听到的一位与会者的话说："如果我们相信魏格纳的假说，我们就必须忘掉过去七十年里所学的东西而完全重新开始。"

这种保守的偏见并不只限于地质学家。在几乎所有事情上，人类心灵有一种强大的倾向，那就是按照自己的经验、知识和偏见而不是按照已有证据来作出判断。因此，人们就按照流行的信条判断新观点的正误。如果观点太革命了，也就是说，如果这些观点离权威理论太远而不能融进当时的知识体系，它们就不能被接受。如果发现早于它们的时代出现，它们几乎必定会被忽略或遭到强大的难以克服的反对，因此在大多数情况中，它们还是未曾发现的好。

说明：

哈勒姆（Anthony Hallam，1933_）著，余晖、余谋昌译，节选自《地质学大争论》，西北大学出版社1991年，第180_188页。哈勒姆为美国伯明翰大学地质学家、地质学史家。

阅读思考：

转换断层在大洋中通常位于什么地方？板块运动对于青藏高原有怎样的影响？美国洛杉矶为什么经常有大地震？

穿越不确定性花园

波拉克

整本书（指《确定的科学与不确定的世界》）将带你进行一些科学远足，说明不确定性是如何被编进科学事业的结构之中。这些艰难旅行，许多在我进行科学研究的领域——地球和环境科学之中。特别是，对当代全球关注的话题——全球性气候变化在许多地方都要涉及。在20世纪90年代也许没有哪一个话题能像全球气候变化一样一直吸引着人们的注意力，并且围绕现实性、原因、结果，以及因气候变化导致的政治反应、经济反应和社会反应。作为缓慢发展的复杂的全球性现象，总体上它展示了科学不确定性的许多迷人方面，说明了科学家是如何在不确定性环境下工作和发展的。

本书所列出的科学远足可能被认为是在"不确定性花园"中进行的游览，是对广袤而不规则的土地进行的探索。这片土地由生长着一年生植物和多年生植物的小块土地、一些新开垦的土地、稀有品种、杂草、灌木丛以及迷宫构成。这个花园中的每一个领域都揭示了不确定性的不同方面。对来自科学不确定性的每一次洞察来说，通常都会在科学王国之外发现具有启迪作用的经历，这种经历让读者意识到科学世界与他们自己的世界并非如此不同。的确，科学是我们生活的世界中一个重要的、可理解的又极具影响力的组成部分。

通过对科学和日常生活中存在的不确定性进行比较和类比，我的目标是让读者用与处理生活中的不确定性相类似的那种方式去理解和适应科学的不确定性。我希望读者在读完这本书之后有着这样的感觉：科学不确定性与人们在日常生活中遇到的并例行公事般适应的许多其他不确定性相比，并不会让人更加困惑或产生怀疑。随着对科学不确定性的更好理解，读者能够识破偶尔让科学对于社会问题的价值及其相关性模糊不清的疑云。在理解不确定性的进程中，对于回答"科学能够提供什么和不能提供什么"的问题，他们会更加充满自信。

一些主题，无论是日常的还是科学的，会贯穿本书的各个章节，它们或多或少解释了我在适应不确定性方面的观点：

·不确定性总是伴随我们，它决不可能从我们的生活（无论是个人还是作为社会整体）中完全消除。由于不确定性的存在，我们对过去的理解和对未来的预测总是模模糊糊。

·因为不确定性永远不会消失，对于未来的决定，无论其大小，总是在缺乏确定性的情况下做出的。在做决定之前一直等到不确定性完全消除是对现状的含蓄支持，常常是维持现状的一个借口。

·预测长期的未来是一件危险的事情，很少能做出与现实非常接近的预言。随着未来的逐渐展开，需要做"中期方向修正"以便考虑到新信息和新进展。

B
卷

·不确定性，远非前进的障碍，它实际上是创造性的强烈刺激因素和重要组成部分。

科学，正如卡逊[1]所观观察到的那样，是生活的一个组成部分。它具有自身的优势和弱点、成功和失败、疑问和不确定。当科学家试图理解一个细胞异常是如何引起癌症，一个基因是如何传递信息促进机体发育，一个生态系统是如何应对城市的拓展或者整个地球是如何应对大气中化学成分的长期改变时，这些研究的每一个阶段都被包围在不确定性之中。不确定性的产生有许多方式，它的本质也许会随时间而改变，但是搞科学的人决不可能游离于不确定性之外。

科学会因为不确定性而衰弱吗？　恰恰相反，许多科学的成功正是由于科学家在追求知识的过程中学会了利用不确定性。不确定性非但不是阻碍科学前行的障碍，而且是推进科学进步的动力。科学是靠不确定性而繁荣的。遗传性状如何被复制的不确定性，最终导致了双螺旋分子结构的发现。的确，也许有人会争辩，是确定性而不是不确定性阻碍着科学。17世纪哥白尼（Copernicus）、开普勒（Kepler）、伽利略（Galileo）为了推翻地球是太阳系中心的观念所进行的长期斗争，在当时盛行的"地球在宇宙结构中占据一个非常特殊的位置"的神学确定性面前，继续进行着。

实际上，科学家面对的不确定性同我们日常生活中遇到的不确定性没有如此大的不同。在许多文化中，冒险作为成功人士应该具有的品质受到人们的赞美。但是风险恰恰是因为不确定性而产生。在不确定性面前阐明风险、采取措施和接受风险的意愿和能力，被认为是一种特别的优势。虽然有一些冒险后来被证明是不明智的，但是没有冒险，就是对现状的含蓄

---

[1] 卡逊（1907—1964），美国生物学家。主要著作有《在海风的吹拂下》《围绕我们的海洋》《寂静的春天》。真正让她获得广泛关注的是《寂静的春天》，它的诞生标志着现代环境运动的开始和环境新闻走向成熟。——译者注

接受。不愿意受不确定性的激励，才是前进的真正障碍。

具有讽刺意味的是，不是科学家的那些人经常将科学等同于确定性，而不是等同于不确定性。他们要求对以下事情进行高度精确和准确的预测：日食，海洋潮汐的日常进展，当地日出日落的准确时间，在一个遥远的行星上着陆的航天器内时钟的精确度。确定性的另一个方面是和技术可靠性相关的，当人们拿起电话，打开电视，或者转动轿车的点火钥匙时，都期待着设备正常运转。确实，当事物不是按期望或预料的发生时，通常会出现某种程度的惊奇和不满。绝大多数人都不喜欢意外，而且对不可预测性（unpredictability）和不确定性感到某种程度的不适。

其他背景下的确定性是满意的一个来源。让信徒对死后生活放心的宗教信念可减轻对死后进入地狱的担忧。诸如"较小的政府是更好的政府"或者"没有比税收更好的事情"这样的政治颂歌，可将这些人从评估广泛的公共政策问题的负担中解脱出来。如果将一个充满灰色阴影的世界重塑成一个只是由黑色和白色组成的更简单、更坚实的实体，就会消除那种掂量细微差别的艰巨任务，取而代之的是确定性提供的舒适性。

在对复杂自然系统的理解中，当科学家不能说明高水平的确定性时，有时在普通公众中会有一种不耐烦和不满的潜在倾向。2001年年末，在美国的政府大楼和邮政设施中出现了以炭疽孢子（anthrax spores）形式出现的生物恐怖主义（bioterrorism）。然而，一段时期以来，在公共健康团体和国家疾病控制中心内，存在着对以下问题的不确定和困惑：炭疽病是如何被传播的？多高的孢子浓度会有危险？炭疽孢子如何引起身体虚弱？公众想要知道答案，公共健康从业者却不能立即提供。与此类似，在英国，2001年口蹄疫的爆发遇到一系列关于如何遏制这种疾病的科学观点。采取的遏制策略是大量宰杀周围的畜群，但是科学观点远未达成一致。疾病得到控制以后的很长时间，关于宰杀策略是否必要或有效的争论还在继续着。

当科学家承认，他们不知道诸如"疾病在一个生态系统传播"这样一种复杂自然现象的所有方面时，公众有时会将此理解为科学家对这一事件一无所知。这样就会导致公众对科学共同体能力的不信任，而不信任的副产品是普通公众更加频繁地对一些狂人、吹牛者和十足怀疑论者所发布的毫无价值的谬论怀有兴趣。在科学权威和确定性的氛围下，这些伪科学家（pseudo-scientists）做出了一些从未经过严格检验的断言，而严格检验正是真科学的基础。

算命者（fortune-tellers）、看手相者（palm readers）、透视者（clairvoyants）、占星学家（astrologers）（名单可能会继续延长），所有这些人都是靠不让或不愿意让他们的顾客辨别出这些实践完全缺乏逻辑基础和科学观察而发家的。无论如何，绝对没有任何东西会提供给这些骗子以使其获得信任。但是他们的宣言总是经过精心构思以便给顾客留下这样的印象——有一种非凡的力量在客观地运行着。在下一章，我将描述有关这方面一个特别让人吃惊的例子，太多的对地震理应更加了解的人对大地震所做的预测是过于严重了。

当然，有一些严肃的学者对以下观念提出挑战：科学是通向宇宙真理的唯一途径。有一个哲学流派，笼统称呼的话可称为后现代主义（postmodernism），对"科学家是中立的和客观的"和"科学知识是毫无偏见的理性思考的结果"这些观点表示怀疑。极端的情况是，它会质问在人类建立的智力结构之外是否存在着一个确定的自然世界。这种边缘性观点把科学视为由科学家创建的拥有一套规则的游戏，并声称如果我们不接受这些科学游戏的规则，那么在对自然界的理解中，科学显而易见的成功将无法维护。此立场的一个子题目就是科学是一个自我服务的概念和实体。

为什么我们有这么多的科学文盲？为什么人们容易受过分简单的思想和虚假宣言的影响？为什么他们对科学不确定性感到迷惑？我认为，部分原因在于大多数学生接受的科学教育抑制了他们的自然科学直觉。许多学生在小学和初中就对科学丧失了兴趣，原因在于没有利用他们对自然的好奇。接着高等教育系统让这一问题延续下来，主修科学专业的毕业生是吸收了所有的"事实"而不是准备向这些事实挑战。同样愚蠢的体制用于培训新的小学和初中教师，这些受培训的教师再重复这些模式。研究生阶段，培训出的新科学家更多的是有能力的执行者而不是富有想象力的设计师。简而言之，许多国家共有的教育实践已经导致了成年人普遍对科学满怀兴趣同时又对科学感到迷惑，主要原因是他们不理解科学家是如何着手做提出问题和评估答案这样的事情。

继续不确定性花园的比喻，我们已经开始了在东方帐篷的旅行，那里的展览已经说明了科学和不确定性的一些社会学的、政治的和教育的方面。下一章仍旧固定在东方帐篷中，在那里我们将要集中到一个位于科学和大众之间的特殊机构——大众传媒。媒体有助于向大众传播科学吗？不仅仅是根据科学的成功、成就和确定性，而是将其作为一种探究过程或探究方法来传播吗？这种探究过程或探究方法是受失败刺激，而且是在不确定性投射的阴影的微弱暗淡的光亮中繁荣发展的。

说明：

波拉克（Henry N. Pollack，1936— ）著，李萍萍译，节选自《不确定的科学与不确定的世界》，上海科技教育出版社 2005 年，第 2—6 页；第 21 页。波拉克是美国密西根大学地球科学系地球物理教授。

阅读思考：

科学追求确定性，按本文的意思，科学中还有哪些不确定性？这些不确定性意味着什么？对科学的虚假宣传会导致什么后果？

自然科学与目的论

歌德

1831 年 2 月 20 日（歌德主张在自然科学领域里排除目的论）

…………

接着歌德对我讲到一位青年自然科学家写的一部书，赞赏他写得很清楚，但对他的目的论倾向要加以审查。

他说，"人有一种想法是很自然的，就是把自己看成造物的目的，把其他一切事物都联系到人来看，看成只是为人服务和由人利用的。人把植物界和动物界都据为己有，把人以外的一切物作为自己的适当的营养品。他为这些好处感谢他的上帝对他慈父般的爱护。他从牛取奶，从蜂取蜜，从羊取毛。他既然认为一切物都有供人利用的目的，于是就认为一切物都是为他而创造出来的。他甚至想不到就连一棵小草也是为他而设的，尽管他现在还没有认识到这种小草对他的功用，他却仍然相信将来有朝一日终会发现它的功用。"

人对一般怎样想，他对特殊也就怎样想，所以不禁把他的习惯看法从生活中移用到科学里去，也对有机物的个别部分追问它的目的和功用。

"这种办法暂时也许行得通，暂时可以用在科学领域里，但是不久就会发现一些现象，从这种窄狭观点很难把它们解释得通；如果不站在一种较高的立场上，不久就会陷入明显的矛盾。"

"这些目的论者说，牛有角，是用来保护自己的。但是我要问，羊为什么没有角？就是有，为什么形状蜷曲，长在耳边，使得它对羊毫无用处呢？"

"我的看法却不同，我认为牛用角来保护自己，是因为它本来有角。"

"一件事物具有什么目的的问题，即为何（Warum）的问题，是完全不科学的，提出如何（Wie）的问题就可以深入一点。因为我要追问牛是如何长起角时，就不得不研究牛的全身构造，这样同时也会懂得狮子何以不长角而且不能长角。"

"再如人的头盖骨还有两个未填满的空洞。如果追问为何有这两个空洞，这问题就无法解决；但是如果追问这两个空洞是如何形成的，这就会使我们懂得，这两个空洞是动物的头盖骨空洞的遗迹，在较低级动物的头盖骨上，这两个空洞还要大些，在人头上也还没有填满，尽管人是最高级的动物。"

"功用论者[1]仿佛认为，他们所崇拜的那一位如果不曾使牛生角来保护自己，他们就会失去他们的上帝了。但是我希望还可以崇拜我的上帝，这个上帝在创造这华严世界时显得那样伟大，在创造出千千万万种植物之后，还创造出一种包罗一切植物（属性）的植物；在创造出千千万万种动物之后，还创造出一种包罗一切动物（属性）的动物，这就是人。"

"让人们仍旧崇拜给牛造草料、给人造饮食、任他们尽情享受的那一位吧。至于我呢，我所崇拜的那一位放进世界里的生产力只要在生活中用上百万分之一，就足以使世界上芸芸众生蕃衍繁殖，无论是战争和瘟疫，还是水和火，都不能把这一切杀尽灭绝。这就是我的上帝！"[2]

---

[1] 功用论实际上就是目的论。

[2] 这是理解歌德的世界观和思想方法的一篇极重要的谈话。原始宗教一般都认定世界万物是由一神或多神创造的，神对所造物各定有一种目的或功用。目的可以是为物自身的，也可以是为人的。这就叫做目的论。西方从亚里士多德到康德，很多哲学家都相信这种目的论。目的论的基础是有神论。歌德是泛神论者，泛神论认为大自然本身就是神，神不是在世界之外遥控世界的。所以他是一个不彻底的无神论者。

歌德在科学方法上主张排除目的论，不追究事物为什么目的发生，只追究事物以什么方式发生，侧重事物的内外因和内在规律。这自然否定了创世说或"天意安排"说，对辩证思想的发展是很重要的。他所说的综合法也就指此。

在达尔文之前，歌德的科学思想中已有进化论的萌芽，他对人的头盖骨中两个空洞的解释就是明证；话不多，在科学史上却极为重要。恩格斯肯定歌德对进化论的贡献，见《马克思恩格斯选集》第4卷，第225页。

说明:

歌德(Johann Wolfgang von Goethe, 1749–1832) 著, 朱光潜译, 选自爱克曼(J. P. Eckermann) 编选的《歌德谈话录》, 人民文学出版社 1978 年, 第 233–235 页。歌德为德国著名诗人、学者、植物爱好者。

阅读思考:

自然科学中完全排除了目的性说明吗? 在达尔文的演化论之后, 目的性说明在一定程度上是可接受的, 因为它们可以翻译成"直推因"的说明。在回答 why 和 how 两类问题时, 自然科学和人文社会科学会有明显的分工吗?

必然性与力
石里克

在思想史的初期, 自然概念的内容更多地用人性的形式来表示。其时, 原因被看作一种努力, 一种奋斗; 人们认为这种努力或奋斗, 可以说, 根据必然性从其自身中排出了结果。因果关系被设想成是联结原因与结果的真实环节——这是休谟在他当时即已抨击过的观点。到了晚近的阶段, 那种认为结果是由原因通过某种决定之类的东西而不得不产生的神秘观念, 被马赫称为拜物教的残余。马赫整个地抛弃了因果概念而代之以"函数的"依赖关系（模仿数学中使用的术语）。但是实际上这仅仅只是名称的更换而已。很难理解, 为什么自然中的实在的依赖关系, 只能仅仅被当作数学上的逻辑概念性的关系而不能被指称为"因果的"关系呢? 特别是原因与结果概念的定义完全可以和拜物教不发生关系。

在我看来，远离危险的是拟人论或拜物教；它们是那么容易和自然律这个词联系在一起。"律"这个字容易引人误解，因为它本来使用于人类社会，指的是一种统治机构的法令，用以强迫被统治者接受某种一定的行为类型。"律"这个字正是在这种用法上被借用过来的。但是自然律则决不是加于自然的一种法令，决不是对事物实施什么所谓强制并要求事物加以服从的。自然律只是一种单纯的公式，它描述自然的实际行为而不是规定自然应当成为的模样。

因果性的概念包涵着必然性的概念，从而自然律的概念也包含着必然性的概念。但必然性概念的真正意义是什么呢？它不再指强制之类的东西（这是"自由"的对立物，它意味着有意识的存在物的努力或奋斗），而是指一种规则性（这是"偶然"或无规律的对立物）。这儿，必然性指的就是普遍有效性，既不多些也不少些。这句："A 必然随着 B 而发生"就其内容而言和句子"每一次只要状态 B 发生，状态 A 即随之而发生[1]"是完全等同的。前者没有比后者多讲了任何东西。由此可以看到，在自然界，只有当相同的事物在某种意义上重复发生时才存在因果性、定律或必然性的问题。只有当相同的（或至少，类似的）过程能在不同的地方、不同的时间发生时，陈述"A 每次都随着 B 而发生"才有意义。自然的均匀同质性乃是定律概念存在的必要条件。这一个观点应该说没有什么地方可以使人感到奇怪了——因为全部知识，并因而也包括了自然律的构写，都是以世界上各种类似性（同一性）的发现为基础的。

和那种由于原因及必然性的概念所造成的错误相比，类似的错误也往往作为另一个概念的后果而产生，——这就是"力"的概念，它有时甚至被拿来与原因的概念相提并论。即使在今天，人们有时还相信力是自然事件的真正原因，并从而不自觉地想象有某种类似于意志的东西在那儿竭力

---

[1] 此句英文版 A 与 B 颠倒了，译文已予改正。——译注

奋斗并指向某一目标或目的物。由于观察到手一松石块就以一定的加速度落到地上，人们就把这归因于地球的"重力"，正是这个地球"力图"把石块拉向自己。基尔霍夫，尤其是马赫，十分正确地指出，像这样的拟人论的概念，不管从力这一概念的起源来看是如何容易得到解释，它们与物理学却是毫不相干的。力这一概念的起源无疑是来自肌肉的用力，这种用力是人在试图移动物体时所体验到的。人们观察到越是要使移动加速，为移动物体所必需的肌肉的用力也就越大——此外还取决于一个由物体性质所决定的因素，该因素称为"质量"。这样，质量与加速度的乘积被定义为力的度量。（这样下定义的是牛顿。）

要是我们，举个例子来说，确定了某已知质量的带电粒子在某电场的给定点上具有的某种加速度，我们就能——按照定义说，在该点上正有一个力作用于该实验粒子，这个力等于粒子的质量与加速度的乘积。但显然，我们绝对不应当设想在电场的该点上存在着一种"奋斗或努力"，正在用足力气把这个粒子不是拉过来就是推开去。我们所能作的唯一断言就是，在该点上呈现着某种状态，或者发生了某些过程，而这可以被认为是造成加速度的原因。要是我们想要把"力"与这一原因等同起来，那么力就只不过也仅是场过程本身的一个名称，而这种命名法将是极不适当的。要是我们不把"力"这个词解释为指一个过程，而是用它来指过程中的某种规则性，那么这就和物理概念结构的意义符合得更好了。下面我们就来说明这一点：

人们曾经一度认为力不是什么别的而只是运动的一种任意的度量，它等同于质量与加速度的乘积，此外再无别的意义。但是这样一种观念是很难成立的。力不是一种单纯的度量，它本身就是用上述的乘积来度量的。力（在我们的例子中）不是被设想为某种处于物体本身的运动之中的东西；而是某种既在运动的原因之中，又在决定运动的场过程之中的东西。举例来说，上述结论可以从下列事实得出：当代力学（爱因斯坦力学）已不再认为力＝质量 × 加速度这一方程普遍有效，而只是认为该方程在速度极小的场合近似地有效。如果问题是一个完全任意的定义问题，那就不可能是这样。实际上，在这一争论中我们有十分确实的经验材料的支持，例如（理想地表述）：如果两个不同质量不同速度的粒子，先后置于相同的外界条件之下——例如，在某电场中的同一点，它们的行为会有很大的差别。但由于我们把"力"理解为某种类似于场的状态的东西，我们就可以说：该点的两个粒子都受到同一力的作用（其实假定粒子的存在对场的状态没有可察觉的影响）。这样，为寻找力的一种度量，我们必须观察在该两物体不同行为的全过程中哪个量是保持不变的。于是我们发现，这种量的一级近似就是质量与加速度的乘积。旧力学中用这一量量度力，其合理性就仅在于此。（我们暂不考虑质量概念的定义中出现的各种困难。）而在新力学中，这一乘积被一更为复杂的表达式所代替，因为人们了解到新表达式代表了在两种场合下取相同值的一个最简单的量。——谁要是不熟悉这个电作用力的例子，就得把这两个粒子想象作是与一弹簧相接触，该弹簧正从紧张状态中松开，而且弹簧的状态对于两个粒子都是相同的。这时我们就能说，在两种情况下，同一个力（弹簧力）作用在两个物体上，并再次寻找在两种场合均具有相同值的量。这样，我们就发现了力的度量。但是像这样一种度量单位或标量值的相等性正是规则性的表现——是弹簧中（或对于我们前面的例子是电场中）那些过程之规则性的表现，而这些过程我们可以看作所观察到的受力"作用"的试验体加速的原因。据此，我们主张，决不要在任何意义上把"力"当作原因，而应把"力"看作因果过程规则性的表现。

我们对力的概念的解释是以下列经验事实为基础的；这一事实就是"超距作用的力"并不存在，存在的作用只能是从一处到一处或从一点到一点连续地传播的作用。要分析力的概念，我们只需要考虑受力作用的粒子的直接邻域，而可以忽略它当时的状态对较远邻域的依赖。如果自然中突然出现了超距作用，事情就大不相同了。此时，为了定义力的概念，我们得要考虑全部有关物体的总的构象，而力就得被设想为是对这些物体总的行为规则性的描述。这一想法的困难无疑使科学家们在很早的时期就对超距作用的假设抱有反感，他们以先天的理由宣称超距作用是不可能的。他们在反驳这一假设时用到这样的语句："物体不能在它所不在的地方作用。"对此，应当明确地说明，超距作用的不可能性是不能从哲学上加以证明的。只有经验似乎告诉我们这样的东西并不存在，而且描述自然事件之间联系的更实用的方法是假定在每一点上这些事件都唯一地取决于它们时空邻域内的其他事件。

说明：

石里克（Moritz Schlick，1882–1936）著，陈维杭译，《自然哲学》，商务印书馆 1984 年，第 69–73 页。石里克是德国科学哲学家。

阅读思考：

休谟和马赫对因果关系持怎样的态度，你认为有道理吗？

什么是基本

盖尔曼

在衡量什么是最基本的尺度时，夸克与美洲豹几乎位于相对的两个极端。基本粒子物理学与宇宙学是最基本的科学学科，而关于复杂生物的研究，尽管显然非常重要，但却远远没有那么基本。为了讨论科学的分级问题，至少必须理清两个不同的问题，其中之一与纯粹的习惯问题有关，另一个则关系到不同学科之间的真正联系。

我听说，一所法国大学的科学教授曾常常以一种固定的顺序讨论与各学科有关的事物：先是数学，其次是物理学，化学，生理学，等等。从这一安排来看，他们似乎经常忽略了生物学家的事情。

同样，在设立诺贝尔奖的瑞典炸药界泰斗阿尔弗雷德·诺贝尔的遗嘱中，科学奖的排列顺序为：首先是物理学，其次是化学，再次是生理学与医学。因为这个原因，在斯德哥尔摩的颁奖典礼中，物理学奖总是被最先授予。如果只有一个物理学奖获得者，且该获奖者已婚，那么他的妻子将有幸被瑞典国王挽着手进入宴会厅。［当我的朋友萨拉姆（Abdus Salam），一个巴基斯坦的穆斯林，在 1979 年分享诺贝尔物理学奖时，把他的两个妻子都带到了瑞典，这毫无疑问引起了一些外交礼节问题。］在外交礼节中，化学奖获得者排在第二，而生理学与医学奖获得者则位列第三。由于某些未被真正弄清楚的原因，诺贝尔的遗嘱中遗漏了数学。有个一再流传的谣言说，他痛恨一位叫密他克－莱福勒（Mittag-Leffler）的瑞典数学家，因为这位数学家抢走了一个女人对他的爱情。不过据我所知，这仅仅是个谣传而已。

学科的这种分级的原因，可以部分地追溯到 19 世纪时期的法国哲学家奥古斯特·孔特（Auguste Comte），他认为，天文学是最基本的科学学科，物理学其次，等等。（他将数学看作一种逻辑工具，而不是科学。）他的看法有道理吗？如果有，又是从哪方面来说的呢？这里有必要撇下声望的问题而试图弄清楚，从科学观点来看，这样一种分级究竟指的是什么。

数学的特征

首先，如果科学被理解成一门用于描述自然界及其规律的学科的话，那么数学确实不是一门科学。数学更加关注的是，证明某些假设的逻辑结果。因为这个原因，它可以从科学的清单中勾掉（就如它被诺贝尔遗漏掉一术），仅被视为很有趣而且也是科学的一个极其有用的工具（应用数学）。

另一个看待数学的方法是，可以认为应用数学研究科学理论中出现的结构，而纯数学研究的不仅包括那些结构，而且还包括科学中所有可能出现过的（或可能将要出现的）结构。那么，数学是对假想世界的严密的研究。从这方面来看，它是一种科学——一门关于目前是什么、将来可能是什么以及曾经可能是什么的科学。

如此看来，数学就成了最基本的科学吗？那其他学科又如何呢？说物理学比化学更基本，或化学比生物学更基本，是什么意思呢？物理学中的不同部分又怎么样呢？难道不是一些部分比其他部分更基本吗？一般来说，是什么使得一门科学比另一门科学更基本呢？

我认为，如果：

1. A 科学的定律在理论上涵盖 B 科学的现象与定律。

2. A 科学的定律比 B 科学的定律更具有普遍性（也就是说，B 科学比 A 科学更专门化，B 科学定律的适用条件较 A 科学定律的更特殊）。

那么，A 科学就比 B 科学更基本。

如果数学真是科学，那么，根据上述标准，它比其他任何科学都更基本。所有可想出的数学结构都在它的研究范围内，对描述自然现象有用的结构仅只是数学家研究或可能研究的那些结构中一个极小的子集。通过那个小子集，数学定律的确涵盖了其他科学中用到的所有理论。但是其他科学怎么样呢？它们之中又存在什么样的关系呢？

化学与电子物理学

当著名的英国理论物理学家狄拉克（P.A. M. Dirac）在 1928 年发表用来描述电子的相对论量子力学方程时，据说他曾评论他的公式解释了大部分的物理学与全部的化学。当然，他的话有些言过其实，不过我们还是能够懂得他说这话的意思。尤其在化学方面，因它主要研究诸如原子、分子之类客体的行为，而这些客体本身即由重的原子核与环绕原子核的轻的电子组成。电子与原子核及电子与电子之间通过电磁效应而产生的相互作用，是许多化学现象的基础。

狄拉克方程描述了电子与电磁场之间的相互作用，它在短短的几年时间内就导致了一门关于电子和电磁学的成熟相对论量子力学理论的产生。这门理论就是量子电动力学，或 QED，它与大量实验的观察结果都符合得很好（因而用这么个缩写是非常恰当的，这使我们中的一些人回想起学生时代，当时我们在一个数学证明的最后使用"QED"一词来表示拉丁文"quod erat demonstrandum"，意思是"这就是要证明的"）。

在原则上，QED 确实可以解释大量化学现象。它严格地适用于这样一些问题，即其中的重核可被近似地看作固定不动的带电点粒子。对 QED 进行简单的推广即可用来处理核的运动，也可用来处理核是非质点的运动情况。

理论上，理论物理学家可以使用 QED 来计算任何化学系统的行为，如果在原子核内部结构的细节相对来说不重要的话。只要是利用合理的 QED 近似所进行的关于这些化学过程的计算，它们就能成功地预言观察结果。事实上，在大多数情况下，有一个被证明为合理的特殊的 QED 近似能够做到这一点。它被称为带有库仑力的薛定谔方程，可用于"非相对论性的"化学系统，在这种系统中电子与核的运动速度与光速相比都非常地小。这一近似在量子力学发展的初期，狄拉克的相对论方程出现之前 3 年就已经被发现了。

　　为了从基本物理理论中导出化学性质，可以说有必要向该理论提出化学方面的问题。你必须在计算中既引入基本方程，又要使用所讨论的化学系统或化学过程的特定条件。例如，两个氢原子的最低能量状态是氢分子 H_2。化学中的一个重要问题是分子的结合能有多大，更精确地说，分子的能量比组成它的原子单独存在时的能量之和低多少。答案可以从 QED 计算得到。但首先必须"向方程询问"那个特定分子的最低能量状态的性质。提出这样的化学问题，其有关的低能条件并不具有普遍性。在太阳中心数千万度的高温下，氢原子全都分裂成为它们的组成成分：电子和质子。在那里原子和分子的存在概率小到没有任何实际意义。可以说，在太阳的中心没有化学。

　　从我们前面提出的关于什么更基本的两条标准来看，QED 比化学更基本。理论上，化学规律可以从 QED 导出，只要将描述适当化学条件的附加信息代入方程即可；而且，那些条件是特殊的——它们不能在整个宇宙中处处成立。

化学在其自身层次上

　　实际上，即使现在有最快而且最大的计算机可供使用，也只有最简单的化学问题可以通过基本物理理论计算出来。可以这样解决的问题正在增多，但是化学中的大多数情况仍然是使用化学自身的而非物理的概念与公式来描述。

　　通常，科学家们习惯于直接在特殊领域提出用于描述观察结果的理论，而不从一个更基本领域中的理论出发去推出相应的理论。虽然在提供特殊附加信息的情况下，从基本理论出发的推导在理论上是可行的，但是在实际中，在大多数情况下都十分困难或者不可能。

例如，化学家关心原子之间各种不同的化学键（包括一个氢分子中两个氢原子之间的键）。他们在实验过程中提出了许多关于化学键的具体观点，这使他们能够对化学反应作出预言。同时，理论化学家竭力从 QED 的近似出发去推导那些观点。除最简单的情况外，他们只能取得部分的成功，但他们毫不怀疑，在理论上，如果有足够强大的计算工具，他们是可以取得更大成功的。

阶梯（或桥梁）与还原

这样，我们得到了科学不同层次的暗喻，其中底部是最基本的，而顶端是最不基本的。非核化学位于 QED"上面"的某一级。在很简单的情况下，一个 QED 的近似被直接用来预言化学层次的结果。但是，大多数情况下，用来解释与预言现象的定律是在上层（化学领域）形成的，然后科学家才尽可能努力地从较低层次（QED）推导出那些定律。两个层次都以科学为目标，而且科学家努力建构它们之间的阶梯（或桥梁）。

我们的讨论不必局限于非核现象。自从 1930 年左右 QED 产生以来，它已被大大地推广。现在整个基本粒子物理学科已经崛起。基本粒子理论的任务不仅是描述电子和电磁学，而且还要描述所有的基本粒子（所有物质的基本构成单元）和自然界所有的力。我将一生的大部分精力奉献给了这一领域。基本粒子理论描述原子核内部以及电子之间所发生的现象。因此，QED 与用于处理电子的那部分化学之间的关系，可以看作位于较基本层次上的整个基本粒子物理学与位于非基本层次上（包括核化学在内）的整个化学之间关系的一个特殊情形。

用较低层次的理论来解释较高层次的现象的过程，通常被称为"还原"（reduction）。我没听说过哪个严肃的科学家相信，存在着不是起源于基本物理力的特殊的化学力。虽然一些化学家可能不喜欢这么说，但事实的确

B 卷

如此。从理论上讲，化学可以从基本粒子物理学导出。从这一意义上说，我们都是还原主义者（reductionists），至少在物理和化学方面是如此。但是，在允许化学现象发生的特定条件下，化学比基本粒子物理更特殊这一事实，意味着为了导出化学定律，哪怕是在理论上导出，必须将那些特殊条件的信息代入基本粒子物理方程。没有这一思想，还原的概念就是不完善的。

所有这些给我们的启示是，尽管各门科学占据着不同的层次，但它们都是一个联合整体的一部分。那个整体结构的统一性通过各部分之间的联系而得以巩固。位于某一层次上的科学涵盖了位于较上层的不那么基本的科学的定律。但是后者由于更特殊，因而除了前者的定律之外，还需要更多的信息。在每一层次上，都有一些对本层次非常重要的定律有待发现。科学工作不仅包括研究各个层次上的那些定律，同时还要从上而下及由下向上地在它们之间建构阶梯。

上述讨论同样适用于物理学内部。基本粒子物理学定律整个宇宙中、处于各种条件下的各种物质都有效。但是，在宇宙膨胀的最初阶段，核物理实际上是不适用的，因为密度太大，以致于单独的原子核，甚至中子和质子都不能形成。不过，核物理学对于了解太阳中心所发生的事情依然极其重要，在那里，尽管化学反应的条件非常苛刻，但热核反应（与氢弹中的反应有些相似）仍是产生太阳能量的来源。

凝聚态物理研究诸如晶体、玻璃和液体，超导体与半导体之类的系统，也是一门很特殊的学科，只在允许它所研究的结构存在的条件下（比如足够低的温度）才适用。即便是理论上要从基本粒子物理学导出凝聚态物理，也必须先将那些特殊条件列出。

生物学还原所需要的信息

处于等级中另一层次的生物学，与物理学和化学之间的关系如何呢？

当今还有哪位严肃的科学家会像过去几个世纪中常见的那样，相信生物学中存在着不是源于物理－化学的特殊"活力"？如果有，那也是极少数。我们中间几乎所有的人都认为在理论上，生命依赖于物理学和化学定律，就像化学定律依赖物理学定律一样，从这一意义来说，我们又成了一种还原主义者。然而像化学一样，生物学依然非常值得按其自身条件，在其自身层次上来进行研究，尽管阶梯的建构工作仍在进行。

而且，地球生物学极为特殊，这里地球生物学指的是我们这个行星上的生物系统，它们与那些围绕遥远恒星运行的行星上的复杂适应系统，一定有着很大的差别。在宇宙中这样的行星必定存在或许这些行星上仅有的复杂适应系统，是我们见了也未必能将他们描述为活的系统。（举一个科幻小说中常见的例子：假想一个社会由非常先进的机器人与计算机组成，它们是很久之前由一个现已绝灭的人种所制造的机器人与计算机发展而来，而那个绝灭的人种在其生存期间，我们或许可以把他们描述为"活着"。）然而，即使我们只关注"活着"的人类，他们中的许多人也仍然可能显示出与地球上的人类极不相同的特性。为了描述地球生物现象，除物理和化学定律之外，还须提供大量的特殊附加信息。

首先，地球上所有生命所共有的许多特征可能是在这一行星上的生命史早期所发生的一些偶然事件的结果，它们也完全有可能以另外一些不同的形式出现（那些不同的生命形式也可能很久之前在地球上存在过）。地球上所有生物的基因都由 A，C，G，T 四种核苷酸组成，这种规则似乎适用于当今我们的行星，但在空间与时间的宇宙标度上也未必具有普适性。在其他许多星球上，也许存在着其他许多可能的规则；而遵循其他规则的生命在数十亿年前可能也在地球上生存过，后来他们被以常见的 A，C，G，T 为基础的生命所淘汰。

生物化学——有效复杂性与深度的比较

可能具有或可能不具有唯一性的问题，并不仅仅限于用来描述当今所有地球生命的某组特定的核苷酸，对地球上所有生命化学的每一条普遍性质，科学家们也在讨论着同样的问题。一些理论家声称，宇宙空间不同星球的生命化学，必定具有各种不同的形式。如果真是这样，地球上的情形就是大量偶然事件的结果，这些偶然事件促成了地球上生物化学的规律，从而使之获得很大的有效复杂性。

另一方面，一些理论家认为，生物化学本质上是唯一的，建立在物理基本定律基础上的化学定律，使得一种生命化学不同于地球上所发现的生命化学的可能性很小。持这一观点的人实际上是认为，从基本定律到生物化学定律的过程几乎不涉及任何新的信息，因此对有效复杂性贡献很小。但是，计算机可能需要进行大量的计算，才能从物理基本定律导出生物化学的近唯一性这个理论命题。在这种情况下，生物化学即使没有很大的有效复杂性，也仍然具有很大的深度。另一种表达地球生物化学的近唯一性问题的方式是，看生物化学是否主要取决于对物理学提出恰当的问题，或者还以一种重要的方式依赖于历史。

生命：高度的有效复杂性——有序与无序之间

即使基本的地球生命化学与历史关系不大，生物学中也仍然存在着巨大的有效复杂性，远远大于诸如化学或凝聚态物理这类学科中的有效复杂性。想想自地球上生命产生以来 40 亿年左右的时间里，有多么巨大数量的进化性变化是由偶然事件引起的！那些偶然事件中的一些（也许只是很小的一部分，但绝对数量仍然很大）在这一星球上的生命之后续历史中，及对于生物圈中生命形式之丰富多彩的特点，起着重要的作用。生物学定律确实依赖于物理学和化学定律，但它们还取决于大量由偶然事件产生的附加信息。这里，你可能会发现，在理论上可能进行的那种到物理学基本定律的还原，与一个缺乏经验的读者所理解的"还原"一词之间，存在着很大的差别，而且这种差别远远大于从核物理、凝聚态物理或化学到基本物理学的还原的情形。生物科学远比基本物理学复杂，因为地球生物学的许多定律不仅与基本定律有关，而且还与大量偶然事件有关。

但是，即使是对所有星球上所有种类的复杂适应系统进行研究，这种研究也仍然是相当特殊的。外界环境必须显示出足够的规律性，以供系统用于学习或适应，但同时又不能有太多的规律性，以致什么事情都不发生。例如，如果所讨论的环境是太阳的中心，温度高达数千万度，那么它几乎有着完全的随机性，近于最大的算法信息量，而没有有效复杂性或大的深度，那么任何与生命相类似的事物都难以生存。如果外部环境是一个处于绝对零度的完美的晶体，算法信息量几乎为零，这时同样不可能有很大的有效复杂性或大的深度，因而也不会有生命存在。复杂适应系统的运作需要有介于有序与无序之间的条件。

地球的表面提供了一个具有适中算法信息量的环境，这里深度和有效复杂性同时具备，这就是为什么生命能在这里发生、进化的部分原因。当然，在几十亿年以前地球的条件下，只有极原始的生命形式才能进化，但后来那些生物本身改变了生物圈的成分，特别是通过向大气中放出氧气这样的方式，从而营造了一个更接近于现在的地球生物圈的环境，使得具有更复杂的组织的高级生命形式能够进化。位于有序与无序之间的条件不仅是能产生生命的环境的特点，也是具有高度有效复杂性与极大深度的生命自身的特点。

心理学与神经生物学——意识与脑

地球上的复杂适应系统已经导致好几种位于生物学"之上"的学科的

产生。其中最重要的学科之一是关于动物，尤其是具有最复杂心理状态的人类的心理学。同样，现代科学家当中很少有人会相信，存在着本质上不能归于生物学的，最后也不能归于物理化学的"精神力"。于是，从这一意义上来说，我们所有人又都是还原主义者。但是对于心理学（有时甚至生物学）这样的学科，你会听到人们将"还原主义者"当作一种侮辱性的字眼来使用，甚至在科学家当中也是这样。（例如，我在其中作了近40年教授的加州理工学院就常被人揶揄地称作还原主义者；事实上，我在对学院某些方面的不足表示遗憾时，也可能使用过这一术语。）怎么会是这样呢？其论据又在哪里呢？

问题的核心在于人类心理学依然值得在其自身层次开展研究，尽管理论上它可以从神经生理学、神经传递质的内分泌学等学科导出。跟我一样，许多人都认为，在心理学与生物学之间建构阶梯时，最好的策略是不但要从底部向上，而且要从顶部往下进行考察。但这一见解并没有得到一致的认同，比如在加州理工学院就是这样，那里很少开展人类心理学研究。

在开展生物学和心理学研究，并致力于建构两者之间的阶梯的地方，生物学这方面强调的事物是脑（及神经系统的其余部分，内分泌系统，等等），而心理学方面强调的是意识——也就是大脑及相关器官活动的现象学显露。每个阶梯都是一座脑意识桥梁（brain-mind bridge）。

加州理工学院研究的主要是脑（brain），意识（mind）方面的研究被忽视了，有一些圈子里甚至连"意识"这个词都受到怀疑（我的一个朋友称之为M字）。但是几年以前学院开展过重要的心理学研究，特别是心理生物学家罗杰·斯佩里（Roger Sperry）和他的同伴在关于人脑的左、右两部分的智力关联方面做出过著名的研究。他们研究了那些由于事故或癫痫病手术致使连接左、右两半脑的胼胝体被切的病人。科学家已经发现，左半脑倾向于主管语言功能和躯体右半部分的运动，而身体的左半部分通常由右半脑控制。例如，他们发现，一个被切去胼胝体的病人将不能用言语表达与身体左半部分有关的信息，而一些间接的证据表明他拥有那方面信息。

当斯佩里随着年龄的渐增而不那么活跃时，他所开创的研究由他原来的学生和博士后，以及许多新人在其他学校继续进行。进一步发现的证据表明，左半脑不仅在言语，而且在逻辑和分析方面具有优势，而右半脑则在非言语交流、语言的情感方面以及像面容识别这样的整体性任务方面具有优势。一些研究者将直觉与分辨大图像（big picture）的功能与右脑联系了起来。不幸的是，在通俗化的过程中，那些结果中有许多被夸大其词和曲解了，而且，大部分讨论都忽视了斯佩里如下的警告性评论，即"未受伤的正常大脑的两个半脑，通常是作为一个整体在发挥作用……"然而，新的发现是相当惊人的。我对深程度的后续研究尤其感兴趣，例如，业余爱好者通常主要用右脑听音乐，而专业音乐家则主要是用左脑听，这种说法我认为是真实的。

集中于机制或解释——"还原主义"

为什么如今的加州理工学院，在心理学方面的研究进行得如此之少呢？诚然，学校太小，不可能面面俱到。但是为什么进化论生物也研究得很少呢？［有时我开玩笑说，一个特创派办的学院（creationist institution）其研究范围也很少这么狭窄。］为什么生态学、语言学或考古学都研究得这么少呢？人们可能会由此猜想，这些学科也许有某些共同特征，这些特征妨碍着我们大多数的教授。

加州理工学院的科学研究计划偏向机制、基本过程及解释等方面的研究。当然我是同情这一方式的，因为它也是基本粒子物理研究的特点。的确，这种强调基本机制的研究方式，已使许多领域取得了巨大的成就。20世纪20年代，当摩尔根（T. H. Morgan）正在研究果蝇基因时，他被请到加州理工学院，在这里他发现了生物分裂，从而奠定了现代遗传学的基础。40年代来到加州理工学院的德尔布吕克（Max Delbruck），成为分子生物学的奠基人之一。

如果一门学科被认为描述性与现象性太强，还没有到达可研究其机制的阶段，那么我们的教授们就会认为它还不能登上"科学"的殿堂。如果加州理工学院在达尔文时代就已存在，而且带有与上述同样的倾向，那么它会将他聘为教授吗？尽管他取得了很大的成就；但他毕竟在阐述其进化理论时，并没涉及多少基本过程。从他的著作中可以看出，如果非要解释变异的机制，他可能宁愿选择错误的拉马克观点（拉马克主义认为，将连续几代的老鼠都砍去尾巴，那么将会导致一个无尾鼠群的形成，或者说，长颈鹿的长颈可解释为祖先几代为了够着黄刺槐而努力伸长脖子造成的）。可是，他对生物学的贡献是非常巨大的。尤其是他的进化理论为这样一个简单的统一原理奠定了基础，即所有现在的生物均由同一祖先进化而来。这与过去普遍流行的物种稳定的观点形成多么鲜明的对比，在过去的那一观点中，每一物种都被认为是由超自然方式特创的。

即使我也认为像心理学这样的学科还够不上称为科学，但我仍然愿意从事那些领域的研究，以使自己能够分享使它们变得更加科学而获得的乐趣。除了赞成自下而上地在各学科之间建构阶梯——从更基本的和解释性的学科到较不基本的学科——这样一个通常使用的规则以外，在许多情形（不光是心理学情形）下，我也支持从上到下的方法。这种方法从识辨较不基本的层次上的重要规律开始，到后来逐渐地理解下面更基本的机制。但是加州理工学院校园中弥漫着一种强烈的偏见，它偏向于已导致大多数伟大的成就、从而为学院赢得盛誉的自下而上的方法。可这一偏见现在却使学校招致了还原主义这一具有贬损意义的名声。

诸如心理学、进化生物学、生态学、语言学和考古学这样的学科均涉及复杂适应系统。它们都在圣菲研究所的研究范围之内，而且大量的重点放在那些系统之间的相似性，以及在各自层次上研究这些相似性的重要性方面，而不仅仅是将它们作为更基本的科学学科所衍生的结果。从这一意义上来说，圣菲研究所的成立有抗议还原主义泛滥的一面。

从夸克到美洲豹的简单性与复杂性

虽然我认为加州理工学院忽视大多数"有关复杂性的科学"是一个严重错误，但我还是对他们在基本粒子物理学和宇宙学这两门涉及寻找宇宙基本定律的最基本的学科方面所给予的支持，感到由衷高兴。

现代科学的一个重大挑战是沿着阶梯从基本粒子物理学和宇宙学到复杂系统领域，探索兼具简单性与复杂性，规律性与随机性，有序与无序的混合性事物。同时我们也需要了解，随着时间的推移，早期宇宙的简单性、规律性及有序性怎样导致后期宇宙中许多地方有序与无序之间的中间条件的形成，从而使得诸如生物这样的复杂适应系统及其他一些事物的存在成为可能。

为了做到这些，我们必须从简单性与复杂性的观点来考察基本物理学，并弄清楚，对于具备复杂适应系统进化条件的宇宙，其规律性与随机性模式的形成，宇宙的初始条件与量子力学的不确定性以及经典混沌的不可预测性各起着怎样的作用。

说明：

盖尔曼（Murray Gell-Mann，1929-）著，杨建邺、李湘莲等译，《夸克与美洲豹》，湖南科学技术出版社 1997 年，第 107-119 页。盖尔曼是美国物理学家，曾获诺贝尔奖。

生命的信息化

布莱森

具有划时代意义的一刻近在咫尺，沃森和克里克向最后一道难关发起冲刺。当时已经知道，DNA 含有 4 种化学成分——腺嘌呤、鸟嘌呤、胞嘧啶和胸腺嘧啶——这 4 种成分总是以特殊的配对方式排列。沃森和克里克将卡纸板分割成分子形状，并将它们贴合在一起。在此基础上，他们搭建起一个 DNA 双螺旋模型——这也许是当代科学史上最著名的模型——它由螺栓将金属片装配成一个螺旋形而成。他们邀请威尔金斯、富兰克林以及其他所有的人前来观看，大家马上意识到他们最终解决了问题。毫无疑问，这是一件了不起的杰作，一件或多或少通过打探而来的杰作，同时也或多或少为富兰克林的形象作了间接的宣传。

1953 年 4 月 25 日，《自然》杂志刊登了一篇沃森和克里克写的 900字的文章，名为《DNA 的一种结构》。在同一期杂志中，还刊登了两篇分别由威尔金斯和富兰克林撰写的文章。那是一个激动人心的时刻——埃德蒙·希拉里正准备攀登珠穆朗玛峰；伊丽莎白二世即将加冕为英国女王——因此，发现生命之谜的意义在很大程度上被低估了。它只是在《新闻纪事》中被略为提及，在别的地方却没有引起重视。

罗萨林·富兰克林没有分享诺贝尔奖。1958 年，诺贝尔奖颁发 4 年之前，她因卵巢癌而去世，年仅 37 岁。她的这种癌症几乎肯定是由于在工作时长期接触 X 射线所致，这本来是可以避免的。在 2002 年出版的一本颇受好评的富兰克林的传记里，布伦达·马克多斯说，富兰克林很少穿防辐射服，并且常常漫不经心地走到 X 射线前。奥斯瓦尔德·埃弗雷也没有获得诺贝尔奖，而且在很大程度上被后人所忽视。他死前至少有一点是令他满意的，那就是他看到自己的发现被证明是正确的。他死于 1955 年。

沃森和克里克的发现实际上到了 20 世纪 80 年代才最终得到确认。正如克里克在他的一本书中所说的："我们的 DNA 模型从被认为似乎是有道理的，到似乎是非常有道理的……再到最终被证明是完全正确的，用了 25 年的时间。"

即便如此，随着对 DNA 的结构的了解，人们在遗传学方面的研究进展神速。1968 年，《科学》杂志的一篇题为《生物学即分子生物学》的文章指出——似乎是不可能的，但确实是如此——遗传学的研究已经接近终点了。

实际上，这当然仅仅是开始。即使到了今天，我们对于 DNA 仍有许多未解之谜。比如说，为什么这么多 DNA 似乎不做任何事情。你的 DNA 的 97% 是由大量没有任何意义的垃圾（Junk），或生化学家喜欢称之为非编码 DNA 构成的。只有部分区段掌控着至关重要的指令。这是一些行为古怪、难以捉摸的基因。

基因就是（不过是）制造蛋白质的指令。它们在完成这一工作时尽职尽责。在这个意义上，它们就像钢琴的键，每一个键只能弹奏出一个音调。将所有的键组合在一起，你就能弹奏出各种各样的悦耳的曲词。将所有基因组合在一起，你就能（继续这个比喻）弹奏出一曲伟大的交响乐，这就是人类基因组。

基因组换一种通俗的说法就是一种身体指令的手册。从这个角度来看，可以将染色体想象为一本书的章节，而基因则是制造蛋白质的个别指令。指令中所写的单词被称为密码子，单词中的一个个字母被称为碱基。碱基——基因字母系统中的字母由前面我们提到的腺嘌呤、鸟嘌呤、胞嘧呤和胸腺嘧啶4种核苷酸组成。尽管它们的作用极为重要，这些物质全都不是什么稀奇的东西组成。例如，鸟嘌呤就是因为在鸟粪层中大量存在而得名。

正如人人所知道的那样，DNA分子的形状像一个螺旋状楼梯或扭曲的绳梯：著名的双螺旋结构。这种结构的支柱是一种被称为脱氧核糖的糖组成的，整个双螺旋是一个核酸——因此取名为"脱氧核糖核酸"。长链（或阶梯）以双螺旋的方式按一定空间互相平行盘绕。它们只以两种方式配对，腺嘌呤总是与胸腺嘧啶配对，鸟嘌呤总是与胞嘧啶配对。当你在梯子上上下下走动时，这些字母所排列的顺序就组成了DNA的密码；记录这些密码一直是"人类基因组工程"所要做的工作。

DNA最绝妙的特点在于它可以被复制。当需要产生一个新的DNA分子时，两条单链从中间裂开，就像夹克上的拉链一样，每条单链的一半脱离而去，形成新的组合。由于一条单链上的每一个核苷酸与另一个特定的核苷酸匹配在一起，每条单链成为创造一条与之匹配的新链的模板。如果你只有你自己DNA的一条单链，通过必要的组合，你就很容易重建另一条与之匹配的单链。如果一条单链的第一级是由鸟嘌呤构成的，你就会知道与之配对的另一条单链的第一级一定是胞嘧啶。要是你沿着所有核苷酸配对组成的阶梯往下走，最后你将获得一个新的分子的密码。这就是大自然中所发生的事，只不过这一切是以极快的速度完成的——仅仅几秒钟时间，快得令人不可思议。

在大多数情况下，我们的DNA都以极其精确的方式进行复制，但是，在非常偶然的情况下——每100万次大约出现1次，某个字母（碱基）进入了错误的位置。这种情况被称为单一核苷酸多样型（SNP），也就是生化学家所说的Snip。通常情况下，这些Snips被埋没在非编码DNA链中，并不会对身体产生显著的影响。但是偶尔它们也会发生作用，有可能使你容易感染某种疾病，同时也会带来某种有利的因素——比如更具保护性的肤色，或是增加生活在海拔较高的地区的人的红细胞。这种不太显著的变化不断累积，对人与人和人种与人种之间的差异产生了影响。

在 DNA 的复制过程中，精确性与差异性必须保持平衡。差异性太多，生物将丧失功能，但差异性太少又会降低其适应性。类似的平衡也必须存在于一种生物的稳定性和创新性之中。对于生活在海拔较高的地方的人，增加红细胞可以使他们活动和呼吸顺畅，因为红细胞能够携带更多的氧气。但是太多的红细胞会增加血液的浓度。用坦普尔大学人类学家查尔斯·威茨的话来说，太多的红细胞使得血液"像石油"。这对心脏来说是一个沉重的负担。因此那些生活在高海拔地区的人在肺活量增加的同时，也增加了心脏患病的可能性。达尔文的自然选择理论正是以这样的方式保护着我们，这也有助于理解为什么我们都如此相似。进化不会使你变得过于独特，你无论如何不会成为新的物种。

你和我的千分之一的基因差异是由我们的 Snips 决定的。如果将你的 DNA 与第三个人相比，有 99.9% 也是一致的，但是你们的 Snips 在很大程度上会在不同的位置。如果与更多的人相比，你们更多的 Snips 会在更多的不同的位置。对于你的 32 亿个碱基中的每个碱基，地球上某个地方某个人或某群人，他或他们在那个位置上的密码是不同的。因此，不仅"那个"人类基因组这种说法是错误的，在某种意义上我们甚至根本就没有"一个"人类基因组。我们有 60 亿个基因组，尽管我们 99.9% 全都是一样的。但是，同样可以说，正如戴维·考克斯所指出的。"你可以说所有的人没有任何共同之处，这种说法也没错"。

但是，我们仍然不得不解释，为什么 DNA 中的绝大部分都没有任何明显的目的。答案乍一看上去有些令人失望，但是生命的目的似乎确实就是使 DNA 得以永久存在。我们 DNA 的 97% 通常被称为垃圾（Junk），它们大都是由字母块组成，用马特·里德利的话说，它们"存在的理由极其单纯和明了，就是因为它们善于复制自己"。[1] 换句话说，你的 DNA 中的绝大多数并不为你服务，而是服务自己：你是为它效力的机器，而不是相反。你会回忆起，生命只想活着，而根本就在 DNA 身上。

即使 DNA 包含制造基因的指令——即科学家们所说的为基因编制密码，其目的也并不一定是为了维持有机体功能的正常运转。我们体内有一种最为常见的基因——一种被称为逆转录酶的蛋白质，据知它在人体内根本不起任何作用。它所做的一件事就是使诸如艾滋病病毒的逆转录酶病毒神不知鬼不觉地溜进人体系统中。

换句话说，我们的身体致力于生成一种蛋白质，这种蛋白质没有任何益处，有时反而会给我们带来致命的一击。我们的身体不得不这样做，因为基因发出了指令。我们是它们横行霸道的地方。据我们所知，总共有近一半的人类基因——任何生物内已发现的基因中的绝大部分——除了复制它们自己，它们根本不做任何事情。

从某种意义上讲，所有的生物都是其基因的奴隶。这就解释了为什么鲑鱼、蜘蛛以及其他数不清的生物在交配的同时也走向了死亡。繁殖后代、传递基因的欲望是自然界最强有力的冲动。正如谢尔文·B·纽兰所说："帝国分崩离析，本我破壳而出，雄伟的交响乐笔下生成，这一切的背后是一种要求得到满足的本能。"从进化论的观点看，性本质上就是鼓励我们将

[1] 垃圾（Junk）DNA 其实有个用处。有一部分在 DNA 指纹鉴定中派得上用场。它的这种用途是英国莱斯特大学的科学家亚历克·查弗里偶然发现的。1986 年，查弗里正在研究与一种遗传性病症有关的基因链上的基因标志，突然有一位警察来找他，问他能否查出某个嫌疑人是否杀死两人的凶犯。他意识到他的技术能够在破案中得到很好的运用——这很快得到了验证。一个有着很怪异名字的年轻面包师科林·皮奇福克被证实是真正的凶手并被判处了无期徒刑。

基因传承给后代的一种机能。

科学家好不容易接受了这样一个令人惊讶的事实，即我们DNA的绝大多数不做任何事情。紧接着，更意想不到的研究成果问世了。先是在德国，接着在瑞士，研究人员做了一系列奇怪的实验，其结果让人瞠目结舌。他们将控制老鼠眼睛发展的基因植入到果蝇的幼虫中。他们本来以为会产生某种有趣而怪异的东西，结果老鼠眼睛的基因不仅使得果蝇长出了一只老鼠的眼睛，同时也长出了一只果蝇的眼睛。这两类动物在长达5亿年的时间里分别拥有不同的祖先，但是它们却可以像姐妹一样交换基因。

同样的事情无处不在。研究人员将人类DNA植入果蝇某些细胞中，果蝇最终接纳了它，好像它是自己的基因似的。事实证明，60%以上的人类基因本质上与果蝇是一样的。至少90%以上的人类基因在某程度上与老鼠基因相互关联。（我们甚至拥有可以长出尾巴的同样基因，要是它们依然活跃的话。）研究人员在一个又一个的领域中发现，他们不管用什么生物做实验——无论是线虫还是人类——他们所研究的基因基本上是一样的。生命似乎就出于同一张蓝图。

科学研究进一步揭示了一组掌控基因的存在，每一种控制着人体某一部分的发展。这种基因被称为变异同源基因（希腊语"相似"的意思），或同源基因。同源基因回答了长期以来困扰人们的问题：数以十亿计的胚胎细胞都来源于一个受精卵，并且携带完全相同的DNA，它们怎么知道去往哪个方向，该做些什么——其中某一个变成了肝脏细胞，另一个变成了伸缩性神经元，又有一个变成了血泡，还有一个变成了拍动的羽翼上的光点。原来是同源基因对它们发出了指令。它们对于所有的生物都以同样的方式发出指令。

有趣的是，基因的数量及其组合方式并不一定反映携带它的生物的复杂程度，甚至总的来说不反映。我们有46对染色体，但是有些啮齿动物的染色体多达 600 多对。肺鱼，所有动物中一种进化最不完善的鱼类，其染色体数是我们的 40 倍。即便是普通的水螈，其基因数也是我们的 5 倍。

显然，问题的关键并不在于你有多少基因，而在于你怎样对待它们。人类基因数近来成了人们热烈讨论的一个话题，这是一件好事情。直到不久以前，许多人以为人类至少有 10 万个基因，也许还更多，但是人类基因工程的第一批研究结果使得这个数字大大缩水。研究表明，人类只有 3.5 万—4 万个基因——与草的基因数相同。这个结果既令人吃惊，又不免有些令人失望。

你大概已经注意到，基因已经非常频繁地和人类的众多病症扯在一起。欣喜若狂的科学家一次又一次地宣称他们已经发现了导致肥胖症、精神分裂症、同性恋倾向、犯罪行为、暴力、酗酒乃至商场扒窃和流浪的基因。这种基因决定论的最高潮（或最低潮）就是发表于 1980 年《科学》月刊的一篇论文，该文十分肯定地宣称妇女的基因构成先天注定了她们在数学方面能力低下。事实上，我们现在知道，有关你的任何方面都不是那么简单的。

在一个重要意义上，这显然是一件憾事，因为如果你具有个别决定身高、糖尿病或谢顶倾向或其他任何明显特征的基因，你就可以很容易地——反正相对容易地——将它们加以隔离并根治。不幸的是，单独地改变 3.5 万个基因中的某个基因并不足以达到令人满意的效果。很明显，基因必须彼此协同工作。有一些身心失调的病症，比如血友病、帕金森综合征、杭廷顿斯舞蹈病以及囊性纤维变性——是由个别机能不良的基因引起的，但是一般来说，远在它们变得足以对物种或人类造成永久性的麻烦之前，依照自然选择的规律，它们就被淘汰掉了。令人欣慰的是，我们的命运在很大程度上——即便是我们眼睛的颜色——不是由个别基因决定的，而是各种各样的基因通力协作的结果。因此，对于为什么我们总是很难了解它们彼此是怎样形成为一个整体的，以及为什么我们不能在短期内培育出我们所预先设计的婴儿，也就不难理解了。

实际上，我们对近年来的研究结果了解得越多，我们不明了的事情也就越多。实验证明，即便是意念也会对基因的工作方式产生影响。比如，一个男人的胡须长得多快，某种程度上取决于他在多大程度上想到了与性有关的事情（因为想到与性有关的事情会产生一种睾丸素糖）。20世纪90年代初，科学家甚至作了更为深入的研究。他们发现，通过破坏胚胎阶段的老鼠的某种关键性基因，这些老鼠出生后不仅很健康，甚至有时比基因未受破坏的兄弟姐妹更健康。结果证明当某种重要的基因被破坏以后，其他的基因会进来填补空缺。对于作为生物的我们来说，这是一个再好不过的消息，但是对于我们了解细胞是怎样工作的却不太有利，因为它增加了我们研究的复杂性，使其成了一个简直是我们才刚刚开始了解的问题。

很大程度上正是这种极其复杂的因素，使得人类基因组工程仅仅处在起步阶段。基因组，正如麻省理工学院埃里克·兰德所指出的那样，就像是人体部位的排列表：它告诉我们我们是由什么构成的，但是却没有说它们是怎样工作的。现在所需要的是操作手册——怎样使它运转起来的指令。这对于我们来说，还是遥不可及的一件事。

因此，当务之急是破解人类蛋白组——一个非常新的概念，仅仅在10年前，甚至连蛋白组这个词也不存在。蛋白组是储藏制造蛋白质信息的资料馆。"不幸的是，"《科学美国人》2002年春季刊认为，"蛋白组比基因组复杂得多。"

那个话说得比较婉转。你可能记得，蛋白质是所有生命系统的役马：每个细胞中都有多达1亿计的蛋白质在一刻不停地工作。它们活动的方式是多种多样的，令人无法捉摸。更糟糕的是，蛋白质的行为方式和功能并不像基因那样，仅仅取决于它们的化学性质，而且取决于它们的形状。若要具有正常功能，一个蛋白质必须具备以恰当的方式组合在一起的化学成分，之后还必须折叠成一种非常特别的形状。这里所使用的"折叠"这个词实际上是一种容易引起混淆的概念，仿佛是几何学意义上的齐整的意思，其实并不是这样的。蛋白质卷成的环和盘折成的复杂多样的形状，与其说它们像折叠好的毛巾，倒不如说它们像乱作一团的衣架。

除此以外，蛋白质还是生物世界的登徒子（请允许我使用一个信手得来的古词）。根据一时的兴起及新陈代谢的状况，它们会随心所欲地磷硫酸化、糖基化、乙酰化、泛素化、硫酸盐化，以及其他许多种不同的变化。往往，似乎并不需要花费太大力气就会使它们发生变化。饮一杯酒，正如《科学美国人》所说的那样，你就会在很大程度上显著改变你系统内的蛋白质的数量和形状。对于瘾君子来说，这倒是令人高兴的一件事，但是对那些试图搞清楚这一切是怎么发生的遗传学家来说，却没有多大的帮助。

一切可能从一开始就似乎难以想象的复杂，一切在某种程度上也确实难以想象的复杂，但是，所有这一切又都有一条简单的底线，因为生命的运作方式说到底都是一样的。所有赋予细胞生命的细微而灵巧的化学过程——核苷酸的协调一致：从 DNA 到 RNA 的信息传递——在整个自然界只演变过一次，而且至今保持得十分完好。正如已故的法国遗传学家雅奎斯·莫诺半开玩笑地所指出的那样："大肠杆菌如此，大象也是如此，只是更加如此。"

一切生物都是从原先同一蓝图发展起来的产物。作为人类我们不过是发展得更加充分而已——我们每一个人都是一本保存 38 亿年之久的发霉记录本，涵盖了反反复复的调整、改造、变更和修补。令人惊讶的是，我们甚至与水果、蔬菜十分接近。发生在一根香蕉里的化学反应，和发生在你身上的化学反应约有 50% 在本质上是一样的。

这句话怎么多说也不会过分：所有生命都是一家。这句话现在是，恐怕将来也将永远证明是世间最为深邃的真情告白。

说明:

布莱森（Bill Bryson,1951_ ）著，严维明、陈邕译，《万物简史》，接力出版社 2005 年，第 369_377 页。布莱森是美国旅游文学作家。

阅读思考:

生命的信息化证明生命不过就是一串串的碱基排列？如果有外星生命或者外星人，它们的遗传信息也将有地球上生命一样的碱基吗？如何理解"从某种意义上讲所有的生物都是其基因的奴隶"这一说法？

炭疽、克隆人与致毁知识
刘钝

在那些被称为科学人文作家的学者之中，出生于英国的美国物理学家戴森（F. J. Dyson）是我最为景仰的一位，他在作品中表现出的博学、睿智、理性和人文关怀真是令人钦佩，其书百读不厌、常读常新。"9·11"事件发生后的某一天，当我重读他的《宇宙波澜》（Disturbing the Universe）时，惊讶地发现以前未曾特别留意的一段文字:

赫胥黎在《美丽新世界》书中提及，在建立世界大主宰的仁政专制之前，先投下炭疽弹，使全人类在九年战争中全部消灭干净。炭疽弹是有可能现身的，它很容易制造，成本又低，而且对没有事前充分防备的人口，具有极大的杀伤力。

B
卷

这里提到的赫胥黎（A. L. Huxley，1894–1963），正是以捍卫达尔文的进化论和撰写《天演论》而闻名于世的那个老赫胥黎（T. H. Huxley，1825–1895）的孙子，其兄朱里安（J. Huxley. 1887–1975）更是大名鼎鼎，曾担任联合国教科文组织（UNESCO）首任总干事，被人誉为"科学的公仆"。

承江晓原先生相告，A．L．赫胥黎的书有中文译本，到图书馆一查，果然找到远方出版社 1997 年版的《美丽新世界》。据中文编者说，该书是著名的反乌托邦三部曲之一，书中描绘的是一个福特纪元 632 年即公元 2532 年的非人性社会：在那里，身处"幸福"状态的人们从生下来就被教导要热爱其机械的生活方式，他们拥有安全和无限制的性生活，但是却没有科学、艺术、家庭、个性和情绪。

实际上，1932 年问世的《美丽新世界》中的大多数生物学素材，来自剑桥大学持马克思主义立场的遗传学家霍尔丹（J.B.S.Haldane，1892–1964）。1924 年，霍尔丹出版了一本名为《狄达鲁斯，或科学与未来》（*Daedalus, or Science and the Furture*）的小册子。狄达鲁斯本是希腊神话中建造了米诺斯迷宫的能工巧匠，霍尔丹还赋予他掌控使女人与公牛交媾生殖的技术。作者在书中预见了政府推行的避孕计划、试管婴儿、迷幻药物等当代世相。而 A．L.赫胥黎除了提到炭疽弹外，又增加了一个人类大规模克隆自身的可怕情节。

现在回到戴森的《宇宙波澜》，我们又读到这样的断语：

国际生物学界有一件永远值得纪念的功绩，就是绝大多数的生物学家从未推动过生物武器的发展；甚至，他们还说服那些已经正式开始规划生物武器研制的国家全面放弃并销毁库存的生物武器。若要衡量生物学家此一贡献的伟大，我们只消想一想，如果物理学家带头拒绝发展核武，然后又说服他们的政府销毁库存核武，如今的世界该有多好。在科学文明史上，生物学家可不像物理学家，他们已以干净的双手，通过历史审判台的第一次考验。

写下这些文字的时候，戴森和他在军备控制裁军署的同事、哈佛大学的生物学家梅索森（M. Meselson），刚刚庆贺他们成功地说服政府放弃了生物武器计划，而后者是在偶然读到美军分发给作战单位的一本名为《战地手册 3–10》的小册子之后，开始投身反生物武器斗争行列的。梅索森向美国政治军事领袖发出警告：生物武器异常危险，因为它会给弱小贫穷的国家、甚至一小撮恐怖分子带来放手一搏的机会，使他们可能对像美国这样幅员辽阔的国家带来巨大的破坏。他强烈要求军方迅速收回并彻底销毁那些可能传播生物武器知识的宣传品，以免落入敌对势力的手中。

戴森与梅索森举杯庆贺的时候，他们绝对想不到，美国本土在 21 世纪的第一年就遭到炭疽信件的袭击；他们也无法想象，一批"疯狂医生"现在已经义无反顾地启动了克隆人类的国际竞赛，还有更多的肮脏计划在黑暗中紧锣密鼓地进行，面对历史审判台新的考验，今天的生物学家再也不能自诩拥有"干净的双手"了。

生物武器被称为"穷人的原子弹"。据联合国一个研究小组 1969 年的报告称："在对付平民的大规模行动中，要造成每平方千米的伤亡，用传统武器可能需要花费大约 2000 美元，用核子武器要 800 美元，用化学武器要 600 美元，用生物武器只需 1 美元。"美国国会审计处最近的一份评估表明："施放 1000 千克的神经性沙林毒气可以导致 8000 人丧生，而施放 100 千克的炭疽热细菌可以造成 300 万人死亡。"美国军备控制裁军署前副署长说："只需要一间 15 平方英尺的房间和 1 万美元的设备，就可以制造出一个庞大的生物军火库。"

1997 年，美国出版了一本名为《第 11 种灾祸》（*The Eleventh Plagne*）的书，警告可能爆发全球生化大战而成为人类的第 11 种浩劫，因为《旧约·出埃及记》中上帝曾降给埃及人十大灾难，即水变血之灾、蛙灾、虱灾、蝇灾、畜疫之灾、疮灾、雹灾、蝗灾、黑暗之灾，以及长子遭杀戮之灾。书中披露，尽管到 1996 年为止，已有 137 个国家签署了"生物武器公约"（BWC），仍有 17 个国家涉嫌已拥有或开始研发生物武器，至于世界有多少掌握生物武器制作技术的疯狂组织和个人就无从知晓了，因为可以获取技术信息的渠道实在太多了。书中还披露，出于"国家利益"的需要，美国军方从来没有停止对各类生化武器的研究，毒素泄漏和有关知识泄露的情况一样令人胆寒。

无论是马克思主义者霍尔丹，还是神秘主义者赫胥黎，或者为美国军方撰写《战地手册 3-10》的技术专家，大概都不会意识到，他们的作品起到了向社会传播有害知识的客观作用。

"有害知识"的提法，很容易被人攻击为反理性和反科学；但是科学史上大量的例子证明，会给人类命运带来毁灭性灾害的"潘多拉匣子"是存在的，有的人甚至将一类特别有害的知识称作"致毁知识"，如直接导致原子弹发明的核裂变原理、应用于人类自身复制的克隆技术等。不容乐观的是，研究者发现："致毁知识"的出现是不可避免的，而"致毁知识"的增长是不可逆的（参阅刘益东"人类面临的最大挑战与科学转型"，《自然辩证法研究》2000 年 16 卷 4 期）。

说它的出现是不可避免的，是因为我们：(1) 不能阻止"致毁知识"萌芽的出现，这是由人类具有探索未知世界的天性所决定的；(2) 不能阻止"致毁知识"出现突破性发展，这是由科学发展的规律决定的；(3) 不能阻止"致毁知识"的应用，这是由社会的利益优先原则所决定的——正是由于政治军事集团或国家的利益，导致一开始担忧并反对将链式反应知识应用于军事目的西拉德、奥本海默和库尔恰托夫成为美、苏两大国的"原子弹之父"；与这一原则作对将被毫不留情地淘汰出局，特勒取代奥本海默成为"氢弹之父"就是例子。类似地，DNA 双螺旋结构发现者之一的沃森，曾激烈反对将基因重组的专利扩大到一切生物，并因此辞去美国人类基因组图谱计划负责人的职务，但各种具有潜在危险的基因工程丝毫没有放慢进程，巨大的商业利益使医药公司不必为找不到替代者而忧虑。

说它的增长是不可逆的，是因为：（1）发表过的"致毁知识"难以删除，这是由现代科研体制的完善和信息技术的发达所决定的；（2）通过分析和过程回溯可以恢复部分被删除过的"致毁知识"，这是由科学的逻辑性所决定的；（3）在现代社会中人是难以控制的知识载体，这是由对个人主义的崇尚和现代社会的民主特征所决定的；（4）知识本身具有的继承性、连续性和整体性，使得所有企图抑制其增长的努力成为幻想。

当代科学家在对自己从事的研究工作的价值判断上，面临着比他们的前辈们更困难和更严峻的挑战。"科学——永无止境的前沿"，这是曾担任麻省理工学院院长和罗斯福总统科学顾问的维·布什，在1945年为美国战后科学发展规划蓝图时发出的豪言壮语。这句意在表达人类对客观世界的认识永无穷尽的名句，常被误解成对科学技术任意发展的放纵。1997年美国总统科技政策办公室致国会的报告，就表露出一种西部牛仔式的躁动和野心："科学是无尽的前沿，是唯一没有限制的人类活动，对这一前沿的推进和对宇宙的探索哺育了我们冒险的意识和发现的激情。"更为令人担忧的是，在涉及科学家对社会的责任、权利和义务方面，他们受到的奖励诱惑与相应的约束是不成比例的。下表是对我的同事刘益东研究结果的一个补充和简化：

自我奖励	满足好奇心／成就感／优越感／崇高感／幸运感
学界奖励	获得优先权／专利权／同行承认／学术荣衔
社会奖励	职称地位／政府和企业的青睐／知识产权的确立

自我约束	放弃自我约束的四条理由："科学无禁区"与"科学中性论"/后果遥远而不确定/放弃即意味放弃优先权故而自律乃无谓的牺牲/前有榜样证明"撑死胆大的饿死胆小的"
学界约束	以上前二条/约束无法律效应/学人忌讳批评同行/学人对社会问题冷漠
社会约束	同自我约束四条/公众和媒体缺乏判断能力/国家利益有时造成道德真空

由此看来，当今科学与技术发展的巨大加速度和可怕的利益驱动，已使人类来到了一个决定命运的生死关口，"弗兰肯斯坦"将不再是科幻小说中的怪物，"寂静的春天"说不定哪一天就会悄然降临我们身边。现在是人类对"科学无禁区"这一理念进行认真反思的时候了，对"致毁知识"的约束不应仅仅局限于道德说教的层面。为了全人类的福祉和子孙后代的生存，政治家、科学家和人文学者应该抛弃彼此间的成见，当然更应正视自己的专业局限性和尊重彼方的知识所长而携手合作，并调动蕴藏在民间的巨大潜能，制止那些"以科学的名义"从事的一切可能对人类生存带来灾难的研究，就像在思想文化领域要禁绝种族主义、法西斯主义等糟粕一样。

说明：

刘钝（1947—），节选自《文化一二三》，湖北教育出版社2006年，第185—190页。刘钝是中国科学院自然科学史研究所研究员、清华大学教授。

阅读思考：

什么是致毁知识？刘益东先生为何说人类研发致毁知识的进程是不可逆的？果真如此，这意味着什么？

岭树重遮千里目

柯文慧

科学主义问题

《对科学文化的若干认识——首届"科学文化研讨会"学术宣言》（发表于 2002 年 12 月 25 日《中华读书报》，以下简称《宣言》）发表之后，在相关学术领域和大众话语中产生了一定的反响，并引发了科学主义与反科学主义之间或直接或间接的争论。经过几年的理论探索和思想传播，国内各界对于科学主义问题的认识更加清楚。今年年初关于敬畏自然的争论之后，科学主义观念的危害更加充分地表现出来，也更加为人们所了解。

《宣言》对科学主义定义如下：

科学主义认为科学是真理，是正确的乃至唯一正确的知识，相信科学知识是至高无上的知识体系，并试图以科学的知识模式延伸到一切人类文化之中；在自然观上，采取机械论、还原论、决定论的自然观；在联系世界的社会层面表现为技术主义，持一种社会发展观，相信一切社会问题都可以通过技术的发展而得到解决，而科学技术所导致的社会问题都是暂时的，偶然的，是前进中的失误，并且一定能够通过科学及技术的发展得到解决；在人与自然关系中，主张征服自然，把自然视为人类的资源，从环境伦理的角度，认为人类有能力也有权利对自然进行开发。

我们在《宣言》中还强调："科学主义是我们的缺省配置。很多反对科学主义的人都曾持有过一定程度的科学主义观念，甚至，在对很多问题的态度上，仍会不自觉地采取某种程度的科学主义立场。"这个强调表明，我们反思科学主义，批判科学主义，首先是对自己的反思，对自己的批判。这种反思和批判本身是建设性 的，是建设的前提和基础。

与会者包括范岱年先生在内，还讨论了各自从科学主义的缺省配置转而反思科学主义的原因和过程。与会者认为，范岱年先生最近的文章是近年来反思科学主义的重要文献。

对于科学主义若干辩护的简要回应

科学文化《宣言》发表之后，对科学主义的反思遭到了某些人的激烈批评。反对的观点大致有如下几种：

1. 中国的科学还很不发达，现在反思科学主义为时过早，不利于科学的发展。

2. 科学主义是一个虚设的靶子，并没有人持有《宣言》所定义那种观点。

3. 所谓的科学技术的负面效应，是对科学技术应用不当造成的，这不是科学的错，是人的错，所以不能以此来否定科学的价值。

4. 科学以追求真理为目标，科学事业应当自主发展，科学家可以自由从事任何科学研究，其他人无权干涉。

5. 科学当然不是万能的，但是科学是我们能够得到的最好的武器，除了依赖科学，我们还能依赖什么？

对于 1，我们在《宣言》中已经阐明，科学主义者并不代表科学，至少不代表最新的科学。真正妨碍科学发展的不是对科学主义的反思，而恰恰是科学主义。在美国的曹聪先生在对中国近现代科学史的研究中指出，科学主义的意识形态是中国科学不发达的重要原因之一。

对于 2，中国科协主持的 2003 年中国公众科学素养调查给出了一个很好的证据。对于"有了科学技术，我们就能解决我们面临的所有问题"，回答同意和非常同意的比例分别达到了 20.3％ 和 18.5％，而本次调查的结果显示，中国公众具有基本科学素养的比例仅为 2％。这意味着，有大约 38％ 的人不具备基本科学素养，却又对科学如此信赖，正是科学主义意识形态的一个表现。

对于 3，可以从两个角度回应。第一，既然科学技术的负面效应不是科学的过错，是人的过错；那么同样，科学技术的正面应用也不是科学之功，而是人的功劳。既然如此，为什么我们要歌颂科学和科学家为人类造福，而不是歌颂作出了正确应用决策的人，比如政治家？这在逻辑上是不对称的。第二，这种反驳通过把科学和技术，把科学技术和科学技术的应用进行剥离，给出了一个纯洁无瑕的科学。而这种剥离，永远都是可以操作的。最终会导致循环定义：所谓科学的，就是还没有产生负面效应的；而产生了负面效应的，就不是科学的。这种剥离法的原则正是"好的归科学，坏的归魔鬼"。

对于 4，我们认为，不存在脱离语境的绝对价值。科学的价值必须在社会、文化之中得到体现。默顿曾说："他们（科学家）认为自己独立于社会，并认为科学是一种自身有效的事业，它存在于社会之中但不是社会的一部分。需要给科学自主性当头一击，以便使这种自信的孤立主义态度转变为现实地参与革命性的文化冲突之中。"（默顿，《科学社会学》上册，商务印书馆 2003 年，第 362 页）科学技术工作者从事研究，必须不违背基本的底线伦理。无视伦理约束从事的研究，既对当下社会现实无益，也未必对未来有益。

第 5 个问题可以追溯到萨根。萨根曾说："科学远不是十全十美的获得知识的工具，科学仅仅是我们所拥有的最好的工具。"（卡尔·萨根，《魔鬼出没的世界》，第二章）不妨称之为萨根命题。萨根命题在表述上退了一步，不称科学万能，也不称科学是绝对真理。但是仍然包含着强硬的科学主义内核。在知识论的层面上，它虽然没有宣称科学现在已经是绝对真理，但是作为最好的工具，科学正在逼近真理。所以很多人常说，你们不能只考虑现在的科学，要想到科学在发展，未来的科学将会怎样怎样。因而实际上，这种表述是在用一种假想中的未来的万能科学来考虑今天的现实问题。在操作层面上，科学既然是最好的工具，所以是最高的判断标准，与科学万能、科学全能并无差别。

我们认为，科学不是判断一个事物合理性的最高原则和最高依据。没有哪一种依据是可以绝对依赖的。质问"除了依赖科学，我们还能依赖什么？"这种想法本身，是科学主义的表现。世界是丰富的，人性是丰富的。还有更多的可供判断的依据。比如：历史依据、经验依据、伦理依据，乃至美学依据。人类社会只有在各种利益的协商中才能达到和谐，人类的各种思想和观念也要协商中达到和谐。

对于科学主义的深入思考

与会者讨论了科学主义更深层的观念基础，认为有这样两个主要成分：一、本质主义。二、对于单向进化的盲目信念。

本质主义是指，相信存在一种外在于人类文化的某种客观的本质，并相信科学能够掌握这种本质，乃至于已经掌握了这种本质。这种本质蔓延在人类社会的一切领域，包括社会形态。进而相信在所有方面都存在一个超越文化、超越地域、超越民族的、冥冥中的尺度（简称为"冥尺"）。比如相信人类社会的每一种社会形态、人类个体的每一种思想观念，都在冥尺上标定着位置。这种冥尺逻辑代表着一种单向的直线的进化观。

但是，我们认为，不存在超越文化、超越地域、超越民族的绝对的本质或尺度。退一步说，我们可以假设这种本质存在，但是任何宣称已经掌握了这种本质的人，都无法证明，他们所掌握的就是这种本质。当然，他们可以宣称，他们正在逼近这种本质，他们将会掌握这种本质。对此，我们认为：一、未来无限，故这种宣称不可证伪，所以恰恰是非科学的。二、这只表达了一种信念，这种信念可以理解为一种宏伟的理想，但也可以理解为一句大话，甚至是一句谎言。

人是有限的。人类只能掌握相对的尺度。这种相对的尺度与文化、民族、地域相关。今天我们通常所说的现代科学，其实也只是无数地方性知识中的一种（尽管它特别强势）。具体采用哪一种尺度，需要协商，需要对话，而不能凭借基于某种盲目信念的话语霸权直接宣判。

近年来，地方性知识这个概念得到了越来越多的重视。联合国教科文组织1999年召开的世界科学大会通过了《科学和利用科学知识宣言》，在其解释性说明中明确强调："现代科学不是唯一的知识，应当在这种知识与其他知识体系和途经之间建立更密切的关系。"在联合国这份宣言的解释性说明中还谈到了各民族的传统和知识体系，指出："这些知识体系是一笔巨大的财富，它们不仅蕴藏着现代科学迄今为人所不了解的信息，而且也是世界上其他生活方式、社会与自然之间存在着的其他关系以及获取与创造知识的其他方式之反映。"文化相对主义得到了充分的认可，这是对历史文化的承认和尊重。

我们不能简单地把传统一概斥为落后、愚昧、迷信。事实上，在某些我们曾经称之为落后、愚昧、迷信的文化传统中，保存着一个民族的生存智慧。

一个民族需要传统。只有建立在传统之上的文化演进，才能使一个民族继续作为自己而不是成为别人。

环境保护不能仅靠科学

与会者认为，今年年初发生的关于敬畏自然的争论，把科学主义与反科学主义之争具体化、大众化了。《宣言》中对于科学主义在人与自然关系方面的表述，在这场争论中有了充分的表现。通过这场争论，"反科学"一词曾被赋予的意识形态特征被进一步消解。部分科学文化学者直接加入了这场争论，表现了强烈的现实关怀。

会者认为，敬畏自然是保证人与自然和谐相处所必须持有的一种态度。人是有限的。人的认识能力是有限的。在任何具体的时刻，我们都不能说我们已经掌握了自然的全部规律。大量的科学的负面效应表明：科学不能保证我们现在的行为注定是对人类有益的，也不能保证科学曾经造成的负面效应是注定可以挽回的。科学主义相信自己已经掌握了本质的规律，能够依靠科学征服自然，是一种无知的狂妄。对此，恩格斯早已有过经典表述。

　　敬畏自然的态度首先在于承认人的有限，所以在自然面前表现出谦逊和尊敬。敬畏自然的态度也表现了人的认知。人类对自然了解的越深，就越能认识到自然本身的庞大、精巧、神秘和神圣，越能够认识到，我们对自然的了解是多么的少，征服自然是多么的荒谬。

　　根据科学主义的本质论和进化假设，社会是单向进化的，发展的。由此，科学主义预设的未来，是建立在科学及其技术之上的、具有控制物质世界强大能力的人类社会。在这种冥尺逻辑之下，越是发展的社会形态，就需要越多的物质和能源供应，就会产生越多的垃圾。这种"发展"模式，在某种程度上，是把人类社会内部的矛盾转嫁到环境之上。

　　与会者认为，当前的环境问题已经到了极为严峻的地步。环境问题不仅仅是科学问题，甚至首先不是科学问题，而是人的问题，是对发展的理解问题，是社会公正问题，是民主问题。

　　在怒江建坝和圆明园事件中，根本问题不在于科学意义上的可行性与否，方案的对错，而在于利益之争。在每一个将会造成严重环境问题的重大工程之中，都会存在国家和所在地公民的长久利益与大公司和相关部门的短期利益的冲突。在这场冲突中，往往前者处于弱势，而后者则有着巨大的经济强势和政治强势。与会者认为，推进决策的民主程序，使公众有充分的话语权是极为必要的。每个人对此都有自己的权利，而这个权利与他具有多少科学知识无关。例如，要求每一个持反对建坝观点的人士具有足够的专业知识，这是一种偷换概念的诡辩，它把民主决策问题转化成了技术可行性论证问题。

解决环境问题不能仅靠科学，更不能仅仅依靠某一门科学。来自情感的、民俗的、文化的、审美的、信仰的……各种因素都可以成为环保的思想资源，都可以加入到环保事业中去。

人类只有一个地球，但是地球上不只有人类。作为自然界最强大的物种，人类必须认识到自己的责任，做一个有道德的物种——重建与其他物种的和谐关系，重建新的动物伦理和环境伦理，才有可能重新恢复与大自然的和谐。

在这个意义上，我们需要逐渐推进公众对动物权利的认可、促进动物权利的立法，直到最后承认自然本身的权利。

关于科学传播

与会者还回顾了近些年对于科学传播的理论建设。提出了如下论点：

·科学传播的基本问题是"为什么传播"。"为什么传播"决定了"传播什么""向谁传播"以及"怎样传播"的问题。我们认为，科学传播的最终目的是促进社会和谐。"为什么传播"的问题，涉及我们对文明的理解，对发展的理解，对幸福的理解，取决于我们对未来和谐社会的构想，取决于科学在这种社会中的角色和地位。

·在一个多元的社会中，人们的观念、利益和立场是多元的，无论是科学研究、技术开发乃至科学和技术政策的制定以及科学传播活动，都不是单一利益主体的行为，而是具有复杂多样利益主体的利益博弈和妥协，并不存在一个完全单一的、铁板一块的科学、科学共同体和科学传播。

·应该提倡学者视角的公民立场，此种立场在一定程度上区别于各级政府的立场、国内外公司的立场、科学共同体中各种利益群体的立场、民间组织的立场等。我们认为，上述这些立场的相互影响，才能共同形成和谐社会的科学观。

· 自然科学研究及相关的技术开发不仅仅是纯粹的认知活动，而是由具有利益的主体所从事的社会活动，深受社会、政治、经济、军事等活动的影响。与之相关，科学传播活动和理论研究同样也是价值负载和利益相关的（不是完全价值中立的）。在世界范围内，科学传播的模型先后经历了"中心广播模型""缺失模型"和"对话模型"三个主要阶段。在中国，这种观念上的变化也于近十几年在激烈的争论中展开。

· 我们认为，既要关注一阶科学传播（如科学知识的传播），也要关注二阶科学传播（如科学家是如何获得知识的、当代科学是如何运作的、科学家如何申请课题以及如何发表论文、什么是同行评议、科研活动面临的伦理问题等）。科学传播活动不但要传播具体的科学技术知识和实用技能，还要传播当代科学的社会运作方式、科学技术的历史、科学技术的方法论等，以及科学技术的局限性。

· 公民有权了解科学技术活动的全貌，包括科学技术的确定方面和不确定方面；有权尽可能提前获悉科学技术活动可能带来的一系列影响，包括科学技术的风险和危害人类可持续发展的种种负面影响。

· 可以预见，我们理解的科学传播事业，在未来中国的社会演化过程中可能会遭遇观念上及利益上的冲突。这些冲突可能比目前单纯来自"科学意识形态"方面的个别极端的、非理性的攻击严重得多。

· 中国社会已经发生了并且还将继续发生社会、经济、文化的巨大变革，不同利益集团的利益分配格局和分配方式都将重新洗牌。这种利益关系的变化，将对科学传播事业产生深远的影响。市场化和民主化进程，一方面将使得各种群体的利益得到进一步表达和重视，多元化的思维模式越来越能为人们所接受；另一方面发达国家在现代化过程中出现的资本－权力－知识的"神圣同盟"，又将以新的共谋形式在某些方面进一步强化乃至产生新形式的"科学意识形态"，其隐蔽性更强，更需要进行系统研究。

·如何充分认识科学文化的多元性、开放性和建设性，是科学传播事业发展的一个关键。必须充分尊重科学共同体内部的不同声音，尊重科学共同体外不同利益集团的立场，尊重不同文化的价值，对非主流观点敞开发言渠道，尊重科学之外的文化形式。不是要考虑如何尽可能地消除歧见，而是要考虑如何尽可能地丰富人类的思想存量，保全和发展人类文化的多样性。

·我们提倡：在人与自然关系中坚持和谐的立场，反对急功近利的人类中心主义；坚持公众的知情同意及参与权；在涉及科学和技术的问题中，要充分考虑相关的伦理原则，保障社会公正；捍卫传统文化与地方性知识的合法性，反对以科学的名义摧毁或排斥文化的多样性。

目前，中国正处于转型时期。在世界范围内，各个民族各个国家，尤其是第三世界国家也都面临着选择和考验。我们相信，只有各种文化充分对话，充分协商，才能构建一个和谐的社会。文化多样性是和谐社会的必要条件。诚如费孝通先生所说：人美其美，各美其美，美美与共，天下大同。

说明：

柯文慧著，《科学时报》，2005 年 12 月 29 日。柯文慧当时是中国一批年轻学者的一个集体笔名。

阅读思考：

什么是科学主义或者惟（唯）科学主义？中国社会中科学并不很发达，为何科学主义十分发达？科学家都相信科学主义吗？为何一方面要传播科学、弘扬科学精神，另一方面要提防科学主义甚至警惕科学？

B
卷

莫罗博士如是说

威尔斯

"普伦迪克,现在让我来把一切对你解释清楚,"我们刚吃完饭,莫罗博士就这样说道。"我得承认,在我所有的客人中,你是最霸道的一个。我得提醒你,这是我最后一次对你让步。以后你可别想有这样的好事,即使你再闹着要自杀也不成。"

他坐在我的那张椅子上,白皙而灵活的手指夹着一支吸了一半的香烟。吊灯的光撒在他的白发上。透过那扇小窗户,他凝望着天上的星星。我隔着桌子,尽量坐得离他远点,手里还握着左轮枪。蒙哥马利没有在屋里。我也不想同两个人挤在这么小的一间屋里。

"你承不承认你所谓的活体解剖,实际上解剖的只是美洲狮而已?"莫罗问道。说完之后,他带我参观了里边的屋子,以进一步证实他并没有做人的活体解剖。

"的确是美洲狮,"我说道,"可是那是活着的美洲狮,浑身上下被割得没有一块好肉,叫我看了恶心。在所有的罪恶当中……"

"你且不要谈那些,"莫罗说,"至少不要拿那些幼稚的烦恼来烦我了吧,要知道蒙哥马利原来也像你这样。你承认这只是美洲狮而已,那么现在就听我往下说吧,就权当我在对你讲一堂生理学课。"他于是便开始对我解释他工作的性质。他讲得简明扼要,颇有说服力,不时还语带讥讽。不久我就开始为自己以前的做法感到害臊。

我见到的那些动物并不是人,从来就不是人。它们只是人性化的动物而已,而这正是活体解剖的胜利。

"你忘记了一个技术高超的活体解剖者可以做出什么样的奇迹来,"莫罗说道,"就我自己而言,我感到惊讶的是,为什么以前从来没有任何人做过我做的事情。当然你得做一些小手术，比如说截肢啦、割舌啦、切除掉什么东西啦。你肯定知道，通过做手术可以导致斜视或者矫正斜视，对不对？通过施行切除术，你可以促成种种的改变，如改变情绪啦、调节皮脂腺的分泌等。我敢肯定你以前听说过这样东西，对不对？"

"是的，"我说道，"可是你这些令人感到恶心的家伙……"

"这只是开始，"他朝我挥挥手，说道，"目前我做的这些只是小敲小打。真正的改造手术还大有可为。你可能听说过人造鼻吧。如果一个人的鼻子被弄坏了，你可以在这个人的前额上割一块皮下来，再把它植在鼻子那个地方。这属于人或者动物的自体移植。还有另外一种可能，就是说把从某个动物身体上刚取下来的东西，比如说牙齿啦、皮啦、骨头啦等，移植到另一个动物的身上。这既可以用于医疗，也可以产生新的品种。"

"还能产生怪物！"我说道，"你的意思是不是说……"

"是的，你看到的这些动物是制造出来的新品种。我把自己的一生都献给了活体改造术。我研究这个东西已经研究了许多年，而且已经积累了不少的经验。看样子你已被吓坏了。可是这些并不是什么新鲜东西，任何搞实用解剖学的人都懂，但就没有一个人有胆量把它付诸实践。我能改变的不仅仅是动物的外貌，我还能改变它们的生理和血液里的化学成分。输血就是我采取的方法之一。我刚才说的都是人们比较熟悉的。还有一些不为人熟知的，例如中世纪的外科医生们通过外科手术制造小矮人、残疾等，使他们成为要钱的乞丐和用于表演的怪物。这种风气至今犹存，维克多·雨果在《悲惨世界》里描写的那个驼背就是这一类人物。现在你应该明白我的意思了。至少你已经清楚了这一点，即是说，可以把一个动物身上的组织移植到另一个动物的身上，从而改变后者身体中的生理化学结构和成长模式，调节四肢关节的连接，并能达到其他种种目的。"

"尽管如此，这门不同凡响的学科以前从未被人系统地研究过，在现代科学家中，做这种工作的只有我一个人！我也是第一个用专业解剖知识武装起来并深通生物生长法则的研究者。"

"不过我们还是可以想象，这种工作以前有人秘密地做过。例如在宗教法庭的密室里，就很有可能有人做过这种工作。当然，他们的主要是为了达到艺术化地折磨犯人的目的。不过一些审讯者可能还是多少有些出于探究科学知识的好奇心。"

"可是，"我说道，"这些家伙——这些动物能说话呀！"

他承认这是事实，并同时指出，活体解剖的功用不仅仅停留在改变动物的生理结构上。猪可以接受教育。动物的心理结构甚至比它的生理结构更不稳定。催眠术的发展使我们了解到，可以通过暗示的手段，把新的思维和观念移植入大脑，从而改变或者取代古老的本能和遗传的习惯。我们所谓的道德教育实际上在很大程度上就是对本能的的一种歪曲和改变。本来天生好斗的人被培养成勇于自我牺牲的人，性欲被压制后的人成为为宗教献身的人。他还说，人与猴子的主要区别在于喉头。人能够清晰地发出音符并通过它们表达自己的思想，而猴子则不能。我表示我不同意他这个观点。他却对我的反对毫不理睬，这使我觉得他太不礼貌。他只是重复说事情就是如此，并继续把他的工作讲下去。

我问他为什么要把人作为样本。我提这个问题的原因是因为当时我觉得，而且至今依然觉得，他这样做多少有点居心不良。

他回答说这种选择实属偶然。"我本来完全可以把绵羊改造成美洲驼，也可以把美洲驼改造成绵羊。我之所以选择了人作为样本，是因为人的外形比其他动物的外形更符合我的审美趣味。不过我也并不局限于把动物改造成人。有那么一两次……"他沉默了大约有一分钟，又接着说："这些岁月过得太快了，真是转眼即逝！可是我还浪费了一天的宝贵光阴来拯救你的生命，现在我又浪费了整整一个小时来向你作解释！"

"可是，"我说道，"我依然不明白你有什么理由制造这些痛苦。对我说来，可以容许搞活体解剖的唯一条件是当事人提出了这种申请……"

"你说得一点也不差，"他说道，"不过你得看到，我的想法和你的迥然不同。我们的立场也不同。你是一个看重物资性的人。"

"我一点也不看重物资性。"

"依我看，你属于这类人，因为使我们观点相异的，正是疼痛这个问题。只要眼睛看见的或者耳朵听见的疼痛还能够使你感到恶心，只要你自身的疼痛还能对你起作用，只要你还认为疼痛是罪恶的根源，那么就让我告诉你，你还是一个动物。疼痛这东西……"

对于他的诡辩，我耸了耸肩，表示不耐烦。

"哦，疼痛这东西是多么渺小啊！一个真正懂得科学的人应该看出，它是多么地渺小。恐怕只有在这个小小的星球上，这颗宇宙中的微粒上，才存在着这所谓的疼痛。在宇宙空间的其他地方，根本就没有这东西。说实在的，甚至就是在我们居住的星球上，在活的生物当中，疼痛又有什么地位可言呢？"

他一边说，一边从口袋里取出一把折叠刀，并把它打开。他把椅子往前拖了拖，好使我看见他的大腿。他在上面选择了一个地方，戳下去，然后又抽出来。

"你以前肯定也看到过类似的表演。这样做一点也不疼。这说明了什么？它说明了肌肉根本没有必要具有疼痛感，事实上它也没有。对于皮肤说来，疼痛感也没有多大的必要，只是在大腿的某些地方，才有这种感觉。疼痛是我们的身体内部的医生，它主要起警告和刺激肌体从而做出反应的作用。肉体本身并没有痛感，神经甚至包括感觉神经也是这样。假如你的视觉神经受到伤害，你只会感到眼前光在闪烁，正如听觉神经有问题的人的耳朵里有嗡嗡声一样。植物没有痛感，低级动物如海星和虾之类也没有痛感。人是高级动物之中的高级动物。人的智力越发达，他就会越加关心自己的健康，也就越没有必要把疼痛作为警告信号，来提醒自己面临的危险。一种失去意义的功能在进化的过程中居然不会被淘汰掉，这我还没有听说过哩，你呢？疼痛就是一种没有意义的功能，因此早晚会被淘汰。"

"普伦迪克，正如每一个理智健全的人一样，我还是一个虔诚的教徒。关于造物主创造世界的方法，我自认为比你看得更清楚。我一辈子都在以我的方式研究他造物的规律，而你却只是搜集蝴蝶标本。我应该告诉你，快感和痛感既与天堂，也与地狱无关。快感与痛感，去它们的吧！普伦迪克，世界上男男女女如此重视快感和痛感，这只是动物性在他们身上留下的标记，只能说明他们来自动物。快感和痛感对于我们有意义，仅仅是当我们还在泥土里打滚的时候。"

"现在你该明白了，我从事研究的方法是摸着石头过河，一步一步地走。我认为这是唯一正确的研究方法。我提出一个问题，努力找到问题的答案，然后又产生一个新的问题。这可能吗，那可能吗？你可能难以想象这对于研究者来说意味着什么，他心中会产生什么样的追求知识的激情。在你面前的已不再是一个动物，或者一个同你一样的地球上的生物，而只是一个问题。在我的记忆中，那种因为同情而导致的不安和精神上的折磨已是许多年以前的事情了。现在我只想弄清楚一个生物的形体究竟有多大的可塑性。"

"可是，"我说道，"你创造的东西太令人厌恶了。"

"迄今为止，我还没有为此事究竟合不合乎伦理道德标准而伤过脑筋。如果你想研究自然界，那么你就得和自然界一样不动感情。在实验过程中，除了正在探讨的问题外，其他问题我一概不关心。自从我们来到这个岛上，十一年的光阴已经过去了。我还记得当年踏上这个岛子时，见到的一片郁郁葱葱和宁静的景象，也记得那环绕岛屿的无边的、空旷的海洋。这一切似乎都发生在昨天。当时的感觉是这岛屿一直在等待着我们的到来。我指的是我、蒙哥马利和六个卡内加人。"

"我们把东西运上了岸，把房子修了起来。卡内加人则在山谷旁修建了居住的窝棚。我继续进行我的实验。开始时发生了一些不太令人愉快的事情。我用一只绵羊做实验，可是事情并不顺手，一天半后我不得不用解剖刀把它杀死。接着我又挑了一只绵羊做实验，使它吃尽了苦头，受到许多惊吓。手术做完之后，我觉得它看起来很像人类。可是当它伤愈后我再次去看它时，我却感到不满意。它认出了我，吓得不得了，它的智力并不比普通的绵羊强多少。我越是仔细观察它，就越觉得它不行，于是我就结束了这个怪物的生命。这种缺乏勇气、充满恐惧、害怕疼痛、不敢面对折磨和痛苦的东西造出来是毫无用处的。""后来我又拿大猩猩做实验。我细心操作，战胜了一个又一个的困难，经过日日夜夜的苦干，终于造出了第一个人造人。主要的工作是改进他的大脑，我得添加许多东西，改变一些东西。在完工之后，我觉得他属于标准的黑人类型。他一动不动地躺在我面前，浑身绑满绷带。只是在我确信他的生命没有危险的时候，我才离开他，走进屋子。我发现蒙哥马利一脸恐惧，就像你昨天那样。他听见了已经变成人形的那家伙的叫喊声。这叫声吓坏了他，正如你被吓坏了一样。刚开始时，我并没有把真实情况告诉他。那几个卡内加人也风闻了这事，他们一见到我就吓得灵魂出窍。我逐渐争取到了蒙哥马利的信任，但是我花了很大的力气，才使卡内加人暂时留了下来，可他们最终还是弃我而去，我们也因此失去了小艇。我花了三四个月的时间来教育这个野蛮人。我教他说简单的英语，教他学会数数，甚至教会他识字。他学得很慢，不过我以前曾经遇到过比他学得更慢的白痴。他的内心可以说是一张白纸，对过去毫无记忆。当他的伤痊愈之后，当他不再浑身缠满绷带，伤痛满身时，我带他到卡内加人那里去，把他介绍给他们。此时他已经能同人交谈了。"

"刚开始时，他们一见到他就感到恐惧，这使我感到十分不快，因为他是我的骄傲。不过，他性格十分温和，样子又相当可怜，因此不久之后，他们就接受了他，并志愿负责他的教育。他的模仿能力和适应能力都很强，因此学得很快，并且还为自己修建了一个茅屋。我认为他修的茅屋比那几个卡内加人修的窝棚还要好一些。在那几个卡内加人当中，有一个是传道士之类的人物。他教他识字，或者说学会分辨字母，并对他灌输基本的道德观念。不过这家伙的行为习惯并不都那么尽如人意。"

"我停下了手中的工作，休息了数天。我很想把整个实验记载下来，以唤醒英国的生理学界。一天，我看见那家伙蹲在树上，正在对两个卡内加人发出猿猴般的叫声，后者刚才逗弄过他。我提醒他这不是人应该做的，试图唤醒他的羞耻感。我决定在返回英国并向人们展示自己的成果之前，把工作做得更好些。可是不知怎么搞的，进化过程倒退了，这家伙变得越来越像畜生……我现在仍然打算把工作做得更好。我想抑止这个倒退的过程。这个大猩猩……"

"整个故事大抵就是如此。如今那几个卡内加小伙子都死了。一个在划船时掉在海里淹死。另一个的脚后跟受了伤，就用一种植物的汁液来搽伤口，结果中毒而死。还有三个驾着小艇偷跑了，我想他们已经被淹死了。最后那一个……也被杀死了。总之，他们已经被取而代之。蒙哥马利在刚开始时也和你现在一样，过后……"

"最后那一个怎么样了？"我追问道，"我指的是那个被杀死的卡内加人。"

"事实是，在制造了一些人形动物之后，我又制造了一个家伙……"他犹豫地说道。

"说下去，"我说。

"它被杀死了。"

"我不明白你的意思，"我说道，"你的意思是不是说……"

　　"它杀死了那个卡内加人，是的，是它杀的。它还杀死了其他一些它攫住的人或动物。我们追了它好几天。它是偶然逃跑的。我从来没有放走它的意思，因为它还只是个半成品。它长着一张可怕的脸，没有四肢，在地上行走时就像大蟒一样扭来扭去。它异常强壮，浑身的伤还没有好，痛得要命。它躲在树丛中好今天，谁碰见了它谁就该倒霉。我们四处寻找它，最后它跑到岛的北端。我们分成两部分，对它包抄过去，蒙哥马利和我在一起。那个卡内加小伙子拿着一杆步枪。当我们找到他的尸体时，才发现枪管已被扭成 S 形，上面还有很深的牙齿痕迹。最后是蒙哥马利开枪射杀了那怪物……在此之后，我一直坚持这个观点——创造出来的生物一定要具有人性。"

　　他沉默了，我也默默地注视着他。

　　"就这样，20 年来（其中包括在英国的那 9 年），我一直在进行这项工作。可是我对自己所做的始终不满意，这种感觉也促使我不断努力。有的时候，我所做的超越了自己的水平，而有的时候，又低于平常的水平。总而言之，我始终达不到我预想的目的。现在对我说来，做出人的身体已不是什么困难的事情，而且我还能使这身体柔韧、优美而强壮。可是我在做手时却始终有麻烦。改造他们的大脑也是一件困难的事情，因为这些家伙的智力过于低下，脑袋里经常有预想不到的空白。然而最困难的莫过于控制他们的激情，这是我鞭长莫及的地方。在他们的心中，存在着种种本能和欲望。这些东西就像水库中的水一样，积蓄在他们内心深处，一旦激发，就会化为愤怒、仇恨和恐惧，把人性一扫而空。在你的眼中，这些家伙显得奇怪、令人感到害怕。可是当初在把他们制造出来之后，我觉得他们无可争议地是人。后来经过仔细观察，我的想法有所改变。我在这里发现了一点动物的特征，又在那里看到了动物性……我相信自己有办法祛除掉这

B
卷

些。我一次又一次地把这些家伙扔进重新塑造的痛苦之中。我对自己说，这次我一定要把他的动物性去掉，一定要创造出一个有理性的生物。说到底，十年的工夫算得了什么？人的进化不是花了几十万年的时间吗？"

沉默一阵之后，他说："可是他们总会故态萌发。只要我的手从他们的身上移开，这些家伙的兽性就会露头，而且问题会越来越严重……"

又是一阵沉默。

"所以你就把你制造的这些家伙关进那些山洞里？"我问道。

"是他们自己去的。一旦我看见他们兽性复发，我就会把他们赶出去。他们现在就在那儿安家了。他们都害怕这幢房子和我。在他们的身上，还存在着一点变了样的人性。蒙哥马利知道这一点，所以还同他们打交道。他在他们当中挑选了一两个，加以训练，给我们当仆人。对此他自己觉得良心有些不安，我却觉得他真的有些喜欢这些家伙。不过这是他的事，与我无关。我对他们毫无兴趣，见到他们时，只是有一种失败感。我想他们多少接受了那个卡内加传教士的思想，还有一点点理性——那些可怜的畜生！他们把某种东西称为法律，并编了一些韵文来加以吟唱。他们建立了自己的巢穴，在里边储藏水果、食物。他们甚至还结婚。尽管如此，我还是能看透这一切，看穿他们的灵魂。那里边除了动物的灵魂外，没有其他任何东西。他们是注定要死亡的动物，灵魂中充满了愤怒、求生的欲望和其他种种需要满足的欲望……可是他们还是有奇特的一面。他们像所有的生物一样，十分复杂。他们还有向上的愿望，这种愿望部分出于虚荣，部分出自徒劳的性冲动甚至好奇……我对这只美洲狮还抱有一点希望。在它的脑袋和脑子上，我费了不少力气……"

在沉默了好一阵子之后，他站了起来，对我说道："现在你怎么想？你还怕我不？"

我瞧着他，站在我面前的是一个眼神宁静、脸色苍白、头发花白的男人。要不是他那超凡脱俗的镇静自若的态度和高大的身材，他简直与一般的值得尊敬的老年绅士无异。我颤抖起来。作为他第二个问题的回答，我把两只手中的枪都递给了他。

"你留着吧，"他说。他站起来，瞧了我几分钟，然后微笑起来。"你这两天的事情可真多，"他说，"我建议你好好睡一觉，这一切总算是过去了，我很高兴。晚安。"

说完之后，他就穿过里边的门走出去了。我也立即把外边的门锁上。

我坐了下来，呆坐了好一会儿。我可以说是筋疲力尽，不仅身体累，精神上也感到很累。墙上那扇黑洞洞的窗户就像一只眼睛一样瞧着我。最后我拖着身子，吹灭了灯，爬上吊床，不久就呼呼大睡。

说明：

威尔斯（Herbert George Wells，1866–1946）著，袁德成、袁静好译，《莫罗博士的岛》（一部哥特式小说或科幻小说），四川人民出版社2005年，第57–67页。威尔斯为英国小说家、记者、社会学家、历史学家。

阅读思考：

弗兰肯斯坦、换头术之类在文学作品中早就有讨论，只是最近的科学技术发展似乎让想象与现实模糊起来。你认为不断积累的欲望和改造行动，是否存在伦理禁区？实施换头术的人，是什么人？

第三章

人类自然观的转变

自然观是个体或者群体对自然的一般看法。

　　自然观是不断演化的，不能说这种演化有着严格历史规律，但具有一定的模式却是肯定的。

　　英国历史学家柯林武德著有《自然的观念》，对西方自然观的发展脉络有清晰的刻画。在他看来，历史上每个时期主流的自然观均基于一种修辞学上的"类比"：古希腊有机自然观基于自然（大宇宙）与人类个体（小宇宙）之间的类比，文艺复兴机械自然观基于上帝创世与工匠制造机器之间的类比，现代进化自然观基于自然过程与历史过程的类比。

　　对于东方民族，自然观的演变进程似乎不是很明显。《道德经》《庄子》及儒家经典对自然的见解也十分有趣和重要，今天仍然有借鉴意义。特别是《庄子》"齐物论"的思想，从抽象继承的角度看，可以把这种审美意义上的自然观扩展一下，用来宏观地描述人与万物之间的关系。它虽然没有明确达到众生平等、万物平等、大自然具有权利的现代人权观念和环境伦理学观念的程度，但它确实是迸发于华夏大地上的优秀思想火花。

　　著名系统学家卡普拉关注了近代数理科学在增进人类对自然的理解力的同时所传播的机械论、还原论自然观和决定论宇宙观。近现代科学之中力学最先发展起来，接着是物理学、化学、生物学、分子生物学、信息科学等。力学是高度抽象而且普遍的科学，牛顿力学空前提高了人类的预测能力，但也造成一种幻象：任何东西都是可预测的，即使当代科学做不到，未来的科学也一定能够做到；不相信这一点，就是不相信科学。人类对自然的征服和改造，起初均是以为人（人类、群体、个人）谋福利为宗旨的，根据近现代科学的知识，人类相当程度上很自信，自认绝对是或者应当是大自然的主人。人们相信，人类对自然的改造和利用过程，均在完全掌控之下，按照人类的意图有序地发展着。

　　自然一词是阴性的。人类凌驾于自然之上，正如男性凌驾于女性之上，这不仅是一种隐喻，这明显就是现实、就是历史。人与大自然的关系如果有什么问题，那一定是大自然的错，这好比："男人的过错可以直接归咎于女人的性欲和诱惑"（曹南燕、刘兵，女性主义自然观，见《自然哲学》，中国社会科学出版社1996年，第496页）。文艺复兴以后，"人们把难以驾驭的自然象征性地与女性的阴暗面联系起来"，再进一步，自然不仅仅是一般的女性而且是"女巫"。培根不但做出了明确的性隐喻，还建立了允许征服和控制自然的新伦理观。在他看来，对待自然，就要像审问女巫一样，要用各种装置折磨她、拷打她、征服她，以便通向她的密室，发现她的秘密，逼她说出真话。培根也讲过"必须服从自然才能命令自然"的话，但他的基本思路是男性化的、征服性的，深深地影响了后人的自然观。

自然观无所谓绝对正确或者绝对错误，但是有优劣之分。好的自然观就是符合可持续发展、尊重自然、促进人类与自然和谐相处的自然观。

"我们投向周围自然认真的每一瞥，都是为了学习。它出自虔诚的冲动，是真正的赞美之歌。不管它是以劝诫，或是以热情的感叹，或是以科学报告的形式，它又能改变什么呢？这些只不过是形式而已，通过它们，我们最终表述那样一个事实：上帝做了这个，那个。"（《爱默生集》（上），赵一凡等译，生活·读书·新知三联书店1993年，第130页）

倘若今天的人们也能够像爱默生这样想，那么人对自然的情感、认识甚至利用，都是和谐、友好的，或者说自然的。不幸的是，自文艺复兴和工业革命以来，特别是自20世纪以来，人类自身的能力几乎得到无限的彰显，在主客二分法中，自然逐渐不被视为母体，而只是与人类主体相对立的客体对象。人类从远古到现在，喝着自然母亲的乳汁，"翅膀"硬了；"敬畏自然"也被贴上"反科学""反人类"的标签。可是，如普利策奖得主莫马迪所说，"在自然里，有许多东西能够在人类的心中焕发出肃穆的敬畏之情。"（见《通向雨山之路》）

如果孤立地看是否要敬畏大自然的争论，人们可能有许多不解之处：敬畏自然有什么好处？敬畏自然真的就是反科学吗？反科学就等于反人类吗？尊重自然、敬畏自然就不是以人为本了吗？为什么要制造"以人为本"与"敬畏自然"两者的人为对立？

其实，只要复习一下教科书中一直讲的"生产力"的定义——"人类征服自然和改造自然的能力"，就会多少明白人与自然的关系被塑造成了什么样子。如果严格按照此定义，发展生产力就可能破坏自然环境，而破坏人类赖以生存的环境，势必影响到子孙后代的生存和发展。也就是说，在今天如果仍然按照这样的定义来理解生产力以及把科学技术当成第一生产力，那么结论不是很明显吗？当前发展成了不受约束的绝对硬道理，这当然是有问题的。

忘记历史就等于背叛；历史上的自然观就是一面镜子。人是会犯错误的动物，特别是以理性的名义犯错误。在人类历史上，人类在处理与自然的关系方面确实犯过许多错误，甚至是十分相似的错误。但是，人也是真正的理性的动物，能够反思自己、修正错误的动物。

波普尔、波兰尼的文章可能稍抽象了一点，但是细心阅读会有收获的。

自然界

尤金

1. 广义的解释，自然界就是具有各种各样表现形式的一切存在、整个世界，在这种意义上，自然界的概念相当于物质概念和宇宙概念。

2. 比较狭义的解释，自然界就是科学的对象，更确切地讲，是自然科学（"关于自然的科学"）总的对象。对此，不同的自然科学研究自然界的各个不同的方面，以普遍而又相当具体的规律的形式反映其研究成果（例如，力学规律说明自然界的机械运动，但并不说明自然界就是如此）。总的来说，自然界是一种一般概念，它为认识和解释各种具体的研究对象（如时空观、运动观、因果观等）提供基本图式。这种自然界的一般概念是在哲学和科学方法论的范围内探讨的，在此，它们借助自然科学的成果揭示其基本特征。自然界作为一个极其抽象的概念，其基本特征乃是包罗万象、符合规律和自我充实。在文艺复兴时反对宗教的教条主义和中世纪的经院哲学的条件下，自然界的概念在社会文化方面发挥首要的作用（以人作为对象的文艺复兴的艺术和唯物主义的哲学体系明显地反映了这条路线），然而，只是随着实验自然科学的确立（16–17世纪），自然界的概念才得到巩固。

现代自然科学继承了近代提出的对自然界的传统解释，而同时又大大丰富了它。这反映在关于自然界的发展及其特殊的规律性的认识、关于物质运动的不同形式和自然界的组织结构的不同层次的认识，关于因果联系形式的认识的扩大等方面。例如，由于相对论的创立，关于自然界客体的时空组织的观点从根本上发生了变化；现代宇宙学的发展丰富了关于自然进程的发展方向的认识；微观物理学的成就大大扩展了因果性概念；生态学的进步引导人们去认识作为一个统一的系统的自然界，以及它的深刻的整体性原则。同时，整个社会科学的发展导致，除了自然界的概念之外，像活动这样的概念在认识上也开始发挥整体化的作用。

3. 对自然界的概念最为常见的解释就是人类社会存在的自然条件的总和。在这种意义上，自然界的概念主要不是说明自然界本身和作为各门科学对象的自然界，而是说明在人和社会对自然界历史地变化的关系体系中自然界的地位和作用。自然界的概念不仅用来代表天然的条件，而且代表人所创造的自身存在的物质条件——"第二自然界"。按马克思的话说，人与自然之间不断进行物质变换，这是调节社会生产的规律，这种物质变换使人类生活得以实现（《马克思恩格斯全集》，中文版，第23卷，第56、552页）。

人的活动构成了人对自然界的关系的现实基础，这种活动归根结底始终是在自然界之中，并依靠自然界提供的物质基础实现的。因此，在社会历史过程中，对自然界关系的变化首先取决于人类活动的性质、目标和规模的变化。原始人从自然界获得绝大部分现成的或几乎是现成的生活资料，其物质活动的产品都是自然界的直接产物。因此，人和社会对自然界的关系，实质上主要是直接消费。在以畜牧业和农业为基础的农作物发展中，很容易看出，这种关系占主导地位；当时，生产的初始产品保持了其直接的自然属性，比较固定的时间和空间活动范围也纯粹是自然的；在空间上，这种活动局限于相互联系很少的几个耕作基地，这种活动受地理条件的严重影响，活动的节律首先是由自然界的节律给定的（昼夜和季节的节律），整个活动的周期要适应自然界的周期。

在高度发达的古代文化产生之后，对自然界关系的这种总的图式很少改变，因为前者实际上并未触动物质活动的基本结构（获取和加工自然界的物质仍是它的主要内容），自然界和社会实际的相互作用仍在这种结构中实现。只是到了近代，由于机器生产的发展，要求新的原料和能源，随之要求更深地渗入自然界的"仓库"，这种相互作用的规模开始明显地发生变化。现代人不仅开始向自然界索取更多的东西，而且以崭新的方式从事这项活动；人已经不是简单地消费自然界的物质，而是越来越多地从根本上加工改造这些物质，赋予它新的、非自然的属性，这样，在生产的全部产品中，人的活动创造的社会价值比自然和天然的价值占更大的优势。从此，消费的关系被征服自然界的关系所取代，后者正在扩大对自然资源的开发。在这一规律的作用下经历了第一次工业革命，在此之前为地理大发现时代，这些发现促使被开发的自然资源的数量和品种急剧增加。社会日益积极地驾驭和改造自然界的天然空间，并在其中创造自己特殊的社会组织形式——"第二自然界"，即社会空间，它的规律不仅由自然条件所决定，而在越来越大的程度上由社会劳动所决定；同时，活动的节律也发生了变化，不再直接依赖自然界的节律。

现代科技革命开始之前，自然界的开发主要带有粗放性质，即以增加从自然界索取资源的数量和品种为基础。同时，社会活动的规模实际上并不曾受到外部——即自然界方面的限制，人可以从自然界"无限地"索取它本身的生产力所允许获得的一切。20 世纪中期，这种开发方式开始接近临界点，而且很快在几个方面出现这种状况：传统的能源、原料和材料的需求数量与它们在地球上的总储量相等；由于地球上人口的迅速增长，在粮食生产的自然基础方面也反映出这种情景；全部社会活动对自然界发生日益显著的影响，明显地干预自然界自己调节的机制，急剧地改变着生命物质存在的条件。所有这一切创造了一种客观的自然基础和必然性，使开发自然界的粗放方式向集约化方式过渡，即更充分地、更有效地和全面地利用自然资源。从社会本身方面来看，这种必然性由于活动性质的相应变化而得到加强，现在这种活动已不可能在自己本身内部逻辑的作用下自生地发展，而要求专门的调节，因为它的全部物质自然条件是有限的。在现

B
卷

代社会，这种调节工具就是科学——生产集约化和人与自然界的物质关系合理化及对自然界进行有意识改造的主要工具。现代活动更加始终不渝地指靠科学。结果开始形成新的社会与自然界的关系——全球控制的关系，这种控制既包括自然界的进程，也包括整个社会的活动，预先制订这种活动的合理计划，这些计划必须考虑对自然界发生作用的性质和界限，自然界的保护和再生产的必要性在越来越大的规模上成为社会有机体的重要的和合理管理的组成部分。

　　然而，这个过程在不同的社会经济条件下是按不同的方式进行的。马克思主义的奠基人早就指出，资本主义造成了掠夺性地对待自然的现象，其根源在于个人的私利占统治地位。按马克思的话说，耕作如果自发地进行，而不是有意识地加以控制，接踵而来的就是土地荒芜（《马克思恩格斯全集》，中文版，第32卷，第53页）。现代资本主义的实践证明，资产阶级制度在对自然界进行合理管理的道路上造成了严重的障碍，因此遇到了各种各样全球性的危机——生态危机、能源危机等。与此相对照，社会主义制度的本质非常有利于合理地对待自然界，对其进行明智的管理。"社会化的人，联合起来的生产者，将合理地调节他们和自然之间的物质变换，把它置于他们的共同控制之下……靠消耗最小的力量，在最无愧于……他们的人类本性的条件下进行这种物质变换……"（《马克思恩格斯全集》中文版，第25卷，第926-927页）。当然，这并不意味着，实现这项原则会自动地进行，它需要广泛和积极的努力。

　　活动形式的发展也决定了看待自然的精神－理论观点的变化，而区别就在于，这里产生直接影响的并不是物质生产的形式，而是以精神活动形式出现的主观见解。对于几乎完全融合于自然界的原始人来说，自然界的特征就是有灵性；这时，自然的世界直接表现为人本身的世界；神话式的思维还不可能将自然与人对立起来。对自然界的真正的理论认识最早形成于哲学脱离神话之时，即理论思维本身出现之时。在价值方面，这种认识表现出两重性：被纳入人的活动范围的那一部分自然界，作为人的资源的源泉和居住之处，从实用的观点被解释为使用价值（这种价值观点一直保留到 20 世纪中期）；而整个自然界长期以来是作为一种巨大的超人力量出现的，因此成了和谐和永恒完美的象征。这种价值观点决定了关于自然界的理论思维的方向。这种把自然界作为完美之物，作为逻各斯的集中点的解释贯穿整个古代哲学（虽然这种解释的方式是迥然不同的；例如，假如毕达哥拉斯把世界和自然描绘为和谐和无比完美的秩序，则德漠克利特把自然界描绘成自发力量的王国，而柏拉图在这里一般则持一种特殊的观点，先于后来基督教对待自然的态度，他把自然界解释为超物质的理想世界的模糊反映）。古代思想的特点是把自然界看作组织的典范、才智的尺度，适应自然界及其规律的生命则繁荣昌盛，它往往是最善良和令人喜爱的。换言之，自然界高于理论思维，前者是无限美好的、广漠无垠的、无穷无尽的、在其整体上只是在理想中才能达到的某种境界。在理论思维发展较高的其他文化中，其中包括印度文化和中国文化，也形成了类似的观点。

随着基督教的创立，形成了另一种根本不同的对待自然的态度，基督教把自然界看作物质因素的体现，看作"底层"，那里一切都是暂时的和变化不定的。而永恒的、绝对的精神因素——上帝，无条件地凌驾于自然之上，它与地球和自然界尖锐地对立。这时与古代相反，基本思想不是与自然融合，而是高居于自然之上。

文艺复兴时代又回复到古代对自然的解释。一切自然之物都是和谐与完美的体现。这种观点随后多次再现在各种不同的文章中，尤其反映在自然权利的概念之中（卢梭等），这种概念从自然界提供的条件和人类共同生活的"自然"规律中引申出这种权利；上述观点还反映在一系列文学和哲学流派之中，他们积极提倡"回到大自然去"的口号，把这口号当作免遭资产阶级秩序的破坏性影响的唯一出路。

在近代，关于自然界的这种理想在使自然成为科学研究的对象方面，发挥了不小的作用。而科学的发展和在工业发展的基础上开始积极驾驭自然，又从本质上改变了原来对自然界理想化的和田园诗式的看法。实验自然科学提出了"检验"自然的理想。对于人的认识的主动性和实践的主动性来说，自然界开始成为一种对象和活动范围，成为需要征服和对它进行合理统治的保守的、消极的力量。

这类看待自然的观点一直保持到对自然界开始实现真正的统治时为止。当人的活动创造的世界与自然的世界可以比量的时候，也就是社会活动达到全球规模，其范围可以与自然界的进程的规模相比的时候，对待自然的实用观点逐渐变得不再是独立自在和不受限制的了，自然界本身日益依赖于人及其活动，这种认识补充了上述观点。在这基础上形成了一种新型的看待自然的价值观点，可以称之为社会历史型的价值观点，它出自把自然界当作人及其全部文化的独一无二的包罗万象的"容器"。这种评价要求负责地对待自然，不断地比量社会需求和自然界满足这些需求的能力，考虑那样一个重要因素，即人和人类本身就是自然界的一部分。

在科学理论方面，从绝对统治自然的思想转变为社会和自然的关系犹如各自潜力可以比量的伙伴关系的思想，这种转变与对自然界的重要的重新认识是一致的。B. U. 维尔纳茨基创造的智力圈概念就是这一观点的最早的理论表述。认识到社会对自然界具有潜在的（某些方面是现实的）优势，这就逐渐地、虽然不无痛苦地产生一种新的方法，其基础就是对社会和自然的进程和条件进行统一的、平衡的和负责的控制的思想。20 世纪下半期，这种方法开始得到推广并成为调节社会和自然活动及其全部实际关系体系的基础，其中包括保护自然和保护环境的措施的基础。

然而，对待自然界态度的合理化过程尚远远没有普及。许多国家继续污染环境，掠夺性地开发自然资源。因此，所谓生态悲观主义在西方流行，认为人在自然界的活动似乎具有不可逆转的毁灭性质，并以极端的方式要求缩减技术文明。在资本主义国家，不仅在社会与自然界关系合理化方面存在无法解决的问题，而且社会制度本身的性质都成为上述观点的肥沃土壤。与此同时，社会主义的实践表明，以公有制为基础的社会能够合理地调节自己与自然界的关系，虽然远非一切问题都能立时解决，但只要有步骤地去解决这些问题定能取得成就，并使生态悲观主义失去社会基础。

说明：

尤金（Э. Г. Юдин，1899–1963）著，王兴成译，《科学与哲学》（研究资料）1982 年第 3 期，原载苏联《大百科全书》（1974）。尤金为苏联哲学家。

阅读思考：

第二自然界与第一自然界关系如何？结合 20 世纪的历史，谈谈你对下面这句话的理解："在社会历史过程中，对自然界关系的变化首先取决于人类活动的性质、目标和规模的变化"。以公有制为基础的社会主义国家为何能够比资本主义国家更好地调节自己与自然界的关系？中国目前处于何种阶段？

B
卷

生成并消失

尼采

万物的生成与"不确定者"

如果说哲学家的一般类型在泰勒斯的形象上还仅仅像是刚从雾中显露，那么，他的伟大后继者的形象对我们来说就清楚多了。

米利都（希腊人在小亚细亚西岸的殖民城市 Miletus）的阿那克西曼德（Anaximander），古代第一个哲学著作家，他是这样写作的——一个典型的哲学家，只要还没有被外异的要求夺去自然质朴的品质，就会这样写作——以风格宏伟、勒之金石的字体，句句都证明有新的启悟，都表现出对崇高沉思的迷恋。每个思想及其形式都是通往最高智慧路上的里程碑。

阿那克西曼德有一回这样言简意赅地说道："事物生于何处，则必按照必然性毁于何处；因为它们必遵循时间的秩序支付罚金，为其非公义性而受审判。"一个真正的悲观主义者的神秘箴言，铭刻在希腊哲学界石上的神谕，我们该怎样作出解释呢？

我们时代唯一的一位严肃的道德家叔本华在其哲学小品集（Parerga）第 2 卷第 12 章中提出了一个类似的看法，铭记在我们心上："评价每一个人的恰当尺度是，他本来就是一个完全不应该存在的造物，他正在用形形色色的痛苦以及死亡为他的存在赎罪。对于这样一个造物能够期望什么呢？难道我们不都是被判了死刑的罪人？我们首先用生命、其次用死亡为我们的出生赎罪。"谁若从我们人类普遍命运的面相中读出了这层道理，认识到任何人的生命的可怜的根本状况已经包含在下述事实中，即没有一个人的生命经得起就近仔细考察（虽然我们这个患了传记瘟病的时代表面上不是如此，而是把人的价值想得神乎其神），谁若像叔本华那样在"印度空气清新的高原"上倾听过关于人生的道德价值的神圣箴言，他就很难阻止自己陷入一个极端以人为本的隐喻，把那种忧伤的学说从人类生命的范围推广，用来说明一切存在的普遍性质。赞同阿那克西曼德的观点，把一切生成看作不守法纪的摆脱永恒存在的行为，看作必须用衰亡来赎罪的不正当行为，这也许不合逻辑，但肯定是合乎人性的，也是合乎前面所述的哲学跳跃的风格的。

凡是已经生成的，必定重归于消失，无论人的生命、水，还是热、力，均是如此。凡是具备确定属性可被感知的，我们都可以根据大量经验预言这些属性的衰亡。因而，凡具备确定属性并由这些属性组成的存在物，绝对不可能是事物的根源或原始原则。阿那克西曼德推论说，真正的存在物不可能具备任何确定的属性，否则它也会和其他一切事物一样是被产生出来和必定灭亡的了。为了让生成不会停止，本原就必须是不确定的。本原的不朽性和永恒性并不像阿那克西曼德的解释者们通常认为的那样，在于一种无限性和不可穷尽性，而是在于它不具备会导致它衰亡的确定的质。因此，它被命名为"不确定者"（apeiron）。被如此命名的本原是高于生成的，因而既担保了永恒，又担保了畅通无阻的生成过程。当然，这个在"不确定者"身上、在万物的母腹中的终极统一，人只能用否定的方式称呼它，从现有的生成世界里不可能给它找到一个称谓，因此，可以认为它和康德的"自在之物"具有同等效力。

伦理核心

人们当然可以围绕下述问题争论：究竟什么东西是真正的始基，是介于气和水之间的东西呢，还是介于气和火之间的东西。但这样争论的人完全没有理解我们的这位哲学家。同样的批评也适用于那样一些研究者，他们至为认真地探讨阿那克西曼德是否把他的始基设想为现有一切基质的混合。毋宁说，我们必须把眼光投向前面引述过的那个言简意赅的命题，它会使我们明白，阿那克西曼德已经不再是用纯粹物理学的方式处理这个世界起源的问题了。当他在既生之事物的多样性中看出一堆正在赎罪的不公义性之时，他已经勇敢地抓住了最深刻的伦理问题的线团，不愧为这样做的第一个希腊人。

有权存在的东西怎么会消逝呢！永不疲倦、永无休止的生成和诞生来自何方，大自然脸上的那痛苦扭曲的表情来自何方，一切生存领域中的永无终结的死之哀歌来自何方？

阿那克西曼德逃离这个不公义的世界，这个无耻背叛事物原始统一的世界，躲进一座形而上学堡垒，在那里他有所依傍，于是放眼四顾，默默沉思，终于向一切造物发问："你们的生存究竟有何价值？如果毫无价值，你们究竟为何存在？我发现，你们是由于你们的罪过而执着于这存在的；你们必将用死来赎这罪过。看吧，你们的大地正在枯萎，海洋正在消退和干涸——高山上的贝壳会告诉你们海洋已经干涸得多么严重了，烈火现在已经在焚毁你们的世界——它终将化为烟雾。然而，这样一个昙花一现的世界总是会重新建立！谁能拯救你们免除生成的惩罚呢？"

如此发问的人，他的升腾的思想不断扯断经验的绳索，渴望一下子升到诸天之外最高境界，这样一个人不可能满足于随便哪种人生。

超越与徘徊

我们乐意相信传说所形容的：阿那克西曼德穿着令人肃然起敬的衣服走来，他的神态和生活习惯都流露出真正悲剧性的骄傲。他人如其文，言语庄重如同其穿着，一举一动都似乎在表明人生是一幕悲剧，而他生来就要在这幕悲剧中扮演英雄的。凡此种种，他都是恩培多克勒的伟大楷模。他的邦人推选他去领导一个移民殖民地——他们也许很高兴能够同时尊敬他又摆脱他。他的思想也出发去创建殖民地，以致在以弗所和埃利亚，人们摆脱不了它了，而当人们决定不能停留在它所止步的地方时，他们终于发现，他们仿佛是被它引到了他们现在无需它而打算由之继续前进的那个地方。

泰勒斯指出，应该简化"多"的领域，把它还原为唯一的一种现有的质——水——的纯粹展开或伪装。阿那克西曼德在两点上超过了泰勒斯。首先，他追问：如果的确存在着一个永恒的"一"，那么，"多"究竟如何是可能的？其次，他从这"多"的充满矛盾的、自我消耗和自我否定的性质中寻求答案。在他看来，"多"的存在成了一种道德现象，它是非公义的，因而不断地通过衰亡来替自己赎罪。但他接着又想到一个问题：既然已经过去无限的时间，为什么被生成之物还远没有全部毁灭？这万古常新的生成之流来自何方？他只能用一些神秘的可能性来回避这个问题，说什么永恒生成只能在永恒存在中找到其根源，由这存在降为非公义的生成的前提始终如一，事物的性质既已如此，个别造物脱离"不确定者"怀抱的目的就无从推知了。

阿那克西曼德停留在这里，也就是说，他停留在浓密的阴影里，这阴影像巨大的鬼魂一样笼罩在这样一种世界观的峰巅。"不确定者"如何能堕落为确定者，永恒者如何能堕落为暂时者，公义者如何能堕落为非公义者呢？我们越是想接近这个问题，夜色就越浓。

说明：

尼采（Friedrich Wilhelm Nietzsche，1844-1900）著，周国平译，《希腊悲剧时代的哲学》，商务印书馆1994年，第39-46页。尼采为德国著名哲学家、作家。

阅读思考：

普通人需要考虑生死问题吗？如何理解"事物生于何处则必按照必然性毁于

B
卷

何处"？最近有学者重新解释尼采的"超人"思想，将之与生态主义联系起来，你了解他的超人思想和"教人以超人"吗？

西方人的自然观及其演化
柯林武德

希腊自然观

希腊自然科学建立在自然界浸透或充满着心灵（mind）这个原理之上。希腊思想家把自然中心灵的存在看作自然界中规则（regularity）或秩序（orderliness）的源泉，而规则或秩序的存在使自然的科学成为可能。他们把自然界看作一个运动物体的世界。按照希腊人的观念，运动物体自身的运动是由于活力（vitality）或"灵魂"（soul）。但是他们相信，自身的运动是一回事，而秩序是另一回事。他们认为，心灵在它所有的显示（无论是人类事务还是别的）中，都是一个统治者，一个支配或控制的因素。它把秩序先加于自身，再加于从属于它的所有事物；首先是自身的躯体，其次是躯体的环境。

由于自然界不仅是一个运动不息从而充满活力的世界，而且是有秩序和有规则运动的世界，他们因此就说，自然界不仅是活的而且是有理智的（intelligent）；不仅是一个自身有"灵魂"或生命的巨大动物，而且是一个自身有"心灵"的理性动物。他们辩解说，居住在地球表面及其邻近区域的被创造者的生命和理智，代表了这种渗透一切的活力和理性的一个特定化、局域化的组织。这样，按照他们的观念，一个植物或动物，如同它们在物料上分有世界"躯体"的物理组织那样，也依它们自身的等级，在灵性上（psychical）分有世界"灵魂"的生命历程，在理智上分有世界"心灵"的活动。

植物和动物在物理上与地球相类似的信念，是我们同希腊人所共有的，但灵性和理智上相类似的观点，则对我们是陌生的，这使得我们在理解从希腊文献中所发现的希腊自然科学的遗迹时出现了困难。

文艺复兴的自然观

本章开头提到的三次宇宙论运动的第二次，发生在 16 世纪和 17 世纪。我打算把它的自然观命名为"文艺复兴的"宇宙论。这个名称不是一个好名字，因为"文艺复兴"这个词常用于思想史上一个较早的时期。这个时期发端于 14 世纪的意大利人文主义，持续到 14 和 15 世纪意大利的柏拉图和亚里士多德的宇宙论。我现在要描述的宇宙论从原则上是反对这些的，也许更恰当地应称作"后文艺复兴的"，但这是一个很笨拙的术语。

艺术史家们近来对我所关心的这个时期的某些部分，使用形容词"巴洛克"（Baroque），但它是一个从形式逻辑的专业术语中借来的词，作为对某些流行于 17 世纪的低劣趣味表示蔑视的术语。但若用来对伽利略、笛卡尔和牛顿的自然科学做描述性称呼，那可"太巴洛克（奇异怪诞）了"（bien Baroque）。[1]"哥特式"这个词用于中世纪的建筑时，成功地放弃了它的本来意义而成为仅仅描述某种风格的一个术语。但是我想，没有人会打算称阿奎那或司各特的著作为"哥特式哲学"。而且，就是在建筑

---

[1] Saint-Simon, apud littré，见于克罗齐（croce）：《意大利巴洛克时代史》（*Storia della Età barocca in Italia*，Bari, 1928），第 22 页。比较《百科全书》（*Encyclopédie*）："巴洛克思本身就是对矫揉造作的奢华的绝妙嘲讽。"还有弗朗西斯科·米利齐亚的《美术装饰辞典》（Francesco Milizia, *Dizionario delle belle arti del disegno*，1797）："巴洛克离奇古怪，其奢华的程度荒谬可笑。"均引自克罗齐前书，第 23 页。

学领域，这个术语也正在消失。所以，在按我的意思作了定义，并且为偏离既定用法做了辩解之后，我将使用"文艺复兴的"这个术语。

文艺复兴的自然观是在哥白尼（1473–1543）、特勒西奥（1508–1588）和布鲁诺（1548–1600）的工作中，开始与希腊自然观形成对立面的。这个反题的中心论点是：不承认自然界——即被物理科学所研究的世界——是一个有机体，并且断言它既没有理智也没有生命。因此，它没有能力以理性的方式操纵它自身的运动，并且它根本就不可能自我运动。它所表现出来的运动以及物理学家所研究的运动，都是外界施与的，它们的规律性应归属于同样是外加的"自然定律"。自然界不再是一个有机体，而是一架机器：一架按字面意义和严格意义上的机器，一个被在它之外的理智心灵，为着一个明确的目的设计出来并组装在一起的躯体各部分的排列。文艺复兴的思想家们像希腊思想家一样，把自然界的秩序看作理智的一个表现，只不过对希腊思想家来说，这个理智就是自然本身的理智，而对文艺复兴思想家来讲，它是自然之外的某种东西——神性创造者和自然的统治者——的理智。这个区别是希腊和文艺复兴自然科学之间一切主要差异的关键。

每一次这样的宇宙论运动都跟着一个兴趣焦点由自然向心灵转变的运动。在希腊思想史上，这个转变发生在苏格拉底。尽管先前的思想家并未忽视伦理学、政治学甚至逻辑学和知识论，他们的主要精力还是集中在思考自然的理论。苏格拉底颠倒了这个重点，而集中思想于伦理学和逻辑学，而且自他之后，虽然不能说自然的理论被完全遗忘了，甚至柏拉图在这个主题上也做了比一般所意识到的多得多的工作，但心灵的理论处于支配地位，自然的理论退居其次。

希腊的心灵理论在苏格拉底和他的后继者那里，与在自然理论中已经取得的结论密切相关，并以之为条件。被苏格拉底、柏拉图和亚里士多德所研究的心灵，始终首先是自然中的心灵，是身体中的并且属于身体的心灵，是通过对身体的操控而显示自己的心灵。当这些哲学家发现他们不得不承认心灵是超越于身体的时候，他们表述这一发现的方式明白无误地显示了，他们对此是何等的矛盾、离他们习惯的或（就像我们常说的）"本能的"思想方式是何等的遥远。在柏拉图的对话里，当苏格拉底得出结论说，理性灵魂或心灵独立于躯体而运作时，他总是一次又一次预感会遭到怀疑和误解：不是在他讨论知识论，在他把欲望和感觉这些躯体化的心灵，同由完全独立自主、不依任何躯体帮助的理性灵魂所导致的对形式（form）的纯粹理智的理解作比较的时候，就是在他阐发不朽学说，在他断言理性灵魂享有永恒的生命，不受从属于它的身体的诞生和死亡影响的时候。

同样的情况可以在亚里士多德那里找到。他认为这是不言而喻的，即"灵魂"应被定义成一个有机物体的隐德来希（entelechy），也就是一个有机体自我保护的运动。但当他说到理智（intellect）或理性（reason），虽然在某种意义上也是"灵魂"的一部分，但不具有任何身体器官，也不像感觉那样被特有的对象所作用（《论灵魂》，De Anima，429a15 以下），因而它除了它的思维活动外什么也不是（同上书，21—22），并且与身体"可分离"（同上书，429b5）的时候，却又像在阐发一个神秘和艰深的理论。所有这些，显示了从前苏格拉底物理学的一般知识中我们可以预料的东西：希腊思想家一般都承认心灵根本上属于身体，与身体一起生存在一个紧密的联盟中，而当他们必须找理由把这个联盟设想成分离的、偶然的或不稳定的时候，他们便感困惑，不知道这是如何可能的。

在文艺复兴的思想里，这种情况正好倒过来了。对笛卡尔来说，身体是一种实体而心灵则是另一种，每个都按照各自的规律相互独立地工作。正像希腊思想中关于心灵的基本公理是它在身体中的内在性

（immanence），笛卡尔的基本公理是它的超越性（transcendence）。笛卡尔清楚地知道，超越性不应该被推到二元论的地步，两个东西必须以某种方式相联结。但是在宇宙论上，除开上帝他不可能找到任何联系，而对于个体的人，他则被迫铤而走险地做了一个权宜之计——活该被斯宾诺莎嘲笑——找到了松果腺。他想松果腺一定是身体和灵魂之间的联结器官，因为作为一个解剖学家，他再也找不出它的其他功能。

就是斯宾诺莎和他所坚持的实体统一性，情况也并不更好。思维和广延在他的哲学中是这一实体的两种绝然不同的属性，作为属性，各自是完全超出对方的。因此，当18世纪哲学思想的引力中心在自然的理论和心灵的理论之间摆动时——在这里贝克莱作为临界点就像苏格拉底之于希腊，自然的问题不可避免地以这种形式出现：心灵如何能够同某些与自己完全相异的东西——即那根本上是机械的和非精神的东西，也就是自然——相联结？这个关于自然的问题，说到底也是唯一困扰着贝克莱、休谟、康德和黑格尔这些伟大的心灵哲学家的问题。在任何情况下，他们的答案说到底都是相同的，也就是：心灵创造自然，或者说，自然是心灵自主和独立活动的副产品。

我将在以后更加充分地讨论这种唯心主义的自然观，我希望在这一点上澄清的全部乃是，这种自然观绝没有意味着如下两点：首先，它绝没有意味着自然本身是精神的，由心灵的材料做成，相反，它是从自然绝对是非精神的或机械的这个假定出发的，并且从不背弃这个假定，而总是坚持自然根本上是异于心灵的，是心灵的他物或对立物；其次，它绝没有意味着自然是心灵的一种错觉或梦幻，一种不存在的东西，相反，它总是坚持说自然确实是它看上去的那个样子：它是心灵的作品，不以自身的权利而存在，但确实是一个被造出来了的作品，正因为确实被造出来了，所以它确实存在。

对这两种错误的警告是必要的，因为它们已经一再地在现代书籍中被作为真理讲授。那些书的作者是那样地着迷于 20 世纪的观念，他们简直就没法理解 18 世纪的东西。在某种意义上讲，他们也不因此更糟糕，因为人们本应该离开他们曾祖父的思想，这也是某种进步。但让人们觉得有资格对他不再理解的观念作历史的陈述，那就不是进步了。他们冒险地去作这样的陈述，说什么对黑格尔，"物质特性是某种精神特性虚妄的表象"[1]，或者说什么照贝克莱的意思，"绿的经验完全不能同绿区别开"[2]。这时，对他们个人成就和学术地位的尊敬，绝不能导致读者无视这样的事实：他们对他们还没有搞懂的东西发表了不正确的陈述。

自然作为有理智的有机体这种希腊观念基于一个类比之上，即自然界同人类个体之间的类比。个体首先发现了自己作为个体的某些特征，于是接着推想自然也具有类似的特征。通过他自己的内省（self-consciousness）工作，他开始认为他自己是一个各部分都恒常地和谐运动的身体。为了保持整体的活力，这些运动微妙地相互调节。与此同时，他还发现自己是一个按照自己的意愿操纵这具身体之运动的心灵。于是，作为整体的自然界就被解释成按这种小宇宙（microcosm）类推的大宇宙（macrocosm）。

文艺复兴的机械自然观在其根源上也是类比的，但它以相当不同种类的观念为先决条件。首先，它基于基督教的创世和全能上帝的观念。其次，它基于人类设计和构造机械的经验。除了很小的范围外，希腊人和罗马人都不是机械的使用者：石弩和水钟不是他们生活中足够显著的特征，不足以影响到他们对自己与世界的关系的构想方式。但 16 世纪时工业革命刚

---

[1] C. D. Broad, *The Mind and its Place in Nature*, 1928, p. 624.

[2] G. E. Moore, *Philosophical Studies*, 1922, p. 14. 虽没提到贝克莱的名字，似乎就是指他。

起步。印刷机和风车，杠杆，水泵和滑轮，钟表与独轮车，以及在矿工和工程师中使用的大量机械，构成了日常生活的特征。每一个人都懂得机械的本质，制造和使用这类东西的经验已经开始成为欧洲人一般意识中的一部分。导向如下命题就很容易了：上帝之于自然，就如同钟表制造者或水车设计者之于钟表或水车。

现代自然观

现代自然观某些地方要归功于希腊宇宙论和文艺复兴的宇宙论，但又从根本上区别于它们。准确细致地描述这种差别是困难的，因为"现代宇宙论"运动还很年轻，还没有足够的时间使它的观念成熟到可以系统陈述的地步。我们面对的与其说是一个新宇宙论，倒不如说是一大批新的宇宙论尝试。如果从文艺复兴的观点来看，它们都非常令人惶惑不安，都在某种程度上受我们可以识别的一个单一的精神所激励，但定义这种精神又极为困难。当然，我们可以描述它以之为基础的那种经验，从而指出这次运动的出发点。

现代宇宙论，就像被它取代的那些宇宙论一样，也是基于一种类推的。其新颖之处就在于类推是新的。如同希腊自然科学是基于大宇宙的自然和小宇宙的人——人通过他的自我意识向自己所揭示的样子——的类比，如同文艺复兴的自然科学是基于作为上帝手工制品的自然和作为人的手工制品的机械的类比（同一个类比在18世纪就已成为约瑟夫·巴特勒名作的先决条件[1]），现代自然观也同样，基于自然科学家所研究的自然界的过程和历史学家所研究的人类事务的兴衰变迁这两者之间的类比。直到18世纪末它才开始找到了表述，自此之后直到今日，它一直在积蓄力量，使

---

[1]"这一方法……显然是决定性的……我的计划是应用它……证明自然有一个理智的创作者"（着重号为编者所加），前引文献之导论，第10段（牛津版，1897，第10页）。

自己变得更为可靠。

　　与文艺复兴的类比相似，这个类比也只有在某些条件完全具备时才可能进行。正如我已经指出的，文艺复兴的宇宙论形成于对制造和操作机械的广泛的熟悉之中。16 世纪正是这种熟悉得以实现的时候。现代宇宙论只能产生于对历史研究的熟悉，尤其是熟悉那些置过程、变化和发展概念于它们的图像中心，并且把它作为历史思考的基本范畴的历史研究。这种类型的历史第一次出现在 18 世纪中叶。[1] 伯里第一次在杜尔阁（Turgot, *Discours sur l'histoire universelle*，1750）和伏尔泰（Voltaire, *Le Siècle de Louis XIV*，1751）那里发现了它。在《百科全书》（*EncycLopédie*，1751–1765）中这种观念得到了发展，自此成为一种平常的见解。又经过接下来半个世纪向自然科学术语的转换，"进步"的观念——比如在伊拉斯谟·达尔文的《动物规律》（*Zoonomia*，1794–1798）　和拉马克的《动物哲学》（*Philosophie zoologique*，1809）中——变成了在 19 世纪上半叶开始闻名的"进化"观念。

　　就其最狭义的理解，"进化"意味着特别与查理·达尔文的名字相联系的学说，尽管不是由他首先阐述的。这个学说认为，生物物种不是固定不变的永久种类的仓库，而是开始在时间中存在和消亡。但这个学说仅仅是如下倾向的一种表述而已，这种倾向可能在更广泛的领域里起作用而且确实已经起作用了：这种倾向通过主张迄今被认为是不变的东西本身实际上从属于变化，来消除自然界中变与不变因素之间非常古老的二元论。当这种倾向未经抑制地发展，以及自然中不变元素的概念被彻底清除时，就出现了也许可称为"激进的进化论"的结果：一种在 20 世纪前很难达到成熟而第一次由柏格森系统阐述的理论。

　　这种倾向的根源——可以追溯到柏格森之前 100 多年里自然科学许多

---

[1] 伯里：《进步的观念》（J. B Bury, *The Idea of Progress*，1924），第七章。

领域的工作中——必须到 18 世纪晚期的历史主义运动，以及 19 世纪同一运动的进一步发展中寻找。

进化的概念，正如见证过达尔文在生物学领域里具体应用它的人们所知道的，标志着人类思想史上一个头等重要的转折点。但是最早对这一概念做哲学说明的尝试，著名的如赫伯特·斯宾塞的说明，是不成熟和不确定的。他们该当惹起的那些批评，与其说导致了对概念自身的进一步探究，还不如说使人们相信这样的探究是不值得做的。

争论中的问题是一个非常深远的问题：在什么条件下知识是可能的？对希腊人来说已成为公理的是，除非是不变的，否则没有东西是可知的。同样，对希腊人来说，自然界又是一个连续的和充满着变化的世界。这看起来会得出结论说，一门关于自然的科学是不可能的。但是文艺复兴的宇宙论通过一个 distinguo（区别）而避免了这个结论。作为向我们的感觉所显现出来的自然界，被承认是不可知的，但是，在这个被称作"第二性质"的世界的背后，潜存着其他东西，那才是自然科学的真正对象——可知，因为不变。首先，存在着本身并不受制于变化的"实体"（substance）或"物质"（matter），它们变化着的排列和配置，就是给我们的感觉显现出第二性质的那些实在。其次，这些排列和配置的变化是有"规律"的。物质和自然定律这两件事情，便是自然科学的不变化的对象。

被认为是可感觉的自然界中诸种变化的基底（substrate）的"物质"，与这些变化的发生所遵循的"规律"之间是什么关系呢？在对这个问题未进行充分的讨论之前，我将冒昧地假定它表示的是重复说过的同一事情。主张它们二者的任何一个，这种动机来自那种假想的需要，即需要一个不变化的、从而按照由来已久的公理是可知的东西。这种东西隐藏在变化不定从而不可知的自然表象——正如我们通过感官所感知的——背后。

这种不变的东西被同时从两个方面去寻找，或（如果你愿意的话）同时用两种词汇去描述。第一种寻找的方式是，剥去我们所感知到的自然中明显的可变性，留下一个自然界样式的残留物，由于消除了变化，这个残留物现在终于是可知的。第二种方式是，通过观察可变东西之间的不变关系来寻找。换言之，你可以说，那些不变的东西首先是用"唯物主义"的词汇，如同早期爱奥尼亚学派那样，其次是用"唯心主义"的词汇，如同毕达哥拉斯学派那样，加以描述的。这里，"唯物主义"指的是这样的尝试，即通过问事物由什么组成来理解它们，而"唯心主义"的尝试则是，通过问"A 由 B 组成"是什么意思来理解事物：也就是问，它已被赋予了什么"形式"，从而能将它与构成它的东西相区别。

　　如果所需要的"不变的东西"能通过这些寻求中的一个找到，或用这些词汇中的一种表述出来，那么另一个就变得不必要了。所以，在 17 世纪和平共处地存在着的"唯物主义"和"唯心主义"，在 18 世纪就逐渐暴露出它们是对手。对斯宾诺莎来说似乎很清楚，自然对人类理智所展示的是两种"属性"（attribute）："广延"和"思维"。这里的"广延"指的不是如天空、树木、草地等可视颜色片断的可视广延，而是可理解的几何学上的"广延"，笛卡尔把它等同于"物质"；这里的"思维"也不是指思想（thinking）的精神活动，而是作为自然科学家之思考对象的"自然定律"。斯宾诺莎主张，自然的实在性，可替换地用这两种"属性"中的一种来表述；换句话说，斯宾诺莎同时是"唯物主义者"和"唯心主义者"。但当洛克主张"没有关于实体的科学"时，他是抛弃了对以下问题的"唯物主义"回答，而宣布了"唯心主义"回答的充分性。这个问题就是：我们如何在我们所感知的自然的流变里，找到它其中的、背后的或在某种程度上从属于它的，不变从而可知的某种东西？在现代的或进化论的自然科学中不再出现这个问题，作为对这个问题的两种回答的"唯物主义"和"唯心主义"之间的论争，也不再有任何意义。

　　这种对立变得无意义，是因为它的前提在 19 世纪初经历了一个革命性的变化。从那时以来，历史学家已经训练自己去思考而且也发现他们有能力科学地思考，那永恒变动着的人类事务世界。在这里，变化的背后并没有不变化的基底，也没有变化的发生所遵从的不变化的规律。现在，历史已经把自己造就成了科学。这是一项立论严格并富于论证的渐进的探究。实验已经证明，有关永恒变化着的客体的科学知识是可能的。人的自我意识——在现在这种情形中是人类全体的自我意识，即他自己的群体活动的历史意识——再一次为他关于自然的思想提供了一条线索。变化或过程这些科学地可知的历史概念，在进化的名义下被应用于自然界。

说明：

柯林武德（R. G. Collingwood, 1889—1943）著，吴国盛译，《自然的观念》，北京大学出版社 2006 年，第 4—15 页。柯林武德为英国历史学家、哲学家。

阅读思考：

自然观为何会变化？西方现代自然观主要受哪些因素的影响？你的自然观是何时成形的，是否还在变化？自然观如何影响我们、政客、房地产商对自然的态度和处置？

牛顿的世界机器

卡普拉

存在于我们文化的基础之中的世界观和价值体系必须被重新检验，而其基本轮廓的形成是在 16 至 17 世纪。在公元 1500 至 1700 年之间，人们对于世界的看法以及整个思想方法发生了急剧的变迁。通过变迁产生出来的新的精神和对于宇宙的新看法，塑造了作为现代社会的特征的西方文明的形象，并且成为过去 300 年来一直占统治地位的观念模型的基础。时至今日，变化将再度发生。

在公元 1500 年以前，欧洲占统治地位的世界观是有机性的，与其他各文明没有什么不同。人们生活于细小而紧凑的社团之内，按照有机联系的观点去体验自然，其特征是精神现象与物质现象的相互依赖，以及个人需要服从于集体需要。此种有机性世界观的科学框架基于两位权威：亚里士多德和教会。在 13 世纪，托马斯·阿奎那将亚里士多德的严整的自然体系与基督教的神学与伦理学结合起来，建立起一个概念框架，它在此后的整个中世纪没有遭到任何非议。中世纪的自然科学的性质与当代自然科学的性质极不相同。它建立在理性与信仰的双重基础之上，其主要目标是理解事物的意义与重要性，并不是要预测事物的变化和控制它们。中世纪的科学家们寻找在各种自然现象背后隐藏着的目的，认为关于上帝、人类灵魂以及伦理的问题具有至上的意义。

16 至 17 世纪，人们的观念较中世纪发生了重大变化。有机的、有生命的、精神性的宇宙观念被"世界机器"的观点所代替，这一比喻正是现代的最主导的比喻。这种变化源于物理学和天文学的革命，哥白尼、伽利略、牛顿的成就使之登峰造极。同时，17 世纪科学又是建立在一种新的求知方法的基础之上，它是由培根所大力提倡的，包括对于自然作数学描述和由笛卡尔所构想的分析性的推理方法。鉴于科学在这场深刻变革中的关键作用，历史学家称 16 至 17 世纪为科学革命的年代。

科学革命始于哥白尼，他推翻了托勒密和《圣经》所持的地球中心说，认为地球仅是银河系边缘围绕太阳旋转的一颗小行星而已。于是，人便被剥夺了在上帝所创造之物中的令人骄傲的中心地位。

开普勒继承了哥白尼，他总结了著名的行星运动的经验规则，这给了哥白尼的体系以进一步的支持。但科学观点的真正变化是伽利略所致，他使哥白尼系统成为坚实的科学理论。

伽利略在科学革命中的作用远远不止于天文学方面的成就，他第一次将科学实验同用数学语言总结的自然规律公式结合起来，因而被称为现代科学之父。他认为，哲学的语言就是数学，文字则是三角形、圆形和其他几何图形。他的创新——对于自然的经验的探求与数学的描述，成为 19 世纪自然科学的主导形象，直到今天仍然是科学理论的重要标准。

为了能够用数学来描述自然，伽利略认为，科学家们应把自己局限于研究事物的基本性质——形状、数量、运动，即能够度量、定量的东西。其他一些特性，如颜色、声音、滋味、气味等，仅是主观的东西，应从科学的领域中排除出去。伽利略的这种方针已被现代科学证明是十分成功的，但也付出了沉重的代价。科学家们对于度量和定量的着迷，在 400 年中使世界上的很多东西发生了重大变化。

正当伽利略从事其天才实验之时，培根在英国清晰地提出了科学的经验方法论，他发明了归纳法，勇敢地反对了旧传统，热情地发展了科学实验。

"培根精神"深刻地改变了科学研究的性质与意图。过去，科学的目标是智慧，是理解自然秩序，以便与之和谐地生活。科学被追求是为了说明"上帝的光荣"，恰似中国古代人所谓"顺天道"。这就是"阴"的意图。如果我们使用今天的语言，当时科学家的基本态度是生态学的。在 17

世纪，这种态度走向反面，从阴至阳，从统一到自我肯定。自从培根以来，科学的目的被认为是获得主宰、控制自然的知识。今天的科学与技术在目的上是深深地反生态学的。

培根宣传其新的经验方法不仅是热情的，而且时常带有露骨的邪恶。根据他的观点，自然应当成为"奴婢"，应当受到审讯，科学家的任务就是通过严刑拷打逼迫自然说出她的秘密。这恐怕同当时流行的酷刑，尤其是对妇女施以酷刑，以及培根担任过检查总长的经历有关。把自然比喻为应受酷刑的妇女，这突出地反映出当时的父权制对于自然科学研究的影响。

古代人把大地视为生养自己的母亲，在培根的著作中，这种观念发生了急剧变化。在后来的科学革命的进一步发展中，这种观念彻底消失。观念变化的推动者便是稍晚于培根的笛卡尔和牛顿。

笛卡尔通常被视为现代哲学的创立者。他是一位杰出的数学家，他的哲学世界观受到了物理学与天文学的极大影响。他没有采纳任何传统的知识，而是建立了一整套思想体系。正如罗素所说，这在亚里士多德以后是第一次，而其新颖性则是自柏拉图以来从未有过的。

在23岁那年，经过几个小时的集中思考，笛卡尔回顾了以往积累的知识，突然顿悟，抓住了"一切伟大科学的基础"。这一直觉其实在早些时候致友人的一封信中就已有所表现。信中笛卡尔说，我将会给大众一个全新的科学，它将从整体上解决一切关于量的、连续或非连续的问题。他发现了一种方法，可以使他建立起一套完备的自然科学，他认为这是神启，于是便着手建立这一新的科学哲学。

笛卡尔相信科学知识的确定性，他毕生致力于各门学科中真理与谬误的辨析。他写道："一切科学均是确定的、明晰的知识。我们否定一切仅仅是可能的知识，只有那些确切地认识到因而毫无疑问的东西，才是可信的。"

此种观点乃是整个笛卡尔哲学和由此导源的西方世界观的基础，而笛

B
卷

卡尔的错误也正在于此。20世纪物理学强有力地向我们展示了，科学中没有绝对真理，我们的所有概念和理论都是有限的、近似的。今天，笛卡尔对于科学真理的坚信仍然很有市场，作为我们文化的典型的科学主义即是其反映。我们社会中的许多人，无论是科学家还是非科学家，都相信只有科学方法才是理解宇宙的唯一可靠的方式。笛卡尔的思想方法和自然观影响了现代科学的所有分支，今天仍是这样。但是，只有在它的局限性被承认的前提下，它才是仍然有效的。对于笛卡尔的绝对真理观和科学方法论的接受造成了当前我们文化的失衡。

在本质上，笛卡尔的确定性是数学化的。笛卡尔相信，理解宇宙关键在于发现其数学结构，在他的心目中，数学可以同科学划等号。在谈到物理客体的性质时，笛卡尔写道："那些不是由无可怀疑的公理推衍出来的，没有明白的数学论证的东西，我概不承认。"

像伽利略一样，笛卡尔相信，自然的语言就是数学，用数学来描述宇宙的愿望导致了笛卡尔的最卓越的贡献，他把代数学同几何学结合起来，建立了解析几何。新的方法使笛卡尔可以对运动物体作最一般的典型化的数学分析，把各种现象简约为精确的数学关系。笛卡尔因之自豪地说："我的整个物理学就是几何学。"

笛卡尔是一个数学天才，这也表现在其哲学中。为了实现构筑一个全面精确的自然科学的计划，笛卡尔发展了一套新的推理方法，主要表述于《方法谈》一书中。虽然此书已成为一部伟大的经典哲学著作，它的原意却并不是哲学而只是科学的引论。笛卡尔方法的关键是激进的怀疑。他怀疑他所能怀疑的一切东西——传统知识、感官印象，甚至自己的肉体。然而，在最后，有一样东西无可怀疑，此即他自己作为一个思想者的存在。于是，便得出了那句名言："我思则我在。"从此出发，笛卡尔推导出，人性的本质在于思想，清楚明白的东西是真的。

笛卡尔方法是分析性的，把思想或问题分成一个个片断，按照逻辑秩序来排列，这大概是他对科学的最大贡献，这已成为现代科学思想的本质特征，并被证明在发展科学理论和实现复杂的科技工程时十分有用。正是笛卡尔方法使美国将把人送上月球这一理想变为现实。然而，在另一方面，过分强调笛卡尔方法造成了支离分割，这已成为我们的一般思想方法和学术原则的特色，也造成了广泛流行的还原主义，这种主义相信，只有把复杂现象的各方面还原为其组成部分，我们才能够理解它。

笛卡尔的"我思"使人心比物质更为真实，并导致了心物根本分离的结论。他断定，包括在肉体概念中的东西决不属于心灵，包括在心灵概念中的东西也决不从属于物质。笛卡尔的这种分割对西方思想产生了深远的影响：它教导我们把自己设想为存在于肉体"内部"的独立的自我；它导致我们确认脑力工作的价值高于体力工作；它促使规模巨大的工厂向人们，尤其是向妇女去推销那些号称可以使使用者拥有"理想体型"的商品；它让医生们不去严肃地思考疾病的心理因素，而精神病医生则反过来，完全不管患者的肉体因素；在生命科学中，它导致了有关心灵与大脑的关系问题上的无穷无尽的混乱；在物理学中，它使量子理论的创立者们难于解释原子现象。这种分割深入人心，积重难返。

笛卡尔的全部自然观都建立在这一分割的基础上：一边是心的领域，"我思"；另一边是物的领域，"我在"。他认为心物均由上帝所造，上帝是精确的自然秩序之源，认识真理的方法也由上帝所指明。后来的科学家们否认了笛卡尔的上帝观念，单纯地发展了他的分割法，人文科学专门研究"我思"，自然科学专门研究"我在"。

笛卡尔认为，物质世界仅是一部机器，没有目的、生命和精神。自然界根据力学原则而运动，物质世界中的一切现象均可以根据其组成部分的排列和运动加以解释。这一机械论的自然观，成了后来科学的主导典范。

B
卷

直到 20 世纪物理学产生急剧变化之前，各门科学均在其指导下观察现象和总结理论，17 至 19 世纪的科学，包括牛顿的伟大综合在内，不过是笛卡尔观念的发展而已。笛卡尔奉献给科学界一个基本框架，就是把自然看作一台完美的、被精确的数学规则控制着的机器。

由有机体到机器，这一自然观的急剧变化强烈地影响了人们对于环境的态度。中世纪的自然观曾暗示了一个导致生态学行为的价值体系，把大地想象为有机的、有生命的、生养了我们的母亲，这形成了对于人类行为的文化限制。一个人不会杀掉母亲，挖掘其内脏以寻找黄金。

随着机械论科学的产生，这种限制烟消云散。笛卡尔的观点为操纵和开发自然提供了"科学"的认可。事实上，笛卡尔本人就接受了培根的观点，断定科学知识能够用来使我们统治自然，占有自然。

在建构完整的自然科学的努力之中，笛卡尔把机械论推广到生命有机体领域。植物与动物被视为简单机器，人类身体也不过是像动物一样的机器，是理性灵魂居住的躯壳。笛卡尔解释了各种生理功能如何可以被还原为机械运动，以此证明生命有机体不过是一部自动装置，这显然是受到了17 世纪那种过分雕琢的"栩栩如生"的机器的影响。笛卡尔把机器同生命有机体作了比较："我们可以看到，钟表、人造喷泉、磨与其他类似的机器，虽然是人造的，但却能够以某种方式使自己运动起来。……我看不出工匠制造的机器与完全由自然物所组成的东西之间有任何差别。"

钟表制造在笛卡尔的时代较为精美，并且是其他机器的样板。笛卡尔把动物视为钟表，由齿轮与弹簧组成，并以此推广来解释人类，认为人也是机器，病人好比是安装不当的钟表，健康人则是安装良好的钟表。

笛卡尔的这一观点给生命科学的发展以决定性影响。细致地描述有机体的局部和机制，已成为 300 年来生物学家、医生和心理学家的主要任务。在许多学科，尤其是生物学中，笛卡尔方法的运用十分成功，但也造成了研究方向上的缺陷。问题在于，科学家们在某些成功的鼓励下，倾向于相信生命机体只是机器。这种弊病在医学中已变得十分明显，医生们无法理解当前许多重要疾病的根源。

笛卡尔想在一个体系中对一切现象作出精确的解释。这个体系应是完整的，具有数学的精确性。笛卡尔本人无法实现这一雄心勃勃的计划，但其推理方法和其理论的大致轮廓却决定了 300 年来西方科学思想的样式。

今天，虽然笛卡尔世界观的局限已暴露，但其方法和思想的清晰性仍很有价值。一次，在我作了有关机械论的局限性的学术报告之后，一位法国女士赞美我颇具笛卡尔的明晰性。正如孟德斯鸠所说，笛卡尔教会了后人如何发现他的错误。

笛卡尔创造了 17 世纪科学的概念框架，但除了勾画其理论的基本轮廓以外，尚无力作更多建树。实现了笛卡尔的梦想，完成了科学革命的人是牛顿。牛顿发展了机械论自然观的数学公式，因而把哥白尼、开普勒、培根、伽利略和笛卡尔的工作综合起来。牛顿的物理学是 17 世纪科学成就的顶峰，它提供了一套严谨的数学理论来描述世界，至今仍是科学思想的坚实基础。牛顿发明了微积分，用以描述固体的运动，这被爱因斯坦称为个人对于人类思想作出的前无古人的最大推动。

牛顿把开普勒的行星运动经验公式同伽利略的自由落体定律结合起来，总结出对于整个太阳系都有效的物体运动一般规律，从石块到行星，概莫能外。这种普遍性使笛卡尔世界观得到了进一步肯定。牛顿的宇宙确是一个庞大的机械系统，按精确的数学规律来运转。

在牛顿之前，17 世纪的科学中有两种对立倾向：一是以培根为代表的经验的、归纳的方法；另一是以笛卡尔为代表的理性的、演绎的方法。牛顿将二者结合起来，他强调，单靠经验归纳而无系统解释，或是单靠对于第一原理的演绎而无经验证明，均不能导致可靠的理论。牛顿超过了培

B
卷

根和笛卡尔，发展了后来一直作为自然科学基础的方法论。

牛顿具有相当复杂的人格，他不仅是杰出的科学家和数学家，而且也是律师、历史学家和神学家。他对于科学和神秘主义研究所投入的力量是均等的。他是科学革命的伟大天才，同时又是"最后的一位术士"。

牛顿认为，各种物理现象均发生于经典的三维空间之中。空间是绝对的，时间也是绝对的，同物质世界没有联系。在时空中运动着的是各种物质粒子，它们是微小、固态、不可破的客体，组成各种物体。构成物体的基本材料亦即粒子尽管在尺寸上有大有小，但质地完全一致。

牛顿认为，粒子的运动是由于重力造成的，物质与物质之间的力根本不同，粒子的内部结构同其外部联系没有任何联系。粒子与力是上帝所造，不容再加分析。根据牛顿力学，所有物质现象都可以还原为物质粒子概念和重力概念。这是由牛顿的等式来描述的，它是经典力学的基础，被认为是永恒法则。当上帝作出第一次推动之后，世界便持续地运动下去，像一台机器一样。因此，机械论的自然观同严格的决定论紧密相关。巨大的宇宙机器完全是具有因果性和决定性的，一切发生的东西均有原因，并导致固定的结果，因而可以被极为精确地预言。

牛顿的完美的世界机器暗示着一个外在的创造者，一个专制的神，它高高在上，把法则加于世界之上。而后来的科学使得对于神的信仰越发困难了，神性于是消失，留下了一个精神方面的真空，这是我们的主流文化的特色。这一世俗化过程也是基于笛卡尔的心物二元论，物质世界被说成是纯客观的。纯客观描述后来成了一切科学描述的理想形式。

18、19 世纪，牛顿力学的应用取得了无数成就，可以解释行星、月球、彗星的运动的细节，也可以解释潮汐现象，这激起了科学界和普通老百姓的极大热情。笛卡尔的世界机器被证实了，牛顿在晚年成为其时代的第一名人，一位科学革命的白发圣人。

在成功的鼓舞下，物理学家们用牛顿的方法来解释流体的连续运动和弹性物体的振动，再度获得成功。最后，甚至连热学也被还原为力学。通过道尔顿的原子假说，牛顿力学从对于宏观物质的描述被引申到微观领域。一切固体、流体、气体的行为，包括热与声，都根据物质粒子的运动得到了成功的解释。这使 18、19 世纪的科学家们确信。宇宙确实是一台庞大的机器，按照牛顿的力学运转。牛顿力学因此是一切自然现象的终极真理。

由于经典物理学是建立在牛顿的刚性固体物质材料的观念之上，物理学博得了"硬科学"的称号，在此基础上，又发展起所谓"硬技术"。牛顿和笛卡尔的成功导致了我们当前对于"硬科学""硬技术"的过分强调。

随着 18 世纪机械论世界观的确立，物理学自然地成为所有科学的基础。对此，笛卡尔早有所见，他说："整个哲学好比一棵大树，形而上学是树根，物理学是树干，而其他科学则是枝叶。"

笛卡尔本人曾勾勒了对于物理学、天文学、生物学、心理学和医学作机械论探讨的轮廓。18 世纪的思想家们把这个计划推向前进，把牛顿的力学原则运用于人文和社会科学，其支持者宣称，"社会物理学"已被发现。牛顿的世界观和对于人的问题作理性探讨的信念在中层阶级中迅速推广，整个时代成了"启蒙的时代"，而其主要代表是洛克。

洛克追随牛顿的物理学，发展了社会原子论的观点，把人看作是社会的基本构成材料，把对社会的研究还原为对个人行为的研究，而其对于人性的分析又是基于霍布斯。霍布斯认为，一切知识起源于感官的知觉。洛克接受了这种理论，并把人初生时的心灵比作一块"白板"，知识是由后来的感觉逐步地印上去的。这一比喻强烈地影响了经典心理学的两个学派：行为主义与心理分析主义，也影响了政治哲学。按照洛克的观点，所有人类在其初生时是平等的，而其发展则完全依赖于环境，人类的行为总是以求利为动机的。

当洛克把他的人性论用于研究社会现象的时候，他被一种信仰所指引，这就是，人类社会被自然规律制约着，就像物理世界一样。因此，人应当生活于"自然状态"下，政府不应把法律强加给人民，而是应当发现自然规律，并且推行之，这种自然规律是早在任何政府建立之前就固存了的。根据洛克的观点，人应自由、平等，并拥有对作为劳动果实的财富的权利。

洛克的这种观点成为启蒙运动的价值体系的基础，并且对于近代经济和政治思想产生了强烈的影响。理想化的个人主义、财产权、自由市场、有代表性的政府等，都可以溯源于洛克。

在19世纪，科学家们继续苦心构筑物理学、化学、生物学、心理学和其他有关人生的学科中的机械论模型。牛顿的世界机器变得具有更为复杂微妙的结构。与此同时，新的发现和新的思维方式也使得牛顿典范的局限性变得十分明显，为20世纪铺平了道路。

19世纪的发展之一是电磁现象的发现与观察，它牵涉到一种新型的力，用力学模式无法恰当描述。法拉第和麦克斯韦用场来代替力的观念，这样首次超越了牛顿物理学。这个被称为电动力学的理论认识到，光实际上是迅速变换着的电磁波，以波浪形在空间中游动。

尽管有这种意义深远的变化，牛顿理论在物理学中仍占据着基础地位。直到爱因斯坦才真正认识到，电磁场是一种物理实在，不能用机械的力学模型来解释。

正当电磁学说把牛顿力学从终极真理的宝座上往下拉的时候，进化论从另一方面超越了牛顿的世界机器。对于化石的研究使科学家们意识到，现存的大地是长期发展的结果，进化论成为康德－拉普拉斯太阳系理论的基础，也是黑格尔和恩格斯政治哲学的关键。诗人和哲学家都把19世纪作为深深地同变化观念相联系的时代。

最精确和意义最为深远的当属生物进化论。古代的自然哲学家就已持有"自然之链条"的思想，但他们的"链条"是静态的，从至上的上帝开始，经过天使、人类、动物到更低层次的生物。物种的数量有限，自从被创造出来之后从不改变。牛顿的世界观与这种观点相适应。

拉马克作出了关键性的变革，他首次提出了一套进化理论，认为所有生物都是从更早的、较简单的形式发展而来的，是在环境的压力之下发展的。尽管拉马克的理论的一些细节是错误的，但毕竟具有首创性。

几十年后，达尔文以大量证据排除了人们对进化的怀疑。他还提出，进化的基础是叫做"随机突变"的机会性变异和自然选择，这是现代进化观的奠基石。达尔文的《物种起源》决定了后来的生物学思想的基本形式。

生物进化思想迫使科学家们放弃笛卡尔的世界机器观念。宇宙应被描绘为进化和不断变异中的体系，其结构是由简单到复杂。与此同时，物理学中也出现了进化观念。然而，生物进化论意味着有序性和复杂性的增加，而物理学中的进化观念却恰恰意味着其反面：无序性的增加。

热力学第二定律把不可逆过程的观念引入物理学，其特点是由有序向无序，任何孤立的物理系统都将自然地向更为无序的方向发展。19世纪中叶，克劳修斯以数学的精确性来表述这种进化的方向性，提出了一个新的量的观念——"熵"，作为测量物理体系进化程度的量。在一个孤立的物理系统中，熵将会持续增长。按照经典物理学，宇宙总体就是向极限的熵发展，最终将会止息。

物理学进化同生物进化的尖锐矛盾，再次揭示了牛顿理论的局限，牛顿理论无法解释生命的进化。

到19世纪末，牛顿力学已失去了作为自然科学基础的功能。电动力学和进化论都超越了牛顿模式，并且提示了，宇宙要比笛卡尔和牛顿所设想的复杂得多。然而，牛顿物理学的本质仍被认为是正确的。20世纪头

30 年，物理学出现了两大发展，以相对论和量子理论为顶峰，粉碎了笛卡尔和牛顿的所有观念。绝对的时空、基本的粒子、基本的物质本体、严格的因果联系、客观的描述，统统在新物理学的领域中失去了效力。

说明：

卡普拉（Fritjof Capra，1939—）著，冯禹，向世陵，黎云译，《转折点：科学·社会·兴起中的新文化》，中国人民大学出版社1989年，第40—53页。卡普拉为系统科学家、思想家。

阅读思考：

牛顿是怎样的一个人物，卡普拉的介绍与中学教科书的介绍有什么差别？为何说他既是伟大的科学家又是一位术士？牛顿的物理世界是如何一点一点"祛魅"的？大自然的神性为何消失了？

怎样理解"自然"这个词
普里什文

纯贞的大自然

最终应该明白，自然本身并无纯贞可言。这种纯贞，其一，是城市中诞生的幻想：浮士德回归青春。其二，是人类对自身的信仰的形式，照我们现在对自然的理解，纯贞是人类以和谐作用于混沌。

新年前有人到森林里找云杉树，找了整整一天，也没找到一棵中规中矩的。只好挖了一棵长得不那么规范的，砍下长枝，找空地方钻出几个小眼儿，把新枝插进去。

第二个例证：你看到自然中的花，就想——人类造设不出这样生机盎然的美丽的花。当你看到威尼斯吊灯时，又在想——大自然生造不出这样不朽的美。

可见，自然的创造和人类的创造区别就在于同时间的关系：自然创造现在，人类创造未来。

因此，我们向往野性的纯贞的非人手所能创造的自然。我们厌倦了自己的事业，因此，我们渴望走出自己事业的幕布，坐到观众席上。

人类所做的，和自然一样：创造美好的事物。但是，坐在观众席上观看自己的事业，就像观看自然的事业一样，人却做不到。

全部问题归结为：需要得到一个真正的休息日，摆脱所参与的人类事务，在这一天，远远地走到一个人类的事业和自然的事业融合为不可分割的整体的地方。

大自然的君王

大自然是弱肉强食的生存斗争的主要处所。人类把大自然改造成了优胜劣汰的竞争之地。

人们在这里，在自然中，获取了自己的优势地位，所以人类才向往自然：在那里人是君王。

改造自然、支配自然始于自身：从儿时起，我们就被教导要支配自己。我们称那些学会支配自己的天性、天赋的人是"聪明人"。

既然如此，我们为什么不去支配外在的自然，把自然变成我们的财富？自然应当改造，培育，就像自古以来善经营的人对待家养动物的办法。

撕下的日历上

我在一页撕下的日历上读到："大自然并不仁慈，人类向大自然所要求的不应是怜悯……"（米丘林）

大自然对人类并不仁慈，人类也无需期待大自然的仁慈。人应当和大自然斗争，成为仁慈的；人既然是胜利的君王，就该保护好大自然。（普里什文）

童话的起源

自然孕育了人类，所以我们常说：大自然母亲。因为这样的事实，我们对自然有了仁爱的心。但是在自然中，人时常受到有形、无形敌人的袭击，因而毙命。人时常死在同这些敌人的争斗中，而自然包容了这些敌人。大自然是人类谋求生存的斗争处所。可见，大自然不仅是人类的母亲，也是人类凶狠的后娘。

我们所有的童话都源于此。

智慧书 [1]

你们试着录下夜莺的歌声，放到留声机的探针下，就像一个德国人做的那样。结果，只听到傻头傻脑的叽喳声，毫无夜莺的风范。因为夜莺本身——不独是带来歌声的夜莺，夜莺有整个森林、整座花园襄助。夜莺唱歌的花园和公园里的草木即便是人的双手所植，那也一样，并非一切都是人所能造设的，人造不出夜莺歌唱的蕴义。夜莺需要守候，夜莺飞来，才可以营建场地——就是花园。夜莺飞来，但不会自行歌唱，你又不可能给

---

[1] 一部在俄罗斯民间流传甚广的宗教著作，全称为《有关智慧书的宗教诗篇》，其中主要采用问答形式，包含了世界、人类、阶层的起源，地理学和其他科学知识，体现了俄罗斯先民关于宇宙和人类起源的认识。——译注

夜莺上发条（自然是不可模仿的）。

我一边听着善歌的鸫鸟戏弄晚霞，一边这样思考。先是众鸟齐鸣，既而一阵间歇，间歇过后开始独鸣，仿佛一只鸫鸟发问，另一个思索片刻，随即作答，就像《智慧书》中所写，一人问："地从何来，光从何来，太阳从何来，星辰从何来？"另一人则作答。

景天

从儿时起，别人的思想就像秋天树林里干枯的秋叶，纷纷扬扬地落到我们的禀赋刚冒出的绿芽上。我们需要掌握别人的思想，好让自己嫩绿的新芽长得更高。但是，在别人腐朽的思想堆中找出属于自己的思想，是何其艰难！

大概，正因为这样，我在夏天走进林中时，总要那样关切、探询地环顾四周，尤其是在俯视下面的花花草草的时候。那时还没有蘑菇、浆果，我还不清楚自己在找什么。我就这样地寻觅，仿佛身处某个地方的时候，我甚至知道，也看得到我要寻找的东西，只是找不出合适的词语给它取个名字。

瞧，我现在看到了，高大的云杉树间，在下面，有一株景天，被极嫩的小草密密匝匝地覆盖。

在我眼前，阳光似一枝细箭穿透昏暗的云杉林，落在景天之上。阳光刚一触到景天的三瓣叶，所有这些叶子全耷拉下来，于是白菜[1]成了小伞。

那里，在云杉后面的高空中，日转光移，整株景天在光中变成了兔子的小伞。

我幸福，我欣喜。我看到了一些东西，我找到了一些东西，现在我甚至知道自己一直在寻觅什么，自己又找到了什么。我在寻找自己的思想，

---

[1] 俄语中"景天"的语义即"兔子的白菜"。——译注

我在参与太阳、森林、大地的事业中找到了思想。我参与了一切，这是我的快乐和思想的所在。

新河道

或许人区别于动物的主要特征不是理性，而是羞耻心。人开始为动物的繁殖方式感到羞耻……

正是从人感到羞耻的时候起，大自然的河流几经改道，还是留在了旧有的河道里。人类却在自身的演进中开掘出新的河道，奔流不息，越发浩大。而自然在旧河道中流淌，越发枯竭。

人类把从古老的大自然中的获益引入自己的河床，照自己的方式重新规划。

祖国

自然，和生命一样，不服从逻辑的定义。你们随便问一个人，他怎样理解"自然"这个词的含义。没人会给出一个包罗万象的定义：在有的人看来——自然是劈柴和施工的材料，对有的人而言——则是鲜花和鸟的鸣唱，有的人以为——自然是天空，还有人认为——自然是空气，诸如此类，不一而足。这时，这些需求者中的每一个人都知道，这还不是全部。

不久前，自然还是超越个人利益之上的某种东西。战争中，我们感受到了对待自然的关切，正如我们对此所感受到的，一致的关切：自然是故土，是我们的家园。

自然在我们面前呈现的就是故土的形象，于是故乡——母亲化身成了祖国。

社会中的人应当遵循自己的自然天性生长，成为你自己，成为独一无二的，就像树上的每片叶子都相异于另一片叶子。但是，每片叶子中都和其他的叶子有共同之处，这种共性沿着枝杈、导管流淌，形成了树干的力量和整棵树的一体性……

结果呢，自然即是一切。那么人与自然的区别何在？

人，是自然的君王，即是树的干。人受命于自然，就像受命于统一的强大国度，在其中完成人类的运动，人类的成长，人类谋求一体的奋斗。

大自然会矫正的

草地上，水面上，树皮上，林林总总的事物太多，以至于你目不转睛却什么都看不到，从根本上讲，你只是能感觉到罢了。而当人在读书或是自己写作时，蓦地从自己这里向外张望时，他却能出其不意地撞见，捕捉住：鹞鹰扶摇直上，在草地上空滑翔。我头顶的蜘蛛低垂下来，借着一阵轻柔的过堂风，在书桌上方滑翔……

该把操心的事留在家里，满怀由衷喜悦的愿望，悠闲地漫步，边思考，边聚精会神。这时，万物都会回应你的关注——一棵浅蓝色的风铃草点头致意，松树下的青苔垫邀你落座，一只松鼠调皮地嬉闹，从上面对准你投下一颗云杉果。

需要细心地观察自然，并以人的方式思考。当你在思想中迷失，奇异的生物会跑来帮你，指出你的错误。它们扬起笑脸，闪耀着露水和绚丽的色彩，乐得带你回到正路上。

这些我都相信，大概，我也知道这是确乎有的事情，所以才让自己天马行空地思考，甚至思考不允许思考的一切。

我随心所欲的思想，坚信自然会为我矫正，指出整个人类该怎样思想。

原生态的景观

原生态的景观当然还找得到，它们至纯至贞，以至于你不由地想脱下帽子，俯首仁立。可是，荒凉的景象很快惹你烦闷，你又想回到那个你能听到关于宏伟壮丽的原生态景观故事的地方。

多数情况下，每一处寻常的景观都暗含着对人类破坏自然的谴责。

孩子，所有人都是孩子，既包括你们——我们真正的孩子，身体上还稚嫩的孩子，也包括那些在内心珍藏了孩子般天性的大人，上年纪的人，以及年迈的老人。

曾几何时，我们都从母亲黑暗的腹部爬出。我们全都来自黑暗，我们全都朝向光明移动。几乎就在我们的身边，和我们一起走出黑暗、朝着太阳挺身而起的还有树木、草芥、稻草、花朵，它们和我们共生共存。

人类的镜子

要想了解自然，就要和人类十分亲近，那时自然将成为一面镜子，因为人类包容了整个自然。

但是如果从自然走向人类，人类俨然是神灵，人类的一切你都搞不懂，因为人类早就偏离了共同的道路。回首相望，人类看得到自然的面目，自然却只能看到人类的后背：人类走在了前面。

自然——是为整个人类的经济提供的材料，也是我们每个人走向真理之路的镜子。只要好好思索一下自己的道路，然后再从自己这里去看自然，那么，必然会在自然中看到你个人思想和情感的历程。

这看起来似乎非常简单——两滴雨水在电缆上互相追逐，一滴耽搁了片刻，另一滴就赶了上来，于是两滴合为一滴，一起落向大地。多么简单！但如果想想自己，想想人们在孤独中，彼此尚未相遇、汇合时心中的感觉，带着这些想法去研究水滴的结合，那么就会发现——两滴水会聚在一起，原来也并不那么简单。

如果献身于这种研究，那么人类的生活，就像在镜中一样，一览无余。

整个自然，就如同镜子一般，见证着整个人类——君王的生活。

自然里有水，它的镜子映照出天空、山峦和森林。人类不仅自己站立起来，还随身拿起了镜子，照见了自己，开始仔细端详自己的映像。

狗在镜子中照见自己，认为那是另一条狗，不是自己。很可能只有人懂得，镜子里的映像就是自己。

整个一部文化史就是一篇故事，叙述人类在镜子里看到了什么，而我们全部的未来就在于人类在这面镜子里还将看到什么。

说明：

普里什文（Михаил Михайлович Пришвин，1873–1954）著，潘安荣、杨怀玉译，《大自然的日历》，长江文艺出版社 2005 年，第 359–367 页。题目为本书编者所拟。普里什文为俄国著名文学家，世界生态文学和大自然文学的先驱，被称为伟大的"牧神"。

阅读思考：

你的工作和生活是否很忙，有普里什文提到的"真正的休息日"吗？人在镜子中总能照见自己吗？不用镜子时，你能想象从他者、从自然的角度观察自己吗？

环境伦理道德

威尔逊

人类之前的绿色地球是我们曾选定要破译的神秘的世界，是一个引导我们回归我们的灵魂发源地的指南。但她现在却正在从我们身边悄悄地消失。回归的道路似乎一年比一年更难。如果在人类回归的道路上会遇到危险，与其说危险来自于人类自身的生存危机，还不如说来自一个对生物进化最大嘲弄的结果：即生物进化造就了具有思维能力的人类而人类又将毁灭生物进化所创造的最美丽的天地万物，因此人类已关闭了回归之门。

生物多样性的创造过程来得很慢、很难：30亿年的进化出现了大量海洋动物。又过了3500万年才生成了雨林，雨林中生存的物种有一半或更多现在生活在地球上。经历了连续不断的更新换代，有些物种分裂成一个或几千个子代物种，子代物种再一次分裂产生了大群后代，这些后代以各种不同的组合成为植物食物供应者，食肉动物、游泳者、滑翔者、短跑选手、掘地洞者。然后由这些物种通过部分或全部绝灭让位于新生物种。如此循环往复地继续下去，并逐步有了整体上的增长，在人类到来之前生物多样性发展达到一个高峰，生命形式已经沿着这一方向运行到了停滞时期，在遭受了五次大灭绝之后，经过1000万年才得以修复。但是这种推动力是积极向上的，今天，生命多样化的阵营比1亿年前要大，比5亿年前更要大得多。大部分新生代包含有一些不成比例地扩大而产生较小等级辖地的物种。每个物种及其后代，作为整体中的个体，它们平均生活了几百万年到千万年时间，不同的分类类群其寿命长短有所不同。例如，棘皮动物世系持续时间比开花植物世系要长，这两者比哺乳动物世系持续的时间要长。

曾存活过的所有物种的99%现在已经绝灭了。现存的这些动、植物群落也不知是怎么成功地避开了地质史上生物大绝灭和大扩充事件。世界上许多现存优势种组如老鼠、蛙科中各种蛙、蛱蝶科蝴蝶和紫菀科植物、菊科植物，在人类之前很早就赢得了它们的地位，无论是新还是老，所有活着的物种都是38亿年前生物的直系后代。它们是活基因库，用由核苷酸序列组成的相应词汇和句子，记录了跨越巨大时间段的生物进化历史。比细菌复杂的生物——原生生物、真菌、植物、动物——含有10亿~100

亿核苷酸字母，其纯信息量足以组成不列颠百科全书。每一物种都是变异与重组的产物，这一过程太复杂以致无法得到直观性的认识，这些最后的产物在自然选择中消灭了其他大部分生物种类或在这些种类被消灭之前就阻止了它们的繁殖，经过天文数字般事件的磨难才雕琢成形。从进化时间的观点来看，所有物种都是我们人类的远亲，因为我们有一个共同古老的祖先。我们仍然使用共同的词汇——尽管它已经被分成截然不同的遗传语言——核苷酸密码。

这就是每种生物，不论是大还是小，每一个臭虫和每一棵草的终极秘密和真相。墙缝里开出一朵花——这是一个奇迹之类的坦尼森、维多利亚式的罗曼蒂克，曾是人们揣测世界万物的方式。如果以"我知道上帝和人类是什么"的方式再也无法解释上述事物，那么，由现代生物学那里，可以得到一个肯定我们都能理解的解释：每一种生物是以非常准时到位的"穿针游戏（玩者相继举起双臂并从下通过）"技巧才得以生存和繁殖，抵抗了几乎不可能抵抗的事件。

所有生物的组织协调能力都是很引人注目的。将花从有裂缝的土地上拔出来，抖掉其根部带出的泥土，将泥土放在手心里仔细观察，就会发现黑土里充满藻类、真菌、线虫、螨虫、弹尾虫、数以千计的细菌，但因为定居者所携带的遗传密码比地球表面所有组合体排列得更有序，因此，这可能只是一个生态系统中的极小部分。这便使地球运转的生命力的一个典型样本，不管我们人类是否存在它们都将这样继续存在下去。

我们可能会认为，整个世界已经完全被考察过了，几乎所有的山川河流的确均已命名。海岸和地球动力学的调查工作业已完成，海洋底部也被绘制成地图标出了最深的沟壑。大气层已被剖成截面进行化学分析，对来自太空的地球卫星监视正在继续，更重要的是南极洲这最后一块未被开垦的大陆已成为科学研究观测站和旅游点。然而这个生物圈仍然是令人琢磨不透、难以

B
卷

理解的，尽管人类已经发现了 140 万种生物体（所有收集到的标本及其所标注的正式科学命名最低数），地球上现存物种数量为 1000 万 ~1 亿种。没有人能自信地断言，这两个数字中的哪一个数据更为接近现实。人类迄今只对已科学命名的不到 10% 的物种，进行了比一般解剖学稍深层次的研究。在更小的一个部分：包括大肠杆菌、玉米、果蝇、挪威鼠、猕猴和人类在内的不到 100 个物种上，取得分子生物学和分子医学的革命性成果。

由于被不断出现的新技术所吸引，加之得到医学基金的慷慨支持，生物学家们已经沿着狭窄的前沿领域进行了深入的探索。现在是横向发展、继续伟大的林奈事业、完成绘制生物圈地图的时候了。迫使我们扩大目标，或者说最激发人们对扩大目标发生兴趣的原因是，研究生物多样性有时间限制。由于人类的活动使物种主要的栖息地被毁坏，同时还有污染，以及将外来物种引入到残留地的自然环境中，致使物种在加速绝灭。我说过世界上 1/5 或更多的动、植物种类，到 2020 年可能会消失或注定要进入到早期绝灭阶段。除非人类为挽救它们而做出更为有效的努力，否则，厄运将不可避免。我是根据已知栖息地区域与栖息地所能持续的生物多样性之间的数量关系做出的这种估计。这些区域生物多样性曲线是根据所有生物类群的数据而得到的，而不是通过对几个生物类群，如蜗牛、鱼类和开花植物研究得出的规律而绘制。由该曲线得出的结论是：绝灭是普遍的，必然的。作为一个必然结果：从保留在考古学沉积物中的动、植物化石中，我们通常可以发现一些已绝灭的物种和品系。随着森林领地都像菲律宾和厄瓜多尔一样，砍伐下最后一批树木，物种下降将加速。总的看来，世界上物种绝灭的速度比人类出现之前加快了几百倍或几千倍。对人类而言，任何一个有意义的生物进化的新时期都无法与这种绝灭的速度相比。

为什么我们这样关注这个问题呢？如果某些，甚至是 50% 的物种消失，这会引起什么变化呢？让我来罗列一下失去物种后，我们将蒙受的种种不幸。我们将失去科学信息的新资源，巨大的潜在生物财富将被毁，不尽发达的农作物、药材、木材纤维、纸浆，恢复土壤的植被，石油替代物，以及其他产品和令人生活愉悦的事物将永远不复存在。在一些地方，人们对那些不起眼的物种，如臭虫和杂草，不屑一顾也许是一种时尚。但不要忘了正是来自拉美不起眼的一种蛾挽救了澳大利亚高原、是粉红色的长春花为治愈何杰金氏病和儿童淋巴细胞性白血病提供了药物、太平洋紫杉树皮为卵巢癌和乳腺癌患者带来了康复的希望、水蛭唾液的合成物可以在外科手术中溶解血凝块等等。照此下去，我们可以开列出一个很长的统计表来，尽管对这一长串的统计表人们所做的研究工作还十分有限。

在健忘症患者的心目中，的确很容易忽略生态系统为人类提供的服务。生态系统使土壤肥沃，产生正是我们人类呼吸所需要的空气。如果没有这些，人类延续下去的生存状态将会是恶劣而短暂的。维持生命的基质是绿色植物与众多微生物体和大部分不起眼的动物，换句话说是那些杂草和臭虫构成的。这些生物体因其品种如此多样而能够使其合理分工精确布局，有效地支撑着这个世界。因为人类已在生物群落之中变成了自身的进化，我们的身体功能已适应已有的特定环境，正是这些组成生物群落的生物们使这个世界照我们所希望的那样准确运转，造就各种适应我们生活的环境。地球之母——近来称之为盖亚——只不过是一个由各种生物和由各种生物以各自短暂的生命维持的自然环境组成的共同体。可以设想一下宇宙中几乎还有无数颗行星之母，它们各有其自己的动、植物群落，形成的自然环境全都不适合人类生存，漠视生物多样性就如同冒险将我们自己送到了这样一个完全不适合于人类生存的星球上去。我们就会像一头鲸一样，不可理喻地搁浅在新英格兰的岸滩。

人类和其他生物一道在地球这颗特定的星球上进化，地球环境的变化已刻进我的基因，而其他世界在我们基因中没有记录。因为科学家还没来得及给大部分种类的生物命名，并且对生态系统如何作用还只有一个模糊认识，那种认为生物多样性能经得起无限度地绝灭而不会威胁人类自身，的确是莽撞妄为。科学研究表明，在生物多样性的自然环境里，每减少一个物种，生态系统向人类提供服务的质量都会下降一等。要特别强调指出的是，生态系统的记录表明，遗传可能会不可预料地不连贯。随着物种绝灭的现象的逐步蔓延，一些失去的物种被证明是重要物种，它们的消失引起了其他物种的减少，正所谓幸存者人口统计学中所说的涟漪效应。重要物种的绝灭就像一个钻孔器，偶然撞上了电源线，从而导致各处所有的灯光的熄灭。

生态系统对人类提供的这些服务于我们的舒适生活至关重要，但生态系统本身无法提供一个维护这种服务的永恒的环境行为道德基本规范。生态系统及其所能提供的服务有时既看不见，又摸不着，但却是无时不在，缺它不可，如果要将其标上一个价码，那它就有贬值、出售和被抛弃的可能。一些人梦想着人类在一个生物资源枯竭的世界也能继续舒适地生活下去，仍会人丁兴旺。生态系统提供的这些复修性服务凭借人的技术完全能取代：药品可以人工合成；食物可以从人工培育品种中获取；大气和气候可通过计算机驱动的核能来调节。甚至地球也能被改造，改造成一个真正的太空飞船，而不是那种在操纵台上读显示屏、按控制键想象意义上的飞船。"不要为过去哭泣，人类是一个新的生物物种，如果物种阻碍进步就让它们死去吧，科学技术的精英们将另辟他径，寻找和发现那些正在等待着我们去享用的星球"这便是虚无主义哲学的目标。

但是请注意：人的优势之处不单单是表现出非常理性，而且还包括我们人类所特有的情感，受理性控制和协调的情感。我们之所以为人而不是机器人是因为我们具有情感。对于真正的自然界，以及对于我们人类本身，我们知之甚少，因此对将来我们的后代希望我们将地球太空飞船指挥到何处降落也不了解。我们的麻烦正如弗科斯（Vercors）在《你应该了解他们》一书所说的："因为我们不知我们现在是什么，无从讨论我们将来想要成为什么。造成这一知识缺憾的主要原因是我们对于人类自身起源的无知。我们并不是作为外星人而来到地球这颗星球上。人类是自然的一部分，是已进化的物种中间的一个物种。我们越是把我们自己等同于自然界其他生物，我们就越能迅速发掘到人类情感的源泉，获得那些作为建立永恒的环境行为道德规范和确定今后方向基石的知识。

人类遗产起源的历史并非仅从传统所认为的有文字记载的约8000年前算起，而应该至少向上追溯200万年、从组成人属的最早物种——第一批"真正"的人类出现开始。跨越了数千个世代，文化的出现肯定在遗传进化上特别是在大脑解剖生理上受到同期发生事件的深刻影响。相反，遗传进化也肯定被文化内部出现的各种选择所牵引。

只有当人类历史到最后的危急时刻，才会出现人类能够远离生物界而独立繁荣兴旺的认识误区。尚无文字的社会是一个令人眼花缭乱的各种生命形式亲密接触的社会。人们的智力仅处于部分适应挑战的水平。除努力去推断那些与切身利益直接相关的部分挑战外，还努力去熟悉那些能获得生存和满足的正确应答方法，以及将带来疾病、饥饿和死亡的错误应答。这种努力留下的特征在都市生活几个世代后还不能被抹去，我认为现在还能从人性特征中找出一些这种印迹，它们有：

·人们对自然环境中威胁人类的物体和环境如：高度、封闭空间、空旷空间、流水、狼、蜘蛛、蛇感到恐惧、突然性的难以消除的厌恶。而对新发明危险得多的如枪、刀、汽车和电插座等器械和装置少有恐惧。

·人们对蛇既排斥又害怕，哪怕他们实际上从来没有看见过蛇。在大部分的文化中，蝮蛇是神话和宗教象征意义上处于优势地位的野兽。曼哈顿人（Manhattanites）和祖鲁人一样经常在梦中见到蛇。看来这是源自达尔文进化论的反应表现。毒蛇几乎一直是引起各地死亡率升高的重要原因，从芬兰到塔斯马尼亚，从加拿大到巴塔哥尼亚，对于它们的出现表现出本能的警觉往往挽救了许多生命。我们注意到灵长目中包括东半球猴、黑猩猩在内的一种具血缘性的类似反应，许多见到蛇会止步后退，并向同类发出警告，仔细地观察每一条具有潜在危险的蛇的行踪，直到它离去。对人类而言，从更大的隐喻、神话意义来说，逐渐改变了的蛇既是建设性又是毁灭性的力量：像迦南的艾斯托雷思、中国汉族的神话人物伏羲氏和女娲氏、印度教的莫旦玛和马纳刹，古埃及的三头巨人尼赫伯考，授予知识与死亡创世纪蛇，以及在阿兹特克人中的生育女神与人类之母蚩华可特尔，雨神特拉诺克，和阿兹台克人的用羽毛装饰的人头蛇作为统管启明星和晚明星的大臣，蛇的威力四射并进入了现代生活：两条蛇缠绕的图案，首先是装饰在众神的信使墨丘利神的传令杖上，然后，是大使们和传令官们的安全许可通行证，直至今天普遍运用象征医生职业的徽章。

·最适宜人们生活的地理环境是一面临水而凸出的高地，从那儿可以看到稀疏的林地和草原。在这样的高地上，随处可见富有人家的住所、达官贵人的墓碑、寺庙、国会纪念碑和部落辉煌的遗迹。这类的地域是今天的一种审美选择，拥有了在如此地域的居住自由，即意味着地位和权力的象征。在古代，高地还具有某种御敌和安全撤退的实际意义。在高地上，便于人们观测到由远处而来的风暴以及入侵外敌的逼近。由此而推而广之，每种动物选择栖息地，都会本能地考虑到安全因素和便于获得维持生计的食物。就人类悠久的历史而言，人们在东非热带和亚热带大草原，在那些点缀着河流、湖泊、林木和小灌木林的空旷地方建立了适宜人类居住的乡村。在类似地形地貌的环境里，倘若人们拥有自由选择的机会，当代人往往乐于将居住地设计成公园或花园。人们既不会模仿吸引长臂猿栖息的稠密丛林；也不会去模仿古埃及视为圣兽的狒狒喜欢的干性草地环境。在花园里，人们种植与金合欢类似的树种，以及非洲大草原的地方树种。人们所追求的那种树冠应当是宽度比高度的尺寸更大，而树冠低矮处的枝叶要充分舒展开来并接近地面，以便于人的触摸和攀爬。

· 如果有足够的财力和闲暇，大部分人会选择背上行装外出狩猎、垂钓、观光和从事园艺劳作。在美国和加拿大，更多的人会选择参观动物园和水族馆，而大大多于去参加俱乐部的职业运动赛事。人们更乐于聚集在国家公园去赏自然景色，登高远眺奇峰异石和高山流水，以及自由自在的动物。也许并不需要什么理由，他们远道而来，沿着海岸漫步，就这样尽可能地贴近大自然。

这些就是我曾称之为"爱好生物"的例子。人类毕生在潜意识中都在追求一种与自然的和谐，而这种置身于荒野崇尚自然的思想及其表现，则完全可以列入"爱好生物"的范畴。在那里所有的土地和动、植物群落尚未受到人类居住的污染，人们通过旅行进入荒野去找寻新生活与奇迹。然后再从荒野中返回世界各地的安居之所。平心而论，必须帮助荒野自然处于平和之中，且远离人类的掌控。

源于早先部落人对过去美好时代的记忆，荒野在今天的隐喻意义为无限的机会。在部落时代，人类向世界各地扩展，从山谷到山谷，从岛屿到岛屿，人们坚信未开垦的土地将越过地平线永远地延伸下去。

我之所以引用这些常见的不无偏激的思维方式，并非要作为一种人性的证据，而是提醒人们要仔细思考，将注意力从哲学的范畴转向野生环境中人类起源这类中心问题。倘若我们忘记了自然世界对我们人类意味着什么，我们便永远不会了解我们自己，不会了解我们是从远离天堂的地方传承延续下来的自然遗产。生命多样化的丧失不仅会危及我们的身体，而且会危及我们的精神世界，这样的警示信号已屡见不鲜，如果这一切是真的，那么目前正在产生的变化将伤害人类未来的世世代代。

B
卷

因此必须履行的环境道德规范首先是"慎重"。我们应当在学会利用它并逐渐理解它对人类的意义的同时，把对生物多样性的每一碎片都视为无价之宝。我们不应有意地让任何生物种类和种系绝灭。我们所能够尽力发挥的是，为了扩大野生种群遏制生物资源大出血，我们应当挽救和着手开始恢复自然环境的工作。没有什么事情比开始着手恢复生态，使我们周围令人惊叹的生命多样性重新恢复生机更令人欢欣鼓舞的了。

环境快速变化的现实呼唤着一种与其他信仰分道扬镳的道德行为规范。那些受宗教约束、相信生命是神一举放到地球上的人，认为我们人类正在毁灭"创世纪"，而那些认为生物多样性是物种盲目进化之产物的人对此表示同意。站在另一伟大的哲学分界线立场看，物种是否有独立的权力，或相反，哪种道德规范是人们惟一关心的这些都不重要了。不论哪种观点的持有者似乎都注定要受到同样的自然保护观点的影响。

环境乘务员是一个接近形而上学的领域，在这一领域里所有的人肯定都能找到共同的话题。在最终的分析中，什么是除了良心控制之外通过举足轻重的合理检验而成熟的道德？什么是对世世代代都起作用的惟一的基本格言？这就是通过举足轻重的合理的检验。持久的环境道德将不仅以保证我们人类的健康和自由为目的，而且还以保持接近人类精神诞生的世界为准则。

说明：

威尔逊（Edward O. Wilson, 1929－）著，王芷等译，节选自《生命的多样性》，湖南科学技术出版社 2004 年，第 303－310 页。威尔逊是美国生物学家、博物学家、思想家、社会生物学奠基人、普利策奖得主。

阅读思考：

威尔逊说："现在是横向发展、继续伟大的林奈事业、完成绘制生物圈地图的时候了。"这跟他的博物学家身份有关系吗？为什么主流科学界并不理会威尔逊的这一呼吁？最适宜人们居住的环境是怎样的，你能用手绘或文字将其描述出来吗？思索如下比喻："重要物种的绝灭就像一个钻孔器，偶然撞上了电源线，从而导致各处所有的灯光的熄灭。"威尔逊说："必须履行的环境道德规范首先是'慎重'"，我们现在所生活的社会中，人们对自然的开发、利用，是否做到了慎重？转基因（GMO）、克隆、器官移植、天气修饰（WO）是否做到了慎重？

三个世界与开放宇宙

波普尔

我说的"世界1"是指通常所说的物理世界：岩石、树木和物理力场的世界。在此我也想包括化学和生物学的世界。我说的"世界2"是心理学的世界。它被人类心灵的研究者们所研究，而且也被动物心灵的研究者们所研究。它是恐惧与希望的情感的世界，行为气质的世界，以及各种各样主观经历包括潜意识和无意识经历的世界。因此"世界1"和"世界2"这两个术语都容易解释。而对于我所称的"世界3"的解释要稍微难一些。

我说的"世界3"是指人类心灵产物的世界。尽管我在世界3中把艺术品包括在内，也把道德标准和社会制度（因此人们可以说，还有社会）包括在内，我却主要只谈科学图书馆的世界，谈论书籍、科学问题和理论，包括错误的理论。

书籍、杂志和图书馆既属于世界1又属于世界3。它们是物质客体，就这一点而论属于世界1：它们受世界1的物理限制或者物理定律的支配。

如，尽管两本同样的书从物质上说会完全相似，它们却不能占据同一部分物理空间；因此它们是两个不同的世界 1 客体。但是它们不仅属于世界 1，它们也属于世界 3。同一种书的十分相似的两本作为世界 1 客体是不同的；但是如果两本物质上相似（或者不同）的书内容相同，那么作为世界 3 客体这两本书是完全相同的：它们是一个世界 3 客体的不同副本。而且，这一个世界 3 客体受到世界 3 的限制和评价的支配；如可检查其逻辑一致性，评价其信息内容。

　　一本书或者一个理论的内容是抽象的事物。一切具体的物质物体，如岩石、树木、动物和人体，都属于世界 1；一切心理状态，无论有意识的还是潜意识的，都属于世界 2。但是抽象事物，如问题、理论和论据，包括错误的问题、理论和论据，属于世界 3。（也包括前后矛盾的论据和理论。当然，这并不使世界 3 前后矛盾，因为世界 3 既非一种理论又非一个断言亦非一个论据：它是一类事物，一个话语的宇宙。）而且，除非我们想为艺术品引入比如说像"世界 4"这样的新术语，否则像《哈姆雷特》这样的剧本和像舒伯特的"未完成交响曲"这样的一部交响曲也属于世界 3；正如个别的一本书既属于世界 1 又属于世界 3 一样，《哈姆雷特》一剧的特别的演出和舒伯特的未完成交响曲的特别的演奏也既属于世界 1 又属于世界 3。就它们由复杂的物质事件所组成而论，它们属于世界 1；但是就它们具有内容、启示、意义而论，它们属于世界 3。

　　"世界 1""世界 2"和"世界 3"这些术语是由于无倾向和任意性而有意识地选择的。但是为它们编号为 1、2 和 3 却有着历史的原因：似乎物质世界的存在先于动物情感世界；我猜想世界 3 只是由人类特有的语言的进化才开始存在的。我将把用语言简洁陈述的人类知识的世界看作最具有世界 3 的特色。它是问题、理论和论据的世界；我也将把尚未用语言系统阐述的那些问题、理论和论据包括在内。我也将假定世界 3 有一部历史——在某些年代某些问题、理论和论据被发现，也许是遭到驳斥，而在那些年代其他的问题、理论和论据尚未发现，或者尚未遭到驳斥。

三个世界的实在性

我认为，承认物质物体的世界的实在性或者存在完全是常识。如约翰逊对贝克莱的著名的反驳所表明的，诸如一块石头这样的物质物体可以说是存在的，因为它能够被踢；如果你充分用力地踢一块石头，你就会感到它能够反踢。仿效阿尔弗雷德·朗代，我打算这样说，当且仅当它能够被踢而且原则上能够反踢，某物就存在，或者是实在的；更一般地说，我打算这样说，当且仅当它能与世界1的成员，与坚硬的、物质的物体相互作用，某物就存在，或者是实在的。

因而，可以把世界1或者物质世界看作实在性或存在的标准范例。然而，我相信术语的问题或者词语的用法与意义的问题是不重要的。因此我认为像"实在的"或者"存在的"这些词的用法不很重要；尤其与关于理论断言或者命题的正确性的问题相比不很重要。

我希望为其正确性辩护、在我看来有些超出常识的命题是，不仅物质的世界1和心理的世界2是实在的，而且抽象的世界3也是实在的；正是在石头和树木的物质世界1是实在的那种意义上是实在的：不仅世界1的物质物体，而且世界2和世界3的物体也可以彼此踢；它们也能够被反踢。

人类地位与自然界

生命的起源也许是宇宙中的独特事件，目前亦未可知。我们无法解释它，它非常接近大卫·休谟会勉强地称作奇迹的事物。动物意识的、欢乐与痛苦的感情的世界2的出现，似乎是第二个奇迹。

把意识的突现和以前的生命的突现看作宇宙进化中两个比较新近的事

件，看作像宇宙的起源一样我们也许永远无法做出科学理解的事件，似乎是有道理的。这种有节制的态度坦白地承认未决的问题的存在，因而没有关闭通向发现它们更多情况的道路——关于它们的性质，也许甚至关于发现可能的解决办法至少是部分的解决办法的道路。

第三个伟大的奇迹是人脑，人类心灵和人的理智的突现。这第三种奇迹也许比其他奇迹更容易解释，至少从进化论方面。人是一种动物。他和其他动物似乎比他（与其他动物）和无生命物质要接近得多。但是这并不会缩小把人脑与动物大脑，把人的语言与所有其他动物的语言——与大多数高等动物具有的表达它们的内部状况和与其他动物交际的倾向分隔开的鸿沟。

人创造了人类语言，及其描述职能和真理的价值，论辩职能和论据的有效性的价值，因而超越了仅仅具有表达和交流职能的动物语言。随之人创造了客观的世界3，在动物界中只有它的相当模糊的相似物。随之他创造了一个文明的、学识的、非遗传成长的新世界：不是由遗传密码进行传达的成长；与其说取决于自然选择，不如说取决于以理性批评为基础的选择的成长。

因此，当我们试图解释这第三个伟大奇迹：人脑和人类心灵的突现，人的理智和人类自由的突现时，我们应该注意的是人类语言的作用和世界3的作用。

物理学中的决定论和非决定论

本文的题目是"非决定论是不够的"；即对于人类自由来说是不够的。但是我却必须至少概述一下经典的决定论（或者物理决定论，或者世界1决定论），和作为对立面的那种非决定论。而且，我还必须表明为什么这两种观念对于讨论人类自由是不够的。

经典的决定论，或者世界1决定论，是由拉普拉斯在牛顿力学的基础上做了最清晰的简洁陈述的非常古老的观念。（参见上面第10节。）

拉普拉斯的决定论论点可由下面的方式表述。假定给了我们在一瞬间宇宙中所有物质微粒的精确的质量、位置和速度，那么我们在原则上能够借助于牛顿力学计算过去所发生的一切和未来将发生的一切。这会包括所有人的身体运动，因此包括所有口头或书面的词句，所有诗歌，和将要写出的所有音乐。计算可由机器进行。只需把牛顿的运动定律和现存的初始条件编为程序输入机器即可。它可能完全是聋的，而且不知道作曲的种种问题。但是它将能够预测过去或未来的特定的作曲家会把什么样的黑色标记写到空白五线谱纸上。

我个人觉得拉普拉斯的决定论是一种非常不令人信服和非常没有吸引力的观点；它是一个可疑的论据，因为计算器的复杂性也许必须极大地超过宇宙，如（我认为首先）由 F. A. 海耶克所指出的那样。但是也许值得强调的是拉普拉斯确实从他的在因果关系上封闭的、决定论的世界1的观念中得出了正确的结论。如果接受拉普拉斯的观点，那么我们就不可论证说（如许多哲学家所做的那样）我们却仍然具有真正的人类自由和创造性。

然而，在麦克斯韦用以太的机械模型把电与磁还原为牛顿力学的一些尝试失败以后必须修改拉普拉斯的决定论。牛顿的机械的世界1的封闭性的论点也随着这些尝试而失败：对于世界1的电磁部分它成了开放的。然而如爱因斯坦却仍然是决定论者。他几乎到生命终结时都相信统一的、封闭的决定论的理论是可能的，包括力学、万有引力和电学。实际上，大多数物理学家都倾向于把在因果关系上开放的（因此是非决定论的）物质宇宙——比如说，对世界2的影响开放的物质宇宙——看作一种典型的迷信，也许只被心灵研究会（the Society for Psychical Research）的一些唯灵论成员所赞成。几乎没有著名的物理学家会认真对待它。

但是另一种形式的非决定论成为物理学的官方信条的一部分。这种新的非决定论是由量子力学引入的，量子力学假定在因果关系上不能还原的基本的偶然事件的可能性。

似乎有两种偶然事件。一种是由于两个因果链条的独立性，它们恰巧在某个地点和时间偶然冲突，于是联合导致偶然事件。一个典型的例子是由两个因果链条构成，其中一个因果链条松开了一块砖，而另一个独立的因果链条使一个人处于他会被这块砖砸到的位置。这种偶然事件（拉普拉斯本人在他论概率的著作中发展了关于它的理论）与拉普拉斯的决定论完全相容：任何预先拥有关于有关事件的足够充分的信息的人都能够预测必然发生的事情。只是我们的知识的不完全性导致了这种偶然性。

然而，量子力学引入了第二种，而且是远为彻底的一种偶然事件：绝对的偶然性。按照量子力学，有一些基本物理过程不能按照因果链条进一步分析，但是它们却由所谓"量子跃迁"组成量子跃迁被假定为一种绝对不可预测的事件，它既不由因果律又不由因果律的巧合控制，而只由概率定律所控制。因而尽管遭到爱因斯坦的抗议，量子力学也引入了他描述为"掷骰子的上帝"的事物。量子力学把这些绝对的偶然事件看作世界1的基本事件。这些偶然事件的各种不同的特定结果，如原子的衰变及随后的放射，不是预先决定的，因此无论我们事先对所有有关条件有多么了解，也不能被预测。但是我们能够做出关于这些过程的可试验的统计预测。

尽管我不相信量子力学将仍然是物理学中的最新成就，我却碰巧相信它的非决定论在根本上是正确的。我相信甚至经典牛顿力学在原则上也是非决定论的。如果我们把人类知识的物理模型——如计算机——引入其中，这一点就显而易见了。把客观人类知识引入我们的宇宙中——引入世界3（我们不可忘记，计算机即使是无人性的，也是人造的）——允许我们不仅证明这个宇宙的非决定论的性质，而且证明它的实质上的开放性或者不完全性。

现在回到原子力学上来，我想指出，掷骰子的上帝的或者概率法则的非决定论未能为人类自由留下余地。因为我们想要理解的不仅是我们如何可以不可预测地和以类似偶然的方式行动，而且是我们如何能够故意地和理性地行动。诸如邮寄无地址的信件这样的偶然事件的著名的概率恒定性也许是一个有趣的罕见事例，但是它与写一首或好或糟的诗或者提出关于比如说遗传密码的起源的新假说的自由的问题毫无相似之处。

必须承认，如果量子力学是正确的，那么拉普拉斯的决定论就是错误的，来自物理学的论据就不再能用来反对非决定论的学说。但是非决定论是不够的。

非决定论是不够的

让我们把物质世界看作部分地而不是全部地决定的。也就是说，让我们假定种种事件按照物理学定律依次发生，但是在它们的联系中有时有某种松弛，由与我们从轮盘赌或者掷骰子或者掷硬币或者量子力学所了解的序列相似的不可预测的、也许是概率的序列来填充。因而我们就会有非决定论的世界 1，如我确实这样提出过的那样。但是如果这个世界 1 在因果关系上对于世界 2 和世界 3 封闭，对我们就毫无益处。这样的非决定论的世界 1 会是不可预测的；然而世界 2 随之还有世界 3 不会对它产生任何影响。封闭的非决定论的世界 1 会如往常一样运转下去，无论我们的感情和意愿如何，与拉普拉斯的世界的唯一差异是我们不能预测它，即使我们完全了解它的目前状况：它会是由偶然性所支配的世界，即使只是部分地支配。

因而，要考虑到人类自由，尤其是创造性，非决定论是必要的，但是还不够。我们真正需要的是这样的论点，即世界 1 是不完全的；它能够受到世界 2 的影响；它能够与世界 2 相互任用；或者它在因果关系上对于世界 2 开放，因此又进一步对世界 3 开放。

于是我们回到了我们的核心：我们必须要求世界 1 不是自足的或者"封闭的"，而是对于世界 2 开放的；它能够受到世界 2 的影响，正如世界 2 能够受到世界 3 当然也受到世界 1 的影响一样。

决定论与自然主义

几乎毫无疑问，赞成拉普拉斯的决定论和关于世界 1 在因果关系上是封闭的理论的基本的哲学动机，是对于人是一种动物的认识和把我们自己看作自然的一部分的愿望。我相信这个动机是正确的；倘若自然完全是决定论的，那么人类行动的领域亦然；实际上不会有行动，至多有行动的现象而已。

但是这个论据可以颠倒过来。如果人是自由的，至少部分是自由的，那么自然亦然；物质世界 1 是开放的。有一切理由认为人至少部分是自由的。相反的观点——拉普拉斯的观点——导致预定论。它导致这样的观点，即，数十亿年前，世界 1 的基本粒子就包含着荷马的诗歌，柏拉图的哲学，和贝多芬的交响曲，犹如种子包含着植物；人类历史是预先决定的，随之人类一切创造性行动也是预先决定的。这种观点的量子论变体也同样糟糕。如果它与人的创造性有任何关系，那么它就使人的创造性成为纯偶然性的问题。毫无疑问，其中有偶然性的成分。然而关于艺术或者音乐作品的创作最终可以从化学或者物理学方面解释的理论在我看来却是荒谬的，就音乐创作可以被解释而言，它必须至少部分地从其他音乐的影响（它也激发了音乐家的创造性）方面来解释；十分重要的是，从在音乐中和所有其他世界 3 现象中起这样的作用的内在结构、内在规律与限制的方面来解释一对这些规律与限制的吸收（和对它们的偶然的反抗）对于音乐家的创造性极其重要。

因而我们的自由尤其是我们的创造自由显然受到全部三个世界的限制。假如贝多芬由于某种不幸生来便耳聋，他就不会成为作曲家。作为作曲家，他自由地使他的自由服从世界3的结构限制。自律的世界3是这样一个世界，他在其中做出他的伟大的真正的发现，像喜马拉雅山脉中的发现者一样自由地选择他的路径，但是受到至目前为止所选择的路径和他正在发现的世界的限制的约束。（对于哥德尔也可以说类似的话。）

开放的宇宙

因而我们被引回到原题，断言世界1、世界2和世界3之间存在相互作用。

我毫不怀疑世界2和世界3确实相互作用。如果我们试图领会或者理解一种理论，或者回忆一部交响曲，那么我们的心灵就因此而受到影响；不仅受到在我们的大脑中储存的对于声音的记忆，而且至少部分地受到作曲家的作品，受到我们试图领会的世界3客体的自律的内在结构的影响。

这一切意味着世界3可以作用于我们心灵的世界2。但是倘若如此，就毫无疑问，当一位数学家在（物质的）纸上写下他的世界3的结果时，他的心灵——他的世界2——就作用于物质世界1。因而世界1对于世界2开放，正如世界2对于世界3开放一样。

这是绝对重要的；因为它表明，自然，或者我们所属于的、包含作为其组成部分的世界1、世界2和世界3的宇宙，本身是开放的；它包括世界3，可以表明世界3是内在地开放的。

世界3的开放性的一个方面是哥德尔的关于公理化算术是不能完全地定理的一个结果。然而宇宙的不完全性与开放性也许由关于一个人画一幅自己房间的地图，而在他的地图中又包含了他在画的地图的著名故事的一种变体做了最好的说明。他的任务是无法完成的，因为他在他的地图中必须考虑到他最新画上的笔触。

与世界 3 的理论及其对于世界 1 的影响比起来，地图的故事是一个微不足道的例子，尽管它以简单的方式说明了包含世界 3 知识客体的宇宙的不完全性。但是到目前为止它尚未说明非决定论。因为实际画到地图中的每一个不同的"最后"笔触在将要画进的笔触的无穷序列内决定了一个被决定的将画进的笔触。然而，只有我们不考虑一切人类知识的可错性（这种可错性在世界 3 的问题、理论和错误中起着相当大的作用），笔触的这种确定性才有效。考虑到这一点，画进我们的地图的这些"最后"笔触都对制图人构成了一个新的问题，画进精确地描绘"最后"笔触的进一步的笔触的问题。由于构成一切人类知识的特点的可错性，这个问题不可能由制图人绝对精确地解决；制图人画到的笔触越小，在原则上不可预测的和不确定的并将不断增大的相对不精确性就越大。这样，地图的故事就表明了影响着客观人类知识的可错性如何成了导致包含作为其本身一部分的人类知识的宇宙本质上的非决定论和开放性的一个因素。

因而，如果它包含人类知识，宇宙必然是开放的；论文，书籍，像本书一样，它们一方面是物质的世界 1 客体，另一方面是难免出错地试图陈述或者描述可错的人类知识的世界 3 客体。

因而我们生活在开放的宇宙之中。在有人类知识之前我们是不能做出这个发现的。但是一旦我们做出了这个发现，就没有理由认为这种开放性完全依赖于人类知识的存在。摒弃一切封闭的宇宙的观点——因果关系上以及概率上封闭的宇宙的观点，因而摒弃拉普拉斯所设想的封闭的宇宙，以及波动力学所设想的封闭的宇宙，这要有道理得多。我们的宇宙是部分因果关系的，部分概率的，部分开放的：它是突现的。相反的观点起因于把我们人为的关于世界 1 的世界 3 理论的性质——尤其是它们所特有的过于简单化——误认作世界 1 本身的性质。我们本可以知道得更清楚。

到目前为止人们还没有提出适当的理由反对我们宇宙的开放性，或者反对全新的事物源源不断地从中突现的事实；到目前为止人们还没有提出适当的理由对人类自由和创造性表示怀疑，这种创造性既受世界 3 的内部结构的激发又受到它的限制。

人无疑是自然的一部分，但是，在创造世界 3 的过程中，他超越了自己和自然，因为它先于他而存在。人类自由诚然是自然的一部分，但是它超越了自然——至少因为它先于人类语言、批评思想和人类知识的突现而存在。

非决定论是不够的：要理解人类自由我们需要的不止这些；我们需要世界 1 对于世界 2 的开放性，世界 2 对于世界 3 的开放性，和世界 3 即人类心灵产物的世界，尤其是人类知识的世界的自律的和内在的开放性。

说明：

波普尔（Karl Raimund Popper，1902–1994），李本正译，范景中校，节选自《开放的宇宙》，中国美术学院出版社 1999 年，第 101–118 页。波普尔是英国科学哲学家、思想家。

阅读思考：

波普尔说的三个世界都指什么？三个世界为什么是开放的或者应当开放？他说的"开放"（open）与中国讲的"改革开放"中的开放是否有直接联系？作为波普尔的学生，索罗斯写过一本《开放社会》有空也可以读一读。

生命的不能还原的结构

波兰尼

假如全人类都绝灭了的话，这不会影响无生物界的规律。但是机器的生产将会停止，并且一直要等到人类重新兴起之后才能再一次制造机器。某些动物能够生产工具，但只有人才能制造机器，机器乃是用无生命的物质所制成的人工制品。

《牛津大辞典》把机器描述为"应用机械力的一种器具，由许多相互关联的部件所组成，每一个部件都有一特定的功用。"例如，它可能是一架缝纫机或印刷机。让我们假定机器的动力是安装在机器之内的，并且可以不必顾及这样的事实，即机器是需要时常更新的。这样我们便可以说：一部机器的制造在于铸成适当形状的部件并把它们装配起来，使它们的联合机械活动能够为一项人类的目的服务。

因此机器的结构和运转是由人造成的，虽然机器的材料和使机器操作的动力仍是服从于无生物界的规律的。我们在制造一部机器并供给它以动力的时候，我们在它的材料方面以及在它的动力方面利用了自然规律的作用来为我们的目的服务。

这种利用并不是不能破坏的；机器的结构，从而它的运转，是可能破坏的。但这并不会影响机器运转所依赖的无生物界的力量，它仅仅把这些力量在机器损坏之前从施加它们的限制中解放出来。

所以整个机器的运转受着两种不同原理的支配。较高的原理为机器设计，它利用了机器所依赖的由理化过程所组成的较低级原理。我们通常在进行一项实验时，就做成这样一种具有两个水平的结构；但是在制造一架机器同配备一项实验之间是有区别的。实验者对于自然加以限制，以便在这种限制下，观察自然的活动，而一个机器制造者限制自然，是为了利用它的功能。而我们可以从物理学中借用一个术语，并把上述两种对于自然有益的限制，描写为用边界条件强加于物理与化学规律之上。

让我对此加以申述。我已经举出了两类边界的例子。在机器方面，我们主要的兴趣是在边界的效应上，而在实验设备方面，我们的兴趣则在于由边界所控制的自然过程上。关于两类的边界，都有许多常见的例子。当一只小锅子成为我们煮汤的边界时，我们所关心的是汤；而同样地，当我们观察在一试验管中的反应时，我们所研究的是反应而不是那试验管。拿一盘棋来说，情况正好相反。下棋的人按照下棋的规则用边界强加在好几着棋子的走动上面，但是我们感兴趣的是在边界上，也就是在着棋的战略上，而不是在体现下棋法则的几个棋子的走动上。同样，当一个雕刻家雕刻一石像或者一个画家绘出一幅图画的时候，我们的兴趣是在强加在材料的边界上而不是在材料本身上。

我们说，可以区分两类的边界：第一类代表试验管类型的边界，而第二类则是机器的类型。我们有时可以转移我们的注意，从一种类型的边界改变为另一种类型的边界。

一切通信都形成一种机器类型的边界，并且这些边界又形成一整个连续活动水平的等级体系。一个词汇对发出讲话的声音给以边界条件，一个语法利用字以造成句子，而句子则形成传达信息的一篇文体。在所有这些阶段上，我们所关心的都是由一广泛的限制力量所强加的边界，而不是为它们所利用的原理。

活的机体同机器归在一类

从机器我们转到生物上面去，并且要记住动物能机械地到处移动，它们具有许多内部器官如同机器的部件那样地发生功能，维持着有机体的生命，很像一架机器的各个部件发生正常机能，以使机器运转一样.

在过去好几个世纪里，生命的作用被比作机器的运转，而生理学则企图把有机体解释为一复杂的机械结构网。器官因而是根据其维持生命的机能而下定义的。

有机体的任何组成部分对于生理学实在是迷惑不解的——并且对于病理学也是没有意义的——直到人们发现这个部分对于有机体有利时才理解。我可以再说一句：这样一个系统用任何物理化学的局部图解加以说明都是没有意义的，除非这种说法在事实上隐约地可以使人想起这个系统的生理学解释的话——正像除非我们能猜想到机器是怎样和为什么目的运转的话，关于一架机器的局部图解是毫无意义的一样。

这样看来，有机体当作像一架机器一样按照两种不同原理而操作的系统：它的结构充当边界条件，利用理化过程使各个器官实现其功能。所以，这个系统可以叫做一个在双重控制下的系统。形态发生，即生物的结构借以发育的过程，因此，可以比作一架机器的造成，这架机器对于无生物界的规律起着边界作用。因为正像这些规律为机器服务一样，这些规律也为发育的有机体服务。

边界条件对于它所制约的过程始终是外来的。在伽利略把球体滚下斜坡的实验中，斜坡的角度不是从力学的法则中推衍出来的，而是由伽利略所选定的。也正像这种斜坡的选定对于力学的法则是外来的一样，试验管的形状和制造对于化学的法则也是外来的。

对于像机器那样的边界也是如此；机器的结构不能用机器所利用的规律来规定。一个词语也不能决定一篇文体的内容，依此类推。因此，假如生物的结构是一组边界条件的话，这个结构对于有机体所利用的物理和化学的规律是外来的。所以，生物的形态是超越在物理与化学的规律之上的。

DNA 的信息发生机制

但是机器的部件同生命机能器官之间的类比，由于这一事实而减弱了，即器官并不是如同机器部件那样是由人工造成的。因此，我们用储存在 DNA 里的信息传递原理来说明形态发生过程，如华生和克里克在这意义上所作的解释将是有益的。

据说一个 DNA 分子代表一个密码——也就是许多细目的线性序列，这种细目的排列乃是密码所传递的信息。在 DNA 的情况下，序列的每一个细目由四个可以互换的有机碱基之一所组成[1]。假如四个有机碱基具有同等概率以形成序列里任何一个特定细目的话，这样一个密码将传递最大量的信息。在四个可互换的碱基的接合上如果出现任何差异，无论是在序列的同一点上或是在序列的两点之间，都会使序列所传递的信息降低到理想的最大量之下。我们知道，DNA 的信息内容，实际上由于多余度而有某种程度的减少，但是我在这里接受了华生与克里克的假说，认为这种多余度不会妨碍 DNA 作为一个密码而有效地发生作用。为了简略起见，我因而不管 DNA 密码中的多余度而把它当作似乎是最适宜地发生它的作用，它的可以互换的碱基的接合都有相同概率的发生。

让我们弄清楚在相反的情况下将会发生些什么。假定一个 DNA 分子的实际结构乃是由于这个事实即它的碱基的接合比碱基任何其他分配的接合要强有力得多，那么这样一个 DNA 分子将会没有信息内容。它的像密码的性状会由于一个压倒一切的多余度被消失了。

我们可以注意到：对于一个普通的化学分子，实际情况就是如此。因为它的有秩序的结构是由于最大量的稳定性而产生的，相应于一个最小量

---

[1] 更加精确地说，每一个细目为四个可互换物中之一所组成，而这些互换物则为在两个位置上的两个不同的有机化合物碱基所组成。——作者

的位能，它的有序性便缺乏了作为一密码而发生作用的能力。原子样板形成晶体是复杂次序之另一个没有可观的信息内容的例子。

有一种的稳定性常常对抗着一个位能的稳定力量。当一种液体蒸发时，可以理解为熵的增加，伴有它的分子的扩散。我们对于这种扩散的趋势加上位能的力量，加以考虑，但对于位能极度下降或者低温或两者都有的情况下，这种改正是微不足道的。为了简化起见，我们可以不管它，而承认：由化学结合的稳定性所造成的化学结构，没有可以感到的信息内容。

从现在的进化学说角度来看，我们必须把 DNA 的密码般的结构假设为由于自然选择所造成的偶然性变异的结果所产生。但是这个进化观点在这里是没有关系的；不管一个 DNA 构型的起源如何，只有假定它的次序不是由于位能力量所产生的情况下，它才可能起着一个密码的作用。它在物理上的不确定，正像一页印字的纸张上字的次序的不确定一样。如同一页印字纸张的排列对于一页印字纸张的化学是外加的一样，在一个 DNA 分子中碱基的序列对于 DNA 分子中所进行的化学力量也是外加的。就是这个序列的物理上的不确定性，产生了任何特定序列发生的非概率性，从而使它具有一个意义——一个等同于排列之数值上的非概率性而有一数学上确定内容的意义。

DNA 起着一张蓝图的作用

但还有一个值得考虑的基本点。一页印刷纸张可能仅仅是一堆的字体，这样它便没有信息内容。因此非概率性的计算产生了一页纸张的可能的而不是实际的信息内容。这也适用于属于一个 DNA 分子的信息内容；碱基的序列，只有当我们同意华生与克里克的说法而假定这个排列由于赋予它以它自己的信息内容而产生了后代的结构时，才被认为是有意义的。

这最后把我们带回到在我企图分析 DNA 的信息内容时的论点上了，

由 DNA 所控制的形态发生，能不能比作工程师关于一架机器的设计和制造呢？我们已经看到：生理学把有机体解释为一个复杂的机械结构网，并且已经看到：一个有机体，像一架机器一样，是一个在双重控制下的系统。它的结构是一个边界条件的结构，利用有机体内部的理化物质以服从生理机能的需要。因此，在产生一个有机体的时候，DNA 开始了并控制了一个机构的生长，这个机构将作为在一个系统之内的边界条件在双重控制下进行工作。

而我可以附加说一句：DNA 本身就是这样一个系统，因为每一个传递信息的系统都在双重控制之下，而每一个这样的系统，为了传递它的信息服务，限制并命令了否则便会处于无秩序状态的大量细目，从而起着一边界条件的作用。在有 DNA 的情况下，这边界条件便是生长中有机体的一张蓝图[1]。

我们可以下这样的结论：在每一个胚胎细胞中，存在 DNA 分子的一个复本，它的碱基作线性排列——这种排列不依赖于 DNA 分子内部的化学力量，却负载着大量有意义的信息。而且我们看到：当这些信息在形成一个生长中的胚胎的时候，它在它里面产生了边界条件，这些边界条件本身不依赖于它们所根据的理化力量，而却控制着已经发育的有机体的生命机制。

阐明这种传递乃是今天生物学家的一项主要任务，后面我将回到这点上来。

在这里发生了若干附带的问题

我们在上文已经讲到，边界条件引进了不能用物理或化学公式形成无

---

[1] 一特定接合子的 DNA 分子所担负的蓝图，也规定了这个有机体的各个的特征，这些特征对于选择性进化的起源作出贡献，但是我在这里对于这些特征将撇开不谈。——作者

生命的人造物及生物的原理；我们也讲到了边界条件对于一页印字纸张中或 DNA 中的信息内容是必要的，并且边界条件把力学原理引进到机器中去，也引进到生命的机制中去。

让我现在加以说明：由宇宙历史所造成的无生物系统的边界条件可以在地质、地理和天文中找到，但这些并不形成双重控制的系统。在这方面，它们与我上述试验管类型的边界相类似。因此，在机器以及在活的机体中存在双重控制，一方面代表了机器与生物之间的不连续性，另一方面代表了机器与非生物界的不连续性，从而机器和活的机体都不能还原为物理与化学的规律。

不能还原性不要仅仅与这样一个事实等同起来，即部分与部分的联合可能产生在个别部分中所观察不到的特点。太阳为一球体，而太阳的各个部分则并不是球体，引力的法则也谈不到球体，但引力之间的相互作用却使太阳各部分形成球体。这种全体论的例子在物理与化学中是常见的。它们常常被说成是代表着向生物的一个过渡，但是事实并不是如此，因为它们是可以还原为无生物的规律的，而对有生物则不能。

但在生命与无生物界之间的确存在多少不同的连续性，生命开始与它的纯粹物理化学的先行者，并没有显著的差异。我们如果想到无生命的人造物的类似情况的话，便可以把这种连续性同生物的不能还原性调和起来。举机器的不能还原性为例：没有一个动物能够制造机器，但有些动物能制造原始的工具，并且它们对于这些工具的使用，很难同动物的仅仅使用手足区别开来。或者举一组传达信息的声音为例：这组声音可能被噪音掩盖到这样的程度以至于人们不再能辨认出声音的存在了。于是我们可以说由一个系统的边界条件所行使的控制，可以逐渐减少到消失点。一个较高的原理，对于在一个双重控制下的系统的效应，可以有一直下降到零度的任何数值，这个事实可以使我们对于在生命起源里面连续地涌现出不能还原的原理来，也产生了同样的想法。

我们现在可以认识到附加的不能还原的原理了

机器和印成文字的通信之不能还原性也告诉我们：由不能还原的边界条件对一个系统的控制，并不妨碍物理与化学规律。一个在双重控制下的系统，为了它的较高原理的运用，实际上依赖于一较低水平的原理，例如物理与化学规律的作用。不能还原的较高原理，对于物理与化学的规律乃是附加的。机械工程的原理，信息通信的原理，以及与此相当的生物学的原理，都是附加的。

但是把这种附加的控制原理的发生，转交给进化上的选择过程，存在着严重的困难。在成长中的胚胎里，通过把包含在 DNA 中的信息传递给它而使边界条件的产生，提出了一个问题。一张蓝图发展成为它所描绘的一架复杂机器，似乎需要一种不能用物理与化学来规定的原因系统，这些原因，对于 DNA 的边界条件以及 DNA 所产生的形态结构，都是附加的。

沿着 DNA 指导路线造成身体结构的缺失原理，可以用杜里舒在海胆胚胎试验中发现的有深远的再生能力加以例解，以及保尔·威斯发现的完全离散的胚胎细胞，当合成一团时，会生长成为器官部段（那些细胞原来是从这器官中分离出来的）来说明 [1]。我们在这里看到了一种整合力在发生作用，斯佩门和保尔·威斯把它说成是一个"场" [2]，指导胚胎部段生长，以形成它们在胚胎学上称谓的形态特征。对形态发生的向导沃丁顿用"渐成的景色"的说法给以正式表达。他们象征地说，胚胎的成长是由潜在形

---

[1] 见 P·威斯：《美国自然科学会刊》1956 年第 42、819 页。——作者

[2] "场"的概念最初为斯佩门所使用（1921 年）以描述组织者；P·威斯（1923 年）采用了它对于再生的研究并把它扩充（1926 年）以包括个体发生。见 P·威斯：《发育的原理》1939 年版，第 290 页。——作者

式的阶梯所控制，很像一个重的物体的运动是由位能的阶梯所控制的一样。

我们要记住杜里舒和他的支持者是怎样为了生命是超越在物理与化学之上的认识作斗争的，他认为在海胆胚胎中再生的能力不能用机器般的结构所说明，并且我们要记住，在那些主张调节性（"等能的"或"机体的"）整合作用不能还原为任何机器般的机制，从而也不能还原为无生物界的规律的人们之间的争论，是怎样沿着相同的路线继续下去的。现在假使像我所主张的那样，机器和活体的机制过程本身不能还原为物理与化学的话，情况就改变了。如果机器的和机体二者的解释都同样不能还原为物理与化学的话，对有机体过程的认识，不再单独担负着作为生物不能还原性证据的责任。一旦指导着再生作用与形态发育的"场"一般的力量可以不牵涉这个重大争端而被认识了的时候，我想关于它们的证据将会是令人信服的。

除了形态机构方面不能还原原理的证据之外，在我们自己所体验的以及我们在高等动物里所间接观察到的感知性能中，也存在不能还原原理的证据。大多数生物学家把这些事情撇开一边，认为是没有裨益的考虑。但是在其他根据上，我们一旦认识了生命是超越在物理与化学之上的时候，我们便又没有理由去暂不承认这样一个明显的事实，即意识是从根本上不仅超越在物理与化学之上的，而且也是超越在生物的机制原理之上的一个原理。

生物界的等级体制为一系列的边界条件所组成

边界条件的理论把生命的较高水平认为是形成一个等级体制，它的每一个水平都依赖于在它下面水平的原理而发生它的作用，虽然它本身是不能还原为这些较低原理的。我将用语言构成一篇文体是怎样由五个水平所组成的例子，来说明这样一个等级结构。

最低的水平是一个发音；其次，说出各个字来；其三，把字联接成句子；其四，将句子组成一体裁；其五，也即是最高的，作成文体。

每一个水平的原理在由次一个较高水平的控制下发生作用。你所发出的声音藉词汇造成字；某一个词汇根据语法造成句子；而句子则形成一体裁用以表达文体的意思。因此，每一水平都受着双重的控制：第一种控制依据应用于其本身各个元素的规律；第二种控制则依据由这些元素组成完整体的控制力量的规律。

这样的多重控制由于这个事实而成为可能，即关于一较低水平的各个细目的控制原则，留下了被一个较高原则所控制的不限定的条件。声音的发生，使得由词汇所控制的声音成为字的组合大留余地。其次，一个词汇使得由语法所控制的字形成句子的组合大留余地，如此等等。因此，一个较高水平的作用，不能用控制下一较低水平各个细目的规律来说明。你不能从语音里得出词汇来，你也不能从词汇里得出语法来；语法的正确使用不能说明优美的文字体裁；一个优美的文字体裁也不能提供一篇散文的内容。

生物界包含一整个系列的水平，形成这样一个等级体制，在最低级水平上的过程，起因于无生物界的规律，而较高级水平则自始至终支配着由无生物界规律所留下的边界条件。最低的生命机能称为植物性机能。这些维持着最低水平生命的植物性机能，无论在植物或在动物内，都留下了产生较高机能的余地，并在动物里也留下了肌肉活动操作的余地。其次，支配着动物肌肉活动的原理则又留有余地使这种活动整合成为先天固有的行为模式；这种行为模式接下来又为形成智慧留有余地；而智慧本身则在人类可用作更高原则的服务选择。

每一个水平的运用，依赖于在它下面的所有的水平。每一个水平由于以一边界强加在它之上而缩小了直接在它下面水平的范围，这一边界利用了它，以为其次一个较高水平服务，这种的控制一层一层地传下去，一直达到基底的非生物的水平。

附加在非生物领域上面的原理乃是进化的产物，其最原始的阶段仅仅

B
卷

表现植物性机能。这个进化的渐进过程常常被描述为使机体状态不依赖于其环境之一种不断增长的复杂性和不断增长的能力。但如果大家像我一样接受这样一种观点，认为生物界形成等级体制，其中每一个较高水平代表能利用在它下面水平的各自不同的原理（而它本身却不能还原为它的较低级原理）的话，那么进化的次序便获得了一个新的更深的意义。于是我们就可以认识到一个严格划分的渐进过程，从非生物的水平上升到永远较高的生命的附加原理。

这并不是说在进化的早期阶段是完全没有生命的较高水平的。生命的较高水平可能远远在它们变成显著的之前，就已有痕迹存在了。因此可以把进化看作是生命的较高原理之一种渐进性加强。这就是我们在胚胎的发育中以及在儿童的成长中所看到的与进化相类似的过程。

但是这种原理的等级体制又一次地产生了严重的困难。似乎不能想象：在每一阶段上更进一步地超越了非生物界规律之上的较高级原理的次序，是在 DNA 中起初就存在的，并且准备给它传递给后代。一张蓝图的构思，不能说明像意识那样的能力的传达意识是任何机器所不能有的。这好比讲一章感官生理学去使一个先天的盲人懂得视觉能力一样。因此，看来似乎 DNA 唤起了较高水平的个体发生而不是决定了这些较高水平。从这里我们可以推定：我在此解说的那种等级体制的出现，只能为原子的或分子的意外事件所唤起，而不能为它们所决定。但是这个问题我们不能在这里讨论。

了解一个等级体制需要"离开——对着"的概念

我在上文已经说过：机械论对原子论的超越反映在这个事实里，即一部机器结构的存在，不能用它的物理化学的局部图解来揭露。关于一切的较高水平，我们可以说情况也是如此：用任何低级水平的字眼不能说明较高水平的存在。我们通常可以用分析一个较高水平的办法来下降到一较低水平的成分上，但是相反的过程却包括了对较高水平原理的一种综合，而这样的综合可能是超出我们的能力之外的。

在实际中我们可以避免这种的困难。举一常见的例子，假定我们反复念某一个字，密切注意着我们所发出的声音，直至这些声音对于我们失去了它们的意义；通过唤起那个字通常被使用的上下文，我们可以立即重新知道它的意义。为了加深我们对于含有两个或两个以上水平的复杂东西的了解，我们事实上通常使用了接一连二的分析与综合活动。

然而两个连贯的水平之间严格的逻辑上的差别依然存在。你可能看一个你所不懂的语言文体，并且看到造成这文体的一个个的字而觉识不到它的意义，但是你不可能读一篇文体而看不见表达它意义的一个个的字。这表示我们对于觉识到文体可以有两种不同的和相互排斥的途径。当我们见到许多字而不懂得它们的时候，我们是将注意力集中在这些字的上面，而当我们读那些字的时候，我们的注意是针对它们作为语言一部分的字的意义上。在我们注意着这些字的意义的时候，我们仅仅是附带地觉识到那些字而已。因此在第一种情况下，我们看到了字，而在第二种情况下，我们所看到的是离开了这些字而对着它们的意义；一篇文字的读者关于许多字的意义有一种离开——对着的知识，而他对于他正在阅读的许多字则只有一种离开的觉识。假如他能够转移他的注意完全朝向字上面去的话，这些字对于他将会失去它们的语言学上的意义。

因此，利用着一较低水平原理为一新的较高水平服务的边界条件，在两级水平之间建立了一种语义学上的关系。较高水平包含着较低水平的作用，从而形成了较低水平的意义。当我们从一个阶段向上移至另一阶段的时候，我们关于整个等级体制大厦的了解，便一步一步地加深了。

边界的序列与我们的科学观有关

对于不能还原的原理整个序列的认识，改变了了解生物界的逻辑步骤。伽利略和加桑第认为一切事物必须最后根据运动中的物质来理解的想法，现在被否定了。形成宇宙实质基础之自然物质的奇相，被发现为几乎是空虚无意义了。按照拉普拉斯的说法，原子微粒（连同它们的速度和力量）在宇宙间的分布状况，提供了我们关于一切事物的普遍知识，人们却看到它几乎不包含任何一点有趣的知识。在发现了 DNA 之后人们所扬言的关于一切生命的研究都可以最终归结为分子生物学，又一次地表明拉普拉斯式的普遍知识仍然是自然科学理论的理想；当前对于这些说法的反对往往似乎证实了这种理想，为对整个有机体的研究作辩护，认为这仅仅是一条暂时的途径。但是现在关于生物界等级体制的分析表明：把这个等级体制还原为最终的细目，乃是把我们自己对于它的看法都消灭了。这样的分析证明这一个理想既是虚假的，又是有害的。

每一个个别存在的水平当然本身是饶有兴趣的而且是本身可以被研究的。现象学告诉了我们这一点，它表明了怎样不试图用更加可以捉摸的东西去解释那较高的、较为不可捉摸的经验水平（后者的存在乃是生根于前者之中的）来给以挽救。这个方法旨在防止把人的心理存在还原为机械的结构。这个方法的成果是丰富的而且仍在川流不息着，但是现象学却留下了精密科学的理想而未能加以接触，从而达不到它所宣称的排除的目的。因此，现象学的研究依然悬挂在还原论的深渊之上，并且，却完全看不见较高原理对于它们生根于其中的最低水平作用的关系了。

我已提到了怎样必须研究由一系列边界条件所控制的等级体制。当我们考查任何一个较高水平的时候，我们必须连带地意识到它在较低水平的基础，并且在把我们的注意转向后者的时候，我们必须继续把它们看作是与在它上面的水平有关的。像这样把细分和综合交替进行显然会发生许多危险。细分可能会导致腐儒式的言过其实，而太广泛的综合可能给我们产生一种海阔天空的漫谈印象。但划分层次的原理确实对于生物与人类思想产物的探讨至少会提供一个合理的构架。

我已经说过：从较高水平向下分析到它们的附属物，在某种程度上常常是可行的，而把一较低水平的各个项目进行综合以便预料其在一较高内容上的意义，可能是超出了我们的综合能力范围之外。现在我可以附加地说，同一事物，当从一点上观察时可以看成是具有一联合意义的，但从另一点上观察时则可以看成是没有这种联系的。从飞机上我们可以看见史前时期遗址的痕迹，这些遗址的痕迹许多世纪以来都未曾被行走在上面的人们所注意；事实上，当飞行员一着陆地之后，他本人可能会再也看不见这些痕迹了。

心与身的关系具有一种类似的结构。心与身的问题是由一个人在观察外界物体（例如一只猫）时所产生的经验，同一个神经生理学家观察那个人用来看见猫的生理机制时两者之间的分歧所引起的。分歧是由于这个事实而产生的：即观察猫的那个人有关于为他的感官内的光所引起的生理反应之一种离开——知识，而这个离开——知识把这些生理反应的联合意义综合起来，以形成关于猫的视像；而那神经生理学家在从外面观察这些生理反应的时候，只有关于这些反应的一种对着——知识，它本身并不综合而形成猫的视像。这种二重性同样存在于飞行员与行人之间，在解释同一痕迹的时候，并且对于一个人在阅读一书写的句子而看到它的意义时，同另一个人不懂得这语言而仅仅看到字体时，两者之间也同样存在这种二重性。

意识到心和身，因此对我们提出了两个不同的东西。心利用了神经生理机制而不是为神经生理机制所决定。由于存在两种的意识——即中心的和附带的——我们现在可以明显地区分：作为一个"离开——对着"经验的心，同被集中地看成是一种生理机制的这种经验的附带物了。于是我们可以看到：心虽然扎根在身体之内，但是在心的活动上则是自由的，完全像我们的常识所了解的自由一样。

心本身包括向上升级的原理序列。它的情欲的与理智的作用被责任感的原理所超越。因此我们把一个人的成长到他的最高级水平看成是循着一个不断上升的原理序列而发生的。并且，我们把这种进化的等级体制看作是由一系列的边界所造成，每一个边界为利用其下的层次以达到较高成就铺平道路，而它们本身则不能还原为在它下面的层次的。这些边界控制着一不断上升的关系序列，我们只能附带地意识到它的组成部分而了解它，这些组成部分是同它们所服务的较高水平有关的。

对于某种绝对不可能的认识，奠定了物理与化学的某些重大原理的基础；同样地，对于依据物理与化学了解生物之不可能性的认识，远远并不对于我们了解生命现象设置了障碍，而将会指导它以正确的方向。即使表明这种不可能性对于追求新的发现会证明是没有多大好处的话，这样的表明却会帮助我们去描绘出，比目前生物学的基本概念所给予我们的，更为真实的关于生命和人类的图像来。

说明：

波兰尼（Michael Polanyi, 1891—1976）著，胡寄南译，刘咸校，节选自《外国自然科学哲学摘译》1975 年第 2 期，第 104—119 页。译自美国《科学》杂志 1968 年第 160 卷第 3834 期。波兰尼是英国科学社会学家、思想家，《个人知识》的作者。

阅读思考：

为什么说"生物的形态是超越在物理与化学的规律之上的"？科学还原能解决什么、不能解决什么？当还原论者不断吹嘘自己的胜利时，反还原论者能做什么？

第四章

万物竞争与共生

《物种起源》阐述的演化论不但影响了近代生物学的走向，还深深影响了普通人及政治家对自然、对人生的一般看法。科学史家常将"达尔文革命"与"哥白尼革命"并称。

　　常识和书籍告诉人们，世界在演化、生物在进化。其实"演化"与"进化"在英文中是一个词 evolution（源于拉丁文 evolutio，原意是"展开"），"进化"一词听起来好像有上升、进步之意。但是达尔文进化论没有讲生物的进化就是进步（那主要是 19 世纪学者对达尔文进化论的误解以及赫伯特·斯宾塞等人的推广所造成的印象），从原始细菌、三叶虫、菊石到恐龙、猿猴、智人的序列呈现也不真的意味着进化有方向性。许多教科书和词典对进化（演化）的解释都过分简化甚至有曲解。

　　演化是一个事实，但关于演化有许多理论模型。达尔文是有史以来最重要的演化论科学家之一，这是没有问题的。去掉"之一"字样似乎也不过分，但他绝对不是唯一的演化论思想家，在他之前和之后都有相当多有特色的演化论学者，如布丰、拉马克、居维叶、海克尔、迈尔、杜布赞斯基、费舍尔、霍尔丹、辛普森、木村资生、埃尔德里奇、马古利斯、古尔德、道金斯、威尔逊等，演化论本身一百多年来一直在演化。特别是演化论的基础是在达尔文之后许久才逐渐奠定的。自然选择是一项天才的概括，一项与基督教传统出入很大的创见。但自然选择的基础、机制，在达尔文时代没有人搞得清楚。半个多世纪后随着孟德尔遗传学、基因理论的确立及再后来的分子生物学的大发展，达尔文意义上的演化论"演化"成"现代综合理论"，终于成为生物学的一个几乎不可动摇的框架、背景。从1859 年到 20 世纪初，虽然社会上多数人理解的演化论并不是达尔文意义上的演化论（基本上是前达尔文演化论），但这并没有妨碍它以达尔文的名义传播。达尔文的"斗犬"赫胥黎传播的竟然也不是正宗的达尔文演化论，虽然他曾说："为了自然选择的原理，我准备接受火刑，如果必要的话。"

自然写作读本

如果历史允许做假设，我们不妨大胆地假想一下：

（1）假如博物学家华莱士没有向达尔文写信述说自己的发现，达尔文很可能不急于发表《物种起源》。

（2）假如人们并没有误解达尔文的原意，假如世上也从来没有产生过社会达尔文主义，那么近代史是否会是完全不同的景象？

（3）假如圣雄甘地的仁爱、非暴力哲学很早就流行于世界政坛，地球上如今会有这么多仇恨和战火吗？

这种"反事实句"式的思考方式，也许会突出"达尔文的危险观念"（美国著名哲学家丹尼特的一部获奖图书的名字）的巨大作用。

在演化论或演化生物学的总题目下，科学家通过细致观察和推理，无数鲜为人知的生命体之间合作与斗争的故事、画面被展现出来，生命世界与非生命世界、生命世界之间、不同物种之间以及同物种之间，都广泛存在协同与竞争的复杂关系。

据说，在过去几乎总是由于片面宣传的缘故，斗争、竞争这一维度被过分强调，而合作、协同这一维度无足轻重，也没能令读者留下任何深刻印象。不过，也有人指出，达尔文的生存斗争科学理论，正好由于适应了资本主义上升时期社会的残酷竞争的大背景而得以确立、传播、被认可。于是，在科学演化论的名义之下出现邪恶的优生学和种族优胜理论，也就不奇怪了。

时至今日，演化论仍然是一个活跃的、充满争论的研究领域。达尔文开创的自然主义进化道路是正确的，但达尔文的具体论述则是可以更改的。唯达尔文是瞻，或者完全否定达尔文，都是不明智的。

女科学家马古利斯是当代最有创造力和思想深度的学者之一，她的理论早先也被视为异端，但现在已经写入大学甚至中学课本，成为标准的科学理论。她与儿子多利昂·萨根对"共生"理念进行了多方面的解释和宣传，但仍然没有在大众话语中扎根。"共生"也许比竞争更重要更基本。如果"共生"更早一些成为演化论的关键词之一，也许社会达尔文主义完全是另一番样子。

博物学家法布尔著有《昆虫记》，所选"本能的无知"一文也许会让读者通过飞蝗泥蜂的无知而思索我们人类作为一个物种 Homo sapiens（人这个物种的学名）可能具有的局限性，无论如何人这个物种不可能是完美的。通过复杂的理论论证，这一判断可能不具有感染力，所以编者没有那样做。

转基因技术可能严重改变自然界的演化过程，关于 GMO（基因修饰生命）目前存在许多争论。关于转基因作物的安全性检验所依据的"实质等同原则"，也不是不可以质疑的。没人确切知道现代生物技术对进化历程的严重干预结果意味着什么。

利奥波德是最伟大的生态学家、思想家、文学家，但是在其生前和去世后多年的时间里，人们并没有真正理解他的思想。他的《沙乡年鉴》（或译成《沙郡岁月》）入选《纽约时报》公共图书馆"世纪之书"人文类十大必读好书，一点不过分。

生命的产生如此之快

布朗

一位美国科学家在澳大利亚发现的微生物化石证明，早在 34.85 亿年前，地球上的生命已经有了大量的繁衍，而且品种很多，这就使得生命发生的期间变得比以往的估计要短得多。这些微生物属于 11 个不同的种类，比现有的任何一种化石生物都要早上 13 亿年。这个事实戏剧性地缩短了生命在地球上自然孕育的时间，而且使人们更加关注生命起源于外星来客的假说。

不管怎样，新发现已经促使人们重新审视早期地球上的物种进化速度。

在《科学》杂志的一篇报告中，美国加利福尼亚大学的 J·威廉·索普博士描述了在澳大利亚西北部一片少见的岩石中发现的 11 种不同微生物标本。在显微镜下可见的化石处在很小的矿物颗粒中，那些矿物颗粒又包裹在 34.85 亿年前形成的另一种岩石中，这是科学家们业已鉴别了的。

几乎可以断定，那些包裹着化石的矿物颗粒要比它们外面的岩石还要古老，然而索普博士还不能判断出这些颗粒到底比那些岩石古老多久。

这批在澳大利亚发现的化石都是单细胞生物，在显微镜下呈不足 1% 英寸长的细丝状。索普博士说，它们像虫子似的形状与某些现代细菌和蓝藻细菌的形状相似，而蓝藻细菌是最原始的具有光合能力的生物。

光合作用是大多数植物赖以获得能量的途径，在光合过程中，太阳能的用途是把空气和水中所含的二氧化碳合成为植物所需的碳水化合物和其他复合营养物质。

这些被发现的地球生命先驱很可能是建立种系的祖先，经过了几十亿年后，这些种系便造成了植物和动物，包括我们人类。由于这些细菌同现在的蓝藻细菌形体相似，所以索普博士相信，它们大概已经具备了光合能力，以此作为能量来源。果真如此的话，从如此有限的进化时间来看，那可真是了不起的大成就哩。

虽说对地球年龄的计算尚有分歧，但许多科学家认为，地球结构达到稳定的时间，是在大约46亿年前。

科学家们都晓得，与地球同时形成的月亮曾经在太阳系的幼年时期里遭到过威力巨大的流星的撞击，地球肯定也遭受过同样的打击。所以，即使在那个时期里生命曾经存在过，那也会很快在可怕的流星撞击下灭绝的。

有许多地质学家认为，在大约39亿年前，即流星轰击的火力减弱以前，生命是不可能在地球上站住脚的。所以，科学家们只能把细胞从原始地球表面的化学物质中化育而出的期间确定在15亿年以内。新近的发现更加缩短了这一期间，就是说，只有5亿年。

"在如此久远的年代里，生命就达到了如此复杂和多样的发展水平，确实令人惊叹不止"，索普博士说，"但我不认为生物学家会长久地对此感到惊讶。"

大多数科学家都相信，陆上生命起源于地球本身，就是说，是以某种仍在探讨中的机制，从氨基酸和其他碳化物质的简单合成物中起源的。但少数科学家却认为，由于地球外的星系或宇宙中某处的生命以孢子或单细胞体的形式飞临地球，才造成了地球上的生命现象。

如果生命果真来自地球之外，那么进化出像澳大利亚岩石上的微生物那样的东西就用不了很长的时间。而且，随着地球的变冷，更加高级的生物就会很快出现在地球上。

坚持"有生源论"的人们把地球的生命看作是生物体以星际微生物的形式进入地球造成的，弗莱德·霍伊尔爵士，一位英国理论家，圣迭戈的绍克学院的弗兰西斯·克里克博士，DNA分子形状的共同发现者，以及莱斯利·奥吉尔博士，萨克学院的英裔化学家，都是这一理论的倡导者。

不过奥奇尔博士在一次采访中说，不一定非要用"有生源论"来解释澳大利亚化石所证明的早期微生物在地球上出现的事实。

"我对索普博士的发现并不感到十分惊奇，我也不相信在生命出现后，进化出那样的微生物需要很长的时期，"奥奇尔博士说，"同时，我从不断言生命起源于星外某处，这只不过是一种可供思考的建议而已。"

克里克博士则设想，外星的智能生物既然晓得从简单的化学物质中产生生命是极其困难的，就会把生命力极强的生物如孢子或细菌等传播到星河中去，因为这些生物能在几十亿年的星际旅行中保持着活力。

索普博士说过，困难的是找到极古老的岩石，因为那些岩石大多被推向了群山之巅，然后又在悠久的岁月中风化掉了。在这个过程中，那些裹藏其中的化石也就毁掉了。

太古代或前寒武纪的岩石极为稀少，只是在最近，人们才从中找到生物化石。索普博士相信，早期的地球虽然没有化石记录下来的生命迹象，却不等于没有生命，只不过多数化石在地质变迁的过程中被毁掉了而已。

说明：

布朗（Malcolm W. Brown，生年不详）著，赵沛林译，节选自《千古魔镜：化石》，长春出版社 2001 年，第 4–7 页。原文写于 1993 年 4 月。布朗为《纽约时报》记者。

阅读思考：

此文并没有报道耸人听闻的科技进展，就内容而言可以说"很平常"，但细品，它包含的信息量还是很大的，而且对学术观点的报道比较平衡、留有余地。我们国家的主流报纸会这样轻松地介绍自然科学进展吗？如何能培养布朗这样的写手以及哪里可以找到支持他的主编？

B
卷

自私的群落

里德雷

现在，逐渐出现了一种对人类社会的全新的解释。人类社会的典型特征之一就是协作，这种协作并非是近亲之间的协作，不是出于互惠互利的目的，也并不是遵守某种道德规范的约束，而是出于"种群优胜劣汰的自然规则"——协作的团体能够兴旺发达、繁衍不息，自私自利的团体则走向衰亡。团结协作的社会以牺牲其他团体为代价得以生存下来。优胜劣汰的自然法则并不在单个个体之间发生作用，而往往针对整个群体或部落。

对于大多数人类学家来说，这并不是一个新奇的概念。人类学多年来一直关注人类的文化现象，并坚持认为所有的文化都围绕一个直接的目的——维持并促进群体、部落或社会的团结与统一。人类学家习惯于从整体的利益出发来诠释人类的各种礼仪和日常行为方式，他们几乎忽视了个体的存在。尽管生物学家历来对种群间的自然选择法则嗤之以鼻，而人类学家却对此视而不见，照样我行我素。种群间的优胜劣汰竞争规则因此成为空中楼阁。直到 20 世纪 60 年代，大多数生物学家如同人类学家一样开始对种群间的自然选择规则津津乐道，他们认为只有符合整个群体利益的特质才能通过优胜劣汰的进化法则得以延续。然而，如果有一些行为符合种群的利益，但与个体的利益相抵触，会产生什么后果呢？换一句话说，处于困境的囚犯会如何行动呢？我们知道会发生什么情况。个体的私欲总是来势汹汹。任何大公无私的群体终将永久地被个体成员的私欲所吞没直至毁灭。

以秃鼻乌鸦为例，这种呱呱鸣叫的鸟类遍布整个亚洲和欧洲，它们喜爱群居，在草原上寻找蛆虫一类的食物，并以此为生。春天到来时它们则聚集一处，用树枝在高大的树木上筑成巢穴，在各自的群体中生儿育女。

这种乌鸦数量众多，是典型的群居动物。它们从早到晚聒噪不已，相互吵闹争斗，游玩嬉戏或谈情说爱。呱呱的叫声终日不绝于耳，令人烦躁。有人将这种乌鸦群戏称为议会。20 世纪 60 年代的时候，一位生物学家试图描述秃鼻乌鸦以及其他鸟类群栖的生活方式。这并不是要将乌鸦的群体数简单相加，而是把它们作为一个整体来研究。维罗·维恩·爱德华认为，乌鸦聚集在一起的目的是为了对自己种群的密集度有一个大致的了解，并据此调整自己来年的生育行为，以控制群内个体的数量。如果个体数量众多，群体就会减少产卵的数量，从而避免马尔萨斯论述中集体挨饿的厄运。"个体的利益总是服从集体的利益"。乌鸦的竞争在群体间展开，而并不是在个体间进行。

从经验论的观点看，维恩·爱德华提出的看法可能是对的。种群的密度太大，则产卵的数量相对就会减少。但是爱德华得出的理由和这两者间的关系并不吻合。另一位鸟类学家大卫·赖克对此提出了不同的看法，他认为鸦群内密度增大，食物就会变得短缺，鸟类对此做出的反应是控制产卵的数量。然而，鸟群是如何进化到将团体利益置于个体利益之上这一步的呢？如果每一个鸟群都在实行生育的自我节制，难免有一些家伙并不执行这一规定，私自繁衍出更多的子孙后代，很快，这些自私自利的后代在数量上将大大超过完全的利他主义者，鸟群实施的生育节制终将消失。

赖克的观点是正确的。鸟类采取生育节制的措施并非为了群体的利益。生物学家豁然开朗，他们意识到几乎没有一种动物会将群体的利益置于个体的利益之上。所有动物毫无例外首先考虑自己家族的利益，而非群体的利益。蚂蚁和鼹鼠的群体其实就是规模庞大的家庭组织；狼群以及矮种马的群体也是如此；灌丛鸦及其他鸟类也是以家庭组织为单位结巢定居，头年出生的子女帮助自己的父母哺育第二年孵出的同胞兄弟姐妹。除非动物被寄生虫所控制，就像蚂蚁被其他物种所奴役一样，否则，它们惟一优先

B
卷

考虑的绝对是自己的家族，而非整个群体。

然而，很多动物结成的群体比大型家庭的规模要庞大得多。它们这样做的目的完全出于私欲。每一个个体在群体中能悠然自得地生活下去，这是关于自己切身利益的大事，因为脱离群体往往就会成为食肉者更易攻击的目标，结成群体是比较安全的办法。鲱鱼和椋鸟组成群落也是为了防止个体成为猎食的对象和牺牲品。当然，结成群落并不能一劳永逸，有时往往适得其反。座头鲸和虎鲸对落单的鲱鱼根本就视而不见，懒得劳心费神，而鲱鱼群则往往成为它们的猎食对象。因此，个体只要躲在其他鱼的后边就能轻松地躲过一劫。所以，鱼类结成群落并非出于团体的协作精神，而是地道的自私自利的产物。

乌鸦组成群落的原因可能还略有不同。首先，协作的群体能更好地进行自卫。其次，找到食物的乌鸦可以充当鸦群的向导，这样就增加了种群生存的机会。尽管如此，鸦群的动机与其他动物别无二致。结成群体完全出于私利，并不是一种社会协作行为。简而言之，动物的群落没有任何利他主义成分，除非是由近亲组成的大家族。

"自私的群落"是威廉·汉密尔顿使用的术语，他对一群青蛙的行为进行了观察，从而证明了自己的这一看法。这群富于想象的青蛙生活在一个圆形的池塘中，有一次为了躲避一条蛇的袭击，它们在池塘边上聚集到一起。这样做的动机无非是希望自己能躲在两个同伴之间，让它们去充当替死鬼，而自己能幸免于难。这群富于想象的青蛙最终都做了蛇的美餐。自然界中所有动物组成群体的动机无一例外都出于私欲，当然，结成家庭则另当别论。即便黑猩猩组成的群落也出于同样的原因，只不过猎食者是同一种属的其他猩猩而已。猩猩结成群体也是出于自身安全的需要，最大的益处是可以抵御敌对集团在边界上发起的攻击。

说明：

里德雷（Matt Ridley，1958—）著，刘珩译，节选自《美德的起源：人类本能与协作的进化》，中央编译出版社2004年，第187—190页。里德雷为英国动物学博士、科学作家、编辑、记者。注意此里德雷不同于英国另外一名科普作家、动物学家 Mark Ridley（1956—），两者没有亲属关系。

阅读思考：

为自己考虑、为自己的家族考虑与为群体和社会考虑，之间有截然的分界吗？你听说过学者反复讨论的"囚徒困境"吗？"自然界中所有动物组成群体的动机无一例外都出于私欲"，这一全称命题得自严格的观察，还是得自科学家的信念？

微生物
托马斯

看电视的宣传报道，你或许会以为我们真的是处境恶劣，十分危险，被企图杀人的微生物重重包围，已经走投无路，只有依靠化学工业技术，把它们赶尽杀绝，才能保护自己，以免罹病遭灾。我们被多方教导到处都要喷洒消毒药剂，卧室、厨房，特别是洗澡间，更要喷它个淋漓尽致，因为这里的微生物种类是专门适合于对付我们的，仿佛都是最有害的。我们连连按动喷雾器，往自己的鼻孔里、嘴里、腋下和一些隐秘的缝隙里，甚至往电话机的话筒机心里噗噗嗤嗤地喷射云雾般的消毒药水，其中还混有祝福祈运的除臭剂。擦破一点皮肤也要用强力抗生素处理，用合成树脂薄膜封住这些伤口。这种塑料薄膜是一种新的保护材料。在旅馆里我们把本来就是用塑料压成的饮水杯子再包上一层塑料；盥洗间里，用紫外线照射灭菌之后，还要把马桶座子用塑料薄膜保护起来，做得像处理国家机密一样严格。在我们生活的世界里，微生物每时每刻都在企图攻击我们，接二连三地破坏我们身体的细胞，而我们只有战战兢兢，才能保持健康的生活。

我们现在仍然认为人类的疾病是魔鬼作祟的结果，只不过这类魔鬼已经不再是什么幽灵鬼怪，而是具有生命的现代妖孽，在这些危害我们的仇敌中，细菌被认为是显而易见的罪魁祸首。我们假定它们生性邪恶，必定以种种恶行来取得某种快乐。它们老是跟踪我们，打我们的主意，它们多得不计其数，以致大家染疾患病在所难免，似乎每个人的健康天生就附有一份病痛；如果我们成功地消灭了一种疾病，总会立刻出现另一种新的疾病，等着填补它空出来的位置。

这类想法在社会上十分流行，其实都是一些类似妄想狂的错觉，毛病一部分出在我们有树敌的劣根性，一部分出在我们对过去的东西有生动的记忆。在短短的几十年前，细菌的确是一种真实的普遍的威胁，虽然大多数人幸免于难而生存下来，但我们时刻都意识到死亡的逼近。那时候，一家老小，在死海中浮沉，随时有灭顶之灾降临。为了研究对付肺炎、脑膜炎、链球菌感染、白喉、心内膜炎、伤寒、各种败血症、花柳以及随时随地都可以见到的结核病，搞得我们筋疲力尽。现在，幸亏有了各种抗生素、抽水马桶、文明和金钱，这些疾病中的绝大多数种类已经在大部分人口中间绝迹了，但是我们对于过去的种种始终忘不了。

然而，在实际生活里，即使处在最恶劣的环境中，我们人类于广大的微生物界其实并没有多少利害关系。微生物能够使人生病并不是什么法则。细想一下，地球上的细菌种群广大无边，比较起来使人罹病的频数真是微不足道，涉及的种类也很有限，以致可以说微生物的致病性是一种反常的现象。疾病通常是由于有关生物对共生问题磋商不够，解决办法不得要领，其中的一些越过了边界，在生物学反应上表现出对边界的误解。

有些细菌只是在它们制造各种外毒素的时候才是有害的，而就某种意义上说，它们这样干往往是自己得病遭灾的结果。白喉杆菌和链球菌的毒素就是由于这些细菌受到噬菌体的感染才制造出来的；决定制造毒素的遗传编码就是由细菌感染的这类病毒提供的。未受感染的细菌都没有接到制造这类毒素的指令。当我们患白喉病的时候，实际上是感染了病毒，但被感染的却不是我们。我们是受牵累的，并不是某个仇敌直接攻击的对象，很像是糊里糊涂地卷进了别人的一场灾难而遭了殃一样。

我不妨认为有少数微生物，可能是结核杆菌、梅毒螺旋体、疟原虫和其他几种，能够使人类患病，它们这种能力在自然选择上虽然有某种优势，但是，从进化的意义上看，依靠使人致病或致死的能力实在是得不到什么好处的。使人致病的性能，对于大多数微生物来说，也许还是某种有害的东西，它具有的致命危险，我们固然害怕，但它对这些微生物本身的威胁却更加严重。一个人感染了脑膜炎球菌，即使不用化学药物治疗，他的性命所面临的危险，比那些倒霉地撞入人体的脑膜炎球菌所遭受的危险要小得多。大多数进入人类鼻咽部的脑膜炎球菌都知道待在表面上。脑膜炎流行期间，病菌宿主人口中的大多数人所携带的菌体都藏身在这里，通常倒也相安无事。只有在无法解释的少数人，即所谓的"病例"身上，脑膜炎球菌越过了界限，进入体内。结果，人菌双方都后患严重，但最倒霉的多半还是侵入人体的脑膜炎球菌。

我们周身满是葡萄球菌，它们对于人类的皮肤这种环境似乎已经适应了，而大多数其他的细菌是不适合于在这种条件中生存的。如果把双方的情况都考虑在内，一桩一件计算下来，这种密切的关系显然并没有给人带来多少麻烦。只有极少数人受到了疖子脓疮之类的折磨，使有些组织受到破坏，但算起账来多半还得怪罪于我们自己身体里的白细胞，它们的赤诚热心太过分了。溶血性的链球菌是属于和我们人类关系最密切的种类，密切到甚至和我们的肌肉细胞膜具有共同的抗原的程度；我们的身体对于它们的侵入所作出的反应竟然表现为风湿热，实在是我们自己反应不当，使自己受这番痛苦。我们可以在自己的网状内皮系统的细胞中长期携带布氏杆菌而不知不觉；后来，不知什么原因，很可能是由于我们身体的免疫作用，终于使我们周期性地察觉到它们的存在，而这种觉察反应则是临床的疾病。

大多数细菌十分迷恋于游游逛逛的生活，它们经常改变有机分子的构形，从而使自己对于其他生物类型的能量代谢有所裨益。一般说来，它们生活在土壤和海洋中，分属于互相依存的一些群落，彼此相依为命。某些细菌在较高等的生物的组织中生活，如同是其中的一些有生理功能的结构一样，它们在一些比较特殊的、局部的生理活动中，成了这些较高等的生物的共生者。如果没有大批的根瘤菌蜂拥进入豆科植物的根毛里去，则根瘤既不会有它现在的形态，也不会有它现在的功能，这些根瘤菌和豆科植物的组织合并在一起，其亲密程度之深竟达到只有用电子显微镜才能检查出哪些膜是细菌的形态，哪些膜才是属于豆科植物自己的。昆虫身体里有一些细菌群落，如同它们身上的微小的腺体，即所谓含菌细胞，这些细菌在那里忙忙碌碌地干着天知道的重要的事情。动物消化道里的各种微生物群落是动物营养系统的组成部分。当然，还要提到线粒体和叶绿体，它们已经完全是有关生物身体里的永久居民了。

有些微生物似乎居心叵测，总是在伺机谋害我们，它们看上去真像是盼着我们生病的样子，可是仔细考察的结果证明，它们更像是冷漠的旁观者、流浪汉、局外人。如果有机会，它们会侵入我们的身体并且进行自身的复制，其中有一些会到达我们身体最深层的组织，并且进入血液里，但是造成疾病的原因却是我们自己对于这些微生物的出现所作出的反应。我们的身体用于和细菌作战的军火库十分强大有力，包括许多各不相同的防御机制，它们着实猛烈，运作起来险象环生，给予我们的威胁远比那些入侵的微生物厉害得多。我们生活在各种爆破装置中间，全身都埋着地雷。

我们不能容忍的只是细菌所携带的信息。

革兰氏阴性细菌就是这方面最好的例子。它们在自己的细胞壁上显示出具有脂多糖类的内毒素，而这些大分子被我们的身体组织认为是最有害的信息。当我们的身体觉察到脂多糖分子时，便可能发动全身一切可以调遣的防务力量，在有关地区大肆轰炸，滥施化学毒素，实行封锁拦截，阻断交通，并且实行坚壁清野，破坏了当地所有的组织。白细胞比平常更加积极地发挥其吞噬的性能，把溶酶体的溶解酶释放出来，变成一团团黏糊糊的凝聚物，堵塞微细血管，切断血液供应。补体在其序列的适当位置上开动起来。释放出向化性的信号，把全身各处的白细胞召来，参加战斗。血管对于肾上腺素产生了过度反应，以致这种激素的正常生理浓度突然具有使组织坏死的性质。白细胞还释放出热原，使已经发生组织出血、细胞坏死甚至身体休克的人，更加上一层发烧的痛苦，真是一派混乱不堪的景象。

看来这一切都是不必要的惊慌失措的蛮干。内毒素本来并不具有任何毒性，但是当我们身体里的细胞辨认出它们的时候，它们那副样子看上去一定很恐怖，或者是使细胞感到害怕。这些细胞相信它是身体里出现了革兰氏阴性细菌的凶兆，所以要不择手段地采取一切措施，避免它们带来一场可怕的灾难。

我过去总以为只有最高度发达的、文明的动物才会做出这种愚蠢透顶有害无益的事情，但实际并不是这样。鲎是一种很原始的古老无知的动物，是旧式的乡巴佬，但它也完全和兔子或人一样脆弱，一碰上内毒素，全身便土崩瓦解地混乱起来。班博士已经证明，把微量的内毒素注射到这些动物的体腔里会使血细胞凝聚成坨，死死地堵住血管，胶状的血块使血液循环停顿下来。大家现在知道鲎的身体里有一种凝血系统，人身体里的凝血系统大概就是由它祖传下来的，在身体对内毒素发生反应的时候它起了最重要的作用。在血细胞的提取物中加入微量的内毒素便可以使它凝结成为胶冻。一个好端端的动物由于一次影响全身的注射便自行解体，这种反应虽然可以认为是出于善良的动机，但无疑是犯了致命的错误。这套机制本身如果使用得当又有所节制的话是蛮好的，如果这整套机制的设计是专门用于对付单个细菌入侵的话那就妙了：血细胞被吸引到出事的地点，挤出一点致凝的蛋白质，把这个侵入身体的微生物捕获，使它不能行动，到此完事大吉。然而遗憾的是，现在当面临内毒素的自由分子的势不可当的信号时，身体却显得急躁不安，唤起了出现大批弧菌的种种记忆。于是，身体里的鲎凝血系统突然惊慌失措，立刻把全部防御设施动员起来，投入战斗，结果把自己的身体摧毁了。

这种反应基本上是一种对宣传的反应，它有点像蓄奴蚁为了搞乱其他蚂蚁种群伺机捕捉蚁奴而释放的信息素，凡是觉察到这种信息的蚁群都会立刻惊恐万状，乱作一团。

我想，我们有许多疾病很可能就是这样造成的。有的时候，这些赶尽杀绝的生理机制是具有免疫学性质的，但更普遍的是，如同上述鲎的模型，它们属于较原始种类的记忆。我们折磨自己，把自己撕成碎片，只是因为出现了一些信号，这些信号比任何一群捕食者都更容易使我们受到伤害。实际上，我们一生的健康祸福在很大程度上是受自己身体里的国防部掌握和摆布的。

说明：

托马斯（Lewis Thomas，1913—1993）著，胡寿文译，节选自《观海窥天：现代生物学的启迪》，商务印书馆 1994 年，第 100—107 页。托马斯是美国生物学家、医生、作家。

阅读思考：

作者提到的"妄想狂"在你的周围是否有表现？这与人们深信生命生存的"斗
争模型"是否有关？应当怎样看待细菌、病毒与人类之间的关系？

论竹、蝉与亚当·斯密的经济学

古尔德

　　大自然的作为超过了人类最神奇的传说。睡美人等她的情人等了100
年。贝特尔海姆认为，睡美人手指刺破象征她第一次月经流血，她的长眠
象征尚未性成熟少女的缺乏生机。因为最初的说法是一位国王使睡美人受
了孕，而不是一个王子仅仅吻了她，所以我们可以把她的苏醒解释为性成
熟的开始 [B. 贝特尔海姆《妖法的用途》（*The Use of Enchantment*），A·诺夫
出版社 1976 年，225_236 页] 。

　　有一种竹子，名字很吓人，叫刚竹（*Phyllostachys bambusoides*），在中
国 999 年开了一次花后，它非常规则地一直是 120 年开一次花并结种。无
论什么地方种植的刚竹，都遵循这个周期；在 20 世纪 60 年代，日本种（12
个世纪前从中国移植的）在日本、英国、阿拉巴马和俄国同时开花。与睡
美人的类比并不牵强，因为这些竹子在有性生殖之后也是上百年的独身。
但是刚竹在两个重要的方面与格林兄弟的童话不同。这种植物在 120 年的
不眠夜中并不是没有生机的，因为它们是植物，可以通过地下根生出新的
笋芽来进行无性生殖。而且它们后来并不幸福，因为它们生出种子后便死
了，长期等待的只是短暂的结局。

　　宾夕法尼亚大学的生态学家丹尼尔·H. 詹曾在最近的一篇文章《为

什么竹子等了这么久才开花》［《生态学与系统学年鉴》（*Annual Review of Ecology and Systematics*），1976 年］中重新讲述了刚竹的奇妙故事。多数物种的竹子在两个开花期之间的营养期生长时间都很短，但都具有同时结种的规则，而且开花期短于 15 年的物种很少（有的竹子开花期间隔超过 150 年，但历史记录极不完备，从中很难得出可靠的结论）。

任何物种的开花一定是内在的遗传钟决定的，而且不受外界环境的影响。重复的精确规则性又是这种观点最好的证据，因为我们还不知有哪种环境因素循环得如此规则，以致产生出上百个物种共同遵守的各种时钟。其次，正如上面提到的那样，即使移到离原产地达半个世界那么远的地方，同一种植物也是同时开花，最后，即使生活在不同的环境中，同一种植物还是同时开花。詹曾提到，缅甸竹只有半英尺高，并且由于丛林火灾反复受损，但依然与未受损的高达 40 英尺的同类同时开花。

如何计算竹子过去的岁月，詹曾认为不能用存有的食物贮备来衡量，因为贫瘠矮小的竹子与健康的大型竹子开花的时间一样。他猜想竹子的日历"一定是对温度不敏感的光感化学年或日的积累与衰减。"但他没有找到猜想光周期是日间的（昼与夜）还是年间的（季节性的）基础。詹曾利用与光有关的时钟作为间接证据，指出赤道两边 5 个纬度内地区的竹子生长并没有准确的周期性，因为在这一地区日间和季节间的差异都很小。

竹子的开花使人们回想起我们多数人都熟悉的另一个定期性极强的故事，定期性的蝉，或 17 岁"地蝗"[1]（蝉不是蝗，蝉是半翅目中体型较大的成员，这个目中的昆虫都很小，包括蚜虫及其亲属；而蝗与蟋蟀和蚂蚱一样，属于直翅目）。定期性蝉的故事比多数人了解的更神奇；定期性蝉的蛹在地下生活 17 年，在美国东部蝉蛹靠吸吮森林树根的汁液生存（在

---

[1]"地蝗"是美国人对蝉的俗称，如同我国人将蝉又叫"知了"。——译注

南部地区不一样，那里的类似种类或相同的类群每 13 年才出土）。然后，几周之内，上百万成熟的蝉从地下爬出来，变成了成体，交配，产卵，然后死去（M. 劳埃德和 H–S. 戴巴斯在 1966 年的《进化》杂志上和 1974 年的《生态学专论》杂志上发表的一系列文章，是按照进化的观点对这个问题的最出色论述）。最引人注意的事实是，不是一种定期性蝉，而是 3 个不同的种精确地遵守同一时间表，严格同步地出土。不同的区域可能有些差别，在芝加哥的种群与在新英格兰的种群并不同时出土，但是每一"类"17 年同期的蝉（美国南方是 13 年）则一样——在同一地区 3 种蝉总是同时出土。詹曾认识到蝉与竹虽然有着生物学上和地理上的差别，却反映出同一个进化问题。他写道，最近的研究"表明，除了在计算年的方式上，这些昆虫与竹子没有明显本质的区别"。

作为进化论者，我们探讨"为什么"问题的答案。特别是为什么进化出这样令人惊讶的同时性？以及为什么这种有性生殖的间隔期这么长？正如我在论述一些飞虫的弑母行为时提出的，当我们要想满意地解释那些直觉看来特异和奇特的现象时，自然选择理论是最有力的支持。

在这个案例中，我们面对的问题不只是这种浪费（因为很少的种子可以在如此拥挤的土地中发芽）的表面特异性。开花与出土的同时性似乎反映出的不仅是个体而且更是作为整个物种的有序与和谐。然而达尔文的理论并不倡导其他更高的原则，只是个体追求自身利益，追求个体自己的基因在后代中的份额。我们必须探讨同时性对个体的蝉或竹来说有什么优势。

亚当·斯密在倡导以自由竞争、不受约束的政策作为通向和谐经济最有保障的途径时，也遇到类似的问题。斯密提出，理想的经济，应该表现出秩序和较好的平衡，但这是通过那些只追求自身利益的个人之间的相互作用而"自然地"表现出来的。斯密在其著名的警句中指出，通向更加和谐的明显途径，只是一只"看不见的手"作用的反映：

作为每一个人……以尽可能产生最大价值的方式从事产业，旨在使自己获利，他是这样，其他许多人也是这样，于是，在看不见的手的指导下，促成一种并非他本意的结局……他通过追求自己的利益，从而不断地比他真心打算的那样更有效地促进了社会。

由于达尔文是将亚当·斯密的观点移植到自然界中建立了自然选择理论，所以我们必须探讨解释这种有利于个体优势中的明显和谐。然而，蝉或竹有性接触稀少，而且是与所有同伴同时有性生活的，这样，作为个体获得了什么？

为了认清最可能的解释，我们必须认识到人类生物学经常提供贫乏的模式说明其他生物的斗争。人类是生长缓慢的动物。我们把大量的能量投入到培育数目稀少、成熟缓慢的后代上。我们的群体不受个体大批死亡的控制。然而其他生物在"生存斗争"中却遵循着不同的策略：它们生出大量的种子或卵，希望（姑且这样说）少数个体能够度过早期生活的严酷。这些生物常受到捕食者的制约，它们进化出的抵御策略肯定是减少被吃掉的机会。蝉和竹的种子显然是许多生物的美味佳肴。

自然史在很大程度上就是以不同的适应逃避捕食的故事。有些生物躲藏起来，有些味道不佳，有些长出刺或坚硬的外壳，还有一些进化的看起来很像有毒的亲戚；诸如此类，无奇不有，都是由于自然界的缤纷。竹和蝉遵循一种罕见的策略：它们太显眼，太容易得到，但是不常出现，而且数量多的使捕食者无法吃尽。进化生物学家将这种防御叫做"捕食者满足"。

一种有效的捕食者满足策略包括两种适应。首先出现或生殖的同时性必须非常精确，从而保证市场的充裕，而且时间很短。其次，这样的充裕并不常见，使得捕食者无法将生命周期调整的与预期的食源充裕相符。假如竹子每年都开花，那么食它种子的动物就可追踪到这个周期，并在每年食物丰盛时产下大量的幼仔。但是假如竹子开花期的间隔长的超过任何捕食者的生命周期，那么这个开花周期便无法追踪（除了一种特殊的灵长类可以在自己的历史中记载）。个体竹子和蝉的同时性优势显而易见：任何步调不一致者会很快被吃掉（蝉中的"迷途者"偶尔不是按时出土，但它们绝没有立足点）。

捕食者满足假说，虽然没有被证实，却是成功解释的一个主要标准：它使一些不太相关的观察协调了起来，而且在这个案例中尤其如此。例如，我们知道，许多动物，包括许多生命周期长的脊椎动物都爱吃竹子的种子；这样便好理解了为什么开花期为 15 年或 20 年的竹子很少。我们还知道同时产出的种子可以占满一定的区域。据詹曾记载，在一个地区亲本植物下面的种子竟达 6 英寸厚，在开花期，两种马达加斯加竹子在 10 万公顷地区里，每公顷种子达 50 千克。

三种蝉的同时性尤其令人难忘——特别是因为地区不同，蝉的出土年份也不同，但在同一地区三种蝉却一直同时出土。但我对周期性定时本身有很深的印象。为什么有 13 岁和 17 岁的蝉，而没有 12、14、15、16 或 18 年的周期。13 年和 17 年具有共同性，它们超过任何捕食者的生命周期，但它们还是素数（不能被任何小于它们的整数整除）。许多潜在捕食者的生命周期 2~5 年。这样一个周期不可能大量获取定期性的蝉（因为望年常是蝉不出土的年份），但周期重合便可以捕到大量的蝉。假如一个捕食者的周期为 5 年，捕食者便可以赶上每一次蝉的丰盛。经过大的素数循环，蝉降低了周期的重合（在这种情况下，每一次重合为 5×17 年，或 85 年）。13 年或 17 年的周期很难被短命的动物追踪到。

按照达尔文的看法，绝大多数动物靠斗争才能生存。生存的武器不一定是尖牙利爪，生殖的模式也可以，偶尔的丰盛也是通往成功的一个途径。有时候孤注一掷是一种优势，但是要确保量的充足，而且不能经常这样做。

说明：

古尔德（Stephen J. Gould, 1941–2002）著，田洺译，节选自《自达尔文以来：自然史沉思录》，生活·读书·新知三联书店 1997 年，第 95–101 页。古尔德为美国著名演化论学者、科学散文家，他在《博物学家》杂志主持一个专栏达 30 年，最终结集出版了 10 部文集。

阅读思考：

文章中蝉的周期 13 和 17 在数论上有何特点？这说明虫子懂数学吗？为何赤道两边 5 个纬度内地区的竹子生长并没有准确的周期性？

自私的合作者

道金斯

在每一个相互隔离的基因库中，我们已经讲过，自然选择不仅偏爱那些在自己的基因库中与其他基因合作的基因，而且同样偏爱那些能在其他基因库所构造的环境（树木、藤条、猴子、食粪甲虫、蚜虫和土壤中的微生物）之中生存的基因。在长期的发展中，它们使得整个雨林成为一个和谐的整体，每一个物种都为共同的利益而生存。在这样一个幸福的大家庭中，每一棵树、每一只螨虫，甚至每一只肉食兽和每一条寄生虫，都在发挥着自己的作用。我们又面临着拙劣想象的科学的蛊惑。而真正有想象力的、诗歌一般优美的科学想象（这一章的目的就是要说服你去相信），是把森林视为自私的基因们的一种无政府状态的联邦。它们由于善于在自身基因库中生存，而从其他基因构成的遗传背景中被自然选择选中。

有一种空洞的观点认为，雨林中的所有生物体都为其他物种执行着有价值的服务，从而维护了整个雨林共同体。不错，如果你把土壤中的微生物全部拿走，首先是树木，最终雨林中几乎所有生物都会走向死亡，但这并不是土壤微生物在雨林中生存的原因。当然，它们确实分解了枯叶和死去的动物，使之成为繁荣整个森林的肥料，但这些微生物并不是为了制造肥料而生存的。它们将枯叶和动物尸体作为自己的食物，提供肥料只是它们为肥料产生程序编码的基因的善举。从植物的角度来看，改良土壤只不过是这些微生物为自己利益而活动时偶然产生的结果；嚼食它们的草食动物和捕食草食动物的肉食动物的行为也是如此。在雨林共同体中繁盛的物种与这个共同体中的其他物种一道繁盛，因为这个共同体是它们的祖先曾经生存过的环境。也许有的植物在没有丰富的土壤微生物的条件下也能很好地成长，但那不是我们在热带雨林中所能找到的植物，要找到也只可能是在沙漠里。

这是对付大地女神"盖亚"（Gaia）诱惑的正确思路。大地女神盖亚过高地把整个世界浪漫地想象成为一个生物体，认为每一个物种都为整体的利益在作贡献，比如细菌的工作就是改进大气的成分以利所有生物的生存。我所知道的这种歪曲想象的科学最偏激的例子，来自一名很有声望的资深"生态学家"（引号表示这个人只是个绿色组织活动者，而不是生命科学学术方面真正的专家）。梅纳德·史密斯教授参加了开放大学[1]举办的一次会议之后，把这事儿告诉了我。会议讨论最后转到恐龙的大灭绝是不是因为一颗彗星碰撞地球而致这个话题。那位留着胡子的生态学家断然否定，他坚定地说"当然不是"，因为"盖亚是不会许可的"。

盖亚是希腊神话中的地球女神，英国的一位大气化学家和发明家詹姆

---

[1]Open University，英国的一所函授大学。——译者注

斯·拉夫洛克，曾用这个名字来对自己诗歌的意境进行拟人化的处理——整个地球应当被看作一个整体的生命体。所有的生物都是大地女神身体的一部分，它像一个调节得很好的恒温器一样协同工作，对任何扰动做出反应以维护所有的生命。可是拉夫洛克被我上面引用的那位生态学家的话搞得十分狼狈，因为他把这意境发挥得太离谱了。盖亚成了顶礼膜拜的对象，成了一种宗教，拉夫洛克现在想使自己与此保持距离就可以理解了。如果你考察一下他早期的一些观点，还是会发现有一点超现实主义的味道。比如他主张细菌产生甲烷气体，是因为它们在调整地球大气的化学构成中扮演着重要的角色。

可是问题也出来了。这些细菌的存在被臆测为超越自身的需要而产生甲烷，从而使整个地球受益，难道它们曾被要求发展得比自然选择所能解释的还要优秀吗？有人说一旦这个星球走向灭亡，它们自己也将不复存在，所以细菌们产生甲烷也是为了自己的长远利益，这个解释仍然是站不住脚的。自然选择本身从不具有长远未来的意识，而且对任何物种都没有这种意识。所有的进步并不是源自某种预见，而是因为在基因库中一些基因在数量上超过了它们的对手。如果制造麻烦的细菌的基因不劳而获地分享了其对手无私贡献的甲烷，并由于对手的这种利他行为而大大繁荣，这个世界就将进一步为自私的细菌所充塞。甚至由于它们的自私，这样的情况将扩展到整个的细菌群体（也包括其他的生物群体），到头来使群体走向衰败，直至走向灭绝。这样的事为什么就不会发生呢？谁也无法预见。

如果拉夫洛克反驳说，细菌只是在生产为自己所用的物质的同时，作为副产品而制造了甲烷，而甲烷又碰巧对整个世界有益，那我将完全赞同他的观点。在这里，所有关于大地女神的花言巧语都是多余的和误导性的。你没有必要去说，细菌的工作只是对其他生物有益，而不是为了自己短暂的遗传利益。我们的结论是，只有满足自身的需要而且它们也适合这样做时，个体才为盖亚女神服务。既然如此，还有什么必要再把盖亚扯入我们的谈论呢？还是多谈谈基因吧，那才是自然选择真正的、自我复制的单位，它们在包括由其他基因提供的遗传气候这样的环境中生生不息。能归纳出遗传气候这个理念，将所有的基因涵盖其中，这让我非常开心。但绝不应该归功于盖亚，她误导人们将这个星球上的生命看作一个单个的存在。行星生命实际上是遗传气候的一幅幅变换的图式。

和拉夫洛克同样宣传大地女神观点的是美国的细菌学家琳恩·马古莉斯。尽管她比较好斗，在我所攻击的臆想科学的连续统中，她还是坚定地站在了温和的立场上。她同自己的儿子多隆·撒干一起写道：

"下一个问题，对达尔文'适者生存'观点流行的曲解，即进化本身就是个体和物种之间长期的、血淋淋的斗争这种看法，现在已经消散。新的观点认为，各种生命形式之间是持续合作、相互作用、相互依存的，生命蔓延全球并不是依靠战斗，而是依靠各种生命形式在地球上的交错纵横。各种生命形式因同其他形式之间的同化而增殖并复杂化，而不是依靠杀戮。"

——《微观世界：40亿年的微生物进化》，1987

乍看之下，马古莉斯和撒干这一对母子离正确观点并不远，但他们受臆想科学的误导而在表达上出现了错误。正如我在本章开头就强调过的一样，"斗争对合作"的对立观点是一个错误的两分法，在基因的层次上就存在着根本的冲突。但由于基因的环境是相互决定的，合作与"交错纵横"很自然地就作为这种冲突所偏爱的形式而发生。

拉夫洛克是研究地球大气的学者，而马古莉斯是从另一个方向研究这个问题的细菌学专家。在我们星球上的各种生命形式中，她正确地赋予细菌以中心位置。就生物化学层面而言，存在很多生存的基本途径，所有的基本途径都正由这种或那种细菌实践着。其中的一种基本的生命诀窍，已经为真核生物（即除细菌外的生物）所采用，但我们在细菌中同样能找到它。马古莉斯在多年的研究中成功地证实，我们体内的大多数生物化学过程，都是通过以前是自由的而现在生活在我们细胞之内的"细菌"完成的。下面这段话也是从马古莉斯母子的那本书中引用的：

相比而言，细菌比真核生物表现出的新陈代谢类型的变异要广泛得多。它们沉湎于不寻常的发酵作用，产生甲烷，"吃掉"大气中的氮气，呼吸时从硫黄、沉淀的铁和锰的小颗粒中获得能量，用氧来燃烧氢合成水分子以便在沸水和盐水环境中生长，用视紫红质来储藏能量，等等。可是我们这些真核生物，却只使用了它们众多新陈代谢类型中的一种来产生能量，即线粒体的专职——需氧呼吸。

需氧呼吸通过一套精细的生物化学循环和反应链进行。在一种充满我们细胞的微小细胞器——线粒体中，通过这个循环，生物体从太阳捕获的能量从有机分子中源源不断地释放出来。马古莉斯已经让科学界相信，线粒体是起源于古细菌的，这一点我也表示赞同。在以前线粒体的祖先独自生存的时候，进化出了需氧呼吸这种生化技巧。我们这些真核生物现在正受益于这种高级的化学法术，因为在我们的细胞中，生活着发明这种化学法术的细菌的子子孙孙。从这个观点出发，现代的线粒体和远古海洋中自由漂浮的需氧呼吸细菌之间，有一条割不断的遗传纽带。我这个"遗传纽带"的提法是说，一个自由生活的细菌细胞一分为二，然后一分为二的细胞当中至少又有一个一分为二，这个过程不断重复，一直传承到我们的每个线粒体，而且还要在我们的细胞中继续分裂下去。

马古莉斯相信，线粒体原本就是寄生生物（或称为掠食者——不过在当时这个区别并不重要），它们攻击体形更大一些的细菌，即那些注定要为真核细胞提供外壳的细菌。也有其他一些寄生细菌在干着类似的事情，它们在被捕食细胞的壁上打洞，然后安全地藏在里面，把洞堵起来并从内部吃掉这个细胞。根据这个理论，线粒体的祖先是从那些杀死其他细菌的寄生细菌发展而来的，它们进化得不那么致命，从而可以让被攻击的细菌活着以便更长久地榨取它们的养分。到后来，这些被盘剥的细胞也从原始线粒体的新陈代谢活动中受益。于是它们之间的关系，就从掠食或寄生（对一方有利而对另一方有害）变成了共生（对双方都有利）。随着共生程度的进一步加深，双方都不再能离开对方而单独生存，而且都失掉了一部分结构。这部分结构的功能由共生的对方来维持，而且干得比原先的结构更加出色。

在达尔文主义的世界中，只有当寄生细菌的 DNA 作为宿主"自身"的 DNA，以同样的传输方式"纵向地"传递给宿主的子代时，这种亲密且富有献身精神的合作才可能进化。直到现在，我们的线粒体还拥有自己的 DNA，它们与我们"自己"的 DNA 的亲戚关系很远，而和一些特定细菌的 DNA 亲戚关系较近。线粒体在人的卵细胞中世代相传。那些像这样纵向传递 DNA（即从宿主的亲代传给宿主的子代）的寄生细菌，也由原先的侵略性变得日益合作，因为凡是对宿主 DNA 生存有益的东西自然也适合它们自己的 DNA 生存。而"横向"传递 DNA（即从一个宿主传给并非这个宿主子代的宿主）的寄生细菌，比如狂犬病和流感病毒，将会变得更加凶恶。如果 DNA 是横向传递的，那么宿主的死亡就不是件坏事。极端的例子是，潜藏在动物个体细胞内的寄生细菌，把自己的肉体变成孢子并枯干，而这些携带 DNA 的孢子随风飞舞，直到找到新的宿主。

线粒体是纵向传递 DNA 的专家。由于和宿主之间的关系是如此的亲密，所以我们很难看得出它们以前是相互分离的。我牛津大学的同事大卫·史密斯爵士曾作过一个巧妙的比喻：

在细胞这个栖息地中，一个侵入的有机体会逐步失去自身的碎片，慢慢混合到细胞内的普通背景之中。只有一些残存的遗迹，诉说着它们曾经存在。这让我们想起《爱丽丝漫游奇境记》[1]中，主人公遇到柴郡猫时的情景。当她注视着这只猫时，"它消失得很慢，先从尾巴尖开始，最后是那张咧嘴而笑的脸，甚至身体的其他部分都消失后，那张笑脸还留存了好一会儿。"在一个细胞中，有相当数量的物质就和柴郡猫的笑脸一样。对那些想追踪它们起源的人而言，这个笑脸是极富挑战性的、高深莫测的。

　　——《作为栖息地的细胞》，1979

　　线粒体 DNA 与宿主 DNA，或者一个物种"自身"基因组成的传统基因库中的一个基因与另一个基因，我没有发现这两种相互关系之间存在任何明显的差异。所以我认为，我们"自己"所有的基因都应视为相互寄生的。

　　另外一个无争议的"笑脸的遗迹"是叶绿体。叶绿体是植物细胞中的微小结构，从事光合作用——将太阳光能储存起来并用来合成有机分子。在需要的时候，这些有机分子可以按照受控制的程序被分解并释放出能量。植物自身的绿色就是叶绿体带来的。现在大家都承认，叶绿体是由可进行光合作用的古细菌传承下来的。这种细菌与今天仍然自由漂浮并常常在污水中蓬勃生长的蓝细菌是近亲，它们的光合作用过程和真核生物叶绿体中的过程完全一样。按照马古莉斯的观点，叶绿体是以不同于线粒体的方法被俘获的。当线粒体的祖先大举进攻一大群细胞时，叶绿体的祖先当时扮演了被掠食者的角色，最初是作为食物被吞噬的，后来才同它们的掠食者一起进化为相互和睦的共生关系，它们的 DNA 毫无疑问是纵向传递给宿主的子孙的。

　　更有争议性的是，马古莉斯认为另外一种细菌，即螺旋状前进的螺旋体侵入了早期的真核生物细胞，并发展成为纤毛和鞭毛，以及在细胞的分

---

[1]*Allicein Wonderland*，英国著名儿童小说，作者为刘易斯·卡罗尔（Lewis Carroll）。——译者注

裂中把染色体拖向两个子细胞的"纺锤体"。纤毛和鞭毛不过是尺寸不同的两种形式，马古莉斯更喜欢把它们都称为"波状足"。她为那些看起来很相像但实际上非常不同、喜欢用鞭子一样的结构来向前运动（也许用"旋转"前进这个词更贴切）的细菌保留着鞭毛虫的名字。顺便说说，在生物王国中，鞭毛虫的不寻常之处在于它能真正地旋转着前进。在人类发明车轮或车轴之前，它们是自然界中能够旋转的实体的重要实例。纤毛和真核生物的波浪状足则更为复杂。马古莉斯把每一个单独的波浪状足都看作一个完整的螺旋体细菌，就像她把每一个线粒体和每一个叶绿体也看作完整的细菌一样。

在新近的发展中，数度抬头的一些观点认为，被细胞网罗在身体内的细菌进行着一些艰巨的生物化学任务。比如深水鱼类有发光的器官，不仅能相互传递信号，还能为自己照亮前程。它们并不是采用了什么特别的化学手段，而是特地笼络了一些细菌生存在自己的皮肤下面。一条鱼的发光器官就是一个容纳精心养护的细菌的容器，这些细菌在进行自身的生物化学反应时，顺带产生了光这种副产品。

因此，我们有了一个全新的角度去观察独立生物体。动物与植物不仅参与相互之间复杂的关联行为，还能与热带雨林或珊瑚礁盘之类的群体和共同体中的其他物种的个体产生联系。每一个独立的动物或植物就是一个共同体，它是由数不清的细胞组成的，而其中的每一个细胞，又都是由成千上万个细菌构成的共同体。我还要进一步声明，即便是一个物种"自己"的基因，也是一个由自私的合作者构成的共同体。然而我们现在还被另一种想象的科学所诱惑：想象的等级体系。在任何大的单元中都有小的单元，不仅仅是独立的个体，甚至更高的层次也是如此，比如由独立生物体构成的共同体。难道在等级体系的各个层次中，不同层次的单元（曾经是独立的单元）之间的共生合作就不存在吗？

也许这样的合作会有一些好处。白蚁靠吃木头和纸张这样的木材制品而惬意地生活，然而白蚁自己的细胞并不具备天生的消化木头所必需的化学能力。和真核生物细胞需要借助线粒体的生物化学天赋一样，白蚁的内脏器官本来是消化不了木料的，它们依赖的是一些能消化木料的共生微生物，依靠这些微生物和它们的排泄物而生存。这些微生物非常奇特，因为除了白蚁种群的肠子之外，在这个世界上再也找不到第二个它们可以生存的地方。它们要依赖白蚁找到木头并用物理方法咬成碎屑，就如同白蚁要依赖它们把木屑分解成更小的分子级碎片一样，而它们工作用的酶白蚁自己没法产生。这些微生物中有一些是细菌，有一些则是原生动物，即单细胞的真核生物，还有一些是两者迷人的混合体。之所以迷人是由于一种进化产生的似曾经历的错觉，使马古莉斯的推测看起来很有道理。

一种原生动物鞭毛虫（mixotricha paradoxa），生活在澳大利亚白蚁（mastotermes darwiniensis）的肠子里。它的身体前端有四根比较大的鞭毛，当然马古莉斯相信，这些鞭毛是从与它们共生的螺旋体传承而来的。虽然仍然存在争论，但我们确已发现了第二种很小的、游动的，像头发一样的凸出结构。它们覆盖着这种原生动物身体的其余部分，看起来很像鞭毛，就像人类输卵管中通过有节奏地摆动将卵子向前推进的鞭毛一样。但它们却不是鞭毛，而是一个个细小的螺旋体细菌，在一个鞭毛虫身上大约有 50 万个之多。所以，这里涉及两种完全不同的螺旋体。正是这些游动的细菌，在白蚁的肠子中推动着鞭毛虫，而且它们的运动竟然还是协调一致的。这样的描述也许很难让人相信，除非你认识到每一个细菌的运动都是简单地被它相邻的邻居所激发。

而前面那四根比较粗大的鞭毛似乎只起着舵的作用，它们可以被描述为鞭毛虫"自己"的，从而区别于覆盖身体其余部分的螺旋体细菌。不过，如果马古莉斯是对的，与那些螺旋体相比较，它们也不再是鞭毛虫"自身"

的东西，而只是象征着一次更古老的细菌入侵。这种进化产生的似曾经历的错觉，是由一种新的螺旋体重新排演出来的。而这出戏的首次上演，则早在 10 亿年以前。那时，这种鞭毛虫还不能利用氧气，因为白蚁肠子中的氧气还不充足。另外，我们也许可以确信，它们体内会有线粒体存在——那是另一波更久远的细菌大侵袭的遗迹。但无论如何，在它们体内应该共生着其他细菌，扮演着类似于线粒体的生物化学角色，或者从事帮助消化木头的困难工作。

一个独立的鞭毛虫个体就是至少 50 多万个各种共生细菌的聚居地。从一只被称为木头消化器的白蚁所发挥的作用来看，它在自己的肠子中建立了容纳许多共生微生物的聚居地。不要忘记，除"最近"才侵入它肠子的细菌群体外，一只白蚁"自己"的细胞，如同其他任何真核生物的细胞一样，本身就是更早的细菌的聚居地。白蚁的特别之处在于，它们本身就生活在大都由不育工蚁构成的巨大群体中。这些工蚁比任何生物都能有效地掠夺农业财富，除了那些由于同样原因而成功生存的蚂蚁。澳大利亚白蚁的群体可以包括一百万只以上的工蚁，它们是贪得无厌的害虫：啃噬电杆和电缆的塑料衬垫，吞食木头建筑和桥梁，甚至连台球都吃！看来成为聚居地的聚居地的聚居地，是个成功的生存技巧。

我们再回到基因上来，把普遍共生（"在一起生活"）的观点，推向最终的结论。马古莉斯被恰如其分地视为一个高级的共生女祭司。我曾经说过，而且想进一步阐明，所有"普通"的细胞核基因和线粒体基因一样，都是以同样的方式共生的。但马古莉斯和拉夫洛克却将合作与和睦相处的诗情画意，援引为在一个联盟中共生的首要条件。我的立场正好相反，我认为它们应该是第二位的。因为在遗传的层面上，所有的东西都是自私的，但基因自私的结果，却是尝到在各个层面上合作的甜头。就基因本身而言，我们"自己"的基因之间的关系，在原则上和我们的基因与线粒体基因之

B卷

293

间的关系，或者我们的基因与其他物种基因之间的关系，并没有什么两样。所有的基因都因能够在其他基因（不管是什么物种的）存在的条件下繁衍，而被自然所选择。

为构造复杂的机体而在基因库中的合作，我们经常称之为共同适应，从而与共同进化相区别。共同适应一般指在同一种类的有机体中，不同部分之间的相互适应。比方说，许多花朵都有吸引昆虫的鲜艳色彩，同时花瓣上还有指引方向的黑色条纹，把昆虫引向花蜜。色彩、黑色条纹和花蜜三者相辅相成，这就是共同适应，决定这些性状的基因在基因共存的遗传环境中，将它们选择了出来。共同进化一般表示在不同物种中的相互进化。花朵和给它们传授花粉的昆虫就是一起进化的，在这种情况下这种关系对双方都有利，这就是共同进化。共同进化还包括相互敌对的物种一起进化——可以称之为"军备竞赛"式的共同进化。猎物的高速奔跑就是和捕食它们的猛兽的高速奔跑共同进化的。猎物厚厚的外皮和刺穿它的武器及技巧，也是共同进化的。

虽然我刚刚把"物种内部"的共同适应同"物种之间"的共同进化截然地区分开来，我们还是可以看到，有不少混淆是可以原谅的。按照我在本章中表述的、基因的相互作用是在所有层次上进行的观点，共同适应就只不过是共同进化中的一种特殊情况。就基因本身而言，在"物种内部"和"物种之间"并无根本的不同。它们的不同只在于基因实际的表现方式。在物种内部，基因在细胞中与它们的伙伴相遇；在物种之间，基因则是通过在外部世界中的表现与其他基因相遇，它们表现的结果都暴露于外部世界中。寄生虫和线粒体是居于两种情况之间的实例，它们混淆了两者的界限。

自然选择的怀疑论者常常对下面的一些问题忧心忡忡。他们说，自然选择是纯粹的否定过程，它只清除那些不适应生存的个体和物种。在形成复杂的适应性物种时，这样一个否定的清除过程怎么能发挥出积极的作用呢？关于这个问题的答案，很大一部分就存在于共同进化和共同适应的组合之中。我们已经看到，这两个过程之间的距离并不太遥远。

共同进化就如同人类的军备竞赛，它是进步组合不断改进和发展的诀窍。当然，我的意思是说它们的行为改进得更有效率。但很显然，从人类自己的角度来看，军备竞赛上的"发展"恰恰是我们必须坚决反对的。如果肉食兽的捕食技巧改进了，被掠食者就不得不跟出同样有力的王牌，不然它们就没法在那一方土地上继续生存下去，反之亦然。在寄生虫及其宿主之间，也是这样的关系。发展带来进一步的发展，于是导致生存素质真正意义上的改进和发展，即使生存的机会并没有提高（因为在军备竞赛的另一头，对手也在不断地发展）。于是，共同进化——军备竞赛，在不同基因库中基因的协同进化——就足以回答自然选择是纯粹的否定过程这样一个问题。

还有一个答案是共同适应，这是同一个基因库中基因的共同进化。在猎豹的基因库中，肉食的牙齿就和消化肉类的内脏、肉食的习性完美地结合在一起。而草食的牙齿、消化纤维的内脏以及草食的习性，则在羚羊的基因库中结合在一起。在基因的层面上，我们已经看到，自然选择把和谐的组合放在一起，但这并不是通过对整个组合进行挑选，它所选择的只是组合中的基因。如果组合中的每个部分在基因库中都相对其他部分占有优势，那它就会受到偏爱。在基因库动荡的平衡中，稳定的解决方案可能不止一种。一旦一个基因库开始被某个稳定的解决方案所控制，对自私基因的进一步选择就会对这个解决方式中的基因有利。如果一开始的情况就有所不同，那么其他的解决方式也同样会受到自然选择的青睐。无论在哪一种情况下，怀疑主义者关于自然选择就是纯粹否定的、削弱的过程的担心都将消除。自然选择是积极的和建设性的，它对物种的削弱程度，远远不如一个雕刻家工作时对岩石的砍斫。自然选择用基因库雕刻出相互作用的组合——共同适应的基因，它们本质上自私，实际上是合作的。达尔文主义的雕刻家所雕琢的单元，就是一个物种的基因库。

我将在最后几章留出一些篇幅，继续驳斥科学中的被歪曲的诗意。但我这本书并不是要否定诗意，恰恰相反，科学本身就是富于诗意的，而且应该是充满诗意的。我们应该从诗歌中借鉴丰富的想象力，让充满诗意的想象与比喻激发起科学的灵感。"自私的基因"是一个形象的比喻，本身应该没有什么问题，但如果这种拟人化的比喻使用得不恰当的话，就会导致令人遗憾的误导。如果阐释得正确，它会加深我们对事物的理解并丰富我们的研究。这一章中我用了拟人化的比喻来阐释基因，阐释"自私"的基因同时也是"合作"的这一观念。下一章将出现的关键形象是一本书，与物种基因有关的书，它将对物种基因的祖先曾经生活过的那个世界作详细描绘。

说明：

道金斯（Richard Dawkins,1941－）著，张冠增，孙章译，节选自《解析彩虹：科学、虚妄和玄妙的诱惑》，上海科学技术出版社 2001 年，第 254—267 页。道金斯为著名进化论学者、牛津大学动物学讲师、"公众理解科学"教授。

阅读思考：

道金斯是如何定义"自私"的？他的观点与马古利斯（本文中写作马古莉斯）的观点是否有冲突？科学的诗意与大千世界的诗意是什么关系？"自私的基因"本身真的"应该没有什么问题"吗？它是否会诱导人们相信科学已经证明自私常有理？

野生野死

托马斯

　　大家在城市附近的公路上看见的动物尸体多半是狗，偶尔也有几只猫。到了偏远的乡村，所见尸体的形态和色调则显得陌生了，它们都是一些野生的禽兽。从汽车里往外看，显然是一些碎尸残骸，勾起我们对昔日见闻的一番追忆，像是曾经见过的某种生类：土拨鼠、獾、臭鼬、田鼠、蛇，有时也能看见一具形状奇特好像是鹿的残骸。

　　每逢见到这种景象总叫人感到一阵恶心，部分是突然涌上心头的惆怅，部分是莫名其妙的惶恐。这纯粹是因为看见一只死在公路上的动物所引起的惊吓的情绪。不仅是因为它们死得不是地方，而更多是因为这是一种暴行；这种横尸暴骨无论发生在什么地方都是不得体的。大家别指望在野外看到动物的尸体。动物总是要到某个隐蔽的地方，孤凄自悲地死去，这是它们的天性。陈尸公路是出了事故；暴骨的现象无论在什么地方都是不正常的。

　　大家都知道天下的生灵都不免一死，但这不过是一种抽象的认识。如果我们站在一座小山坡边缘的草原上，向周围仔细眺望，目力所及，几乎一切东西都在悄悄地走向死亡，而且大多数在我们辞世之前早就无影无踪地死去了。如果在我们面前没有持续不断的更新和代谢，则在我们的脚下所看到的一派生机就会变成满目荒凉，只剩下顽石和沙砾。

　　有些生物看上去仿佛是永生不死的；它们全体默默地化成它们自己的后裔。单细胞生物就是这样的。这类细胞，一个变成两个，两个变成四个，以此类推，一直分裂下去，不久，一代生物就连最后的痕迹都消失了。不能把这种现象看作死亡；如果没有突变，这些后裔简直个个都是重生的元祖细胞。粘菌的生活周期里有几幕看起来像死亡一样收场了，但是，枯萎了的黑蛞蝓，连同它的孢子囊柄和子实体，显然是一个正在发育的生物的过渡阶段的组织；能游动的变形细胞集体利用这种器官来生产更多的同类。

据说地球上每时每刻都生活着兆亿计的昆虫。用人寿的标准衡量，大多数昆虫的估计寿命都很短促。有人估量过，在温带，从每平方英里地面往上高达数千英尺的空气中生活着 2500 万只各种各样的昆虫，它们像浮游生物一样，忽上忽下地漂浮在大气层中。它们不断死亡，有些是被吃掉的，有些则是在行旅漂泊中丧生坠落，到处都有数以吨计的昆虫，一旦死亡解体，从此便烟消云散，无影无踪。

既然所有的鸟都不免一死，则亡禽的数量势必也庞大得可观，然而又有谁见过大批的死鸟？一只鸟僵死在地上是一种不和谐的现象，这比突如其来的一只活鸟更加吓人，在人想来，这是一种明确的迹象，说明一定是出了某种事故。鸟类总是要到某个去处终其天年，东躲西藏，总要找个有遮盖的地方，决不会在飞行中突然死去的。

兽类仿佛有一种得其所而死的本能，总要找一个隐蔽的去处，悄悄死去。即使是那些彪形雄壮的动物，也能在瞑目之前找到一些办法把自己隐蔽起来。如果一只大象偶然失足倒毙在一处开旷的地方，同群的象是不会将它弃诸原地不顾的；它们会把它驮起来，走到哪里都带着这具尸体，末了把它安葬在一个费解的合适的去处。如果一群象碰见一只同类的骸骨暴露野外，它们就会有条不紊地把每一根骨头都捡起来，分散地抛弃到周围附近的地里，整个行为很像一套沉闷的繁文缛节。

这真是造化的一种奇迹。世上的一切生物总有一死，随时随地都有亡故的性命，但世界依然故我，不断滋生新的生命，日复一日的清晨，年复一年的春光，鸟语花香，鱼翔兽走的一派生机都令我们眼花缭乱，心旷神怡。而我们见到的死亡却仅仅是一些零星的枯枝败叶，十月里消夏别墅门廊的地板上的一只垂死的苍蝇，或是暴露在公路上的碎尸残骸。我一生都揣摩不透我家后院里的松鼠，它们一年到头满地乱跑，可是我从来没有在任何地方看见过一只死的松鼠。

我想这样也好。如果这个世界换一番景象，所有的死亡现象都公然摆在野外，到处都是死尸，任凭大家观察，我们的心里可能会对死亡留下太深的印象而永远摆脱不了。现在我们由于某种原因能够几乎一辈子都不把它挂在心上，或者认为它是一种应该千方百计避免的偶然的灾殃。但是，这使得死亡的过程看上去更像是一种例外的事变，而不是现实生活中的场景了，结果，一旦我们自己终于不免一死的时候，也就比较难于就命了。

人类代谢，也都尽力顺天行事。报纸上整版整页刊登的讣闻，每天都在向我们报告人命长逝的消息，而在讣告版面的旁侧，又用比较清秀的字体同时刊登婴儿出生的喜报，知会大家人口有代谢的现象，但是我们无法从这些消息中了解到出生和死亡的巨大的规模。现在世界上有 30 亿人口，而天年有限，30 亿人口都将如期陆续故去，无一幸免。每年全世界死亡的人数大约有 5000 多万，死亡的规模如此巨大，却都是在相对秘密的状态中发生的，很少有人知道详情。只有家里的人大归，或朋友去世，我们才会有真切的了解和感受。我们总是把这些人的死亡当作不合情理的事件、不正常的变故、残酷的灾难，而对其他人的死亡我们心里却又另作别论了。我们对于自己的死非常避讳，说起来吞吞吐吐；我们总说，哎呀，遭殃了，仿佛眼见要到的死亡都是有缘故的，不是病就是祸，原本都可以幸免。我们为死者献花、悲痛、追悼、安葬，而没有意识到除眼前的死者之外，所有活着的几十亿人生也有涯，早晚都要辞世而去的。那遍及全世界的一群群血肉之躯和意识知觉都将烟消云散，化作尘土，不论寄命尘世的人愿不愿意承认这个真理。

再用不到半个世纪，生死代谢，活在世界上的人口将翻番有余；死亡的人口也将成倍增长。在随时随地都有大批的人死去的情况下，我们简直不能想象怎么能够继续保守死亡的秘密。我们势必会放弃那些把死亡看作

B
卷

是灾难，或遭人厌恶，或可以避免、或甚至当作奇闻怪事等的陈腐观念。我们将需要更多地去了解生命系统中其余部分的终而复始的生活周期，旁搜远绍，进一步检讨人类和这种生死代谢过程的关联。一切诞生的东西似乎都是为了对换死去的东西，活人对换死人，活的细胞对换死的细胞。如果我们清楚生与死俱来，知道大家早晚都将大归，长伴九泉，又未尝不可以从中感觉到一点"吾道不孤"而有所安慰。

说明：

托马斯（Lewis Thomas，1913—1993）著，胡寿文译，节选自《观海窥天：现代生物学的启迪》，商务印书馆 1994 年，第 116—120 页。托马斯是美国生物学家、医生、作家。

阅读思考：

随着"文明的发展"，除了偶发事故，人这种动物一般都死在什么地方？现代人一生是要用多少钱来治病，不同时间的支出比例如何？有人生观，自然也有人死观。人们应当树立怎样的人死观？

熊猫的拇指
古尔德

英雄对自己的生命都很珍惜，然而胜利经常无情地招致毁灭。亚历山大因为没有新的世界去征服而悲伤；拿破仑的结局更糟，他的厄运在俄国的寒冬便注定了。不过，达尔文在《物种起源》（1859）发表后，并没有随即对自然选择作出一般性的维护，而且也没有立刻将自然选择理论明白地运用到人类的进化上（他一直等到1871年才出版《人类的由来》）。相反，他写了一部非常晦涩的著作，书名为《论英国和外国的兰花借助于昆虫传粉的种种技巧，并兼论杂交的优良作用》（1862）。

达尔文经常涉足自然史上的细枝末节，他写过论述藤壶分类的专著，写过一部论攀缘植物的书，以及一部论蚯蚓形成腐殖质土壤的论著。为此，有人将他视为陈腐过时的只是描述奇妙动植物的人，这样的人有时也可以幸运地得出一知半解。然而，在过去的20年，达尔文的研究热从根本上抛弃了这种神话。在此之前，有一位著名的学者，在谈到达尔文时，说他是个"思想贫乏的人……不是伟大的思想家。"他的话是对同行的误导。

事实上，达尔文的每一部书都是他毕生研究的辉煌而连贯方案中的一个组成部分。达尔文并非单纯为了研究兰花而研究兰花。加利福尼亚的生物学家迈克尔·吉色林不厌其烦地通读了达尔文的所有著作（见吉色林《达尔文方法的胜利》），他正确地发现，达尔文关于兰花的论著是支持进化论的一个重要插曲。

达尔文关于兰花的书的开头就有一个重要的进化前提：对于长期生存来说，白花授粉是一个糟糕的策略，因为这样后代只携带单亲的基因，于是，当面临环境变化时，群体无法保持进化易变性所需的足够变异。所以，植物开的花中既有雄的部分，又有雌的部分，这样的花通常进化出一定的机制，以确保异花授粉。兰花与昆虫形成联盟。兰花进化出了各种令人吃惊的"计谋"，来勾引昆虫，以保证黏性的花粉附着在造访者身上，并保证这只昆虫吸附上的花粉与其造访的其他兰花的雌性部分接触。

达尔文在书中列举了这些计谋。这是一部相当于动物寓言集的植物寓言集。而且像中世纪的动物寓言集一样，达尔文写兰花书的意图就是为了教化。其中的信息虽然是悖论的，但是并不很深奥。兰花利用一般花的普通成分建

B
卷

构了复杂的装置，其中有的部分通常适应不同的功能。假如上帝设计一个美的机器以反映他的智慧与力量的话，他大概不会将最初用于其他目的的部分收集起来。兰花并不是由一个理想的工程师制造出来的，兰花由有限的现成部分临时组装而成。所以，兰花肯定是由普通的花进化来的。

所以，这个三部曲论述的共同主题就是关于这个悖论：我们的教科书喜欢用最出色的生物式样作例子来说明进化的发生，例如蝴蝶几乎完美地模仿干枯的叶子，或者一个柔弱的物种模仿有毒的亲戚。但是，理想的生物式样仅仅是证明进化的蹩脚例证，因为也可以认为生物的模仿是假定的万能造物主的作用。生物奇妙的安排与有趣的解决办法才是更能证明进化的例证，明智的上帝不会选择这些途径，但这些途径却是自然的过程，受到历史的限制，接下来的则是不得已的途径。达尔文最理解这一点。恩斯特·迈尔曾经指出，达尔文为了捍卫进化论，一直关注那些看起来不可思议的有机部分和地理分布。于是，我想到了大熊猫及其"拇指"。

大熊猫是特殊的熊，属于食肉目。在这个目中，大多数常见的熊是杂食性动物，但熊猫却不是，熊猫的进食与这个目的名称不符，因为熊猫几乎只吃竹子。熊猫生活在中国西部高海拔山区的茂密竹林中。它们生活在那里，没有捕食者的侵扰，每天用 10~12 个小时嚼竹子。

我很小的时候就喜欢熊猫安迪，曾经在一次县镇集市上幸运地击倒一些奶瓶，而获得熊猫充填玩具。我很高兴与中国关系解冻初期的成果不止有乒乓球的交流，而且还有向华盛顿动物园送来的两只大熊猫。我好奇地去看熊猫。它们一会儿打哈欠，一会儿伸懒腰，一会儿散步，但是几乎无时不在吃它们钟爱的竹子。它们坐着，用前爪握住竹竿，捋下叶子，它们只吃嫩芽。

熊猫的手灵巧得令我震惊，我奇怪为什么一个适于奔跑的后代可以如此灵巧地使用手。它们用爪子抓住竹竿，用明显可以活动的拇指与其他手指顺着竹竿捋下叶子。这一点使我迷惑不解。我已经学到，灵活的拇指与其他手指相对是我们人类成功的标志之一。我们不仅保持而且发展了我们灵长类祖先手的灵活性，而多数哺乳动物的指都特化了。食肉动物的指可用于奔跑、戳、抓。我家的猫可以乱抓乱挠使我心烦，但它决不会打字或弹钢琴。

当我数熊猫的其他手指时，我感到很吃惊，熊猫除拇指外还有 5 个指，而不是 4 个。"拇指"是另外进化来的第六指吗？幸好有一部关于熊猫的经典著作，是芝加哥野外自然博物馆脊椎动物解剖学部的前任主任德怀特·戴维斯博士的专著，书中所含的熊猫知识多得超出人们的想象。当然，戴维斯对各种问题都做了解答。

从解剖学上看，熊猫的"拇指"根本就不是手指。熊猫的拇指由桡籽骨构成，籽骨是腕中的小块骨。熊猫的桡籽骨增长了许多，其长度与真正的掌跖骨差不多。桡籽骨支撑熊猫前爪的肉垫。五个指形成另一个肉垫的轮廓，即形成掌。两个肉垫之间有一个不深的凹槽，可用做抓握竹竿的沟槽。

熊猫的拇指不仅有一块骨头来增加力度，而且还有一些肌肉来保持灵活性。这些肌肉，像桡籽骨一样，从一开始就存在。如同达尔文讨论过的兰花一样，它们是重新改型后用于新功能的解剖结构。桡籽骨内收肌（牵拉桡籽骨与真正指分开的肌肉）有一个拗口的名字，"拇指长内收肌"。这个名称已经不用了。在其他食肉类中，这块肌肉牵拉第一指，即牵拉真正的拇指。在桡籽骨与真正的指之间，伸展着两块肌肉，它们把桡籽骨"拇指"拉向真正的指。

从其他食肉动物的解剖结构中，我们可以找到熊猫的这种奇特构造的线索吗？戴维斯指出，大熊猫最近的亲戚，普通的熊和浣熊，比其他食肉动物更经常地使用前肢来抓握物体。请原谅我使用了一个溯源的比喻，熊猫要感谢它们祖先使用后肢站立，从而进化出极大的进食灵活性。而且，普通熊的籽骨已经扩大了一些。

在多数食肉动物中作为牵拉桡籽骨的肌肉，熊猫只用来连接真正拇指的基部。但是普通熊的长内收肌连接在两个腱上，其中一个腱像多数食肉动物的一样，陷在拇指的基部，另一个腱连在桡籽骨上。在熊的前爪上，这两块较短的肌肉也部分连接在放射籽骨上。戴维斯总结道："因此，活动这一构造（功能全新的指）的肌肉系统无需根本性的改变，因为在熊猫最近的亲戚的爪中，条件已经具备。而且，熊猫前爪的肌肉系统改变的事件顺序，只不过是这块籽骨在解剖结构上的肥大。"

熊猫的桡籽骨拇指是一个复杂的结构，是通过一块骨头的增大和肌肉系统极大的重新排列形成的。然而，戴维斯认为，熊猫"拇指"的产生是对桡籽骨本身增大的机械反应。肌肉的移位是由于增大的籽骨使它们在原来的位置无法再变长。而且，戴维斯认为，增大的桡籽骨可能是由于遗传的变化产生的，或许是某个单一突变影响了生长的定时性和速度。

在熊猫的脚上，与桡籽骨相对应的部分叫胫籽骨，胫籽骨也增大了，但不像桡籽骨增加的那么明显，不过胫籽骨并不支撑新的趾，而且，就我们所知，胫籽骨的增加并没有什么优势。戴维斯认为，作为对自然选择作用于单一籽骨的回应，桡籽骨与胫籽骨协调地增长，这大概反映的是同一种遗传变化。身体的重复部分，并非由不同的基因作用产生的，就是说，并非产生拇指的是一个基因，产生大脚趾的是另一个基因，产生小指的又是一个基因。在发育中重复部分是协调的；选择造成的一个部分的改变会在另一个部分引起相应的变化。增加大拇指而不改变大脚趾，在遗传上这比两者都增大要复杂得多。（在第一种情况中，一般的协调性就会中止，拇指独立增大，并且会中止相应地增加相关的部分。在第二种情况中，单个的基因可能在调节对应指趾的发育中，增加某一个区域的生长速度。）

相应于达尔文论述的兰花，熊猫的拇指属于动物上的精巧结构。一个工程师的最好解决办法却被历史摒弃了。熊猫真正的拇指具有其他的作用，但是对于一种功能来说，又特化了，以至于不能成为与其他指相对的、可以抓握的指。所以，熊猫必须使用手的其他部分，不得已而使用的便是腕骨的增大部分，这样尽管有些笨拙，但不失为一种可行的解决办法。在工程师大赛中，籽骨拇指只不过是一个小把戏，根本算不上一个智谋。但是籽骨可以行使其功能，可以启迪我们浮想联翩，因为籽骨拇指建立在一个不适应的基础上。

达尔文关于兰花的书中充满了类似的说明。例如沼泽火烧兰属利用唇瓣（一片增大的花瓣）作陷阱。唇瓣分成两个部分。一个部分靠近花基部，形成一个装满花蜜的大杯子，花蜜是昆虫造访的目标。另一个部分靠近花的边缘，形状像一个码头。当一只昆虫轻轻落到"跑道"上时，便压下了"跑道"，这样就可以进入到装满花蜜的"杯"中。昆虫进入杯中之后，具有弹性的"跑道"很快又卷起，套中了进入花蜜"杯"中的昆虫。昆虫要想退出去，必须经过唯一的出口，这样它身上必定要粘上许多花粉。一个令人惊奇的构造，但却是由普通的花瓣发展来的，这样的花瓣在兰花的祖先中很常见。

达尔文还说明了在其他兰花中花瓣如何进化出一系列精巧的装置，以确保异花授粉。花瓣可以发展成为复杂的卷曲状，迫使昆虫的喙到处搜索，粘上许多花粉后才能接触到花蜜。花瓣也可能是较深的管状形态，或导向式凸起，使昆虫既能接触到花蜜，又能接触到花粉。在某些情况下，管状花瓣形成洞，成为管状花。所有这些适应都是通过祖先类型中常见的花瓣部分建立的。然而，大自然的作为远比花瓣表现出的多得多，按照达尔文的话说，"方式的多样性是为了达到极为相同的目的，即为了使这个植物上的花接收到另一个植株上花的花粉。"

从达尔文对生物形态的比喻中，反映出他对于进化可以用如此有限的原材料产生出如此丰富多彩的世界而感到的惊奇：

虽然，一个器官也许本来不曾为某种专门的目的而形成，但是，假如它现在为这个结果服务，则可以正当地认为它是专门适应这一新目的的。同样的原理，假如一个人为某种专门目的而创造出一架机器，但是使用旧轮子、旧弹簧和旧滑轮，而只稍稍改变一下，则整个机器，包括其所有部件便可以说是为现在的目的而专门设计的。因此，在整个自然界中，几乎每种生物的每个组成部分，在一个稍微改变了的状态下，可能已服务于不同的目的，并且，该部分曾经在许多古老和不同的特定类型中，作为生存手段而起过作用。[1]

我们对于整修轮子和滑轮的比喻可能并不满意，但我们又能如何做呢。按照生物学家弗朗索瓦·雅各的话说，大自然是出色的修补匠，而不是高超的发明者。再者，由谁来判断这些典型技巧的优劣呢？

说明：

古尔德（Stephen J. Gould，1941—2002）著，田洺译，《熊猫的拇指：自然史沉思录》（副标题应当译作博物畅想曲，或者自然志沉思录），生活·读书·新知三联书店1999年，第11—20页。古尔德是进化生物学家、博物学家、文学家。

阅读思考：

如何理解生命演化中的目的性？熊猫的拇指跟人的拇指在解剖上有何不同？兰花传粉是否表明，除了人以外，自然世界在演化中也产生并充分利用智慧？

---

[1] 译文引自中译本《兰花的传粉》，唐进等译，科学出版社，1965年，第209页。——译注

生命微观进化的创新

詹奇

共生中出现真核细胞

紧随着游离氧出现的下一个重要的进化阶段很可能是真核细胞的出现，真核细胞有一个真正的核，其中的遗传物质组织在染色体中，集中在一起。所有的真核细胞都依赖氧，都要进行呼吸。今天人们认为，最初的自由真核细胞出现于约 15 亿年前，正是在这时大气氧的浓度达到了它现在的值。已在澳大利亚北部发现了最古老的具有细胞结构的微化石，它们有 15 亿和 14 亿年之久，其结构与今天的真核细胞相似。这些化石出于自由浮游的藻类，与原生细胞不同，它们并没有形成层状结构，而成为深水页岩中的沉积物的一部分。然而，对它们是否是真核细胞仍有争议。

真核细胞起源的经典理论局限于一种模型，这个老得掉牙的模型已有 100 多岁了。这个模型就是厄恩斯特·海克尔的植物界和动物界各自分别发展的理论。按照这个理论，细胞的分化沿着同样的道路平行发展。尽管这种看法仍代表着学术上传统的智慧，但它已站不住脚了。它已为真核细胞从体内共生中起源的理论所取代，这个新理论仍在争论之中，它是由我们熟悉的盖亚假设的倡导者之一马古利斯所发展的（1974 年）。可以把体内共生看作没有完全失去参与着自身特性的融合。

这种融合中的参与者是各种各样的原核细胞，结果产生了包含着原先的原核细胞（现在称为细胞器）的真核细胞。最初自由生活的原核细胞结合在一起的一个重要论据，可以在如下事实中窥见：细胞器自身携带着用于生产蛋白质的遗传物质和基本机制，也就是说，携带着它们自己的 DNA、RNA 和核糖体。以与新产生的细胞核同样的方式，细胞器也以双层膜从细胞的其他部分分离出来。这种相对高的自主性引起了两个语义层次，即体内共生的细胞器层次和作为整体协调细胞器活动的细胞层次。在多层次语义上个性和部分自主性的这种维系是生命复杂性的组织和管理的特性。

体内共生发生在几个阶段。根据马古利斯的看法，它起始于发酵的原核细胞吞噬了呼吸氧的原核细胞。现在把整合的呼吸氧细胞称为线粒体。能量供应的改善在下一个阶段导致另一种螺旋体属的原核生物细胞的结合，它们有游动系统，由之会产生出推进系统，例如按照同样9+2准则构成的鞭毛和纤毛（两个中心体由9个圆形微管环绕着）。同样的游动系统（细胞质）也有助于形成真正的细胞核，遗传物质精细地排列于其中，并由一层膜包裹着。细胞核随着无性细胞的分裂（有丝分裂）而分裂。在这种分裂中，游动和收缩器官极精确地分开23对染色体，把每一半代表着完整的遗传信息的染色体转移到新生的核中。这个过程需要氧。最后，光合蓝绿藻，作为第三个参与者加入到体内共生中，整合成以后所谓的叶绿体。叶绿体携带的最初的遗传物质比线粒体携带的要完善得多，所以表明了叶绿素是后来整合起来的。很可能是最早整合的线粒体已经部分地依赖于蛋白质，蛋白质的生产不是借助于它自身的DNA，而是借助于细胞核的DNA，从"中心"分配来的。这说明，在相同生物的细胞中，所有线粒体的DNA都是相似的，事实上，细胞核及其DNA也是相似的。这似乎表明了一种经历了漫长时间的适应。

今天，所有的各种生物——绿藻，较高级的植物，苔藓，原鲎动物（单细胞生物）和动物，它们大多数是由真核细胞构成的。只有这种新类型才能形成细胞组织和产生出多细胞生物。（脊椎动物的）真核细胞中线粒体的数目从一到数千，（绿藻中）叶绿体的数目在一和数百之间。然而，关键的一点是，细胞器不仅仅是它们的能力的加和，真核细胞代表着一种新出现的协调层次，一种新的自维生系统层次。

细胞器的出现导致在复杂得多的水平上细胞功能的全新组织。最重要的差别似乎在于调节的方式（Stebbins，1973 年）。在原核细胞中，基因组是由细胞中专门的抑制诱导物的产物去活化或者钝化的，这个过程常常被其他的分子所打乱。而在真核细胞中，一种总有效的基本活性通常是受抑制的，当以特定方式消除了对所论功能的抑制之后就活化了．这种差别可以与调节房内照明的差别相比（斯特宾，1973 年）。与油灯或者汽灯必须一个个地点亮、一个个地熄灭不同，电在现代房屋的复杂电路中却总是到处可得的，但在正常情况下，只要电灯开关不接通，电流就处于抑制状态。最近已发现，活化基因之灯在胚胎发育的早期最亮；此后，基因就日益钝化了。

随着中心控制这种重要的功能已不再由线粒体承担，它就改由细胞整体来承担了。这与叶绿体很相似。这是光合作用和呼吸作用的过程途径的严格分开，由此增强了绿色（真核）植物细胞的灵活性。在原核细胞中，这些方式是重叠的。

可以再次提出这个问题：涨落如何引起体内共生逐步地产生并取得突破？线粒体整合的第一步比较容易解释，新出现的细胞像原核细胞一样是对横向遗传信息传递开放的。呼吸氧的决定性的能量优势显著地影响了横向的生态关系。然而，对于下一阶段形成可分裂的细胞核，情况就复杂了。原核细胞横向遗传的开放性突然结束了。遗传物质被一层膜所隔离。在这种细胞的无性分裂中，遗传媒介物实际上转变为专门的纵向信息传递者。重要的隔离因素第一次进入了发展。但这并不意味着退回严格的达尔文基因选择，因为在真核细胞中染色体不再是固定不变的，而是像细胞的其他部分一样不断地建构和退化。利马·德·法利（1976 年）提出的染色体场论，详细阐述了遗传物质的自我更新，在本书后面还更详细地讨论。在此完全可以指出,渐成的发展——在与环境反馈中有选择地利用遗传信息——进入了真核细胞的阶段,而且以后就与纯粹的遗传发展共有这个阶段了。

随着细胞核的有序分裂,纵向的遗传媒介因而获得了巨大的效力。但是在渐成发展的早期,纵向传播仍占支配地位,并阻止大的遗传变革。除了随机突变外(例如由宇宙辐射引起的突变),自复制中的误差和改变细胞原生质的渐成变化可能在有利于突变方面起了作用。但是事实上显然没有发生大的变化,因而对于性别引入带来的另一个决定性步骤到来之前,又出现了一个长达 5 亿年的时间间隔也就不奇怪了。叶绿体的整合是一个例外,叶绿体成为更高级的植物进化的基础。与线粒体的整合相比,尽管在此不再存在横向的遗传开放性,但是仍可以假定,横向的遗传过程非常有利于与呼吸氧的真核细胞相匹配的光合作用的出现。

在自组织的、进化的生态系统的横向过程中,遗传进化多少有些僵化的线路必然引起相当大的紧张关系。这些紧张关系有助于选择压力并有利于分化。用这种方法,不仅有可能说明真正物种的出现,而且有可能说明发展线分道成了植物“界”、动物“界”和真菌“界”。植物传递相互分离的四组基因——细胞核的、线粒体的、叶绿体的和游动器的基因。绿色植物除线粒体外还需要进行光合作用的叶绿体,因为它们采用与动物借助呼吸氧一样的方式降解光合作用贮存在葡萄糖分子中的能量。但它们可以直接利用产生的二氧化碳,而动物则呼出二氧化碳。而且,昼夜之间各自的重点途径也不一样。动物传递的只有三组基因,因为它们没有叶绿体。靠有机物为生的无光合作用的真菌的发展路线,似乎是从动物的发展路线上的某一点上分道出来的。它与林恩·马古利斯的体内共生理论相一致。

尽管它们有部分的独立性,细胞器的功能可以这样来描述,它们继续了原核生物细胞在管理盖亚系统中的活动。在维持最重要的所有生化的循环过程中，它们起着最基本的作用，这种循环中的氧化过程与动物和人的能源相联系，而还原过程则对于植物是至关重要的。现在变得很清楚，和在微观细胞中一样，宏观图景中以及在发展着的多层次世界中的个别层次的功能是半自主的。在它的大气方面，盖亚系统主要由原核细胞层次来管理。在更复杂的细胞中原核细胞纵向组织起来，这些更复杂的细胞进而发展成为多细胞生物，此时原核细胞并未失去按其自己规律保持与环境进行交换的能力。这种交换为更高级的细胞和生物的形成创造了条件，从而展现了系统的共同进化。

性征

据推测在10亿年前性征就已很发达了，这至少是类孢子细胞的年龄。类孢子细胞看起来是从减数分裂中产生的，或者换言之是在受精细胞合子的分裂中出现的。性征意味着两个真核细胞的融合，由此两个亲体细胞的完全的遗传物质（每个提供双倍染色体的一半）就在新细胞的核中结合在一起了。很明显，在此还决定了那一个亲体细胞的基因起着支配作用。变得有效的遗传物质并不比每个亲体的基因更多，假若基因是成倍增长，那就会很快达到复杂性的极限。新细胞以后的分裂把从两条分开的发展路线传下来的信息传递下去。回顾过去，过去经验的这种统一模式看起来像一棵树，我们所说的的确是一棵自古延续下来的树。

结果是极其多样的遗传变化。这些变化非常之多以至在一生中只有一部分被利用，而其余的则作为渐成灵活性"保存"起来。横向和纵向的信息传递之间的均衡，在进化中第一次使得真正的系统发育成为可能。从细菌的特定的遗传——它们的横向的和纵向的遗传媒介物以杂乱的方式相混合，以及通过（在无性细胞分裂或有丝分裂中）占优势的纵向传递，出现了横向和纵向遗传媒介物之间有序的相互作用。如果说横向信息传递的特征主要表现为新奇性，那么纵向信息传递就提供了确立性。遗传信息转移的进化因此使得实用信息的这两个方面进入一种特殊的均衡（见第 3 章）。这意味着实用信息有效性的近似最优化。我们还可以认为，进化在提高遗传自主性的方向上进行，或换言之，在增强个性的方向上进行，这不是指个别生物体，而是指世代交替中的动力学过程。

从这个角度看，现在很清楚了，性征只能是问题的一个侧面，而另一个侧面是（个别有机体的）死亡或者个体发生的退化。正是死亡迫使基因在每一代中进行配对。在无性细胞分裂的纯纵向繁殖中，没有自然死亡，只有受迫死亡。变形虫不死亡。只要环境条件有利，不断分裂的细胞不会老化而持续分裂下去。

说明：

詹奇（Erich Jantsch, 1929–1980）著，曾国屏等译，节选自《自组织的宇宙》，中国社会科学出版社 1992 年，第 136–141 页。詹奇为系统科学家、思想家。

阅读思考：

什么是内共生？萨根与马古利斯夫妇虽然不在一个领域工作，贡献不好比较，但你大致认为谁的贡献更大一些，理由是什么？你知道马古利斯的连续内共生理论（SET）发表过程中的重重困难吗？

四个字母的好单词

多里昂·萨根 林恩·马古利斯

　　盖亚学说，从关于地球繁衍的模糊的、诗意的概念开始，发展到后来，形成了更为温和、因而在科学上也更易于接受的马吉利斯和拉夫洛克的系统表述。我们并不想使盖亚说可能意味着的宗教观点和科学观点变得完全一致。然而很显然，没有一种简单的科学的或精心设想的元科学陈述能概括出盖亚说的丰富内涵或是给出一个完整的定义。严格科学的盖亚定义是第一步。但是作为一种认知方式的盖亚，并不仅是其他世界观中的一种（它是把天文学、大气化学、生物学、生物化学、遥感技术及热力学结合到一起的交叉学科研究）。盖亚有自己特定的含义，并在科学领域之外获得了社会的支持。作一粗浅的社会学研究就会发现，盖亚说不仅被批评为非科学的、"不可检验的"，而且还被说成是反人性的诡辩论、绿色政治、工业辩护学，甚至被认为是非基督教生态学的"撒旦主义"。如此众多的批判表明，盖亚说的影响已超出了科学的范围；这也证实了拉夫洛克的直觉：他的这个思想是如此重要，他要用一个"好的四个字母的单词"来给它命名[1]。在称之为"盖亚"之前，拉夫洛克曾提到"从大气层外看到的生命"或"有自我平衡趋向的控制论星球系统"。"盖亚"这个名字是拉夫洛克在英国乡村的邻居——小说家威廉·戈尔丁给取的。在希腊神话中，地球的化身盖亚是提坦的母亲。它的另一种拼法是"Gaea"，已经在"科学的"英语词汇中扎根，如几何学（Geometry）、地质学 （Geology）、地理学（Geography） 以及泛古陆（Pangeae）等。

　　盖亚科学的批评者的反对意见和支持者言过其实的谄谀之词一样，都

---

[1] 英文单词"Gaia"是四个字母。——译者注

没有把它论述清楚。在科学领域之外，盖亚已经成为绿色运动和生态学运动的宠物。散文家兼医生刘易斯·托马斯成功地把地球的蓝白卫星照片与盖亚观点联系在一起，声称太空视角立刻使我们认识到地球很明显地是个生命体，而不仅仅是一个行星。与孤寂死灭的月球相比，地球是"这部分宇宙中唯一充满生机的东西"，具有"活的生物的组织化和自足的外观，充满信息，极为娴熟地利用着太阳"。把地球当作一个生命体的沉思，是这样一种哲学一元论观点的一部分：即认为整个宇宙在某种意义上都是有生命的；这种思想重新唤起了前现代但却并非完全前科学的情感。盖亚理论的广度和深度给科学史学家和哲学家们正在编排中的科学革命的历史提供了一个极好的机会；这也深刻地提示我们，科学在诞生之初并不能与前科学的、巫术的或伪科学的思想体系严格地区别开。

科学，根据标准的人类学思想，是由宗教演化来的，恰如宗教脱胎于巫术。19 世纪与达尔文同时代的批评者塞缪尔·巴特勒告诫说，科学家是占卜师、巫医和披着最摩登外衣的祭司；当用得着时，就要求我们非常近地去观察他们。从这个角度来看，科学只是一种没有被当作宗教来看待的宗教：一种仍在积极运作的、没有建立在原始假设基础上的信仰体系，一种没有被很好地学习、反复地重复的信仰体系，以至于这一点已被人们遗忘，并进而进入了无意识的领域。

盖亚说作为一种潜在的生物学的大统一理论，通过广泛地向其他学科学习，而不仅仅是在科学内部或标准的盎格鲁－撒克逊科学哲学里兜圈子，变得成熟起来。这些学科，也许包括解构的或文学批评的研究、现象学研究，甚至精神分析的和女权主义的研究。（生活在一个消解了神性但仍然具有内在"母性"特征的地球上意味着什么呢？）

元科学的盖亚

几十亿从事着贸易、殖民、战争、繁衍并且拥有巨大技术能力的人类栖居在地球的表面。看来，要维持当前庞大人口的生存，我们必须采纳盖亚说的一些观点：只有当科学具有作为一种信念体系的地位时，才能必然推出人类在全球规模上的行为变化。盖亚科学的运作乃是出于地球不仅是一个家（希腊语 oikos，是生态学的词根）而且是一个躯体的隐喻。这个躯体不同于毫无活力的物体，它是有感觉和有反应的；实际上，虽然把地球看作是一个"有生命的行星"与把地球看作是"活的"之间的区别看上去可能很小，但对它的争论已经在生物学家和地理学家之间造成了分歧和烦恼。

对活的地球的承认冲破了万物有灵论——人格化、拟人说、自恋巫术信仰等科学上的禁区，这些信念已随着"客观的"科学的进步得到克服。盖亚说缩短了生命和非生命、有机和无机、生和死之间的距离，或者说扩展了他们之间的连续性。例如，在盖亚理论中，大气层成为生物圈的一部分，一种全球循环系统；富含微生物的土壤不再是地球表面毫无生机的基质，而是生命的组织。更大胆点说，这个活的生物圈暂时不仅包括大气层及其云层，而且包括板块构造、海洋盐浓度调节以及 30 多亿年来似动物一般的地球温度的调节。这种新的对我们环境的关注导致了我们价值的改变，也给了我们的技术文明一个机会来认识、改变甚至是逆转人类对环境的影响。

科学的盖亚说

在试图对其他行星上的生命作远距离探索的过程中，拉夫洛克发展了盖亚假说，因为他认识到他的方法给地球生命的本质提供了激动人心的洞见。拉夫洛克认为人类不必登临火星便可知道火星上不存在生命。

仅凭化学和物理学便足以模拟火星的环境。然而同样的物理学和化学却不足以描述地球的大气圈。尽管我们看不见我们的大气层，但它在化学上是如此的不平衡，以至于使善于设想的拉夫洛克很容易直觉到地球上有生命而火星上没有。彼此之间应当快速激烈地发生反应的各种气体，如氧气和氮气、甲烷和氢气，保持着稳定的浓度。拉夫洛克论证说，如果生命是在星球表面进化的，因为它必须与其环境中的气体、液体和固体之间有不停的物质交换，那么生命必定是在全球规模上形成的。大气层和海洋是这个系统物质交换的渠道。因此环境和生物体形成的便不仅是一个居所，而是一个机体。

"教科书"上关于生命的观点是，生命由栖居于无机环境之中的成千上万的各个独立的存在构成。盖亚理论则相反，它认为，空气和大地并不是独立的无机化学物，相反，它们都是整个生命系统的一部分。在盖亚观点看来，人类全球规模的空气污染不仅仅是扰乱了大气，而且影响到全部生物群落。生物领域和地质领域之间的反馈是如此的剧烈，以至于单独考虑任何一方而不考虑另一方都将是失败的。气象学家仍认为他们一点不用考虑地球的化学或生物学，大气化学家则宣称气象学在他们的领域之外。这些科学都很少提到生物学。这种狭隘的学科观念对于理解地球机体是极为不利的。

尽管盖亚说曾被贴上不可检验和"非科学"的标签，但这一假说已引起对全球的生物地理化学过程的多方面研究。硫化甲醚——一种由藻类释放的、可能与地球温度调节有关的化合物，其在气候上的重要作用，如果没有盖亚说的推动，肯定迄今还不会被发现。或许，作为一个整体的盖亚说既不能证实也不能证伪，而是如同哲学家卡尔·波普尔评说达尔文的进化论那样，是"一个形而上学的研究纲领"。

现象学的盖亚

要想全面把握盖亚说内涵，就不能忽略现象学方面的探索。当我们说栖居于一个活的有机体上时，我们指的是什么意思呢？从前我们将经验归属于惰性环境中的机械的因果关系或运动，一旦我们认识到非人环境中无所不在的应激性时，我们将如何描述它们呢？

神话的盖亚

如同精神分析学，盖亚理论恢复了科学（逻各斯）和神话（mythos）之间的对话。盖亚说获得的许多社会文化的支持，主要原因是该神话对我们来说仍然很有意义。在我们这个充斥着虚无主义、一神论、"上帝死了"等思想的时代，盖亚说是一种乐观的、积极的学说。它的成功必须全部或至少部分归功于它的名字。更为微妙的联系补充了盖亚理论与希腊理智根基之间的明显连结。一位父权制的神被"女性化"为大地母亲，从天上的神变为大气遮盖着的可测量的实体：这些都需要严格的神话分析。用生态学的语言说，盖亚说不只把地球看作是一个地方或家，而是看作一个生命有机体，它使我们激动地想起那西索斯，他凝视水中，与水中那以前他从未见过的倒影一见钟情。当人类第一次从黑暗的空间反观地球的迷人景象时，便发生了类似的现象。那西索斯淹死了，那么人类是否会因盖亚说强调地球是生命体而导致同样的命运呢？

说明：

多里昂·萨根（Dorion Sagan，1959–），林恩·马古利斯（Lynn Margulis，1938–）著，李建会等译，节选自《倾斜的真理：论盖亚、共生和进化》，江西教育出版社1999年，第256–262页。多里昂·萨根为卡尔·萨根与马古利斯的儿子，自由作家，从1981年开始与母亲马古利斯合作发表文章。马

B卷

古利斯是当代著名生物学家，美国国家科学院院士。

本能的无知

法布尔

　　飞蝗泥蜂刚刚向我们表明，它在自己无意识的启发下，也就是在本能的指引下，行动多么正确无误，技术多么卓越；现在它将向我们表明，当发生哪怕只是稍微偏离习惯道路的情况时，它的办法是多么缺乏，它的智慧是多么局限，它甚至是多么的不合逻辑。这便是本能的才干所具有的特征。这是一种奇怪的矛盾：高深的技能与同样深深的无知联系在一起。出于本能，不管困难多大，无论什么都可能办到。在建造它那完全由三个菱形构成的六角形的蜂房时，蜜蜂极其精确地解决了最大值和最小值这些艰难的问题，这些问题如果由人来解决，那就需要极高深的代数学。膜翅目昆虫由于幼虫靠猎物维生，在凶杀术方面所发挥的手段，即使精通最精妙的解剖学和生理学的人，也几乎无法与之比试高低的。只要行为不超出动物所掌握的不变的循环，那么出于本能，没有任何事情是困难的；同样，如果超出了通常遵循的道路，那么出于本能，没有任何事情是容易的。昆虫以它高度清醒的头脑令我们赞叹不绝，惊骇不已；但是过一会儿，面对最简单但有别于它通常实践过的事实，它又愚蠢得令我们吃惊。飞蝗泥蜂将给我们提供一些这样的例子。

我们注意观察一下它把距螽拖到窝里去的过程吧。我们如果运气好，也许会看到一个小场面，现在我把这场面描述一下。在走进岩石下已经做好窝的隐蔽所时，这只膜翅目昆虫在那儿会发现一只食肉类昆虫——修女螳螂栖息在一根草茎上。这螳螂表面看来似乎在虔诚念经，其实隐藏着残忍的习性。飞蝗泥蜂大概知道这埋伏在它过路处的强盗会给它带来什么危险，它把猎物放了下来，勇敢地向螳螂冲去，打算狠狠地搂它几下，把它赶走，或者至少吓它一吓，让它不敢乱动。那强盗不动弹，但闭紧前后臂两把大锯这部死亡的机器。飞蝗泥蜂又回来从螳螂躺着的草茎旁边走过。根据它头所朝的方向，我们看出它提防着，它要以威胁的目光使敌人待在原地，不敢动弹。这样的勇气是该有回报的：猎物堆在那儿没有不如意的事情发生。

在进一步叙述前，有必要了解一下它的窝。窝筑在细沙里，或者不如说是筑在一个天然隐蔽所的尘土中。窝的过道很短，一两寸，没有拐弯，通到仅有的一间椭圆形的宽敞房间。总之，这是一个匆匆挖成的粗陋洞穴，而不是精雕细刻盖成的美宅。我曾经说过，为什么住所这么简陋，而且每个窝只能有一间房间，一间蜂房，这是由于事先抓到的猎物要暂时丢在狩猎场所的缘故。因为谁知道这一天，猎手第二次捕猎时，命运又会把它带到何方呢！所以洞穴必须就筑在抓到的沉重猎物的附近。如果要运输第二只距螽，今天的住所就离得太远了，无法用来进行明天的工作。所以，每抓到一只猎物，就要进行新的挖掘，建造仅有一间房间的新窝，这窝时而在这儿，时而在那儿。

作了这番的交代之后，我们来做一些实验，看看当我们给飞蝗泥蜂创造一些新环境时，它会怎样行事。

第一个实验。一只飞蝗泥蜂拖着猎物在离它的窝几寸距离处。我没有

B卷

打扰它，用剪刀剪断距螽的触角，我们知道，飞蝗泥蜂是用这些触角作为缰绳的。由于拖着的重担突然减轻，使他感到惊奇，飞蝗泥蜂回到猎物身边，它现在毫不犹豫地抓住触角的底部，也就是剪刀剪剩下的那一小节。太短了，几乎不到十毫米，没关系；对于飞蝗泥蜂来说，这已经足够了，它咬住剩下的缰绳又搬运起来。为了不伤着泥蜂，我十分小心地剪那两段触角，这一次贴着头顶盖剪。昆虫在它熟悉的部位找不到抓的东西，就在旁边抓起猎物长长的触须中的一根，继续它的拖拽工作，而对于套车方式的这种改变丝毫不觉得有什么奇怪。我让它这么做。猎物被带到了窝里，头摆在洞口。于是，膜翅目昆虫独自走进窝里，在把食物储存起来之前，对蜂房的内部作一番短暂的视察。这令人想起黄翅飞蝗泥蜂在同样的情况下所采取的举措。我利用这短暂时刻抓起被抛弃掉的猎物，把它所有的触须都剪掉并把它放得远一点儿，离窝一步路的地方。飞蝗泥蜂又出现了，它发现猎物在窝的门槛处，便径直朝猎物奔去。它在猎物的头部上面找，下面找，旁边找，可根本找不到可以抓住的东西。它作了一个绝望的尝试，把大颚张得大大的，试图咬住距螽的头；可是它的钳子开度不够，无法夹住这么大的东西，在圆滚滚又光滑的头颅上滑了下来。它又重新进行了多次，可总是没有任何结果。现在它相信自己是白费劲了。它走开了一点儿，似乎要放弃再作努力了。它好像已经泄气似的；至少它用后腿擦擦翅膀，把前跗节放到嘴上舔舔，然后揉揉眼睛；这在我看来就是膜翅目昆虫放弃作业的表示。

不过距螽除了触角和触须外，还有别的部位可以容易地抓住和拖走。它有六条腿，有产卵管，不过这些器官都相当小，不好整个咬住并作为拉车的绳子。我相信，对于储存作业来说，拉着触角把头先拖进去，这样猎物是处于最合适的状态；但是拉一条腿，尤其是前腿，猎物同样可以容易地拖进去，因为洞口宽，过道很短，甚至没有过道。那么为什么飞蝗泥蜂一次也没有试一试去抓六个跗节中的某一个或者产卵管的端部，相反它却拼命尝试做不可能的事，做荒谬的事，用它那非常短的大颚去咬猎物那巨大的脑壳呢？它难道这样的念头连想也没想过吗？那么让我们设法提醒它吧。

我把距螽的一条腿或者腹部的那把刀的末端放到飞蝗泥蜂的大颚下。飞蝗泥蜂顽固地不肯去咬；我一再诱惑它，可毫无结果。它既抓不住猎物的触角，又不知道抓住猎物的腿，飞蝗泥蜂一直束手无策。这个猎手也真是奇怪！也许我一直待在那儿以及刚刚发生的不寻常的事件打乱了它器官的功能吧。那么我们让飞蝗泥蜂独自跟它的猎物待在洞口吧；让它在没有人打扰的安静情况下有时间去思考，去想象出某种办法来解决问题吧。于是我丢下飞蝗泥蜂，继续走我的路。两小时后，我回到原处，飞蝗泥蜂已经不在那儿了，窝一直打开着，而距螽则仍然躺在我最初放置的地方。我们可以由此得出结论：膜翅目昆虫根本连试都没试过：它走了，把一切——住所和猎物——都扔掉了，而它只要抓住猎物的一条腿，那么这一切都归它所有了。这种可与弗卢朗比试高低的昆虫，刚才以它的技能使我们瞠目结舌，因为它会压迫猎物的大脑使之昏昏沉沉，而面对超出习惯的最简单的事实却愚蠢得令人无法想象。它如此善于用螫针刺中猎物前胸的神经节，用大颚压迫脑神经节；带毒的螫刺会把神经的生命力永远消失而压迫只是导致暂时昏沉，它对此能够分别得这么清楚；可它却不知道，如果在那个部位抓不住猎物，可以抓住这个部位。它根本无法明白可以不抓触须而抓腿。它要的是触须或者头上别的丝状物——触角。要没有这些绳子，它的种族就要完蛋了，因为它无法解决这小小的困难。

第二个实验。窝里食物已经储存，卵已产好，膜翅目昆虫正忙着把窝封住。它后退着用前跗节打扫门前，把一柱尘土抛到住所的门口。因为扫地工的动作非常敏捷，尘土从它肚子底下穿过，射出抛物线般的网，就像液体的网一样连续不断。飞蝗泥蜂不时用大颚挑选几粒沙子、小石子插入土块中，用头来顶，用大颚来压，把它们垒到一起。砌了这道墙后，洞口的门很快就不见了。我在它工作过程中插手进去。我把飞蝗泥蜂拿开，小心地用刀扫清那短短的过道，取走封门的材料，使蜂房与外部恢复畅通无阻。然后我没有搞坏建筑物，用镊子把距螽从蜂房里取出来，当时距螽的头放在窝的尽头，产卵管放在门口。膜翅目昆虫的卵像通常一样产在牺牲品的胸部，即一条后腿的根部；这种状况表明膜翅目昆虫对它的窝做了最后的加工，以后再也不回来了。

采取了这些措施并把拿来的猎物安全地放在盒子里后，我把地方让给了飞蝗泥蜂，而飞蝗泥蜂在它的家被这样洗劫时一直待在一旁注视着。它发现门开了，便走了进去，在里面待了一会儿，然后它出来又开始被我打断的工作，也就是说认真地堵住蜂房的门口，重新往门口退着扫地，运沙粒，始终一丝不苟地堆砌着，仿佛在干着有用的工作。门再次堵好了，昆虫掸掸身子，似乎对它完成的作品满意地看一眼，最后飞走了。

飞蝗泥蜂应该知道窝里已经一无所有，因为它刚刚进去过，甚至还呆了相当长的时间；可是它在对抢劫一空的住所察看一番之后，却仍然要把蜂房重新封起来，其细心的程度就跟好像任何异常的情况根本没有发生似的。它是不是打算以后再使用这个窝，再带另一只猎物回来，再在那儿产卵呢？这样的话，它把窝封住的目的就是不让不速之客在它不在时闯入它的住所，那么这就是谨慎的措施。防止别的掘地虫觊觎已经盖好的房子，这也许也是防止室内受到损坏的明智的预防手段。而且某些掠夺成性的膜翅目昆虫，当工程需要停顿一段时间时，的确是把门暂时封起来，不让别人进入的。吃蜜蜂的泥蜂的窝是一个竖井，我曾看到它在动身去捕猎或者在太阳下山停工时，正是这样用一块平平的小石头把蜂房的门封起来的。不过那只是简单的封住，只是用一块小石头盖住井口而已。昆虫回来时只要搬开那块小石头，入口就畅通无阻了，而这只是顷刻就能办成的事。相反，我们刚才看到飞蝗泥蜂建造的，则是牢固的栅栏，是坚实的砌体，整个过道里尘土和砾石一层层交替相间。这是永久性的建筑物，而不是暂时的防御工程；建筑者对这建筑物的细心就是证明。何况根据飞蝗泥蜂的行为方式，说它还会回来利用已经准备好的住所，这是十分值得怀疑的。我认为这一点已经得到了充分的肯定：飞蝗泥蜂将在别的地方捕捉猎物，用来储存距蝗的仓库也将在别的地方挖掘。不过这毕竟只是推理，让我们看看实验的结果吧，实验比逻辑更有说服力。我把这件事搁下将近一个星期，好让飞蝗泥蜂有时间回到它那有条不紊地封闭起来的窝里第二次产卵，如果这就是它封闭窝的意图的话。事实回答了逻辑的结论：窝一直封闭得好好的，但是里面没有食物，没有卵，没有幼虫。证明是决定性的，膜翅目昆虫没有再来。

被抢劫的飞蝗泥蜂进入它的窝，从容地查看了空空如也的房间，它的行为就好像根本没有发现刚才还拥塞着蜂房的庞大的猎物如今已经消失了似的。它是否真的不知道食物和卵已经不在了呢？它在从事凶杀事业时，洞察力是那么敏锐，难道它的智慧是这么愚钝，居然看不到蜂房里已经一无所有了吗？我不敢说它这么笨。它已经发现了。那么它为什么又这么愚蠢地去封住，而且是认真地去封住一个已经空了而它以后也不打算再在里面放食物的窝呢？封门的工作是无用的，是极端荒谬的；没关系，昆虫以同样的热情完成这一工作，仿佛幼虫的未来是取决于这一工作似的。昆虫的各种行为是命中注定要彼此联系在一起的。因为某件事刚刚做过，所以与之相关的另一件事就非做不可，以便补充前一件事或者为补充前一件事准备道路；而这两个行为彼此相互依赖得那么紧密，以至于做了第一件事就要做第二件，即使由于偶然的情况，第二件事已经变得不仅不合宜，而且有时还有悖于自己的利益。一个窝现在因为没有了猎物和幼虫，已经没有用处，而且由于飞蝗泥蜂不会再来，将永远没有用处，那么飞蝗泥蜂把这个窝堵住究竟目的何在呢？对于这种不合逻辑的行为的解释，只能把它视为对以前的行为的非做不可的补充。在正常情况下，飞蝗泥蜂捕捉猎物，产卵，然后把窝封住。如今捕猎这个行为做过了，虽然猎物被我从蜂房里抽了出来，反正一样，捕猎做过了，卵产过了，现在该把窝封起来了。昆虫就是这样做的，内心没有丝毫想法，丝毫没有怀疑它现在的工作是无用的。

第三个实验。在正常条件下通晓一切而在异常条件下一无所知，这便是昆虫向我们展示的奇怪的相反现象。例子也是我从飞蝗泥蜂那儿得到的，可以向我们证实这一提法。

白边飞蝗泥蜂攻击中等个子的蝗虫，在它窝的附近各个种类的蝗虫都有，它对猎物可以无须选择。由于这些蝗虫很多，捕猎不必长途跋涉。当竖井状的窝准备好了之后，白边飞蝗泥蜂只要在住所附近半径不大的地方走动，很快就能找到在阳光下觅食的蝗虫。它扑向蝗虫，在不让它乱踢蹬的同时用蜇针刺它；这对于飞蝗泥蜂来说，只是顷刻间的事。猎物的胭脂红或者天蓝色的翅膀扑腾几下，腿乱踢几下，然后就一动不动了。现在要把猎物运到窝里去，而且要徒步运输。为了从事这种艰辛的作业，白边飞蝗泥蜂采用了跟它的两个同类昆虫一样的方法，也就是用大颚咬着猎物的一根触角，两腿抱着猎物，把它拖回去。如果路上有草丛，白边飞蝗泥蜂便从一根草茎跳到或者飞到另一根草茎上去，一刻也不松开它的捕猎物。最后，当它来到离它的窝几步路的地方时，它所做的事跟朗格多克飞蝗泥蜂做的一样，不过不像后者那么重视而已，因为它经常不屑这么做。白边飞蝗泥蜂把猎物扔在路上，虽然并没有任何明显的危险威胁着住所，却还是急匆匆奔向井口，把头几次伸进井里，甚至走下去一点儿，然后回来，把蝗虫拖得离目的地近一点儿，又扔下猎物，第二次对竖井作一番察看，如此反复多次，而且每次总是急急忙忙的。

这样的一再察看，有时会发生讨厌的事故。被扔在斜坡上的昏昏沉沉的猎物滚到斜坡底下去了，飞蝗泥蜂回来时在原地找不到猎物，不得不到处寻找，可有时却一无所获。要是它找到了，就需要重新开始艰难的攀登。尽管这样，它还是要把战利品扔在同样倒霉的斜坡上。对井口的多次察看，第一次可以十分合乎逻辑地加以解释。昆虫抱着沉重的猎物在到达之前，想看看住所的门口是不是通行无阻，会不会有什么东西阻碍把猎物运进去。但是第一次侦察过了之后，其他几次间隔时间很短、一次接着一次的侦察有什么用呢？是不是飞蝗泥蜂思想变化不定，忘记了它刚才的察看，所以过了一会儿又往住所跑去，然后又忘记了再次作过的检查，从而多次重新进行呢？它的记忆力也许过于短暂，印象刚刚产生就消失了。对于这个根本说不清的问题，我们不必过分深究吧。

猎物终于拖到了井边，触角垂在井口里。这时我们又看到白边飞蝗泥蜂忠实地使用着黄翅飞蝗泥蜂在相同的情况下使用的和朗格多克飞蝗泥蜂在略为不同的条件下也使用的方法。膜翅目昆虫独自入窝，察看内部，又回到门口，抓住触角，把蝗虫拖了进去。我在蝗虫的捕猎者察看住所时把它的猎物推得远一点儿，结果跟蟋蟀的捕猎者向我提供的结果完全相同。这两种飞蝗泥蜂在把猎物运进去之前，都一样固执地自己走进地下室。在这儿我们回忆一下，把蟋蟀移得远一点儿这个把戏并不都能骗过黄翅飞蝗泥蜂。黄翅飞蝗泥蜂中有精英部落，有精明的家族，它们在几次失败之后，明白了实验者玩的手段并且会挫败这些手段。但是这些能够有所进步的革命者为数寥寥，而那些固执于旧风俗习惯的保守者则是大多数，是一大群。我不知道捕猎蝗虫的飞蝗泥蜂是不是根据所在地的不同，有的诡计多些，有的少些。

下面是一个更引人注目的，也正是我希望最终得到的结果。在多次把白边飞蝗泥蜂的猎物推得离它的地下室门口远些，以迫使它再来抓之后，我利用它下到井底的机会拿走它的猎物，放到它找不到的安全地方。飞蝗泥蜂又上来了，找了很长时间，当它深信猎物真的已经丢失时，便又下到它的窝里去。飞蝗泥蜂开始堵塞它的窝，而这并不是用一块平的小石头，一块用来遮住井口的石板做成的临时封闭，而是永久性的封闭，它把尘土和砾石扫到过道里，直至把过道填平。白边飞蝗泥蜂在它的井里只造了一个蜂房，而在这蜂房里只放一只猎物。这惟一的蝗虫已经抓到并放到洞边了。猎物没有储存起来。这可不是捕猎者的过错，是我的过错。昆虫已经按照不变的规则进行了工作，它同样按照不变的规则把窝堵住以便把工程完成，尽管窝里什么也没有。朗格多克飞蝗泥蜂对刚刚被抢劫的住宅作毫无用处的照料，白边飞蝗泥蜂也一模一样地重复这样的工作。

第四个实验。黄翅飞蝗泥蜂在同一过道里建造若干个蜂房，在每个蜂房里堆放着若干只蟋蟀，如果它在作业过程中暂时受到打扰，它会不会也干同样的不合逻辑的事情，这可没有把握断定，因为一个蜂房尽管空无一物或者储备的食物不完备，膜翅目昆虫仍然会回到同一个窝来为其他蜂房作准备工作的。不过我有理由认为这种飞蝗泥蜂像它的那两个同类一样，也会犯同样的差错。我的信念根据如下。当一切工作结束时，每个蜂房里蟋蟀的数目通常是四只；不过三只也不罕见，甚至有时只有两只的。在我看来，四只这个数目是正常的。因为，首先，这种情况最常见；其次，在喂养从窝里取出来的小幼虫时，当它们第一次吃猎物时，我发现所有的幼虫，不管是原来只备着两三只猎物的还是备着四只的，它们都很容易地把我一只只喂它们的食物吃完一直到第四只为止，超过第四只，它们就什么也不吃了，或者对第五份口粮只是碰一碰。如果幼虫要想身上的器官得到完全的发育需要四只蟋蟀，为什么有时只给它备三只，有时备两只呢？为什么在口粮供应上有相差一倍这么大的区别呢？这并不是给幼虫吃的猎物有什么不同，因为所有的猎物显然体积都一样大小；这只能是由于猎物在路上失掉的结果；因为在飞蝗泥蜂做窝的斜坡上部，人们发现有一些成为猎物的蟋蟀，捕猎者出于某种动机把它们扔下一会儿，它们由于地面的倾斜而滚了下来。这些蟋蟀成为蚂蚁和苍蝇的食物；飞蝗泥蜂遇到这些蟋蟀是不会要的，否则，自己就要把敌人引入窝里来了。

在我看来，这些事实表明，如果说黄翅飞蝗泥蜂的算术能力能够正确估计出要捕捉的猎物的数目，它的这种能力却不会高到能够清点完整地运到目的地的猎物的数目，昆虫在计算时，指引它的只是一种不可抗拒的天启，这促使它以一定的次数去寻找猎物。当它完成了应该的出征数，当它尽可能把出征得来的捕获物储存好后，它的工作便结束了；蜂房便封闭起来，不管蜂房里是否已经完全备好粮食。自然赋予它的，只是在通常情况下为了喂养幼虫所要求的本领；而这些盲目的本领不会因经验而有所变动，因为这对于传宗接代已经足够了，昆虫不可能有更发达的能力。

我以我开始所说的话作为结束。在业已指明的道路上，昆虫的本能是无所不知的；而超出这条道路，本能便什么也不会了。根据是在正常的条件下还是在偶然的条件下行事，昆虫的表现或者是充满杰出的本领，或者是不合逻辑蠢得惊人，而这两者都是它的天赋。

说明：

法布尔（Jean Henri Fabre，1823–1915）著，梁守锵译，节选自《昆虫记》（卷一），花城出版社2001年，第131–143页。法布尔为法国博物学家、文学家。

阅读思考：

如果你想成为自然文明家，可以从法布尔描述飞蝗泥蜂中学到什么？专项技能（本能）与通用才能之间是什么关系？你留意过家乡的蝴蝶、蚂蚱、蚯蚓、野花吗？

马来群岛自然产物对比

华莱士

人们普遍认为当前地球上生物的分布是地球经历的最后一次系列剧变的结果。地质学告诉我们，陆地的地表以及大陆海洋的分布，是时时刻刻处于不断的缓变中的。而且，从我们得到的每个时期的任何遗迹上，我们还发现当地的生命形态也处于缓慢的变化之中。

现在，去解释每一个变化是怎么发生的似乎没有必要，而且对于解释本身，是仁者见仁、智者见智的问题。但是从最早的地质时代一直到今天，变化本身正在发生着，并且以后还会继续变化，对这点大家都是一致赞成的。沉积岩、沙子、沙砾的每一个连续的地层，都是地表发生变化的证据；而且，在这些沉淀物中发现的不同种类的动物、植物化石，印证了生命世界确实发生了相应的变化。

因此，如果承认上述两个变化，现在当地分布的大多数特有的或者反常的物种都可以追溯出它们的起源了。在我们自己生活的大不列颠岛上，除了微乎其微的几个特例以外，每一种四足动物、鸟类、爬行动物、昆虫以及植物在临近的大陆——欧洲大陆——也是存在的。而在撒丁岛（Sardina）（位于意大利的地中海）和科西嘉岛（Corsica），存在着某些特有的四足动物和昆虫以及很多的植物。而在锡兰（Ceylon）[1]，虽然它与印度之间的距离比大不列颠与欧洲之间的距离近得多，但它上面的很多动植物却与印度的动植物大相径庭，而且很多物种都是这个岛屿所特有的。在加拉帕戈斯群岛（Galapagos Islands），虽然在美洲最接近这个岛屿的地区能找到与其相似的物种，但是几乎所有土生土长的生物都仅仅

---

[1] 锡兰（Ceylon），即今天的斯里兰卡（Srilanka）。——译者注

是这个岛屿所特有的。

对于这些事实，现在大多数自然学家倾向于这样一种解释，那就是自从这些岛屿从海底隆起或者从最近的大陆分离出来，都经过了或长或短的时间的流逝，然而时间的长短通常（虽然不是总是）可以从大陆到海岛之间的海峡的深度得到一些指示。广阔的海域中许多大面积海洋沉淀物的厚度，表明了海洋下沉一直在久远的时代中继续着（休眠时期就中断了）。由于海洋下沉所导致的海洋的深度也相应地成为一个时间的测度；同样地，生物形态所经历的变化就形成了另一个时间测度。只有根据查尔斯·莱尔先生（Sir Charles Lyell）和达尔文先生（Mr. Darwin）完美地解释自然驱散的方式，适当地给这些分离出去的岛屿从周围陆地上不断地引进新的动植物，这两个时间测度才会相当完美地匹配起来。大不列颠岛只是被很浅的英吉利海峡从欧洲大陆分离出来，而我们的动植物与欧洲大陆相应品种之间所表现的差异只有很少的几个案例。而科西嘉岛和撒丁岛，与意大利之间隔着一个深得多的海峡，它们之间生物的种类就呈现出大得多的差异。古巴（Guba）与尤卡坦半岛（Yucatan）之间隔着一个要更深得多也宽得多的海峡，两地生物种类的差异就更为显著了，因此，岛上大多数物种都是其上面所特有的；然而，马达加斯加岛（Madagascar）与非洲之间隔着一个 300 英里宽的深海沟，岛上生活着这么多特有的物种，由此可以表明这个岛屿在远古就和大陆分离了，甚至可以怀疑这两个地方可能自始至终都是绝对分开的。

现在回到马来群岛，我们发现把爪哇岛、苏门答腊岛以及婆罗洲彼此分开，以及把它们与马六甲海峡和暹罗（Siam）[1] 分开的所有这些海洋，虽然很宽，但是很浅，而且这些海洋深度很少有超过 40 英寸的，因此轮

---

[1] 暹罗（Siam），泰国（Thailand）的旧称。——译者注

船会在任何地方搁浅。如果就深度达到 100 英寸（1 英寸 = 2.54 厘米）的海域而言，那就将包括菲律宾群岛和巴厘岛以及爪哇岛的东部地区了。因此，如果这些岛屿之间的彼此分离以及与大陆之间的分离，是由于这些岛屿之间的大片陆地的地质沉降而造成的，而陆地的下沉深度是如此之小，那么我们可以得到这样的结论，那就是这个分离是在相当近的时间里发生的。值得指出的是，对于这样的地质沉降，位于苏门答腊岛和爪哇岛的活火山带也给我们提供了足够的证据。由于火山爆发会喷出大量的物质，这会动摇周围地区的根基，并且这可能是对火山以及火山带总是临近海边——这一常常被注意到的事实的正确解释。也许周围岛屿并不存在海洋，但是由于发生的地质沉降过程，经过一定时间的积累，最终会形成海洋。[1]

但是我们必须以动物学的观点对这个地方进行考察，才能找到我们需要的证据，这些证据非常显著地证明了这些岛屿曾经是大陆的一部分，而且从大陆分离也是在最近的这次地质年代发生的。生活在苏门答腊岛和婆罗洲的大象和貘（tapir），苏门答腊岛和爪哇同一属的犀牛（thinoceros），婆罗洲的野牛以及一向都认为是爪哇所特有的动物现在都在南亚的某些地区被发现。这些大型动物中没有一种能够跨过这些隔开大陆和岛屿的海湾，由于这些物种的起源具有某些相似的性质，所以它们的存在非常明显地表明了这些岛屿和大陆之间曾经是紧密联系在一起的。对于较小的哺乳动物，有一大部分都是各岛和大洲所共有的，但是，在如此广阔的地域，火山爆发和地质沉降这样巨大的地质变化肯定发生了，这将直接导致一个或者更多的岛屿上物种的灭绝，而在有些个例中，物种的变化已经发生了相当长的时间了。鸟类和昆虫的分布状况也证实了同样的观点，对于其中的每一属以及几乎每一类，凡是在任何一座岛屿上发现了的，在亚洲大陆上也发

---

[1] 现在大多数地质学家普遍认为，由于重力作用，陆地或者海洋上的各种新近的沉淀物会导致地质沉降。因此，火山喷出的岩石和灰烬的沉积，也是造成地质沉降的一个原因。

现了相应的品种，而且有许多都是完全相同的。鸟类的分布给我们提供了找出决定物种分布规律因素的最好工具，因为阻碍陆生四足动物跨越的水体边界，虽然凭直觉，飞鸟很容易飞过，但是事实上并非如此；因为如果我们不考虑那些最为卓越的旅行者——水生动物——我们会发现其他的物种（尤其占物种绝大多数的那些途经这里的动物和随遇而安的鸟类）往往会严格受制于海峡和海湾，就像四足动物那样。举例说明，在我所要记叙的那些岛屿中，有这样一个显著的事实，爪哇岛上生活着不计其数的鸟类，虽然爪哇与苏门答腊岛之间只有一个 15 英里宽的海峡相隔，而且海峡中间还有较小的岛屿，但是，这些鸟类从来不飞到对面的苏门答腊岛。事实上，爪哇岛上特有的鸟类和昆虫要比苏门答腊岛和婆罗洲的多些，这个现象充分说明了爪哇岛与大陆分离的时间要比其他岛屿早得多；其次，婆罗洲也是比较有代表性的，对于苏门答腊岛，它上面的动物种类与马六甲半岛是如此相近，因此，我们可以很有把握地得出这样的结论，这两个岛屿是最近才分开的。

　　我们得到的一般结论就是：较大的几个岛屿——爪哇岛、苏门答腊岛以及婆罗洲上的自然物种与大陆邻近地区的物种是类似的；它们与大陆相隔如此之远，即使现在它们仍然是大陆的一部分，恐怕其相似程度也只能达到这么多。这些大岛在自然产物上与大陆如此相近，而使它们分离的海洋又是这样一致的浅，并且，在苏门答腊岛和爪哇岛大范围存在火山——喷出大量的地下物质，形成了广阔的高原、巍峨的山脉，而且和与之相并列的地质沉降互为因果——所有这些特征，都毫无疑问地得到这样一个结论：在最近的这次地质年代，亚洲大陆与现在的范围相比，要向东南方延伸很多，包括爪哇岛、苏门答腊岛、婆罗洲的广大地区，而且大概要延伸到目前 100 英寸深的海面。

　　菲律宾群岛在很多方面与亚洲大陆以及其他的岛屿耦合得很好，但是也呈现出一些反常的现象，这些特征表明了这个群岛与其他部分分离的时间较早，并且自分离以后经历了很多地质突变。

现在我们再把注意力转移到马来群岛的其他部分，如同西部的岛屿与亚洲大陆之间在很多方面具有相似性一样，我们会发现从西里伯斯岛到龙目岛的所有岛屿都呈现出与澳大利亚以及新几内亚很大的相似性。众所周知，澳大利亚的自然物种与亚洲大陆的大为不同，这种不同远大于地球上旧有的四大洲之间的差异。事实上，澳大利亚是孤立存在的：大陆上没有猿类和猴子，没有猫类和老虎、狼、熊以及鬣狗，没有鹿、羚羊、绵羊以及公牛，也没有大象、马、松鼠和兔子；简言之，不存在其他四大洲都很常见的四足动物。与此不同的是，这里只存在着有袋动物：袋鼠（kangaroo）、负鼠（opossum）、袋熊（wombat）、像鸭的鸭嘴兽（duckbilled Platypu）。鸟类也同样是特有的，这里没有啄木鸟（woodpecker），也没有野鸡（pheasant），而这两种动物在世界其他地方是很常见的。然而，在这里生活着筑土堆的营冢鸟（mound-making brush-turkey）、蜜雀（honeysucker）、美冠鹦鹉（cockatoo）和刷舌鹦鹉（brush-tongued parrot），这些鸟类在地球上其他任何地方都是没有的。所有这些显著的特质，在构成澳大利亚－马来群岛的那些岛屿上都能找到。

马来群岛任意两部分之间的显著差异，以巴厘岛和龙目岛的差异最为突出，虽然这两个岛屿之间的距离是如此之近。在巴厘岛，有热带巨嘴鸟（barbet）、水果画眉（fruit-thrush）、啄木鸟；但是在龙目岛，上面这些鸟类就再也看不到了，但是这里生活着丰富的美冠鹦鹉、蜜雀以及营冢鸟，所有这些鸟类在巴厘岛和巴厘岛以西的任何一个岛屿上都是看不到的[1]，两

---

[1] 然而，我知道，在巴厘岛西部的某个地区，存在着为数不多的一些美冠鹦鹉，这表明了岛屿之间的物种正在交叉混合。

自然写作读本

332

岛之间的海峡宽 15 英里。因此，我们可以在两小时以内从地球的一个大区域过渡到另一个大区域，而且，这两个区域之间物种本质的差别，竟然与从欧洲到美洲之间的差异不相上下。如果我们从爪哇或者婆罗洲航行到西里伯斯岛或者摩鹿加群岛，这个差别还要显著得多。在前面的两个岛屿上，森林中生活着数量庞大、种类繁多的猿、野猫、鹿、麝猫（civet）、水獭，以及不计其数的纷繁复杂的松鼠；而在西里伯斯岛和摩鹿加群岛，所有这些基本都看不到，而且，除了到处可见的野猪和最近才引进的鹿以外，卷尾袋貂（prehensile tailed cuscus）几乎是这里惟一的一种陆生哺乳动物。这里还是鸟的天堂，随处可见的鸟类有啄木鸟、热带巨嘴鸟、咬鹃（trogon）、水果画眉和叶子画眉（leaf-thrush），它们在西部群岛上普遍存在着，是这个地区鸟类的一大特色。而在东部群岛上则几乎没有这些鸟类的踪迹，蜜雀和吸蜜小鹦鹉是那里最常见的鸟类。置身于另一个鸟的乐园，自然学家们（即博物学家）感觉到了另一个世界，连续几天的陆地生活，使他们都没有意识到已经从一个地区过渡到另一个地区了。

　　毋庸置疑，从这些事实中我可以得出这样的结论：虽然爪哇和婆罗洲岛以东的所有岛屿从来没有真正意义上与澳洲大陆直接连接在一起，但它们确实曾经是澳大利亚或太平洋的一部分。澳洲大陆肯定发生过陆地的崩裂，时间不仅有可能在西部群岛从亚洲大陆分离之前，而且最有可能在亚洲大陆最东南端从海洋隆起之前。大家知道，婆罗洲和爪哇岛相当大的地区地质年代很年轻，是最近才形成的，而在东部马来群岛和澳大利亚，两地物种和种属之间普遍存在着显著的差异，与此同时，它们之间隔着很深的海沟。所有这些，都指明了这样一个事实，两地分隔已经相当久远了。

　　考察连接这些岛屿之间的浅海，可以推测出新近的陆地联系，这也是非常有趣的事情。阿鲁群岛、米苏尔岛、卫古岛以及约比岛（Jobie）的哺乳动物和鸟类与新几内亚的很相似，而且相似程度要比它们和摩鹿加群岛的相似程度大得多，而且我们可以发现这些岛屿与新几内亚之间只隔着一个浅海。事实上，新几内亚周围 100 英寸深海的界线刚好把天堂鸟生活的范围准确地划分出来了。

需要更进一步指出的是——而且关于物种形态和外部条件关系的理论，这是特别有意思的一点——根据岛上物种之间的显著差异将马来群岛分成两个部分，这与综合地质因素和气候条件所划分的结果是一点儿也不吻合的。两个部分都有大的火山带穿过，而且看起来对当地的物种并没有造成一点儿影响。婆罗洲与新几内亚很相似，不仅仅表现在两者都有较大的面积，都不受火山的影响，而且表现在两者都具备多样的地质结构、单一的气候，以及覆盖在岛上的大面积的森林植被。在火山地质结构上，摩鹿加群岛是菲律宾群岛的副本，两岛都土地肥沃，森林茂密，并且地震频繁发生。巴厘岛以及爪哇岛的东端拥有极为相似的气候，如同帝汶岛一样，那里空气极为干燥，土壤极为贫瘠。然而，在巴厘岛和帝汶岛之间的岛屿，地质结构类似，气候也一样，而且周围是同样的海域，当我们对比岛上的动物种类时，我们将会得到最显著的对照。这个学说——生活在不同地区的各种生命形式的差异性或者相似性，对应于当地物质的差异性或者相似性——从来没有碰到过这样明显而又直接的矛盾。婆罗洲和新几内亚，这两个自然条件非常独特的地区，如同磁极分离一样，分布着种类繁多的动物；然而在澳大利亚，由于这里干燥的气流、空旷的平原、多石的沙漠，以及温和的气候，却生存着与居住在新几内亚很相似的鸟类和四足动物，而在新几内亚，无论是高山还是平原，都覆盖着湿热而又茂密的森林。

为了更清楚地阐明这些方式——根据这些方式，我推测出并且也已得出一些显著的对比——让我们假设一下，如果地球上两个对比鲜明的地区由于自然作用被放到了一起，将会有什么事情发生呢？对于亚洲大陆和澳大利亚，世界上再也没有两个地区的物种像这两个地区那样存在着根本差异，然而，非洲和南美洲之间的差异也是很明显的，并且这两个地区能够很好地说明我们所考虑的问题。在这两个地区，一个生活着狒狒、狮子、大象、水牛以及长颈鹿；而在另一个地区，有蜘蛛猿、美洲狮、貘、食蚁动物以及树獭；对于鸟类，非洲的犀鸟、蕉鹃、金莺，以及蜜雀，与美洲的巨嘴鸟、金刚鹦鹉、燕雀和蜂雀形成强烈对比。

现在，让我们尽力地设想（而这些将来很有可能会发生）大西洋底发生了缓慢的剧变，然而与此同时，陆地上地震震动以及火山爆发使增大体积的沉淀物喷涌而出，因此，新形成的陆地使这两个大陆逐渐向两个方向移开，也逐渐缩小了现在横亘在这两个大陆之间的大西洋的面积，而且最终形成一个好几百英里宽的海湾。与此同时，我们可以猜想海岛在海峡的中间隆起，并且由于地下作用力强度不一，作用点不停改变，这些岛屿就会有时和海峡这边的陆地相接，有时又和海峡那边的陆地相接，而其他时候又分开了。几个岛屿也有可能被同时挤到一起，有时彼此之间又被分开，最后，经过长期这样断断续续的作用，海岛就随机分布在大西洋的海峡之中，逐渐形成了如今不规则的群岛。从今天群岛的外观及其分布来看，我们几乎不能判断哪些曾经与非洲相连接过，哪些曾经与美洲相连接过。然而，岛上现在的动植物还是继承了它们历史上所存在的部分物种的。在那些曾经是南美洲一部分的小岛上，我们肯定能找到像燕雀、巨嘴鸟以及蜂雀这样的鸟类，还有某些罕见的美洲四足动物。而在那些从非洲分离出来的岛屿上，肯定能找到犀鸟、金莺以及蜜雀这样的鸟类。在这些隆起的岛屿中，可能还有一部分在不同的时期都曾经和两个大陆短暂地连接过，因此，这些岛屿上的生物混合了两个大陆的物种。西里伯斯岛和菲律宾群岛正好就是这样的例子。其他的岛屿之间虽然就像巴厘岛和龙目岛之间那么近一样，但很可能上面生存的物种几乎只属于某个曾经直接或者间接与之相连的大陆。

在马来群岛，我坚信已有一个案例与我们所推测的相符。有迹象表明存在一个逐渐破碎消失的大陆，大陆上有其独特的动物群落和植物群落，而周围都是广阔海洋的西里伯斯岛很可能是这个大陆最西的延伸部分。[1]与此同时，亚洲大陆好像在其东南方向有一个延伸出来的区域，最开始是连续的半岛，然后逐渐分离开来变成我们现在所见到的岛屿，而且它还几乎将南部分散的大岛屿与亚洲大陆之间真正联系起来。

从这个题目的概要中我们可以显而易见地看出，对地质学来说，自然历史的辅助作用是多么重要，它不仅阐释了在地壳中挖掘出来的业已灭绝的动物的遗迹，而且还推证了过去没有留下任何地质记录的地表剧变。毫无疑问，由于准确地掌握了鸟类和昆虫的分布与地理之间的对应关系，我们能够勾勒出在人类诞生很久以前就已消失到海洋底下的大陆的轮廓，这是一件多么奇妙而又意想不到的事情啊。地质学家无论在地球上什么地方探险，都能够了解到那里过去的历史，并且大致判断出那里最近的地壳运动是高于海平面还是低于海平面；但是无论海洋延伸到哪里，除了根据海水深度这个极为有限的数据作出一些推测以外，地质学家是毫无对策的。然而在这里，自然学家的作用凸现出来了，帮助他们补上了这段地球历史的巨大间隙。

我旅行的一个主要目的就是获取这样的自然证据，而且根据那些证据，我的研究获得了巨大的成功，因此，我能够对过去地球的变化——地球经历的一段极为有趣的历史——勾勒出一个大致的轮廓。

---

[1] 对这个问题更进一步的研究表明，西里伯斯岛从来都不曾是澳大利亚—马来群岛的一部分，而却显然指示了在亚细亚形成初期，其东部更向东方伸展。［参看作者所著的《岛屿生物》（*Island life*），P.427.］

说明：

华莱士（Alfred Russel Wallace, 1823-1913）著，彭珍，袁伟亮等译，《马来群岛自然科学考察记》，中国人民大学出版社 2004 年，第 10-17 页。华莱士为著名博物学家，曾与达尔文同时创立自然选择进化论。

阅读思考：

"华莱士线"的含义是什么？下次你到巴厘岛、龙目岛附近旅行，请思索一下华莱士的创造性工作。

"新叶"与转基因作物的安全性

波伦

现在我的"新叶"已经大得如同灌木了，顶上出现了苗条的花梗。马铃薯花事实上还是很好看的，至少用农作物花的标准来衡量是这样。它那 5 个花瓣的薰衣草花般的星状花，中心是黄色的，发出有点像玫瑰花一样的香味。在一个闷热的下午，我观察着大黄蜂在我的马铃薯花周围飞来飞去，无意之中让自己沾上了这些黄色的花粉，然后是笨拙地飞去赴与其他花朵的约会，与其他物种的约会。

不确定性，这是如今环境主义者们和科学家们对农业生物工程所提出的质疑中绝大多数问题的症结所在。现在已经有了几百万亩（1 亩 = 666.7 平方米）的基因工程农作物，这样我们就正在把一些新奇的东西引入到环境和食物链中来，其后果现在尚不完全为人们所理解。这些不确定性的品种，已经涉及那些大黄蜂们从我的"新叶"马铃薯花上所载走的那些花粉的命运。

B卷

就这一品种而言，"新叶"的花粉，如同这种植物上的其他每一部分一样，都含有图林杰西斯杆菌的毒素。这种毒素是由这种自然地生活在土壤中的细菌所产生，对于人类，人们普遍认为它是安全的。但是，进行了基因工程的植物所含有的图林杰西斯杆菌，其表现就与农民们多少年来一直朝他们庄稼上喷洒的普通图林杰西斯杆菌有所不同了。喷洒的图林杰西斯杆菌，如同常常见到的那样，其毒素在自然界会很快衰退，而基因工程植物中的图林杰西斯杆菌，其毒素看来就扎根于土壤中了。这可能无关紧要，但我们并不知道。（我们的确知道的是：图林杰西斯杆菌在土壤中首先会做些什么。）我们也不知道环境中这种新的图林杰西斯杆菌对于那些我们不想把它们杀死的昆虫会产生什么效应，但我们显然有理由对此表示关注。在实验室的实验中，科学家们已经发现，来自有图林杰西斯杆菌基因的玉米花粉，可以致王蝶于死地。王蝶并不吃玉米花粉，但它们却专门吃乳草，乳草是一种美国玉米田里常见的草，当王蝶毛虫吃了染有图林杰西斯杆菌基因玉米花粉的乳草叶后，它们就会生病死掉。这种情况是不是发生在玉米田里？如果发生的话，这个问题有多严重？我们还不知道。

　　值得注意的是，应该有人首先来问这个问题。如同我们在化学工业兴盛时所看到的，化学工业所造成的生态影响常常是在我们最不可能想到会有这种影响的地方出现。滴滴涕在它流行的时候，也进行了彻底的测试，也被认为是安全的和有效的。但是，后来人们发现，这种异乎寻常长寿的化学物质通过食物链传递，最后竟然使得鸟蛋壳薄得极易破碎。使得科学家们有了这个发现的问题，开始时并不是关于滴滴涕的问题，而是一个关于鸟的问题：为什么世界上的猛禽数量会突然急速减少？滴滴涕就是这个问题的答案。希望不要再遇到这样的意想不到的问题，科学家们现在就在积极地设想图林杰西斯杆菌基因作物或者是抵御除草剂基因作物可能会引发一些什么样的料想不到的问题。

这些问题中的一个与"基因流动"有关：在我的园子里从这丛花飞到那丛花的大黄蜂，它们身上载着的图林杰西斯杆菌基因会发生什么？通过花粉的杂交，这些基因会传播到其他的植物上去，可能会赋予那个物种新的进化优势。绝大多数驯化植物在荒野中都表现得很弱，我们培育出来的那些特性——比方说，树上的果实在同一个时候熟——就经常使得它们不能很好地适应在荒野的生活。但是，生物工程的植物却被赋予了如抵御虫子或者是除草剂这样的特性，这使得它们更适宜于在自然界生活。

基因流动通常只发生在联系紧密的物种之间，由于马铃薯是在南美进化的，所以图林杰西斯杆菌基因逃逸到康涅狄格的荒野中去，导致某种超级杂草的出现，这样的机会是很小的。这就是孟山都公司的立足点，而且我们也没有理由来怀疑这一点。然而，有一点也很有意思，那就是要注意到：基因工程的进行依赖的是它那种能够冲破不同物种乃至于不同门类之间的细胞膜的能力，以便让基因在它们之间迁移，而这种技术的环境安全问题完全依赖于与之相反的另一种现象：自然界中物种的完整性，以及它们排斥外来遗传物质的倾向。

所以，如果秘鲁的农民种植了图林杰西斯杆菌基因马铃薯的话，将会发生什么？或者说如果我种植了一种与当地植物有近亲关系的基因工程作物的话，会发生什么？科学家们已经证实，那种抵御除草剂的基因能够仅仅一代就从种植油菜的地里移动到芸苔属中一种与油菜有关系的杂草身上，这种杂草就表现出对于除草剂的抵御能力。基因工程的甜菜也发生了同样的事情。这种事情的发生并不特别使人惊奇，真正使人惊奇的是在一次实验中发现：转基因比起普通基因来更容易移动，没有人知道这是为什么，但是这些愿意旅行的基因可能会被证明是特别具有跳跃性的。

跳跃性的基因和超级杂草就指向了一种新的环境问题："生物污染"，有些环境主义者认为这就会是农业从化学模式向生物模式转换将带来的不愉快的赠予。（我们已经熟悉了一种形式的生物污染：入侵的外来物种如野葛、斑马蚌和荷兰榆树病害。）生物污染如同化学污染一样有害，但化学污染最终还会分解和消散，而生物污染却是自我复制的。不妨将此想象为一场石油溢出与一种疾病之间的差别。一旦一种转基因导致了一种新的杂草或者是一种具有抗药性的害虫在环境中出现，这决不是很容易就可以清除掉的，因为它已经成为环境的一部分。

在"新叶"马铃薯的例子中，生物污染最有可能出现的形式将会是害虫在抵御图林杰西斯杆菌上的进化，这种发展将会毁掉这个我们已有的最为安全的一种杀虫剂，还会对那些从事有机农业的农民们造成巨大的损害，因为他们依赖于它。害虫抗药性的现象，从反面证明着控制自然的困难，这就如同使用一个线性机械的比喻来说明进化这样复杂这样非线性的过程将会遇到的困难一样。所以，这是一个例证，说明我们对于自然界的控制越是彻底，自然选择就会越早地把它推翻。

根据这种建立在达尔文学说之上的理论，新的图林杰西斯杆菌基因作物在什么样的持续基础上对环境增加了多少图林杰西斯杆菌毒素，那么它作为靶标要杀死的害虫就会进化到与之相等的抗药性的程度。理论是如此，而惟一实际的问题就是：它的发生需要多长时间。现在，抗药性还不是一种困扰，因为普遍使用的喷洒方式使图林杰西斯杆菌在阳光照射下很快就会消散，而且农民们也只是在出现了很严重的虫害时才去喷洒。抗药性本质上是一种共同进化的形式，当某个物种的一定数量面临灭绝威胁时就会出现，这种灭绝的压力很快就会使一个物种去选择不管什么样的偶然变化，可以使这个物种得以改变，并能留存下来。通过自然选择，一个物种想达到完全控制的企图会制造出它自己的种种敌人。

我吃惊地得知，由于担心害虫会产生图林杰西斯杆菌抗药性，孟山都公司已不得不暂时搁置了它那种机械论的思路，不得不更为达尔文式地来考虑这个问题。在政府的监理人员的参与下，这家公司已经制定出了一个"抗药性处理计划"来延迟在图林杰西斯杆菌上的抗药性的产生。那些种植图林杰西斯杆菌基因庄稼的农民，必须在他们的耕地里留出一部分面积种植没有这种基因的庄稼，以便为图林杰西斯杆菌基因所要杀死的害虫提供一个"避难地"。这样做的目的就是要防止第一代具有了抗药性的科罗拉多马铃薯甲虫与第二代具有了抗药性的甲虫交配，从而生产出一种新的超级甲虫的种族。其原理是这样的：当第一代具有了抗药性的甲虫出现后，它可以被诱惑来与生活在"避难地"里的没有抗药性的甲虫交配，这样就稀释了甲虫身上的抗药性的基因。这个计划含蓄地表明，如果这种新的对于自然界的控制要持续下去的话，一定数量的不控制，或者说荒野，就必须有意地培养出来。这种思路可能不错，但是，错误先生要去约会正确小姐，这里面有太多的难以确定的东西。没有人能肯定这块"避难地"应该有多大，它应该放在什么地方，农民们是不是愿意合作（为你那最具破坏性的害虫创造一个安全避难所，这毕竟是违反人的本能的），——更不必提虫子它那方面的事了。

孟山都公司的管理人员很自信地表示这个计划会起作用，尽管他们关于成功的定义不过是对于那些从事有机农业的农民们的一个小小安慰而已。这个公司的科学家们说，如果一切顺利的话，抗药性的产生可能会延迟30年。30年以后怎么办？戴维·海杰尔，这家公司协调事务部的负责人，在圣路易斯的一次午餐上告诉我，关于图林杰西斯杆菌导致的抗药性问题不应该过分让我们忧虑，因为"还有着一千种其他的图林杰西斯杆菌呢"，也就是说，还有着其他的种种蛋白质，也具有杀虫的特性。"我们可以用新的产品来处理这个问题。那些批评者们不知道在我们的管线里还有些什么。"当然，这正是那些化学公司一直如此处理害虫抗药性问题的方法：靠的就是每隔几年就开发出新的、改进后的杀虫剂。不管有多么幸运，最后这一种的效力还是会如同它的专利一样，到时候就会失效。

然而，在这种柔和的公司保证后面，却是一种相当令人震惊的供认。孟山都公司宣告，在图林杰西斯杆菌的问题上，它所打算的就是：把一种自然资源使用干净而并不仅仅只是又一种获得专利的化学合成物质。这种自然资源如果属于某个人的话，那么它也是属于每一个人的。这种技术的真正代价就是向未来索取——并没有什么新招术。今天在控制自然上的收获，将由明天的新的失序来付钱，而它又会成为向科学提出并求得解决的新的一轮问题，然而"车到山前必有路"。当然，正是对待未来的这样一种态度鼓励着我们在没有人想出了如何对付核废料之前就去建设了核电站——这一辆我们现在急需的车，然而我们却根本不知道以后如何走。

戴维·海杰尔是一个让人不产生戒备感的、很率直的人，在我们吃完午饭之前，他吐出了两个词，这两个词我从来没有想到自己会从一位公司管理人员的嘴中听到，除了或许会在一部垃圾电影之中；我一直以为这样的两个词在许多年之前，在化学模式盛行时期就因其靠不住而已经谨慎地从公司的词汇表中去掉了，但是，戴维·海杰尔证明我错了。他说的是：

"相信我们。"

说明：

波伦（Michael Pollan, 1955–）著，王毅译，节选自《植物的欲望：植物眼中的世界》，上海人民出版社2003年，第222–227页。波伦是美国《纽约时报》杂志撰稿人、编辑、大学教师，其作品曾获多项大奖。

阅读思考：

转基因的风险在哪儿？质疑转基因就是反科学吗？请阅读《孟山都眼中的世界》或者观看同名影片，思索它是怎样一家科技公司？美国的FDA与孟山都有怎样的合作关系？

像山一样思考

利奥波德

　　一个深沉、来自肮脏的号叫在各个悬崖之间回响，然后滚落山下，隐入夜晚遥远的黑暗之中。那叫喊爆发出一种狂野、反抗性的悲愁，爆发出对于世上一切逆境的蔑视。

　　一切活着的生物（也许包括许多死者）都留心倾听那声音。对鹿而言，它提醒它们死亡近在咫尺；对松树而言，它预测了午夜的格斗和雪上的血迹；对郊狼而言，那是一种有残肉可食的应许；对牧牛者而言，那是银行账户透支的威胁；对猎人而言，那是獠牙对于子弹的挑战。然而在这些明显而迫近的希望和恐惧之后，藏着一个更深奥的意义：只有山知道这个意义，只有山活得够久，可以客观地聆听狼的嗥叫。

　　无法理解那声音中所隐藏的意义者，仍知道它就在那儿，因为在整个狼群出没的地区都可以感觉到它，而且它使得这儿有别于其他地区。所有在夜晚听见狼嚎者，或者所有在白天查看狼之足迹者，都可以感到隐约有股寒意袭上背脊。即使没有看见或听见狼，许多小事件也暗示着它们的存在：一只驮货之马半夜的嘶叫、石头刺耳的滚动声、一只逃命之鹿的跳跃，以及云杉之下阴影的情况。只有不堪造就的新手才察觉不出是否有狼，或无法察觉出对狼怀有秘密的看法。

　　我自己对这一点的坚信不疑，要追溯到我看见一只狼死去的那一天。那时，我们正在一个高耸的悬崖上吃午餐，一条汹涌澎湃的河流在悬崖下推进着。我们原以为看见了一只胸部浸在白色水花之中，正涉水渡过急流的鹿，当它爬上岸，朝我们走来，并且甩动着尾巴时，我们才明白我们错了：那是一只狼。其他六只显然已长大的小狼从柳树丛跳出来，一起摇摆尾巴，同时嬉戏着相互殴打，以示欢迎。所以我们的确看到一群狼，在悬崖下一个空旷的平地中央打滚。

在那些日子里，没有人会放弃一个杀狼的机会。瞬间，子弹已经射入狼群里，但是我们太兴奋了，无法瞄准：我们总是搞不清楚如何以这么陡的角度往下射击。当我们用完了来复枪的子弹时，老狼倒下来了，另外有一只狼拖着一条腿，进入山崩造成的一堆人类无法通行的岩石堆里。

我们来到老狼那儿时，还可以看见它眼睛里凶狠的绿火渐渐熄灭。自那时起，我明白了，那只眼睛里有某种我前所未见的东西——某种只有狼和山知道的东西。我当时年轻气盛，动不动就手痒，想扣扳机；我以为狼的减少意味着鹿会增多，因此狼的消失便意味着猎人的天堂，但是，在看了那绿色的火焰熄灭后，我明白狼和山都不会同意这个想法。

自此之后，我看到各州不断地扑灭狼；看到许多刚刚才失去狼的山的面貌，看到向南的斜坡出现许多鹿刚踩出来的纷乱小径。我看到每一株可食的灌木和幼木都被鹿吃去细枝和嫩叶，然后衰弱不振，不久便告死亡。我也看到每一棵可食的树，在马鞍头高度以下的叶子都被鹿吃得精光。看到这样的一座山，你会以为有人送给上帝一把新的大剪刀，叫他成天只修剪树木，不做其他事情。到了最后，人们期望的鹿群因为数量过于庞大而饿死了，它们的骨头和死去的鼠尾草一起变白，或者在成排只有高处长有叶子的刺柏下腐朽。

现在我猜想：就像鹿群活在对狼的极度恐慌之中，山也活在对鹿群的极度恐慌之中；而或许山的惧怕有更充分的理由，因为一只公鹿被狼杀死了，两三年后便会有另一只公鹿取而代之；然而，一座被过多的鹿摧毁的山脉，可能几十年也无法恢复原貌。

牛的情况也是如此。牧牛人除去了牧场的狼，却不明白自己正在接手了狼的一项工作：削减牛群的只数，以适合牧场的大小。他没有学会像山那样地思考，因此，干旱尘暴区便出现了，而河流将我们的未来冲入大海里。

我们都在努力追求安全、繁荣、舒适、长寿，以及单调的生活。鹿用它柔软的腿追求，牧牛人用陷阱和毒药，政治家用笔，而大多数人则用机器、选票和钱。但是，这一切都只为了一件事：这个时代的和平。在这方面获得某种程度的成功是很好的，而且或许是客观思考的必要条件。然而，就长远来看，太多的安全似乎只会带来危险。当梭罗说"野地里蕴含着这个世界的救赎"时，或许他正暗示着这一点。或许这就是狼的嗥叫所隐藏的意义；山早就明白了这个意义，只是大多数人仍然不明白。

说明：

利奥波德（Aldo Leopold, 1887–1948）著，吴美真译，节选自《沙郡岁月：利奥波德的自然沉思》，中国社会出版社 2004 年，第 167–172 页。利奥波德是美国林学家、博物学家、环境伦理学家。

阅读思考：

山能思考吗，利奥波德讲的"像山那样思考"阐述的是怎样的生态观念？有空可以阅读一下他的另一作品《环河》。物种权利论与生态论之间存在怎样的张力？"就像鹿群活在对狼的极度恐慌之中，山也活在对鹿只的极度恐慌之中。"模仿利奥波德，造一个类似的句子。

B
卷

演化之道

许靖华

（一）

在我学习古生物学时，我们通过南美的实例，接受以适者生存为核心的达尔文主义教育。几百万年以前，南美大陆与北美大陆分道扬镳了一长段时间。两个大陆上都演化了多种动物，二者的生物面貌迥然不同。巴拿马地峡升起后，北美大陆的动物开始大举进袭南美。

经过北美严峻气候考验的新来者，比缓慢进化因而不甚发达的原地动物素质较佳。南美的土著生物在褊狭的故国止步不前，已有很长的时间。于是人们得出结论，认为发展程度较低的原地生物，大多被较具优势的入侵者消灭了。他们得出这一结论是毫不足奇的。在北美洲，许多今天已被视为南美土著动物的现代动物，如骆马、美洲豹和貘，其实都是北方群落的后代。只有极少数诸如犰狳等原始哺乳动物由南美移向北美，扎下了根。

达尔文认为，天择就是创造生物的过程。他非常明白，如果自然只不过是一个刽子手，通过杀灭不适应其小生境的生物来保存适者，那么天择规律所铸造的生命史，其实与原创论并无多大区别。都认为哪一种生命形式创造得较完美，保存下来的机会就较大。自然规律是完美者的保护神，生物种属其实是不变的。达尔文对他在生物灭绝和发展的研究中所观察到的演化事实，并没有得到解释。

正由于这样，达尔文又提出，自然选择会改善生物的适应能力。生物的每一种变异，尽管各有不同，都趋向于在牺牲其竞争对手利益的基础上，更有效率地利用地球资源。因此，生命的历史只是进化的历史。如果谁能把现代的动植物搬回到恐龙时代，那么现代生物将无情地掠夺较老的居民，就像南北美洲合并后，较优越的北美动物取代较低劣的南美动物群一样。

由于达尔文的思想逻辑深受人口压力推论的束缚，所以势必得出这种把演化看成进化的观点。他认为，生物之间的竞争是控制生物进化的杠杆。一种捕食者捕食速度的提高，将迫使类似的捕食者提高猎物速度，并与其对手在竞争中一决雌雄。如果后者保持原状，那么等待着它们的将是灭绝。

一些非常著名的当代生物学家甚至都认为这是不灭的真理。1984年，人口遗传学家施密斯在《自然》杂志上发表了一篇文章，指出他很惊讶，古生物学家对化石纪录的看法不同。他们认为，恐龙的灭绝同恐龙与哺乳动物的竞争毫无关系。虽然他们存在的时间和恐龙一样久远，不过是在恐龙灭绝之后，哺乳动物才散布到那些空下来的地方。他们认为，其他重要物种的更替也是如此。但是，施密斯持的看法却是："生物灭绝的主要原因是物种之间的竞争。"

(二)

天择说理论的荒谬之处已经暴露无遗，现在该是醒悟的时候了。

毫无根据且与大多数事实不相符合的一种假说，如此轻易地为广大科学家所接受，原因究竟何在？我想，除了因为我们愿意相信它外，没有别的解释。关于适者生存这一"自然规律"，惟一"自然"之处，是它在某种程度上符合一些人的偏见。人类之间竞争非常激烈，人类也杀灭过其他生物，包括人种本身和其他物种，即那些被称为弱者或人类认为没有价值的生物。在这种竞争中，引用达尔文主义就可以自圆其说。但生命的历史却并不是这样的。认为在生存斗争中将保存"优势种族"，是一种极其危险的思潮，再也不能让它披上科学的外衣而贻误后代了。

但是我也想象得到，许多人会不愿意抛弃这种信仰。因为理性原因和最终目的两项概念已经根植在我们对世界的直觉中，这种直觉是出于人类本身独一无二的演化模式的人为产物。但是如果生命历史上的重大事件，甚至像人类的存在这样的事实都是偶然的（因为作为人类祖先的哺乳动物，若非恐龙为彗星所毁灭，怎么会有机会演化至今天的样子？），岂不使人感到惘然？我们怎能接受人类存在的偶然性这一事实呢？

幸运者也不见得好过，对此我的感触很深。有人说我是幸运儿，因为我在一次车祸中幸免于难。在这次车祸中，我的第一任妻子鲁丝不幸丧生。我是生者，她是死者；她已长眠，而我却必须忍受死别的悲哀，究竟谁更幸运呢？一位牧师来看我，要我拜读圣经中使徒保罗致哥林多人的书信。我从中得到的启示是：生命只是使命，而死亡才是酬报；我因而觉得比较安慰。也许鲁丝已经结束了她的使命，她生育了三个可爱的孩子。而我，还要继续完成我的使命，直到生命的尽头，才能得到酬报。这是幸运，还是不幸？

在以后的岁月中，道家的哲学越来越吸引我。那就是在严酷的生存竞争环境中，慈母长期教导我的哲学。回首当年，外族入侵，山河破碎，继之世界大战，生存竞争不仅是每日耳闻目击的现实，而且似乎已经成为生活中压倒一切的目标。人类都是时代的产儿，他们总是根据自己的经验，戴着有色眼镜观察世界。战后我远涉重洋到美国求学，成为我女儿口中所谓"有所成就的人"。那是 20 世纪 50 年代，当时，我们这一代人差不多都汲汲于有所成就。直到 60 年代，我已经年长到不宜参加当时盛行的嬉皮活动行列。这些年轻人背弃了社会达尔文主义，所以我视之为一个充满希望的新时代的开始，代表着一种新的生命观，更接近于我自幼受教至今坚信不渝的道家思想。

在中国的词汇里，道就是"路"。而道学的"道"是方法、原理和真理的代名词。这种真理，又要比西方只意味着"事实"的真理难以捉摸。波珀喜欢引用德国幽默诗人的一段名作：

二二得四道理真，

空洞无物意不新，

我欲高深指明路，

引导世人出迷津。

在道学中，所谓迷津是指某种本质上难以捉摸的事物。《道德经》的第一句话就是："道可道，非常道"。与波珀所谓的真理相当接近，也是人类永远无法找到的。他说，我们之所以知道有真理存在，只不过是因为虚假易于辨识。所以有谎言就有真理，不管它是多么难以辨识。就像有不幸就有幸运，尽管谁也说不清什么是幸运一样。我想，从这种逻辑出发，幸者生存的道理便可以被人接受和理解。在我们生活的星球上，确有某种规律、原理或真理，我们无法发现，无法谈论，但它们确实是存在的。

我还不至于如此狂妄，要装成对演化之道知之甚多，也不想定义幸运一词。圣经中提及的使命并不适用于恐龙。不过，我承认我的存在是受赐于恐龙的及时灭绝。生物演化，必定有"道"。我愿揭发虚假不实，站在真理的一边。达尔文《物种起源》一书的副题——"生存竞争中优势种族的保存"就是一种伪言。它所衍生的所有观点或者以它作为判别标准而衍生出来的所有观点，可谓全盘皆错。

我宁可用与达尔文迥然不同的观点观察生命。

（三）

在最近于柏林召开的达勒姆会议上，康奈尔大学的尼克拉斯根据化石群所揭示的事实回顾了生物演化的历史。他的描绘强调生物之间的演化关系。正是在这种关系中，出现了新生、分化和机遇。地球上最早的生物发

B卷

源于大海。水生节肢动物所以能演化成陆生昆虫，是因为藻类为它们提供了食物，而藻类又因而能够在潮湿的岸边生长。接着昆虫又成为其他生物的食物，这些生物演化成为蜘蛛。随着植物演化出现参天大树，昆虫长出翅膀，蜘蛛演化出网。昆虫以花粉花蜜为食，替植物传粉，导致被子植物的歧异度不断增加，从而为昆虫创造出了新的小生境，也为昆虫创造了新的生活方式。到头来，昆虫又为食虫类创造了新的小生境。这些食虫动物已不限于蜘蛛，也包括两栖类、爬行类和最原始的哺乳动物。

这只不过是那些纪录中最小的一个片段，从化石纪录或者当代生物群落中，还可以找到无数类似的故事。事实证明，生命形式之间的依存关系是生物演化的生命线。一种生命形式的变化，都会引起每一个生命网的改变，而卷入这一现象的生命形式加在一起，就组成了所谓生命。在这故事中，几乎没有新物种摧残和征服老物种的任何证据，相反，却充满了某种生物的灭绝引起其他生物发生危机的事实。历史上没有一种生物可以不倚赖其他生物而独立存在。当然，也有一些生物可能在危机中受益。比如，我们可以说，古抱球虫这种浮游生物，在白垩纪末期其他生物惨遭灭绝时，或受益或遭摧残，这两种可能都是存在的。但无论如何，我们不能说，新的有孔虫种属是靠杀灭其他老的种属来维持生存。反而我们必须承认，古抱球虫的幸存是后来物种形成，甚至哺乳动物分化的重要原因，因为它的子孙净化了空气。

如果这样一种理解提供了生物演化之道之一隅，反映了生物演化的规律和真实，其中的谦逊特别值得称道。道家说，祸兮福所系，福兮祸所伏，祸福之间并无绝然的判别界线，至少以人类的智慧还无法判断。在演化过程中，跃进确实存在，也许上帝的确会要一些把戏。

《物种起源》一书发表后的百余年是充满激烈斗争和忧患的年代，人类经历了两次世界大战和许多极权主义的暴政。我深切地感到，越是倡导优越性、越是想估量他人的价值、越是想使我们的目标尽善尽美，就会造成更多的伤害。根据母亲的老式箴言，或者根据我们从地球生命史中学到的更古老的格言，我相信人类必须真诚相处，不要假装明了谁是适者，谁又不是适者。相反，我们倒应当对各种生命形式和滋育生命的各种方式采取兼容的态度。回顾长达数十亿年的生命演化史，我感慨万千。这就是我对道家生存哲学的认识。

对西方人而言，我愿引述圣经上的一段话表达心中的感受。圣经上说：

我又转念，见日光之下，快跑的未必能赢，

力战的未必得胜、智慧的未必能得粮食，

明哲的未必得资财、灵巧的未必得喜悦。

所临到众人的，是在乎当时的机会。

说明：

许靖华（Kenneth J. Hsü, 1929_）著，任克译，节选自《大灭绝：寻找一个消失的年代》，生活·读书·新知三联书店，天下文化出版股份有限公司1997年，第289_291；312_317页。许靖华为瑞士籍华人地质学家，曾担任国际沉积学会主席、国际海洋地质学委员会主席、欧洲地球物理学会主席。

阅读思考：

许靖华并非生物学家，对演化论及达尔文思想的理解也未必准确，但先生的意思和动机还是非常清楚的，请思考："愈是倡导优越性、愈是想估量他人的价值、愈是想使我们的目标尽善尽美，就会造成更多的伤害"。演化论（进化论）似乎人人都懂一点，但它是很容易被误解的理论，社会达尔文主义便是其一。

B
卷

第五章

愧对自然及大自然的报复

本章的标题中出现"大自然的报复"字样，如果不是革命导师恩格斯用过，恐怕会被某些人批判为毫无根据的拟人化描述，因为实施"报复"的主体通常只能是人或动物。

作字面理解也好，作象征、隐喻理解也好，反正由于人类对大自然的过度开发和肆意破坏，大自然已经做出了强烈的反应，作为全球性危机之一的环境问题已经极大地影响到人们的健康和人类未来的持久生存。

"自然之死"（卡洛琳·麦茜特一部书的书名）就可能导致"人类之死"。

恩格斯说："我们一天天地学会更加正确地理解自然规律，学会认识我们对自然界的惯常行程的干涉所引起的比较近或比较远的影响。"人类发展史和科学发展史表明这确实是事实。可是，也正如恩格斯所言，我们通常比较近视，即使出于好的动机，在第一步取得了预期的一级效果，然而第二步和第三步就不得不收获未曾预期的二级和三级效果了，而且后两者有可能把第一步好的结果完全取消掉。

近代科学技术诞生不过几百年的时间，如果人类需要上千年才能完全领会或者搞清楚这些技术应用的长远后果（对自然的影响以及对人类社会的影响），那么一切是不是太迟了？

"当西班牙的种植场主在古巴焚烧山坡上的森林，认为木灰作为获得最高利润的咖啡树的肥料足够用一个世代时，他们怎么会关心到，以后热带的大雨会冲掉毫无掩护的沃土而只留下赤裸裸的岩石呢？在今天的生产方式中，对自然界和社会，主要只注意到最初的最显著的结果，然后人们又感到惊奇的是：为达到上述结果而采取的行为所产生的比较远的影响，却完全是另外一回事，在大多数情形下甚至是完全相反的。"（《自然辩证法》，中央编译局译，人民出版社1971年，第161页）恩格斯的深刻之处在于认识到，人与自然关系的危机，不完全是一个认识问题，也是现有生产方式和社会制度的问题。要学会调节，"单是依靠认识是不够的"，要对生产方式和与之联系在一起的社会制度实行完全的变革。

所谓"社会制度"，不能只简单地理解成封建主义、资本主义和社会主义等制度，即使在同一种大的制度框架内（如资本主义），制订不同的法律法规和其他管理制度对于调节人与自然的关系也起重要作用。如今，在发达国家中，环境立法和环境保护明显比我们这里做得早做得好、值得我们学习借鉴，虽然资本的贪婪决定了短视是不可避免的。资本在资本主义社会很贪婪，我们这里也同样如此，甚至可能更嚣张。在与天斗、与地斗、与人斗均其乐无穷的年代，能够设想怎样的环境保护呢？在发展就是一切、为了快速致富可以不择手段的思维框架下，能够指望看到并避免二级和三级不良效果？在为了部门利益不惜搬用科学名义修建一个又一个大型水坝，这种做法可曾仔细考虑了复杂的地质、地理、生态、国家安全等等复杂大系统的长远后果？

"复活节岛的悲剧"大概不会一模一样地完全重演，但人类遭受类似的苦难几乎在劫难逃。减轻这类苦难的唯一办法是及时汲取教训，行动起来，人人参与环境等公共政策的制定，用自己的行动保护自己的家园。为达到这样的目标，在法律允许的范围内任何手段都是可以采取的，任何论证资源都是可以调用的，比如科学资源、宗教资源、民俗资源、地方性知识等。

"夏威夷"听起来就是个优美的地方，可是在生物学家威尔逊的眼里，它有着另外一面。

收入哈特曼的文章的理由是，他会讲故事。通过他的故事，复杂的道理通俗地展现出来：民众不能过分听信资本家的"忽悠"，增长、"成长"不是缓解矛盾的万能的手段。

罗马俱乐部的报告《人类处在转折点》早就提出了倡议，"每个人必须树立全球观念，认识到他作为国际社会一员的责任，""对自然的基本态度应是协调而不是征服"（米萨诺维克等著，《人类处在转折点》，刘长毅等译，中国和平出版社 1987 年，第 135 页）在环境问题上，爱家乡、爱国家、爱地球是一致的，人为把它们对立起来，是狭隘的，最终也达不成自己的目的。

大自然的报复

恩格斯

一句话，动物仅仅利用外部自然界，单纯地以自己的存在来使自然界改变；而人则通过他所作出的改变来使自然界为自己的目的服务，来支配自然界。这便是人同其他动物的最后的本质的区别，而造成这一区别的还是劳动。

但是我们不要过分陶醉于我们对自然界的胜利。对于每一次这样的胜利，自然界都报复了我们。每一次胜利，在第一步都确实取得了我们预期的结果，但是在第二步和第三步却有了完全不同的、出乎预料的影响，常常把第一个结果又取消了。美索不达米亚、希腊、小亚细亚以及其他各地的居民，为了想得到耕地，把森林都砍完了，但是他们梦想不到，这些地方今天竟因此成为荒芜不毛之地，因为他们使这些地方失去了森林，也失去了积聚和贮存水分的中心。阿尔卑斯山的意大利人，在山南坡砍光了在北坡被十分细心地保护的松林，他们没有预料到，这样一来，他们把他们区域里的高山牧畜业的基础给摧毁了；他们更没有预料到，他们这样做，竟使山泉在一年中的大部分时间内枯竭了，而在雨季又使更加凶猛的洪水倾泻到平原上。在欧洲传播栽种马铃薯的人，并不知道他们也把瘰疬症和多粉的块根一起传播过来了。因此我们必须时时记住：我们统治自然界，决不像征服者统治异民族一样，决不像站在自然界以外的人一样，——相反地，我们连同我们的肉、血和头脑都是属于自然界。存在于自然界的；我们对自然界的整个统治，是在于我们比其他一切动物强，能够认识和正确运用自然规律。

事实上，我们一天天地学会更加正确地理解自然规律，学会认识我们对自然界的惯常行程的干涉所引起的比较近或比较远的影响。特别从本世纪（指 19 世纪，编者注）自然科学大踏步前进以来，我们就越来越能够认识到，因而也学会支配至少是我们最普通的生产行为所引起的比较远的自然影响。但是这种事情发生得越多，人们越会重新地不仅感觉到，而且也认识到自身和自然界的一致，而那种把精神和物质、人类和自然、灵魂和肉体对立起来的荒谬的、反自然的观点，也就越不可能存在了，这种观点是从古典古代崩溃以后在欧洲发生并在基督教中得到最大发展的。

但是，如果我们需要经过几千年的劳动才稍微学会估计我们生产行动的比较远的自然影响，那么我们想学会预见这些行动的比较远的社会影响就困难得多了。我们已经提到过马铃薯以及随它而来的瘰疬症的传播。但是，和工人的生活降低到吃马铃薯这一事实对世界各国人民群众的生活状况所发生的影响比起来，瘰疬症算得了什么呢？1847 年，爱尔兰因马铃薯受病害的缘故发生了大饥荒，饿死了一百万吃马铃薯或差不多专吃马铃薯的爱尔兰人，并且有两百万人逃亡海外，和这种饥荒比起来，瘰疬症算得了什么呢？当阿拉伯人学会蒸馏酒精的时候，他们做梦也不会想到，他们却因此制造出使当时还没有被发现的美洲的土人逐渐灭种的主要工具。后来，当哥伦布发现美洲的时候，他也不知道，他因此复活了在欧洲久已绝迹的奴隶制度，并奠定了贩卖黑奴的基础。17 世纪和 18 世纪发明创造蒸汽机的人们也没有料到，他们所制造的工具，比其他任何东西都更会使全世界的社会状况革命化，特别是在欧洲，由于财富集中在少数人手里，而绝大多数人则一无所有，起初是资产阶级获得了社会的和政治的统治，而后就是资产阶级和无产阶级之间发生阶级斗争，这一阶级斗争，只能以

B卷

资产阶级的崩溃和一切阶级对立的消灭而告终。但是经过长期的常常是痛苦的经验，经过对历史材料的比较和分析，我们在这一领域中，也渐渐学会了认清我们的生产活动的间接的、比较远的社会影响，因而我们就有可能也去支配和调节这种影响。

但是要实行这种调节，单是依靠认识是不够的。这还需要对我们现有的生产方式，以及和这种生产方式连在一起的我们今天的整个社会制度实行完全的变革。

到目前为止存在过的一切生产方式，都只在于取得劳动的最近的、最直接的有益效果。那些只是在以后才显现出来的、由于逐渐的重复和积累才发生作用的进一步的结果，是完全被忽视的。

说明：

恩格斯（Friedrich Engels, 1820—1895）著，中央编译局译，节选自《自然辩证法》，人民出版社 1971 年，第 158—161 页。题目为本书编者所拟。恩格斯为德国革命家、思想家、科学哲学家。

阅读思考：

你了解马铃薯的故事吗，其种植对世界近现代史有怎样的影响？"我们不要过分陶醉于我们对自然界的胜利。对于每一次这样的胜利，自然界都报复了我们。"以前听说过类似的话吗？知道它出自革命导师之口吗？"报复"字眼用得是否合适？恩格斯认为处理好人与自然关系，单纯靠"认识"（比如科学）是不够的，还要变革生产方式和社会制度。在 19 世纪他为何能先于诸多环境保护学者认识到这一点？西方学者严重忽视恩格斯的存在，自然观、科学哲学、科学社会学和科学政治学的许多讨论，现在其实应当"回到恩格斯"，重新起步。

复活节岛的教训

庞廷

复活节岛是世界上最为遥远的有人居住的地方之一。它只有 150 平方英里（1 平方英里 = 2.59 平方千米）左右，位于太平洋之中，距离南美的西海岸有 2000 英里，距离最近的有人居住的皮特凯恩岛也有 1250 英里。在它最为繁荣的时期，人口也只有 7000 人。然而，尽管这个岛屿表面上看起来无足轻重，但它的历史对于世界却是一个严峻的教训。

"阿雷纳"号上的荷兰海军上将罗格汶（Roggeveen），是 1722 年复活节星期天登上了这个岛屿的第一个欧洲人。他发现这还是一个处于原始状态的社会，人口约 3000 人，人们住在肮脏的芦苇棚子或是洞穴里，几乎总是在打仗，盛行吃人，人们绝望地试图以此来补充岛上可怜的食物来源。当欧洲人于 1770 年再次到了这个名义上隶属于西班牙的岛屿时，它仍是非常遥远，人口稀少，缺乏资源，所以从来没有过正式的殖民占领。在 18 世纪后期还有过若干更为简短的来访，其中包括 1774 年库克船长[1]的一次来访。一条美国船在这里待的时间稍长，以便把 22 个岛上居民带上船，去做奴隶，到智利海岸的马斯阿富埃拉（Masafuera）岛去捕杀海豹。岛上的人口一直在减少，条件一直在恶化。到了 1877 年，秘鲁人把岛上所有居民都作为奴隶带走，只留下了 110 个老人和儿童。最终，这个岛屿被智利占领，成了一个放养羊群的大牧场，由一家英国公司经营，剩下的很少的居民限制在一个小村庄内居住。

---

[1] James Cook（1728–1779），英国海军军官、航海家和探险家。在测绘海图、改进海卫生和防止坏血病方面成就卓著。1768 年，皇家学会与海军部组织太平洋科学考察，由他率队经塔希提岛发现新西兰及澳大利亚东海岸。1772—1775 年完成了南半球环球航行任务，穿越南极圈。1776 年发现夏威夷岛。1779 年在一次与夏威夷人冲突中被杀。——译者注

令那些最早登上复活节岛的欧洲人吃惊并深感兴趣的是，在岛上这种肮脏贫困和食人野蛮之中，却存在着证据表明，岛上曾经有过一个繁荣和发达的时期。岛上散布着600多尊巨大的石像，平均高度超过了20英尺（1英尺＝0.3048 米）。当 20 世纪初人类学家们开始考查复活节岛早期的历史和文化时，有一点是他们都同意的：这样一个当欧洲人初次发现时是那般贫困和落后的岛屿，岛上的那些居民是不可能做到雕刻、运输和竖立这些石像的，这样的工作需要非常发达的社会组织和技术水准。于是，复活节岛变成了一个"神秘"，人们提出了各种各样的理论来解释它的历史。一些更为奇特的理论还涉及外星人的来访和沉入太平洋的失落了的文明与大陆，复活节岛是其残迹而留存了下来。挪威考古学家托尔·海尔达尔写于 20 世纪 50 年代的相当流行的《阿库—阿库》一书，其重点就是解说这个岛屿令人奇怪的那些方面和隐藏在其历史深处的神秘。他论证说这个岛屿最早是南美人来定居的，他们继承着纪念物雕刻和石头工艺的传统（类似伟大的印加文明）。对于其后的衰败，他的解释是后来有了来自西方的定居者，岛上爆发了所谓的"长耳人"与"短耳人"之间的一系列战争，战争毁灭了岛上发达的社会。由于这个理论比起其他人的一些理论来不是那样惊人，它也就没有被其他的考古学家们普遍接受。

复活节岛的历史并不是什么失落的文明之一，也不必用深奥的理论来解释。相反，它是一个令人震惊的例证，说明着人类社会对环境的依赖，以及不可挽回的破坏环境所带来的后果。它是这样一个民族的故事：这个民族，从一个极其贫乏的资源基础开始，靠着他们所掌握的技术建造了当时世界上最发达的社会之一；然而，由于这种发展，对环境的索取也是巨大的，当环境再也不能承受这种压力时，这么一个在过去的数千年中艰苦建造起来的社会，就随着环境一起崩溃了。

复活节岛的殖民属于全球范围的人类定居这个长期过程的后期阶段。

有人到达岛上大约是 5 世纪时候的事，当时正是罗马帝国在西欧的崩溃时期，中国仍处于由 200 年前的汉帝国垮台所带来的混乱之中，印度则已是短命的笈多王朝[1]的后期，而特奥蒂瓦坎[2]则支配着中美洲的绝大部分。上岛定居的是波利尼西亚人[3]，这是他们穿越辽阔太平洋的伟大探险和定居过程的一个部分。最早的波利尼西亚人来自东南亚，他们大约在公元前 10 世纪抵达了汤加岛和萨摩亚群岛。从那里他们向东深入，大约在公元 3 世纪左右到达马克萨斯群岛，然后于 5 世纪时分两路，一路朝东南到达复活节岛，一路朝北到达夏威夷。这个过程的最后阶段是大约在 6 世纪时又去了社会群岛，然后从那里到了新西兰，这大约是 8 世纪。当这个定居过程完成后，波利尼西亚人就成了地球上分布最广的民族，构成了一个巨大的三角形，从北边的夏威夷到西南的新西兰，加上东南的复活节岛。这个地带有如今的两个美国大陆那样大。波利尼西亚人的长途航行是用双体独木舟来进行的，中间有一个大平台，用于人员的替换休息和装载植物、动物和食物。这是一些精心准备的移民过程，显示了相当高超的航海本领和驾船技艺，因为太平洋中的潮流和风向对于由西向东的航行是逆向的。

当第一批人发现复活节岛时，他们发现的是一个资源很少的世界。这是个火山岛，但早在波利尼西亚人登上此岛的 400 年前，岛上的 3 个火山就熄灭了。岛上的温度很高，湿度很大，尽管土地面积不小，但排水很成问题，岛上没有常年的溪流，唯一的淡水来自死火山口的湖。由于它太遥

---

[1] Cupta，4 世纪后期印度的一个强大王朝，开创人旃陀罗·笈多一世，6 世纪为匈奴所灭。王朝初提倡佛教，发扬艺术，是印度文明的一个黄金时代。——译者注

[2] Teotihuacan，墨西哥中部古城，公元 300-650 年间占地极广，毁于 750 年。全城古迹很多，有月神金字塔、太阳神金字塔和羽蛇神庙等。——译者注

[3] Polynesian，南太平洋上夏威夷、新西兰以及复活节岛之间诸岛屿上的居民。他们以航海为业，渔业和种植业也占重要地位。整个区域的文化在很大程度上一致，但社会组织机构差异很大。——译者注

远，岛上只有几种为数不多的植物和动物，有 30 种土生土长的植物，没有哺乳动物，有几种昆虫和 2 种小蜥蜴，岛周围的海里鱼也很少。第一批人的到达对于改进这种状况没做什么。波利尼西亚人在自己家乡的那些岛屿上也只依赖很少的植物和动物种类来生存，他们仅有的家畜是鸡、猪、狗，还有波利尼西亚老鼠；主要的农作物是山芋、芋头、面包树果、香蕉、椰子和白薯。复活节岛的定居者们只带来了鸡和老鼠，他们很快就发现，对于像面包果树和椰子树这样的亚热带植物来说，天气是过于炎热了，对于他们通常的主要食物山芋和芋头也非常不利。所以，这些居民们就只好吃主要由鸡和白薯构成的食品。这种虽不缺乏营养但颇为单调的食谱，其唯一好处就是白薯的种植相当容易，可以有大量的空闲时间来干别的。

5 世纪时有多少定居者来到这里已不得而知，但他们最多不会超过 20~30 人。随着人口慢慢地增长，与波利尼西亚人其他那些地方相似的社会组织形式就在这里被人们采纳。基本的社会单位是大家庭，它们共同拥有和种植土地。紧密相联的家庭就构成了家族和部落，它们都有自己的宗教活动和祭祀活动的中心。每个部落由一个首领来领导，他可以组织和指挥各种活动，部落内食物和其他基本必需品的再分配，也以他为中心来进行。这样一种组织形式和部落之间的竞争（很可能还有冲突），就既产生了复活节岛的主要成就，也导致了它最终的衰败。

定居者们一小群一小群地散居在草棚子里，周围就是耕种的土地。集体活动是围绕着各自的祭祀中心来进行的，这样的活动占据了每年相当一部分时间。主要的祭坛是很大的石头平台，同波利尼西亚人其他地方的相似，被称作"阿胡"（ahu），葬礼、祭祖和对逝去的部落首领的纪念，都在这里举行。使得复活节岛与其他波利尼西亚人居住地不同的是，这里的农活非常轻松，人们有着很多空闲时间，所以，部落首领就可以将其用于祭祀活动。这样的结果就是创造了在所有波利尼西亚人的群体中最为发达的社会组织形式，而且是属于当时世界上最为复杂的社会组织形式之一，但它能够依靠的资源非常有限。复活节岛上的这些居民创造了各种繁复的祭礼，精心制作各种纪念物。有些纪念活动涉及背诵"龙戈龙戈"（Rongorongo）中的内容，这是唯一一种人们所知的波利尼西亚人的书写形式，它有可能并不是一种真正的文字手稿，而只是一种记忆的方式。那些繁复的祭礼中有一种是在奥龙戈（Orongo）举行的鸟祭，在这个地方仍然留存着47个集中在一起的特殊房舍以及几个平台，还有一系列岩石上的高浮雕。祭祀活动最主要的中心就是那些"阿胡"，在岛上建造了300多个这样的平台，主要是在靠近海岸一带的地方。复活节岛上的居民，其智力发达的程度在某些方面至少可以从这样一个事实上看出：不少"阿胡"都体现着复杂的天文学上的关系，通常都是朝向冬夏二至点[1]中的一个或者是昼夜平分点[2]。每一处这样的平台，都竖立起了巨大的石像，从1个到15个不等。这些留存到今天的石像，就成为消失了的复活节岛社会的独特印记。正是这些石像，投入了大量的劳作。石料在拉诺·拉拉库（Rano Raraku）的采石场开采，雕刻它们的唯一工具是用黑曜石制的，石料被雕刻成很有特色的男性头部和躯体，在头部的顶端，放置着一个由红色石头制成的"头饰"，它重达10吨，是从另外一个采石场取来的。这种雕刻，与其说是一种复杂的任务，倒不如说更多的是一种时间的消磨。最富挑战性的是石像的运输。每一尊石像都高达20英尺左右，重达数十吨，要把它们从岛的这一端运到另一端，竖立在"阿胡"的上面。

　　复活节岛居民对这一问题的解决方案，也就导致了他们整个社会的最终命运。由于没有任何拉拽用的牲畜，他们不得不依赖人力来搬运这些石

---

[1] solstice，二至点，黄道（地球轨道面在天球上的投影）上距离天赤道最远的两点。——译者注
[2] equinox，一年中太阳在午时垂直照射赤道的那一点。——译者注

像，于是也就得使用树干作为滚木。岛上的居民从最初 5 世纪时的小小群体平稳地增长至 1550 年最高峰时的大约 7000 人。在这段时间里，部落的数量在增加，而它们之间的竞争也在加剧。到了 16 世纪，已有数以百计的"阿胡"建造起来了，而伴随它们的则有 600 尊以上的巨大石像。于是，正当这个社会处于它的高峰时，它突然就崩溃了，在拉诺·拉拉库采石场留下一多半尚未完成的石像。复活节岛社会崩溃的原因和理解这个岛屿那些"神秘"的关键，就是在全岛范围内采伐森林而导致的大规模的环境退化。

当欧洲人于 18 世纪首次来到这个岛屿时，它已经彻底没有树了，只剩下若干棵树的标本留存在拉诺·考（Rano Kao）死火山的最深的坑底。然而，新近的科学研究，其中涉及对花粉类型的分析，表明当最初的定居者上岛时，岛上曾有过茂密的植被，包括广袤的森林。但是，随着人口慢慢地增长，人们就砍伐树木以腾出空地用于耕种，也作为取暖和做饭的燃料，作为家庭用具、棒杆和茅草房屋的建筑材料，用来制作打鱼用的独木舟。然而，对树木最大的需求还是大量运送这些极重的巨大石像，从采石场运到岛上的各处祭坛去。唯一能够做到这一点的办法就是使用许多人力，沿着一条从采石场到"阿胡"之间的用树干铺成的灵活轨道来推滚它们。这就需要大量的木材，而且随着部落之间在竖立石像上的竞争，这种需要量还在增长。结果，到了 1600 年的时候，复活节岛上的树已经差不多砍伐完了，而竖立石像的工作也就戛然而止，在采石场留下了许多进退两难的石像。

岛上的砍伐森林并不是这个发达社会死亡的唯一原因，祭祀活动对于岛上居民一般的日常生活也有着强烈的影响。从 15 世纪时起，由于树木的缺乏，许多人就不得不放弃用木材来建造房屋，而住到岩洞里去。当一个世纪后树木差不多已全部用光时，每个人就都不得不去使用剩下来的那些东西了。他们求助于在山边挖一些石头的蔽身之处，或是从火山口湖边的植被中砍来芦苇搭成脆弱的芦棚。独木舟也造不成了，用芦苇做成小船用于长途航海是勉为其难的。打鱼也更为困难，因为原先可用来织网的桑树（它也可以用来织布）现在也没有了。树的砍伐也影响到了岛上的土地，这些土地原来就由于缺乏合适的动物肥料来补充农作物所需的营养而退化，而没有了树的遮蔽更导致了它的被侵蚀和基本营养的流失。结果，农作物的产量也下降了。岛上唯一没有受到影响的食物来源是鸡，随着鸡的重要性的增加，就必须防止它们被人偷走，于是就筑起了石头建造的鸡舍，鸡舍的出现可以与复活节岛历史的这一时期联系起来。在这么一种逐渐缩小的资源基础之上，是不可能养活7000居民的，人口的数量下降得很快。

1600年之后，复活节岛上的社会进入衰退，退回到了更为原始的状态。没有树，所以也就没有了独木舟，岛上的居民被困在这么一个遥远的地方，无法逃避他们自己所造成的这种环境崩溃所带来的后果。砍伐森林所带来的社会影响和文化影响也是同样重大的。再也不能够竖立新的石像，这就对信仰体系和社会组织造成了破坏性的影响，使得这么一个复杂社会所得以建立起来的基础成了问题。逐渐减少的资源导致了越来越多的冲突，结果形成几乎是无休止的战争状态。奴隶制变得流行，随着可以得到的蛋白质的减少，居民中出现了吃人的现象。战争的一个主要目的就是要摧毁对立部落的"阿胡"，它们有一些作为葬地留存了下来，但绝大部分都被抛弃。那些巨大的石像，由于过分庞大而无法摧毁，就被推倒了。当18世纪欧洲人首次登上这个岛屿时，他们发现还剩下一些竖立着的石像，而到了19世纪30年代，所有的石像就全部倾倒了。当来访者询问这些石像是如何从采石场弄过来的时，这些处于原始状态的岛上居民已经记不起自己的祖先曾经发展到一种什么样的程度，于是只能说这些巨大的石像是自己从岛屿那边"走"过来的。欧洲人看到的是一片光秃秃的景象，也想不出来什么合乎逻辑的解释，于是也只好是迷惑不解了。

经历了许多世纪，复活节岛上的定居者们非常不容易、非常艰难地建造了自己这种类型的社会组织，这是当时世界上最为发达的社会组织形式之一。在一千多年中，他们维持了一种与其精巧的社会和宗教习俗相适应的生活方式，这不但使他们得以生存，而且还能繁荣发展。这在许多方面都是一种人类创造性的胜利，是对艰苦环境的显而易见的胜利。但是，岛上居民人口的增长和文化上的雄心，最终被证明对于他们可以得到的有限资源而言是过于巨大了。当环境被这种压力摧毁后，这个社会很快就崩溃，并且走向了几乎是一种野蛮状态。

复活节岛的居民如果意识到自己几乎是完全与世界的其他地方相隔绝，自然肯定会认识到他们自身的生存就依赖于一个小岛的有限资源。不管怎样，这是一个小得他们只要一两天就可以走遍的岛屿，他们自己能够看得见在森林中正在发生着什么变化。然而，他们却不能够设计出一种体系，允许他们找到自己与环境的一种恰当平衡。至关重要的资源就这样慢慢地消耗掉，最后什么也没留下来。的确，当小岛的有限变得十分明显时，部落之间在争夺木材上的竞争看来就更加剧了，越来越多的石像被雕刻被运送去竖立，这就是为了巩固声威和地位。在采石场附近有那么多未完成的或者是不能运走的石像，这个事实表明人们从来没有考虑过岛上究竟还留下了几棵树。

复活节岛的命运有着超越它自身的更为广泛的启示。如同复活节岛，地球也只有有限的资源来支撑人类社会及其全部需求。就像岛上的那些居民，地球上的人类也没有可行的办法来逃离地球。地球上的环境是如何塑造了人类历史？人又是如何塑造和改变了他们居住于其中的这个世界？其他的社会是否也陷入了与复活节岛居民一样的困境？二百万年以来，人类在获得更多的食物和榨取更多的资源上获得了成功，在此基础上维持着人口的增长和越来越精巧、越来越技术发达的社会，但是，比起复活节岛的居民们来，在找到不会最终耗尽自己所能得到的资源，不会不可逆转地损害自己生存所依靠的支撑系统，在找到这样的一种生活方式上，他们会更为成功一些吗？

说明：

庞廷（Clive Ponting）著，王毅、张学广译，节选自《绿色世界史》，上海人民出版社 2002 年，第 1—9 页。庞廷为英国威尔士大学政治学教授、传记作家。

阅读思考：

关于复活节岛文明的衰落原因，有若干个版本，你愿意相信哪一个？作者最后提到了"逃离地球"，你认为霍金等也不断呼吁的逃离地球，代表了怎样的心态？如果一个地球会被糟蹋，两个三个甚至多个地球会怎样？

帝国之兴与衰
哈特曼

　　历史上最令人印象深刻的帝国之一是苏美尔王朝。我一位住在亚特兰大的朋友汤姆能滔滔不绝地谈论此古文明的兴衰。他的收藏中有一块 6000 至 8000 年前在美索不达米亚的苏美尔帝国，即今日的叙利亚、伊拉克和黎巴嫩地区的石刻。

　　汤姆一边轻柔地递给我这块苏美尔王朝的收藏，一边说："大多数人甚至不记得苏美尔人，但他们是我们生活方式的开山祖师，这生活方式我们称之为'西方文明'。"

世界上所写下的最古老的故事是《吉尔伽美什史诗》，其上记载最早苏美尔文明的一个国王吉尔伽美什，是第一个反抗森林之神亨巴巴的人，亨巴巴奉苏美尔人最高神祇之命看守黎巴嫩的杉树林。

吉尔伽美什为要建造大城乌鲁克来纪念其功业，于是攻击亨巴巴，削平从约旦河到黎巴嫩沿海的森林。这故事的结局是吉尔伽美什斩死森林之神而触怒万神之神英力，英力为报复亨巴巴之死，使苏美尔王朝境内之水不能喝、土地荒芜，因而灭亡了吉尔伽美什臣民。

在《吉尔伽美什史诗》的许多特殊之处中，它是最早将因森林严重破坏，而使下游地区淤塞以致沙漠化的过程落入文字的故事。在 1500 年间，黎巴嫩森林从 90% 的面积（著名的"黎巴嫩之杉"）减少到 70% 以下，下游地区的降雨量因而减少了 80%。破坏了水循环中极为重要的树木，肥沃新月地带上百万英亩之地变为沙漠或灌木地，几成不毛之地直到如今，不再肥沃。

美索不达米亚的主要食物为大麦，但经过数百年的灌溉耕作，其土地耗竭且含盐分高（由灌溉水携入），已无法耕种。同时，森林的快速消失，使木材成为与珠宝矿石等值之珍品：于是悍然征服邻国以取得木材与可生长大麦的肥沃地。幼发拉底河和底格里斯河沿岸广大的林地全被铲平，造成灌溉渠道和农地的淤塞，以及下风地区降雨的减少。

这 5000 年前区域气候变迁的结果是饥荒。最后美索不达米亚帝国崩溃于 4000 年前，其遗留下的记录显示，直到帝国末日，他们才知道砍伐森林、破坏环境，摧毁了宝贵的食物和燃料来源。数千年来，他们一直"知道"他们的生活方式不错；然而虽然外面看起来不错，他们却未警觉这种方式无法永续：只有当别人的土地无限制地供其征服才有用，一旦邻国没了，崩溃之势将如排山倒海，就如庞氏骗局一般。

美索不达米亚帝国没落后，取而代之的是铜器时代后期的希腊。公元前 2000 年到 1500 年间，希腊人广泛沿袭类似美索不达米亚系统的农业生活。到公元前 1300 年前，食物的增加带来人口不断成长，而必须砍伐森林以满足生存空间、燃料与农地之需；尤有甚者，他们更把数以万亩计的林木送进他们之所以著称的炼铜炉。

希腊文明的没落与其燃料（即木材）的用尽有关，到公元前 600 年，希腊已多处成为弃土，裸露山坡土壤冲蚀，淤塞河流，而灌溉水盐分的累积与养分的耗竭使农地不堪使用。当恐慌的希腊人发现只有橄榄树可以稳住脆弱的陡坡，赶紧提供津贴鼓励农夫在山坡地种植橄榄，但一切为时已晚。柏拉图在《克利梯阿斯篇》（Critias）中写道：

如今所剩的就像病人的骨架，所有油脂与软土均已流失，所剩的只是土地裸露的躯架。

这些事真的发生过。

罗马帝国在希腊没落后兴起。

其亦有木材之迫切需求：到公元前 200 年，我们现在称为意大利之地的森林全被砍伐殆尽，为了供给燃料和住处，为了供给澡堂热浴，也为了冶炼金属。大量木材被用来冶炼银矿、精制，再铸成罗马财政系统基石的钱币。因此当意大利森林在一世纪左右耗竭后，炼银成本一再倍增，导致财政危机，产生罗马帝国第一次的大裂痕。

同时由于淤积、盐化、养分耗竭和上风地区森林损失对雨量的影响，使农地生产力骤降：因粮食不足威胁罗马帝国的稳定，于是帝国领导者造了 60 艘木船的舰队去征服邻近的地中海国家，在其晚期横跨所知的世界去夺取矿产、粮食和木材。最后，流域破坏、森林消失、土壤耗竭以及人口不断成长导致罗马帝国的瓦解。

即使强大的罗马帝国也无法永续，虽然征服了大半已知世界。当然，这仅是一件事例，数以百计的年轻文化的实验曾经进出，用尽资源，然后消失，从埃及人到乌尔人，从中国各朝代到南美前哥伦比亚消失的文明。

在美国迈向世界首强之初，木材为主要燃料，它曾是乔治·华盛顿军队的燃料和热源，而且一直到内战期间仍为主要燃料、热源和建材。

前面曾提到内战后在宾州发现以石油形式存在的可用阳光能量，大幅提升人类增加并喂养全球人口的能力。然而这把我们推向一个相似于美索不达米亚、希腊和罗马的情形：既然所有人都仰赖某种特定燃料，如果这燃料越来越少时，会如何？

说明：

哈特曼（Thom Hartmann, 1951－）著，马鸿文译，节选自《古老阳光的末日：挽救地球资源泉》，上海远东出版社 2005 年，第 59－62 页。哈特曼为美国畅销书作家、演说家、记者、编辑。

阅读思考：

帝国的兴衰有许多模式，通常人们只会注意人与人、国与国之间的争斗，而极少直接关注环境和资源问题，为什么？从电视画面上你看到伊拉克、叙利亚等地有绿色森林吗？但那里几乎每日都在生产"新闻"，且占据远方的电视频道。

欧洲的生态扩张
克罗斯比

各个新欧洲之所以有诱惑力，其原因不在于其地域上的不协调及其大部分居民在种族和文化上的同一性。这些地方引起大多数人的关注——一种眼睁睁的嫉视——是由于其食物的充裕。它们包揽了世界上为数极少的能数十年不断向外出口异常大量食物的国家中的大多数。1982 年，全球所有越过国界的农产品出口总值为 2100 亿美元。其中，加拿大、美国、阿根廷、乌拉圭、澳大利亚和新西兰即达 640 亿美元，占了 30% 强。如果将南部巴西的出口也计算进去的话，其总值与所占的百分比将更大。各个新欧洲在小麦的出口上占有更大的份额（小麦是国际贸易中最重要的农产品）。1982 年，有价值 180 亿美元的小麦出口境外，其中各个新欧洲大约出口了 130 亿美元。同年，富含蛋白质的大豆，这种自二战以来被列入国际贸易新项目的最重要粮食，达到 70 亿美元，而美国与加拿大即占了其中的63 亿美元。在新鲜、浅冻和冷冻牛肉及羊肉的出口方面，各新欧洲也像在其他许多粮食方面一样位居世界前茅。它们在全球最重要的食物的国际贸易中所占的份额比中东在世界石油出口中所占的份额要大得多。

新欧洲在国际粮食贸易中起主导作用并非单纯是生产能力的无理性使用。苏维埃社会主义共和国联盟通常在小麦、燕麦、大麦、黑麦、马铃薯、牛奶、羊肉、糖和其他若干食品项目的生产上居世界首位，中国在大米与小米的生产上超过其他所有国家，该国饲养的猪也最多。从单位土地的生产能力方面来说，有许多国家超过新欧洲。新欧洲的农民，数量不多，技术一流，专事粗放而非集约的耕作。若以每个农民平均产量来说，生产能力令人敬畏；若以每公顷土地平均产量来说，则生产能力却又并不那么会给人留下深刻印象。这些地区在粮食生产方面领先于世界是与当地的消耗量有关的；或者用另一种方式来表述，在生产出口的过剩食物方面居于世界前列。举个极端的例子。1982 年，美国生产的大米在世界大米生产总量中仅占有不起眼的万分之几，但它却占有大米出口总量的 1/5，比任何其他国家都要多。

我们将在最后一章再来讨论新欧洲的生产能力问题。现在让我们转向欧洲人有移居海外的癖好这一话题。该癖好是他们最与众不同的特性之一，而且对新欧洲的生产能力关系极大。欧洲人对于离开其父母之邦的安全境地并不活跃，这是可以理解的。新欧洲的人口直到卡伯特·麦哲伦与其他欧洲航海者发现这块新土地之后很久、甚至直到第一批白人殖民者在那儿定居之后许多年，才像今天这样成为白人的天下。1800年，北美洲，在欧洲人将近200年成功的殖民开拓之后，尽管这块新欧洲在许多方面对旧世界移民来说是最具吸引力的，它的白人的人口还是少于500万，另有大约100万的黑人。南美洲的南部在欧洲人占领了两百多年之后，较之北美更加落后，其白人少于50万。当时的澳大利亚白人只有1万名，新西兰则仍然是毛利人的天下。

其后殖民者洪水般涌来。在1820年至1830年之间，有500万欧洲人移居到海外各新欧洲陆地来。该数目大致达到这一时期开始时整个欧洲人口的1/5。为什么这些民族要跨越这么辽阔的距离进行这么巨大的迁移呢？欧洲的状况提供了一个巨大的推动力——人口爆炸及由此而导致的耕地短缺，民族间的争斗，对少数民族的迫害。而蒸汽动力在海陆航行上的应用肯定使长途迁移变得便利起来了。但是新欧洲吸引力的性质又是什么呢？不错，吸引力是有许多，而且在这些新发现的大陆上，它们是因地而变，处处不同的。但是构筑所有这些吸引力的基础，将其渲染，使之具体而令一个有理智的人可能被说动而去新欧洲进行投资乃至冒其身家性命之险的，或许是被最恰当地称之为生物地理学的一些因素。

让我们从应用我称之为杜平手法的办法来解答该问题开始吧。C. 奥古斯特·杜平是埃德加·爱伦·波笔下的侦探，他发现了那封无价的"被窃信函"不是藏在一本精装书中或椅子腿的一眼钻孔里，而是明明白白地放在每个人都看得到的信架上。这种手法可以说是奥卡姆氏简化论的一种推理，就是说：问些简单的问题，因为复杂问题的答案也许过于复杂，无法验证；

而更糟糕的是，它们又太迷人，使人无法放弃。

那么，新欧洲在什么地方呢？从地理上看，它们是分散的，但它们都处在相似的纬度上。它们都完全或至少有 2/3 是处在南温带或北温带之内，也就是说它们有大致相类似的气候。欧洲人自古以来借以获取食物和纤维的植物和借以获取食物、纤维、动力、皮革、骨制品和肥料的动物都易于在年降雨量为 50 至 150 厘米的温暖而凉爽的气候里繁殖生长。这些条件是所有各个新欧洲地域的特点或至少是欧洲人聚居的那个地域富庶部分的特点。可以设想，英国人、西班牙人或德国人主要是由于某地的小麦和牲口长得好而被吸引去的，而事实证明情况确实是这样的。

尽管各个新欧洲主要地都处在温带，但其本地的动植物却明显地各不相同，而且也与欧亚大陆北部的不同。如果我们对这些地方的一些食草动物，比方说是一千年以前的，进行考察的话，这种对比就变得非常之明显了。欧洲牛、北美水牛、南美羊驼、澳大利亚袋鼠和新西兰的有 3 米高的恐鸟（很叫人心痛，现在已灭绝了），就其本质来说并非胞亲。关系最近的欧洲牛和水牛，也几乎是八竿子打不着的远亲。即使是水牛与其旧大陆上最接近的同类，为数稀少的欧洲野牛，也还是属于不同的种类。欧洲殖民开拓者有时发现，新欧洲的植物群与动物群稀奇古怪得令人恼火。J. 马丁于 19 世纪 30 年代在澳大利亚抱怨说：

树木将其叶子保留着却将其树皮脱落掉；天鹅是黑色的，而鹰却是白色的；蜂儿没有刺；有的哺乳动物有袋子，有的会下蛋；山上的气候最暖和，而山谷的却最凉爽；就连黑莓也是红色的。

这儿存在着引人注目而又自相矛盾的东西。世界的这些地区如今在人口和文化方面同欧洲的最相像，而离开欧洲又很远——确实，它们是在大洋的那一边——它们虽然在气候上与欧洲的相似，却有着与欧洲不同的本地植物群和动物群。这些地区如今出口源于欧洲的食物——谷物类和肉类——比地球上的其他任何地方都要多。然而，这儿在500年前是没有小麦、大麦、黑麦、牛、猪、绵羊或山羊或诸如此类的东西的。

　　这种悖于常理的现象说来容易，解释起来却很难。北美、南美南部、澳大利亚和新西兰在地理上远离欧洲，在气候上却与其相似。只要竞争不是太激烈的话，欧洲的植物群和动物群，包括人类在内，是可以在这些地区繁荣兴旺起来的。总的看来，这儿的竞争是平和的。在南美的无数大草原中，伊比利亚马和牛驱退美洲驼和羊驼；在北美，讲印欧语系语言的人比讲阿尔冈昆语和马斯科格语族及其他美洲印第安语的人要多。在澳大利亚和新西兰，旧世界的蒲公英和象猫得寸又进尺，而这儿的袋鼠草和几维鸟却节节败退。为什么会这样？也许欧洲人由于其在武器、组织和狂热方面的优势而成为赢家，但到底什么是蒲公英帝国太阳永远不落的原因呢？或许，欧洲扩张主义的成功含有生物学和生态学的成分吧。

说明：

克罗斯比（Alfred W.Crosby，1931— ）著，许友民等译，节选自《生态扩张主义：欧洲900-1900年的生态扩张》，辽宁教育出版社2001年，第3—6页。克罗斯比为美国奥斯汀得克萨斯大学历史系荣誉教授、环境史学家。

阅读思考：

环境史，在西方国家近几十年成了显学，有大量优秀作品问世。但在中国，关注环境史的人还是很少。作家其实是可以进入环境史领域的，因为关注环境史也有许多进路，你想尝试一下吗？部落史、民族史与环境史结合起来，有可能创作出很特别的作品。

王斑蝶的迁徙：岌岌险途

斯蒂文思

　　这里是墨西哥南部杉树茂密的群山。在完成了一个大自然中最为奇特的壮举后，数以百万计的色彩斑斓的王斑蝶成群结队地降落在它们冬天的宿营地。每年，王斑蝶都要长途跋涉2500英里，从它们在北美洲和加拿大的出生地来到它们在墨西哥的冬季宿营地。

　　然而，这个神奇而又壮丽的自然现象在不久的将来也许就不复存在了。原因在于，墨西哥山脉中的13个王斑蝶越冬营地和加利福尼亚海岸边的一些"王斑蝶小树林"（小群王斑蝶用作冬日休憩地的小块区域）由于伐木和其他经济活动的威胁而遭到了破坏。目前，墨西哥采取的保护王斑蝶行动已经带来了希望，或许会保住那里的王斑蝶栖息地。在加利福尼亚的太平洋海岸，人们已经通过了一项斥资200万美元的计划，用来购买私人拥有的王斑蝶栖息地，目的是使王斑蝶免遭经济发展的荼毒。

　　但是科学家和环境保护者们指出，这场战争还远远没有结束。王斑蝶保护委员会（总部设在墨西哥城，积极保护王斑蝶栖息地的非营利机构）主席卡洛斯·高特佛里德警告说："只要人类稍微有一点忽视，所有的努力就都白费了。"

　　佛罗里达大学的王斑蝶研究专家林肯·P. 布朗博士对王斑蝶的命运十分担忧，他说："尽管人们在墨西哥发起了保护王斑蝶的运动，但是在10年以后，我们依然可能再也见不到这些可爱的蝴蝶了。"

　　王斑蝶迁徙的神秘之处就在于，这些蝴蝶能够只依靠它们神奇的导航本领而找到它们从来就没有见过的越冬营地，因为那些在春天离开墨西哥，飞往北方的蝴蝶全是在秋天飞回墨西哥的王斑蝶的曾祖父曾祖母们。

　　借助从加拿大吹向墨西哥的风向和热空气的螺旋气流，这些小滑翔专家们身着橘色和黑色的华丽艳装,毫不犹豫而准确无误地向远方的目的地飞去。当然,鸟类通常也会迁徙这么远的距离,但是在昆虫世界里,却只有王斑蝶才具备这样神奇的本领。向南方迁徙的王斑蝶全都是在北方出生的,它们飞越千山万水时惟一能够依靠的,就是它们体内微小的神经系统中的导航指令,那是它们从遗传中获得的机能。

"如果你们见过一只王斑蝶的大脑构造,你就会知道,它的大脑和一个大头针的针头差不多大。"布朗教授说道,"但是在这个大脑里存在着一架微电脑,它为王斑蝶提供了保证它们顺利抵达墨西哥的所有信息,尽管它们从来就没有见过墨西哥。"

这个导航系统是如何工作的呢?这可真是一个令人匪夷所思的秘密。布朗博士说:"即使仅仅为了了解并揭开这个'复杂的神经控制系统'的秘密,我们也应该努力去保护王斑蝶的迁徙。"

科学家们知道,王斑蝶的迁徙有着复杂的背景,它是王斑蝶和它们的栖息地以及整个气候的生态关系带来的结果,这种生态关系和王斑蝶的轻灵身体一样脆弱。自然环境保护者们希望能够保住整个生态环境,因为是生态环境使得蝴蝶迁徙这一奇观成为可能。如果这种迁徙停止的话,王斑蝶就将从整个北美消失,尽管那些没有迁徙习惯的蝴蝶将继续生活在佛罗里达和其他热带地区。

幸运的是,由于自然保护者们的努力呼吁,王斑蝶的迁徙已经得到了人们的密切关注,其关注的程度类似于对鲸鱼和非洲大象等动物的关注。现在,越来越多的游客蜂拥而至,以期一睹它们在越冬营地的树林中翩跹舞动的身影。

这些地区的居民对王斑蝶持有一种骄傲、几乎近于尊敬的态度。太平洋沿岸的越冬营地已经成了镇上居民关注的中心,当地的汽车旅馆也以它们来命名,每当秋天王斑蝶出现的时候,孩子们就穿起印有王斑蝶的衣服在大街上游行。

在墨西哥，王斑蝶于9月初抵达越冬营地，这一现象在时间上正好和墨西哥的一种传统宗教仪式相吻合。按照一个前哥伦布时期的神话的说法，这些蝴蝶所代表的，是那些死去的人们回归的灵魂。在美国，王斑蝶同蜜蜂一道竞争国家的象征的地位，而且它的支持者要比蜜蜂更多些。

在自然资源保护者的眼中，王斑蝶的魅力已经形成为一种理想的工具，它可以测试出北美人是否诚心诚意地关心生态环境。

"如果人们能够并愿意拯救王斑蝶的话，他们或许还会想起其他一些有益的昆虫。只有在那时，我们才能为生物的繁衍而展开真正广泛的保护运动。"罗伯特·米奇尔·皮尔在去年（1989年，编者注）的泽西斯研究会（一个致力于保护王斑蝶居住地的组织）的学报中写到。

在保护环境的努力日益得到加强的同时，一些科学家也在坚持不懈地研究着王斑蝶迁徙的奥秘。

这种迁徙起源于王斑蝶对马利筋属植物的依赖和王斑蝶这种热带昆虫的弱点——不能抵御寒冷的冬天。科学家们认为，在古代，马利筋属植物从它们在热带的家园一直慢慢地迁移到北美，王斑蝶也随着它们的食物源来到了北美。

马利筋属植物含有大量的毒素，叫做心苷，这种毒素最初是为防御食草动物的侵犯而进化出来的，王斑蝶不仅完全适应了这种毒素，还把这种毒素转化为一种用来进行自我防卫的生化武器。王斑蝶的幼虫以马利筋属植物为生，随着身体的日益成长，它们便在体内积聚了大量的毒素。王斑蝶成虫的体内就保留有这些毒素，这会让它们的敌人发生呕吐，因此，一个尝过王斑蝶味道的小鸟绝不会再想吃第二只。

科学家们相信，王斑蝶身上那橘色和黑色相间的鲜艳图案是对觊觎它们的鸟类发出的警告。另有一种名叫总督蝶的北美蝴蝶，也有着和王斑蝶差不多的图案，这种相仿的图案使得它们同样避开了鸟类的袭击，尽管它们的体内并不含有王斑蝶那样的化学防御毒素。

可是，有两种鸟类已经适应了王斑蝶体内的毒素，并把王斑蝶作为它们的美餐。还有一种老鼠也以昏昏欲睡地越冬的王斑蝶为食。但是到目前为止，这些掠食者还没有威胁到王斑蝶的数量。

美国有两种不同的王斑蝶，一种生活在落基山脉的东边，另一种生活在落基山脉的西边。西边的王斑蝶通常都在加利福尼亚的树林里过冬，而东边的蝴蝶则是在墨西哥过冬的王斑蝶的后裔。

人们是在 1974 年发现墨西哥的王斑蝶越冬营地的，这个营地位于墨西哥城以西 75 英里处，那里一共有 13 个相互毗连的栖息地，分布在一个长 75 英里，宽 35 英里的山区中。

布朗博士说，这个地点是非常理想的，因为这里保持着令王斑蝶感到适宜的气候，除了生存以外，对王斑蝶来说最重要的是保存一定的体力，以便在春天有能力返回北美，而这里的气候正好满足了它们的需要。这个越冬营地处在巨蟹星座以南，所以它的气温是相对较稳定的。王斑蝶就栖息在海拔 9500 到 11000 英尺山脉的杉树上，有时候，它们华丽的身体密密地覆盖在一棵树上，以致人们连树的枝叶都看不清了。

在这个海拔高度，空气的温暖程度恰好使王斑蝶不至于受到寒流的袭击，而其凉爽程度又恰好使王斑蝶不必消耗过多的热量。如果气候更温暖的话，它们就会到处乱飞，浪费掉体内的能量。这里的高山还吸收了大量的水分，因而沐浴其中的王斑蝶还不会丧失大量的水分。

在加利福尼亚海岸也有着同样宜人的小气候带，那里是山脉西边的王斑蝶越冬的场所。

在秋天，当它们从逐渐寒冷的地区迁往墨西哥的旅行结束时，这些王斑蝶显得十分强壮，此时它们还都不曾找到配偶，它们身上的艳丽色彩和青春活力使它们看上去像是刚刚从蛹中孵化出来的一样。它们是寿命长达9个多月的超级蝴蝶，生长期比其他蝴蝶长得多。当春天到来的时候，它们结束了冬眠状态，变得像狂热而执着的情人一般，兴冲冲地赶往美国的墨西哥湾沿岸地区，因为马利筋属植物的嫩芽已经在那里出现了。

多伦多大学研究王斑蝶飞行习性的生物学家大卫·吉伯博士说："我们对它们北去的旅行所知甚少，但是我们对一件事确信无疑——它们这次的飞行要比秋天返回时匆忙得多。它是一场冲向马利筋属植物的赛跑。"

他接着说道，正由于它们的行动如此迅速，所以在耗费极大能量的飞行中几乎用尽了所有的力气，以至于从墨西哥出发的数以百万计的王斑蝶只有很少一些能够到达目的地——美国。这些最终到达的蝴蝶也飞得很低，有时它们还要借助海船才能抵达美国。一旦到达目的地，雄性王斑蝶便立刻出发去寻找它的梦中情人，同时，不论是雄性还是雌性的王斑蝶都忙着寻找马利筋属植物。

"当一只雄性王斑蝶忙碌地在马利筋属植物上享受美餐时，如果有一只雌性王斑蝶碰巧经过这里，它便立刻像一艘驱逐舰一样向雌蝶追去。"布朗博士说道，"如果有很多的雄性王斑蝶在那里觅食的话，它们就会一齐起飞，去追逐那只雌性蝴蝶。而那只聪明的雌性王斑蝶却有种种巧妙的方法来躲避这些求婚者的纠缠。它会突然飞过一棵树的枝叶，令那些紧追不舍的追求者们失去目标。而它却找个安静的角落，生下自己的孩子们。"

由于这次长途跋涉耗费了大量的体力，身为父母的王斑蝶终于走到了它们生命的尽头。它们的子孙追随着马力筋属植物的蔓延方向，继续向北飞去，夏天来临的时候，它们已经分布到了美国北半部落基山脉以东的广大地区，北至达科他州，南到安大略湖和缅因州。

王斑蝶在落基山脉西部的迁徙规模较小，也不具备东部迁徙那种戏剧

B卷

化的悲壮色彩。在春天到来时，王斑蝶便飞离了它们在加利福尼亚的越冬营地。它们的第一批后代是生在塞拉山脉的山坡上的。接下去的旅途一直通往爱达荷州、内华达州和犹他州，向南则远至凤凰城。

布朗博士和他在佛罗里达的同事们在上个月证实，在落基山脉以东出现的第一代王斑蝶是在海湾沿岸，而不是在北方各州出生的。他们是在分析了王斑蝶体内的毒素后得出上述结论的。有些种类的马利筋属植物只会在特定的地区生长，而王斑蝶身上的不同毒素就像人类的指纹一样，指示出究竟是哪里的马利筋属植物哺育了它们，就这样，这些毒素表明了它们出生在哪个地区。

在海湾沿岸出生的王斑蝶继续向北方迁徙而去，这时，又有 3 代或 4 代的王斑蝶出生在落基山脉的东部。这些蝴蝶只能存活 3 周左右，只有那些被自然选择来完成向南迁徙任务的蝴蝶除外。

进入 8 月份后，经过筛选的一代王斑蝶出现了生殖器官的休眠状态，它们对性生活开始感到厌倦了，相反，却被鲜花所深深地吸引，它们大群地聚集在一片片秋麒麟和雏菊上，召开被布朗博士所称作的"社交酒会"，为它们漫长的旅行而畅饮花蜜，以增强它们的体力。

吉伯博士说："同它们的祖先春天从墨西哥急促飞来时所做的努力相比，这些南飞蝴蝶的旅途则显得顺利得多。"他曾经利用滑翔机和地面雷达追踪它们的身影，并研究了它们飞行的技巧。

他发现这些王斑蝶十分巧妙地利用上升的热气旋，也就是热气流，然后，它们顺风而下，又搭乘上另一股上升的气流。吉伯教授说，有一些滑翔机飞行员曾在 0.75 英里的空中发现过王斑蝶盘旋飞翔的队伍。

如果有横穿而过的气流干扰了它们的飞行方向，王斑蝶总能奇迹般地纠正它们的航向，最终正确地飞往西南部的墨西哥。

王斑蝶若在迁徙中遭遇到逆风，就会干脆降到地面去寻找花蜜来充饥。

当它们到达得克萨斯州南部和墨西哥的时候，它们继续贪婪地汲取着美味的花蜜，以便为过冬储备足够的能量。布朗博士说："当它们到达它们的越冬营地时，它们简直成了一个个的小蜜球。"

最近以来，自然资源保护者对遭到威胁的王斑蝶越冬营地的关注已经得到了加利福尼亚人的支持，上个月，当地居民为保护王斑蝶越冬营地举行了投票。布朗博士说："我真为王斑蝶感到骄傲，它们只有得到 67% 的选票才会获胜，可它们竟然得到了 69% 的选票。"

不过，世界野生动物基金会地区规划部的副部长克特斯·佛雷斯却不无忧虑地指出，王斑蝶在墨西哥和加利福尼亚的家园并不稳定。这么多蝴蝶却只依赖这么几个少数的越冬营地，"这实在让人为它们的命运担忧，人们每当想到这一点就寝食难安。"佛雷斯所在的基金会目前正在援助墨西哥的环境保护计划。

布朗博士对墨西哥环境保护所做的努力能否成功也表示怀疑。1986年，墨西哥政府发布了一项禁止在王斑蝶栖息地伐木的法律。但是布朗博士说，就在那项法律发布之后，他亲眼看到一些伐木工人依旧在王斑蝶的营地里大伐特伐树木。他说，这些工人还把王斑蝶用来过冬的空树干也给伐倒了，尽管那些王斑蝶在秋天的时候极有可能再次回到这些树干中过冬。

墨西哥已经把王斑蝶 13 个越冬营地中的一个变成了观光地，同时，他们还计划把另一个营地也开拓为一个旅游景点，他们希望此举能够让当地人从观光客那里赚到他们需要的钱，从而为了他们自己的利益而开始保护这些王斑蝶的保护地。在墨西哥的王斑蝶保护组织工作的高特佛里德博士说，去年有近 7 万名游客游览了那个王斑蝶景点，而且游客的人数正在不断地增加。

为保护王斑蝶的迁徙地业已奋斗了 13 年的高特佛里德先生说，他相

B卷

信墨西哥政府和民众们已经越来越重视王斑蝶的保护问题了。

高特佛里德先生最近在巡视了王斑蝶的 13 个宿营地后说："我对我所看到的一切感到非常满意。"

他说："今年，没有人在营地的中心地带从事任何伐木活动，这是我敢于这样说的第一个年头。"

布朗博士则反驳说："我希望他们真的已经停止了伐木活动，但是我非常怀疑他们真的这样做了。有时候，伐木工人要到 2 月份，也就是最干燥季节才去伐木。"

他还说："墨西哥人好像很尊敬王斑蝶，但是除非我们确信这种伐木活动确实已经停止了，否则，这种灾难性行为的后果无疑将造成王斑蝶在北美东部的灭绝。"

说明：

斯蒂文思（William K. Stevens）著，赵沛林译，节选自《百变精灵：昆虫》，长春出版社 2001 年，第 16–24 页。原文写于 1990 年 12 月。斯蒂文思为《纽约时报》记者。

阅读思考：

王斑蝶是如何导航的？观察王斑蝶迁徙的自然考察或者旅游活动，是否会实质性危害王斑蝶的生存？中国台湾也有类似王斑蝶的一系列紫斑蝶（如小紫斑蝶、端紫斑蝶、圆翅紫斑蝶、斯氏紫斑蝶），"紫蝶幽谷"也非常出名，你想过去瞧一瞧吗？

自然的最后挣扎：夏威夷的物种变化

威尔逊

如果用国内产品和人均消费来评估世界的财富，那么人类的财富在不断增长。但如果用生物圈的状况来衡量世界的财富，那么人类的财富在不断减少。前者称为市场经济，后者称为自然经济。用自然经济计算得出的结论与用市场经济计算得出的结论完全相反，它是由全世界的森林、淡水、海洋生态系统的健康状况来衡量的。一个被称为生命行星指数（Living Planet Index）的专业术语出现在世界银行和联合国环境规划署的数据库中，其预测结果与大家熟悉的国民生产总值和股票市场指标的预测结果完全相反：根据世界自然基金会的计算结果，该指标在 1970 年到 1995 年的 25 年间下降了 30%。在 20 世纪 90 年代早期，它下降的速率已经达到了每年 3%。这么快的下降速度是前所未有的。

在国际经济会议上，环境指数通常不是一个热门话题。会议出席者通常在四季如春的宾馆和会议厅之间活动，原始森林的消失和物种的灭绝很容易被看作为外部经济成分（externality）。各国首脑和经济部长都认为签署全球自然保护协议不会给他们在国内的支持率带来什么变化。

一个对人类前景更加现实的观点摆在了人类眼前：人口过多和环境恶化正在世界各地发生。它使得自然栖息地越来越小，生物多样性不断下降。现实世界是被市场经济和自然经济同时控制着的，人类正和剩余的生物作最后一次斗争。如果人类再继续把自己的意志强加于这个世界，那么赢得的只是一次卡德摩斯式（Cadmean）的"胜利"（指牺牲极大的胜利——译注）：先失去了生物圈，然后整个人类也将不复存在。

这场战争的一个典型战场是夏威夷。从表面来看，夏威夷是美国风景最美的一个州。对许多居民和旅游参观者来说，那儿是一个没有污染的、天堂式的岛屿。但是事实上，它是一个生物多样性的刑场。公元 400 年，当波利尼西亚的航海者第一次踏上岸的时候，夏威夷简直像个伊甸园。青葱的树林和富饶的山谷中没有蚊子，没有蚂蚁，没有刺人的黄蜂，没有毒蛇和毒蜘蛛，没有带刺或带毒液的植物。但是现在所有这些不吉利的生物在夏威夷到处可见，各种入侵生物随着人们的贸易及人流往来被有意无意地带到了夏威夷。

在人类出现以前，夏威夷有着丰富而独特的生物物种。从海岸到山顶，至少有 125 种，甚至多达 145 种特有的鸟类。当地的鹰在茂密的森林上空翱翔，它们与奇异的长腿猫头鹰及闪闪发光的彩色蜜旋木雀是同一个家族。地面上有一种不能飞的鹦，它们和恐鸟（moa，一种新西兰无翼大鸟，现已灭绝）一起寻找食物。恐鸟像鹅一般大小，也不会飞，颚与龟的下巴基本相像，是夏威夷版本的毛里求斯渡渡鸟。而现在，几乎所有的这些土著种都已经灭绝了。在最初所有的鸟类中只有 35 个物种生存下来，其中 24 种濒临灭绝（剩下的不到一打由于数量太少，种群可能再也无法恢复）。幸存者中的一部分是小型蜜旋木雀，偶尔可以在它们的栖息地——洼地中看见。大部分幸存者生活在降雨量多的茂密森林和高山峡谷中，尽量远离在岛上生活的人类。在经过一系列野外调查后，鸟类学家斯图亚特 L. 皮姆写道："你一定要经受了寒冷、潮湿和疲累的考验后，才能见到夏威夷的鸟类。"

虽然目前夏威夷的生物多样性仍然很丰富，但在很大程度是人造的。那些经常能见到的大量动植物都是来自其他地方。这些迁入的植被主要分布在景点附近，或者是覆盖于山坡的小灌木林周围。其中生活着云雀、斑姬地鸠、珠颈斑鸠、知更鸟、嘲鸟、八哥、草莓雀、禾雀和红冠主红雀。但这些鸟类没有一种是土著种。正如慕名而来的游客从世界各地乘船来到夏威夷一样，它们也是这样来到夏威夷的，在世界其他热带和亚热带地区同样可以见到它们。

夏威夷的植物也是非常漂亮的，在某些地方尤其如此。但现在生长在洼地的植被中很少有当时那些波利尼西亚殖民者拓荒时候见到的物种。在植物学家目前记录到的 1935 种有花植物中，902 种为外来种，而且这些外来种几乎占据了夏威夷未受干扰的栖息地以外几乎所有地区，即使那些最具有自然特征的栖息地——海岸洼地和低山斜坡处的植被也是最初引进的植物。夏威夷青翠的峡谷中几乎全部或大部分被外来种所占据；缠绕在游客颈部的花环上的花也取自迁入的植物。

夏威夷曾有超过一万种的土著动植物，其中的许多都已列为世界上最美丽的和最易灭绝的物种。在数百万年的时间里，有几百个先锋种幸运地降落在这个地球上最偏僻的群岛上，并逐渐进化形成了夏威夷独具特色的物种。而现在这些特有种的数量急剧减少。古夏威夷是萦绕着山丘的精灵，它的可怜撤退，使我们的星球变得更加可怜。

早期的波利尼西亚人发现不能飞的鸟类易于捕捉。从那时开始，就注定了这些鸟类灭绝的命运。殖民者为了耕种而砍伐森林和草地，在这同时也清除了其他的动植物种。1778 年，根据英国政府公布的决议宣布发现夏威夷的 J. 库克（James Cook）船长，他看到那里的低地和岛屿内部的山脚覆盖着大片的香蕉、面包果树和甘蔗。在接下去的两个世纪里，美国人和其他殖民者将这些土地和大片其他种植甘蔗和菠萝的土地开垦为种植主要的出口农作物。现在只有区区 1/4 的土地没有被破坏，其中大都是因为这些土地位于陡峭的山丘和难以接近的山区内部。如果夏威夷是一片平地，例如，像巴巴多斯岛或是太平洋环状珊瑚岛一样，那么现在一定什么也留不下来。

最初，对生境的破坏是夏威夷动物区系和植物区系所面临的主要威胁，但目前最大的威胁来自于外来生物。史前夏威夷的生物区系相对较少且极为脆弱。当人们开始了在夏威夷的殖民过程后，特别是20世纪后期，夏威夷成为太平洋的商业和运输中心，从其他热带和亚热带地区带来的外来动植物和微生物迅速泛滥，不断排挤并消灭当地的物种。

夏威夷的生物入侵可以看作是一个达尔文进化过程的异常加速。在人类到达之前，大约每千年有一个迁入物种成功地穿越太平洋到达这里。这些"航行"生物随着上空的气流运动、迁移。在飞行过程中，翅膀并非绝对的必需品：大量不能飞的生物被卷入上升气流，作为一个被动的空中浮游生物而被风带走。许多种蜘蛛有意躲在这种浮游生物中，它们站在树叶或是树枝的顶端，在微风中吐出轻丝，并使得丝线越来越长，直到像吊着一个气球似的紧紧抓着蜘蛛的身体，然后蜘蛛就可以开始航行。如果它们遇到上升气流或者是风，它们就可以航行较长距离再降落到地面上。当然，它们也可能降落到水中而死去。有些蜘蛛可以通过把丝线卷绕起来或咬断丝线慢慢降落。这些事情应该并不让人惊讶，因为夏威夷当地的蜘蛛种类和数量都非常多。

不太老练的渡航者或是被暴风卷起后带到岛上来，或是像乘客一样乘坐由倒在河边的木头以及被洪水冲到海里的其他植物所自然形成的漂浮物来到夏威夷。

在人类来到夏威夷以前，生物个体越过太平洋来到夏威夷定居的可能性非常小。在几百万年的时间里，许多物种盲目地穿越太平洋，但只有极少数的物种成功登陆，之后，这些先锋种又面临着可怕的障碍。那里必须有一个合适的生态位——适宜的栖息区，适当的食物，和它们一同迁徙而来的配偶，没有或很少有吞噬它们的敌人——让它们立即生存下去。能够幸存下来并繁衍后代的物种就是适应夏威夷特殊环境条件的进化候选者。当它们成为夏威夷的地方特有种时，在世界其他地方就不可能再找到和它们的基因型完全相同的物种了。一小部分物种，例如，麻迪菊、蜜旋木雀和果蝇，随后又分化成很多物种，每一个物种都有自己的生存方式以适应当地的环境，从而创造了适应辐射（adaptive radiation）这一夏威夷自然历史的繁荣景象。

从马克萨斯群岛来到夏威夷的波利尼西亚航海家打乱了生物进化的严酷考验。他们将猪、老鼠、已驯化的植物及其他生物从它们曾经占领的太平洋中心岛屿引入夏威夷，使生物定殖的成功率成千倍地提高。当美国人和其他定居者从邻近的群岛甚至全世界引入其他物种的时候，外来物种大量入侵并快速繁殖。鸟类、哺乳动物和植物由于具有明显的价值而通常被人们有意引进。结果，现在当地大部分鸟类和近一半的植物都是外来种。昆虫、蜘蛛、螨虫和其他一些节肢动物并不是人们有意引进的，而是在引进上述物种时无意带进来的，就像藏在货物和压舱物中的偷渡者一样。每年在检疫中平均可以发现 20 种这样的物种；它们中的一些能够躲开检疫并成功登陆。20 世纪 90 年代后期，在夏威夷记录的 8790 种昆虫和节肢动物中，3055 种是外来种，占总数的 35%。包括植物、动物和在陆地表面及周围浅水中生活的微生物，全部 22070 种各种类型的生物中，有 4373 种是外来种，占夏威夷 8805 种土著种的一半。此外，外来种在个体数量上也占有优势，特别在那些受到干扰的环境中。最后，迁入者占领了夏威夷的大半疆土。

相对来说，大部分入侵者是无害的，其中只有一小部分可以建立起大到能成为农业害虫的种群。然而，这一小部分种群的爆发可以造成巨大的损害。遗憾的是，生物学家现在还不能预测哪种迁入者到达后会成为入侵种（现在美国联邦调查局官方将其定义为 invasives）。在入侵种的原产地，这些种并不是那样讨厌，它们被捕食者或者其他一些从它们一出生就和它们一同进化的敌人所包围。但是，一旦从那些长期抑制它们的限制中逃离出来，来到夏威夷适宜的环境，它们就可以获得迅速繁殖的机会。它们通

B
卷

过消耗资源来抑制、消灭和排挤土著种，这些土著种由于十分脆弱，根本无法抵抗外来物种的进攻。

人类的影响因素之外，对夏威夷生物的主要威胁者是非洲大头蚁（pheidole megacephala）和猪（sus scrofera）。非洲大头蚁生活在一个由几百万个工蚁和一个蚁后所组成的超级种群中。一旦发现入口，这种蚂蚁就会像一张能长的单子，迅速蔓延开来，这种超级种群可以吃光或驱逐挡在它们前进路上的其他任何昆虫。工蚁分为两个职业等级：一种是身体苗条的小型蚂蚁，它们只在地面上排队进行掠食；另一种为头部很大的兵蚁，它们用发达的头部肌肉和尖锐的下颚骨驱散敌人和猎物。非洲大头蚁由于消灭了许多夏威夷洼地上土生土长的昆虫而出名，其中包括那些为当地植物传粉的昆虫。这使得当地的食物链发生了变化。当地那些吃昆虫、体积稍小的鸟类可能因为食物资源的减少而面临灭绝的危险。在那些没有被非洲大头蚁占领的分散区域中，另外一个具有超级种群特征的外来种——阿根廷蚁（linepithma humile）以相似的方式使用大规模攻击和腺毒素来战胜对手，并在地面占据了优势。当大头蚁和阿根廷蚁相遇的时候，它们的军队会为了掌握对泥土微环境的控制权而发生战斗，战斗的结果通常会以平分土地而告终。只有很少几种双翅目昆虫、甲虫和其他昆虫可以在这两种蚂蚁的互相残杀中幸存下来，但在大多数情况下，最后它们自己仍会变为"移民"。跟夏威夷的人类一样，这里的蚂蚁，大都是外来的，并统领着其他外来的伙伴们。

夏威夷本地的动物区系对于入侵的蚂蚁所表现的脆弱性符合大家熟悉的进化论定律。数千万年以来，几乎在世界上的任何地方，蚂蚁都是昆虫和其他动物最主要的捕食者，它们是杰出的死尸清道夫。作为泥土的翻新者，它们的作用等同于甚至超过蚯蚓。由于与世隔绝，史前的夏威夷从未出现过这些蚁类。事实上，从来没有蚂蚁涉足到汤加（Tonga）群岛以东的太平洋中部地区。因此，夏威夷的动植物群落在进化中适应了没有蚂蚁的环境，它们对具有如此高攻击力的捕食者的入侵毫无准备。虽然没有准确地统计过，但夏威夷大部分的土著物种向这些入侵者屈服了。

夏威夷的环境也没有为地栖哺乳动物的到来做好准备。在史前时期，只有两种哺乳动物生活在岛上：当地的灰蝙蝠（hoary bat）和夏威夷僧海豹。后来，进来了42个外来种，它们以各种方式威胁着夏威夷当地动植物的生存。起到毁灭作用的物种是猪，由早期的波利尼西亚人带到岛上。它们中有些个体成功逃脱或是被人类故意释放，从那时起，猪就成为森林中最大的哺乳动物。现在，它们野生的后代更像欧洲的野猪，而不像从家猪进化而来。大约有10万头猪在森林中生活，它们吃树皮和植物的根，将植物连根拔起。一些树木倒伏后，林窗出现，照射到林地的阳光强度发生了变化，从而使土壤生态系统发生了改变。这些猪觅食的时候，外来植物的种子通过它们的粪便撒播在地面上，这些外来植物比土著种长得更为旺盛。另外，这些猪也会挖一些泥坑来收集雨水。当地唯一因为这种不流动的水而受益的昆虫是蜻蜓，它的蛹是水生的。通常像这些小的利益之间也有一定的关联。这些小池塘也是蚊子的繁殖场所，它们会将鸟类的疟疾病传播到这些在遗传基因上不受保护的当地鸟类中。

猪是人类故意带到夏威夷的，所以，也只有人类可以阻止它们的破坏。带领一些经过了特殊训练的狗的捕猪队已经消灭了自然保护区内大量猪群，但是还远远不能彻底消灭它们。例如，根据2000年的最新统计，在位于最大的岛屿上的夏威夷国家火山公园中还有大约4000头猪仍活得逍遥自在。

另外一些引入的哺乳动物对环境的破坏作用正逐渐增强。老鼠、猫鼬和野化家猫大量捕捉夏威夷森林中的鸟。山羊和牛吃光了在开阔地生长的最后残留的土著植物，能够幸存下来的土著植物都是生长在这些动物无法到达的悬崖峭壁上。即使这样，它们仍受到坠泥和已松动岩石的威胁，这些威胁都是由悬崖边缘捕食动物的活动所造成的。

由于夏威夷的环境相对简单，它可以作为一个实验室来研究世界各地所受到的环境压力。根据经验，特殊物种的减少很少是单个因素引起的。典型的解释是：人类活动而产生的各种压力同时或先后作用于物种，使它们的数量下降。这些因子被保护生物学家概括为 HIPPO：

·生境破坏（Habitat destruction）：例如，夏威夷的森林已被砍伐了 3/4，这不可避免地导致了许多物种的数量下降甚至灭绝。

·入侵物种（Invasive species）：蚂蚁、猪和其他的一些外来种取代了夏威夷的土著物种。

·环境污染（Pollution）：淡水、海岸带的水域和岛上的土壤都被污染了，使得更多的物种衰弱和灭绝。

·人口增加（Population）：更多的人意味着更多的 HIPPO 效应。

·过度收获（Overharvesting）：早期波利尼西亚人占领夏威夷的时候，一些物种，特别是鸟类，被人类捕捉到几近灭绝的境地。

事实上，对环境破坏作用的原动力是 HIPPO 中的第二个 P——人类占据了陆地和海洋的大部分空间，消耗了大量的环境资源。到目前为止，大约有 205000 种的植物、动物和微生物作为一个整体自由地生活在美国的领土上。对最为熟知的物种或重点类群——脊椎动物和开花植物等的最新研究表明，除了人口增长因素外，其他因子的影响作用随着 HIPPO 字母顺序的降低而逐渐下降。生境破坏是最具毁灭性的，而过分收获的破坏作用最小。在旧石器时代，熟练的猎人可以杀死大量的哺乳动物和不能飞的鸟，那时，这些影响因子的作用次序恰恰和现在相反，即 OPPIH，从过分捕猎到一小部分的生境破坏。环境污染可以忽略，物种入侵可能只在一些小岛上显得较为重要。到了新石器时代，随着文化和农业的拓展，这些因子的影响次序颠倒过来了，这个新形成的 HIPPO 成为陆地上乃至后来海洋中的恶魔。

聚焦自然衰退一般问题的保护生物学家们，已经开始发现导致生物多样性丧失的原因是多种多样的，而这些原因往往又是 HIPPO 中不同因子的变化共同作用的结果。每一个情况都是受威胁生物的自身特性和人类活动使其陷入的特定困境的共同结果。只有通过集中的研究，科学工作者才可能确定引起物种濒危的真正原因，并设计出最好的方法，使物种得以保护并恢复到正常状态。

说明：

威尔逊（Edward O. Wilson, 1929–）著，陈家宽，李博，杨凤辉等译，《生命的未来：艾米的命运，人类的命运》，上海人民出版社 2003 年，第 69–79 页。威尔逊是美国生物学家、博物学家、社会生物学奠基人，两次获得普利策奖。

阅读思考：

波利尼西亚人带到夏威夷的植物物种与后来西方人重新"发现"夏威夷之后带去的植物物种，性质上有何差异？如今游客到夏威夷，走出机场，举目望去，能看到的多是外来物种，为什么？猪在夏威夷扮演什么角色？夏威夷现在有蛇吗？没有。将来呢？关于夏威夷，有兴趣者可读我写的《檀岛花事：夏威夷植物日记》。

出售蓝金

巴洛 克拉克

水的控制权属于谁

  在淡水供应问题上最有争议的大概要数私营企业日益增加的对水的控制。私营企业比世界上任何其他集团都清楚地认识到，水的短缺是他们发财的好机会，其结果是一种新现象的诞生：通过水的交易获取利润。

  不论在穷国还是在富国，非正式的、小规模的水的交易是很普通的事，这种交易通常发生在农民与当地的社区之间，并且基于一种原则：水是公共遗产，归大家所用，交易的目的是为满足人们的需要。然而，今天大跨国公司进行水交易的目的只有一个，即牟取利润，这使得水的价格不断上升，远远超出了穷人的承受能力。另外，大公司一旦介入水的交易，他们往往成块地买断一个地区的水权，把该地区水都用光之后，一走了之。智利将水私有化后，采矿业几乎没花什么钱就得到了全国水资源的控制权。今天，他们控制着全智利的水市场，而水短缺将水价越抬越高。

  在加利福尼亚，水权的交易已成了一种越来越大的行业。1992 年，美国国会立法，历史上首次允许农民将其水权向城市出售。1997 年，内政部长布鲁斯·巴比特公布一项计划，在科罗拉多河的主要用户之间开辟一个水市场。它将允许亚利桑那、内华达和加利福尼亚三州之间跨州买卖科罗拉多河水。

  《哈珀斯》杂志的韦德·格雷厄姆将美国政府的这一举动称为"自1862 年'宅地法'公布以来对国家资源最大的一次松绑行为"，未来只有将所有的国有土地全部私有化才可能(在"松绑"意义上)超过它。在此之前，政治家们和法院试图在科罗拉多河水使用纠纷中充当仲裁人，却并不成功。巴比特则指望这个水市场的开辟能改善这种状况。人们估计，开始的交易会是比较小的。内华达与亚利桑那两州之间已达成协议，由亚利桑那州储水将来为内华达州所用。人们错误地将科罗拉多河视为基本上无穷尽的水源，以为从长远看，高科技密集的迅速发展地区就能获得大量的、价格合理的水。其实，将水私有化的另一个实验在萨克拉曼多谷已经发生了，格雷厄姆认为它实际上是个很好的警告。19世纪90年代初，法律第一次允许南加州的城市和农民从北加州的农民那里买水囤积，然后再到市场出售。有些人购买了大量的水，储存一段时间后，在水价格升高时出售。少数人在这种买卖中发了大财，但同时很多农民有生以来第一次发现自己的水井干涸了。后果是灾难性的：地下水位降低，某些地区发生沉降。格雷厄姆将此事与20世纪初发生的欧文斯谷悲剧相提并论。当时，洛杉矶政府负责水事务的官员设下圈套，将欧文斯谷的水调往南加州，使以前水源丰富、草木茂盛的欧文斯谷变成了干燥的荒地。格雷厄姆写道，"欧文斯谷骗局证明，尽管只有一部分人或公司掌握着法律认可的水权，但整个社区的命运往往是与水权联系在一起的。水在加利福尼亚就代表着兴旺繁荣，如果水的使用权被私有化甚至被合法转移到外地，那么整个社区的繁荣也可能一去不复返了。"享受着超过其应得的水份额的计算机工业对这一点了解得比谁都清楚。计算机制造业在生产过程中需耗用大量的去离子淡水，所以它总是在积极地寻找新的水源，这实际上不可避免地形成高科技公司与当地人之间越来越激烈的对水的争夺。

据"硅谷反毒化联合阵线"显示，电子工业是当前世界上发展最快的制造业。电子工业界一些大牌企业，如IBM、AT&T、英特尔、NEC、富士通、西门子、飞利浦、Sumitomo、霍尼韦尔和三星集团等，他们一年的净销售额超过许多国家的国内生产总值。现在世界上有900家半导体厂生产电脑芯片，另有140家正在修建中，这些工厂消耗的水量之大令人咋舌。问题是，这些水从哪里来呢？显然只能从有限的已知水源而来，而这势必

B
卷

将引起冲突。"经济公正西南联络网"对此解释道："在资源有限这个前提下，双方的斗争是不可避免的。斗争的一方是这些资源的长期受益者，另一方则是对这些资源大睁着贪婪的双眼的新来者。"

高科技公司使用各种手段以低价购买水权，又不需为其造成的污染承担任何治理费用。他们的手段包括向政府施压索取补贴；设法绕过市政设施而直接从水源泵水（其成本远低于居民的付费标准）；买断水权，最大限度地从地下蓄水层取水，同时抬高水价；从牧场主、农场主手中直接购买水权，将当地水源污染后一走了之。

对大自然的商品化

跨国公司向全世界扩张的主要推动力之一是对经济增长的绝对追求。近来，人们越来越认识到，这种追求与大自然本身是直接冲突的。赫尔曼·E.戴利和约翰·B.科布在其经典著作《为了人类的共同利益》一书中，指出，强调对经济增长的追求的传统经济学理论将"资本"片面地定义为产品、服务、机器、建筑等人造物质，而忽视了"自然资本"——所有这些经济活动所必须依赖的自然资源。这个星球上生态系统的承受能力是有限度的，不可能永远承受诸如大农业、毁林、沙漠化及城市化对它的破坏。戴利和科布警告说，与大自然的冲突可能在下一代激化。

印度的女权主义者、物理学家、生态保护主义者范达娜·夏夫博士更进一步指出，对经济增长的绝对追求是对大自然和人类的"偷窃"行为。她指出，将原始森林砍伐后，种上单一品种的松树，以向有关工业提供原料，这样做可能增加收入，但它剥夺了森林树木品种的多样化，降低了其保护土壤与水源的能力。而且当地社区人民依靠原始森林提供食物、饲料、燃料、纤维和药品，以及抵御自然灾害的权利也遭到了剥夺。她举例说明，大农业并不能产出更多的粮食、减少饥饿、节约自然资源，相反，它相当于从大自然和穷人身上"行窃"。她还指出，修建大型水电站和将河水改道也属于"偷窃"行为。

我们感到最担忧的是越演越烈的对大自然和生命本身的商品化。在不太久之前，生命和大自然的某些方面尚被认为不是可以在市场上买卖的商品，比如包括空气与水在内的自然资源、基因密码与种子、健康、教育、文化及传统等。上述这些方面，再加上生命和大自然的其他基本组成部分，属于全体人类的共同遗产或权利。以印度为例，传统上空间、空气、能源、水都被视为"不属于任何个人所有"，而是"公共资源财产"，所以他们不受市场中供求关系的制约。相反，它们的普遍重要性，在相当大的程度上被认为是神圣不可侵犯的，政府对它们应该负有保护的责任。

水的商品化是对"公共资源财产"的直接攻击。"科学、技术与生态研究基金会"（一个由范达纳·夏夫博士领导的位于新德里的非政府组织）在一篇报告中指出，水在印度被认为是"生命本身，是我们土地、食物、生计、传统及文化的基础"。作为"社会的生命线"，水是"神圣不可侵犯的公共遗产，在我们的文化中，它应当被崇拜、被保护、被共享、每个人对水都享有平等的权利，并有维护其健康的责任。"在传统的伊斯兰教义中，"道路"最原始的定义是"通往水之路"，意即人与自然都有"免于干渴的权利"。该基金会说，基于这些宗教和文化的传统，印度长期以来发展并采用了一套有效与公平的对水的管理、维护与使用的系统。

但是现在，水在印度开始被私有化了，其后果是令人担忧的。在国际货币基金组织和世界银行的压力下，为了偿还所欠国际债务，印度政府开始向水业跨国公司集团出售水权，这些集团包括苏伊士公司、维文迪公司以及另一些靠大量消耗水资源来维持生产的公司。其结果是，原来由当地控制的供水及灌溉系统已逐步被对宝贵的水资源的商品化和滥用所取代。我们正眼睁睁地看着人类共同财产一步步变成私有财产。水资源性质的这种变化是全球环境和人类生活质量不可逆转的损失，这种现象不仅发生在印度，而且也发生在越来越多的其他第三世界国家。

　　的确，这种使水资源及其他自然资源甚至生命本身商品化，是所谓"经济全球化"的一个显著特征。以前理所当然地认为是人类共同财产的东西已成为全球资本主义扩张争夺的最后一个热点。在跨国公司集团征服世界市场的过程中，一些专门从事使我们生命中仅存的公共资源商品化的新的行业产生了。近年来，一个显著的例子是生物技术工业。一些知名的生物技术公司，例如，孟山都（Monsanto）公司和诺瓦蒂斯公司，打着"生命科学"的幌子，将种子和基因转化成商品，作为遗传工程食品和健康食品在全球市场出售。类似地，全球水业巨头们正在加快使对生命不可缺少的水商品化以牟利的过程，其后果是只有掏得起钱的人才能得到水。简而言之，包括种子、基因、水在内的任何东西现在都是商品，只卖给那些肯出最高价钱的买主。水业巨头苏伊士公司的 CEO 杰勒德·梅斯特拉莱把将水商品化的基本矛盾阐述得再清楚不过了。他说："水是一种商业效率很高的产品。这种产品一般来说应该是免费的，而我们的工作则是卖水以牟利。要知道我们卖的这种产品是生命绝对不可缺少的啊！"

说明：

巴洛（Maude Barlow, 1947—），克拉克（Tony Clarke, 1944—）著，张岳，卢莹译，节选自《蓝金》，当代中国出版社 2004 年，第 69—72；第 81—84 页。题目为本书编者所拟。巴洛，女，为加拿大一个公众利益组织的主席，多部畅销书的作者。克拉克为加拿大北极星研究所主任。

阅读思考：

水、空气、土地等自然物能够出售、应该出售吗？商人不会理会这些发问，目前土地是最值钱的东西。可以设想水、空气也将变得矜贵、值钱。已经有商家在电视台反复做广告"我们只做大自然的搬运工",还挺自豪的。对大自然的商品化,要做出限制!作家及普通公民都可以有所作为,是不是?对大自然的种子进行一定的"科学处理",申请专利,他人不付费则不可以使用,这一套似乎符合现代知识产权的习惯,但是你总会觉得其中有些不对头的地方吧?诸多客观、中立"研究"打着进步、为全人民的旗号,其实最在乎的是资本投入后的利润,在乎的是与竞争对手拉开距离。

猎杀动物取皮毛

庞廷

在欧洲,直到 19 世纪为止,捕猎野兽以获取皮毛一直是一种主要的贸易活动。皮毛贸易在其早期阶段是开发欧洲的动物以供应欧洲市场。但是,当这种供应最终枯竭之后,这种需求就成为欧洲扩张背后的驱动力之一,尤其是俄国人朝东进入西伯利亚,以及欧洲的影响朝西传遍了北美。皮毛贸易可以追溯到罗马帝国时期,当时商人们从俄罗斯的游牧部族处弄来皮毛。然而,皮毛贸易的真正增长发生在中世纪早期的欧洲,当时人们追逐皮毛不仅是为了保暖这样的实用目的,而且也是一种地位的象征,是上层阶级行头中不可缺少的一部分。比如在英国,就有着许多规定限制穿着高层地位者才能穿的皮毛服装。1337 年,英国议会制定了关于皇室和年收入超过 100 英镑的贵族成员们所穿戴皮毛的规定。1363 年,又通过了另外一个法案,这一次是限制贵族和神职人员所穿戴的皮毛的最高价值。还有着许多其他的这类规定,然而这些规定需要一再重申就说明了一个事实，它们在很大程度上是不起作用的。

　　要提供一张皮毛就意味着杀死一只野兽——使用陷阱以保护皮毛的价值。中世纪的欧洲所需要的绝大部分动物皮毛都很小——松鼠、貂鼠、白貂、紫貂和狐狸。随着动物的稀有程度和时尚的变化、皮毛的价值也随之改变。在13和14世纪时，灰色松鼠皮（不是当时欧洲那种常见的红色松鼠）非常流行。到了15世纪，当松鼠皮已是随处可见时，富人们就转向了穿戴更为稀有的皮毛如紫貂皮、狐狸皮和貂皮。即使是做一件衣服，也需要很多张皮毛，尤其是那种小小的松鼠皮，几百张才够做一件斗篷的内层，要1400张才能做一个中等尺寸的床罩。亨利八世做一件紫貂皮的长袍，用了350张皮子。一些留存下来的档案可以告诉我们英国皇室曾经买进了多少张皮毛——从1285年到1288年，爱德华一世每年单是松鼠皮就买了12万张，而在14世纪90年代早期，理查德二世每年要买10.9万张。

　　刚开始时，绝大部分皮毛贸易是本地的，因为每个国家都有自己的荒野，在那里可捕获皮毛动物。然而很快地就出现了一些主要的捕猎地区，英国的商人们从苏格兰和爱尔兰弄到很多皮毛，因弗内斯在14世纪成为一个国际性的貂皮和海狸皮集散中心，皮毛卖给了远自德国来的商人。其他的重要来源是欧洲南部——特别是意大利南部、西班牙、勃艮第和德国。当地的皮毛贸易持续了几个世纪，直到19世纪，苏格兰西南的多姆佛里斯市场仍然每年交易7万张野兔皮和20万张兔皮；然而，随着西欧荒野越来越减少和过分地捕猎，贸易的中心就越来越转移到更为广阔的、无人居住的北部森林。

　　从9世纪开始，基辅的维京商人（"罗斯人"）发展出了一种获取各种动物皮毛的网络，尤其是紫貂、黑狐、貂、海狸和松鼠皮，他们利用游牧部落来收集（正如后来欧洲人在美洲所做的那样）。他们主要是朝南把这些皮毛送往拜占庭帝国；而到了12世纪，随着西欧变得更为富有，波罗的海地区就成为一个重要的由德国商业同业公会所控制的贸易地区（商业同业公会贸易的 3/4 是皮毛贸易）。俄罗斯有 3 个主要的贸易中心：诺夫哥罗德主要面向较为低层的市场，但松鼠皮贸易很繁荣，它成为这个州的经济基础：土地的价值以千张皮毛数来计算，租金也用皮毛来支付。莫斯科和喀山则是专门经营紫貂、狐狸和貂鼠皮这样的奢侈品市场。这些市场通过商人的网络和游牧部族的纳贡来获得货物。俄罗斯中世纪皮毛贸易的规模和与之相应的捕杀动物的程度是巨大的，有一些留存下来的档案揭示了这一点。1393 年，一艘船离开了诺夫哥罗德前往佛兰德，它装载了22.5 万张皮毛；这一时期伦敦一地一年就进口了大约 30 万张松鼠皮，而威尼斯在 1409 年从德国同业公会的商人那里买进了 26.6 万张皮毛。最接近的估计是：在松鼠皮贸易的高峰期，诺夫哥罗德一年出口大约 40 万到50 万张。关于莫斯科和喀山的皮毛贸易没有可靠的数据，但它们的规模可以从这样一个事实上看出：在 16 世纪早期，它们一年单是卖给奥托曼帝国的商人们的紫貂皮就有 4 万张。

在西欧和俄罗斯，数以千万计的动物以一种不可能维持下去的速度被捕杀。早在 1240 年，基辅一带的登帕盆地——皮毛贸易的起源地，就没有皮毛动物了；而诺夫哥罗德的商人们已经要旅行到 1000 英里以外的乌拉尔河那边去，试图找到足够的货源。从 15 世纪初开始，输入伦敦的皮毛就减少下来，而随着动物数量的减少，俄罗斯皮毛的价格也开始上涨。到 15 世纪 60 年代时，伦敦的商人们在抱怨货物供应不足，从诺夫哥罗德输出的皮毛数量下降了大约一半，尽管也仍然还处在一个每年大约 20 万张的高水平上。欧洲的其他地区也接近枯竭了。1424 年，苏格兰国王被迫下令禁止貂鼠皮的出口，到了 16 世纪，海狸实际上在南欧已经灭绝了。海狸皮的主要来源——西班牙——也干枯了，只有兔皮这样低质量的皮毛还能得到。15 世纪时，紫貂在西边远至佛兰德的地方都是常见的，但到了17 世纪后期，就只有西伯利亚才有了。

B
卷

16 世纪时，惟一剩下来的没有进行捕猎的地区是西伯利亚，但来自西欧的对于皮毛的持续需求驱动着俄国商人们，他们利用当地的和俄罗斯的猎人，进入了这一片大部分未被开发的地区。如同中世纪时在俄罗斯西部一样，皮毛很快就在西伯利亚成了主要的贸易对象和主要的流通货币——一把铁壶与多少张紫貂皮或者貂鼠皮等值。到了 17 世纪中期，俄罗斯政府收入的 1/3 以上来自皮毛贸易。早期的捕猎者们简直不能相信他们的眼睛，他们描述有那么多的动物，而貂是那样听话，它们会自己走到房屋中来，用手就可以抓住。如同其他的地方一样，如此庞大的数量也刺激了大规模的捕杀，一旦一个地区的动物被捕完，猎人们就更朝东去，寻找更多的动物。到 18 世纪结束时，即使是在西伯利亚这样广阔的地区，皮毛动物事实上也已经枯竭了，俄罗斯的商人们又把他们的注意力转向北太平洋群岛上的海獭。从 1750 年到 1790 年，有大约 25 万只海獭被捕杀，然后就是由于过分捕杀而带来的海獭皮贸易的崩溃。19 世纪时，俄国皮毛贸易的全盛期几乎已经结束，白狐已近灭绝，但在西伯利亚每年还有大约 2 万只紫貂、25000 只貂鼠、2 万只赤狐和 2000 只蓝狐被捕杀。

皮毛动物 16 世纪早期在西欧和俄罗斯西部实际上的灭绝，意味着从北美定居的一开始和与北美贸易的展开，对皮毛的追逐就是欧洲人在这个大陆四处扩张的内在驱动力之一。在法国人与印第安人于 1534 年订立的第一个条约中，欧洲人就用他们的货物来交换海狸皮，他们很快就建立起一种组织得很好的皮毛贸易。在一个长时期内，欧洲人自己没有去捕猎动物，而是利用印第安人来这样做，用当地居民想要的货物来换取皮毛。海狸的习性使得它很容易被捕捉，它们很密集地成群居住，也不迁移，这就使得捕猎者能够在一个地方集中捕猎。然而，它们的出生率很低，这就使得它们很难从过分捕猎造成的后果中恢复过来。商人和捕猎者们所愿意去做的就是在一个地方尽量捕猎，直到在经济上无利可图时为止，然后换一个地方。比如，1600 年时，圣劳伦斯河一带的海狸被捕完了，不久之后，纽约北部地区也是如此；1610年时，哈得孙河上海狸还很常见，而到1640年就灭绝了。

17世纪中期时，北美内陆的皮毛贸易已经组织得很好了，主要是沿着圣劳伦斯河一带，通过一系列稳固的贸易站来控制。法国人与英国哈得孙海湾公司之间的竞争很是激烈，使得对动物的捕杀能够保持一种高强度。欧洲人也不再限于充当贸易者，自己也成了捕猎者。（对于捕猎者要在此度过冬季的这一地区的野生动物来说，其后果是可怕的。比如，在1709年至1710年的冬季，在纳尔逊港一带，80个猎人就干掉了9万只山鹑和25000只野兔。）这一时期皮毛贸易的规模可以从一系列例子上看出：单是1742年一年，约克贸易站就交易了13万张海狸皮和9000张貂皮；在加拿大的一个贸易点，18世纪60年代哈得孙海湾公司一年就拿走将近10万张海狸皮；1743年，拉罗谢尔的法国贸易站（这是与加拿大贸易的中心之一）进口了127000张海狸皮、3万张貂皮、12000张海獭皮、11万张浣熊皮和16000张熊皮。在其他的法国和英国的贸易站，同样的数字是很普遍的。一点也不令人吃惊，一年接一年大量的贸易站都以这样的速度来一再榨取，到18世纪末时，一个接一个地方的动物就被赶到了灭绝，北美的皮毛贸易衰败下来。红河地区捕猎到的动物皮毛数量从1804年到1808年就下降了2/3，来自加拿大的海狸皮出口数量也从1793年的182000张下降为1805年的92000张。

美国的皮毛贸易一直维持到最后的一个高潮，这是19世纪初在很远的西部和太平洋沿岸地区开辟了新的捕猎地区的结果。1805年，当第一批美国探险者（刘易斯与克拉克）[1] 穿越密西西比河以西地区进入落基山区

---

[1] Lewis and Clark expedition，两人为美国探险家，1804-1806年率领探险队从圣路易斯出发，进行第一次直达太平洋西北岸的横越大陆的探险考察，获得圆满成功。探险队的旅行日志是一部珍贵文献，对于打通西进道路起过重要作用。——译者注

并抵达太平洋时，他们报告说这一地区"海狸和海獭比起地球上任何其他国家都更为丰富"。在不到 40 年的时间里，这一地区事实上就没有了这两种动物，美国的皮毛贸易再也没有别的地方可去进行了。1840 年，一位旅行者弗里德里克·鲁克斯顿，记载了捕猎者们的进展："没有一个洞穴或者角落没有被这些硬汉子们搜索过。从密西西比河到西边的科罗拉多河口，从北边的冰冻地区到……墨西哥，海狸捕猎者在每一条小溪和河流上都布下了网。"贸易仍旧是以传统方式来组织的，印第安部落为欧洲商人们工作，换取欧洲货物；白人捕猎者们或是自己干，或是为一些大公司干，如英国哈得孙海湾公司或者是美国人雅各·阿斯特。它们之间没有限制的竞争很快地耗尽了海狸资源。19 世纪 30 年代早期，由于海狸已接近灭绝，能够捕获的数量已经大大减少了。1831 年，海狸在北部大平原上已经灭绝，捕猎的努力不得不更朝西进前往太平洋地区。整个这一地区的过分捕猎已经到了这样一种程度，那些新地区的皮毛的产量比起人们预期的来只是它的 1/4 而已。1833 年，情况已经糟到了这样一个程度，以至于哈得孙海湾公司给它的捕猎者们下达指示，不要在某些地方继续捕猎，因为这里的海狸已近灭绝了。但是，这些指示没有起作用。第二年，在北美偏远的西部，发生了由于过分捕猎而导致的海狸皮贸易的几乎完全崩溃。19 世纪 30 年代后期，在整个落基山地区，一年只能得到 2000 张海狸皮了。只是由于时尚的变化，海狸才逃过了完全的灭绝。海狸皮主要用来制造帽子，随着货源的崩溃，价格上涨，而新的对于丝绸帽子的狂热追逐使得对它的需求骤然下降。到了 1840 年，北美的海狸捕猎结束了。捕猎者们转向了其他动物的皮毛——1842 年有 50 万张麝鼠皮送往英格兰，而 19 世纪 50 年代初期则是 137000 张貂鼠皮。但这些很快也枯竭了。

到 19 世纪后期，对皮毛动物的捕猎（这作为一种国际性的贸易在全世界进行了至少一千年）已经急剧地减少了许多动物种类的数量，大片地区那些曾经很是繁茂的动物已经灭绝。由于来自俄罗斯和北美的皮毛供应崩溃，皮毛的稀有价值得到了增加，于是这种贸易的性质就改变了。那些最后的、没有被触动过的地区也被利用，一些新的异地物种也被捕杀——在拉丁美洲，由于过分捕猎，南美栗鼠、美洲虎猫现在实际上已经灭绝；在澳大利亚，人们为了获取皮毛去捕猎鸭嘴兽、负鼠和不同种类的小袋鼠。单是维多利亚州一地，20 世纪初期每年就要出口 25 万张皮毛；从 1919 年到 1921 年，澳大利亚就售出了 550 万张负鼠皮和 20 万张树袋熊皮。当野生动物的皮毛供应量不足后，皮毛贸易就转向很大程度上依赖于饲养而不是捕猎：专门在"皮毛农场"饲养动物，现在世界上 80% 的皮毛贸易就来自这些农场。

对皮毛和专用皮革的需求是捕猎各种海豹的主要动力之一。早在 1610 年，荷兰人就在非洲海岸一带捕杀海豹以得到它们的皮革，但海豹皮产业是直到 18 世纪后期才大规模发展起来的，当时其他的动物数量已经减少得很厉害了。西欧、俄罗斯、加拿大和美国在这方面占支配地位，主要市场是在欧洲、北美和中国。通常人们是用棒子打死那些来到岸上繁殖、毫无防备的海豹。这个产业显示的是与皮毛贸易同样的那些特征——在一个地区尽快捕猎，直到海豹不是灭绝就是在经济上没有价值不值得继续捕猎时为止，然后是换一个新的地方。在最早阶段，从 18 世纪 80 年代到 19 世纪 20 年代，这种贸易主要集中于捕猎南方的软毛海豹，这在整个南半球数量很大。首先进行捕猎的那些地区中的一个——也是首先枯竭的地区之一——是大西洋南部群岛。从 1790 年到 1791 年的捕猎季节，一条美国船就从特里斯坦达库尼亚群岛运走了 5000 张皮子，而马尔维纳斯群岛和火地岛的海豹也差不多是在这同一时期枯竭的。在 19 世纪的头 25 年中，南佐治亚岛是海豹皮贸易的一个主要中心，有总数远远超过 100 万头的海豹被捕猎。南设得兰群岛的海豹因两年的捕杀而枯竭了（一条船在 3 周内就捕杀了 9000 只海豹，而两条船在一个季节里就运走了 45000 张海豹皮）。

捕杀进入到了南印度洋，以凯尔盖朗岛为中心。从 19 世纪初开始就在这里捕杀海豹，到了 20 年代中期，它们就灭绝了。在太平洋，捕猎海豹是以智利海岸边的群岛为中心的，尤其是胡安·费尔南德斯群岛的马斯阿富埃拉岛。一份记载描述了单是一条船在一次航程中就杀死了 10 万头海豹，而有好几次是同时 14 条船在这个岛屿的周围作业。从 1797 年到 1803 年的仅仅 7 年中，在这个岛屿上有超过 300 万头海豹被杀，海豹群已经到了灭绝的边缘。当第一批欧洲人来到澳大利亚及其邻近地区时，他们发现了大群的、未被惊扰的海豹，但在 20 年的时间内，这些也都被毁掉了。比方说，对巴斯海峡一带的海豹的捕杀在一个季节里（1805 年）就杀死了 10 万头，使得这里的海豹数量下降到这样一个程度，以至于在经济上再没有价值值得来捕杀它们了。麦夸里岛是 1810 年时首次被发现的，3 年的时间内，18 万头海豹被猎杀，在 10 年的时间里，这个岛屿上的海豹就灭绝了。19 世纪 20 年代时，南方的软毛海豹差不多已被灭掉，无论是在大西洋还是在印度洋的任何地方，它都不再值得去捕猎了。估计总共大约有 600 万头软毛海豹在 19 世纪的前几十年中被捕杀。

在北大西洋，对海豹的捕猎集中在鞍纹海豹上，这种海豹在秋季和冬季从戴维斯海峡朝南迁移到拉布拉多、圣劳伦斯河口和纽芬兰。在这里，2 月底时幼海豹就会在冰层上出生，10 天后新出生的海豹就会长出令人垂涎的白色皮毛，成为捕猎者的对象——尽管成年海豹也会被猎杀，人们也要它们那粗糙一些的皮毛和海豹油。纽芬兰的海豹产业是 19 世纪初开始的，到了 30 年代，一年大约有 8 万头海豹被杀。在这一行当的高峰期，也就是 19 世纪 50 年代时，这个数字达到了一年 60 万头左右。由于使用了大型的汽船，在猎取海豹上效率提高了许多，这就意味着一条汽船一天就可以猎杀 2 万头海豹。再大的海豹群也无法长时间承受如此大规模的杀戮，到了 20 世纪初，这一产业就衰败了。从 1800 年到 1915 年，估计这一地区大约总共有 4000 万头海豹被猎杀，这里的海豹数量下降为原来数量的 1/5。在更靠北的地方，捕猎海豹（也是鞍纹海豹）是以北极圈内的扬马延岛为基地的，而在这里也是非常短暂的事情。它是 19 世纪 40 年代初开始的，在它的高峰期每年有 40 万头海豹被杀。海豹群被赶到了灭绝的边缘，到了 50 年代后期，这里的捕海豹业就完全崩溃了。

说明：

庞廷（Clive Ponting）著，王毅，张学广译，节选自《绿色世界史》，上海人民出版社 2002 年，第 200–207 页。题目为本书编者所拟。庞廷为英国威尔士大学政治学教授、传记作家。

阅读思考：

供给创造需求，需求拉动供给，这两者在经济学中都各有道理。庞廷描写的皮毛生意规模，是否超出了你之前的想象？当下，人类自然不会那般获取天然皮毛了，但是人类对大自然的无节制索取并没有减弱。思考一下，我们身边还有哪些类似现象？

"成长"承诺的背后
哈特曼

靠"初始资本"而活

　　20 世纪 80 年代早期，我在一家新成立的电脑软件公司担任行销顾问。4 位年轻人集结了约 17 万美元，包括他们自己或父母所存的钱，期望从研发并上市优于当时通行的 Word Star 文字处理程序以致富。

用这笔投资，他们租了一栋小型办公大楼的第二层，有 5 间私人办公室，一间会议室和一块秘书工作区，请了设计公司设计了商标、有衔信纸和入口处的大招牌。又租了 4 辆绅宝（Saab）为公务车，买了橡木桌子与皮椅，请了花匠与水族店分别设置并照料盆栽和一个海水水族箱。每个人每年薪水 3 万美元，而且雇我去了几天，待遇优渥。

他们是聪明的程序设计师、电脑软件专家。我毫不怀疑他们能写出便利使用者且可热卖的文字处理程序。一进入该公司，我便嗅到成功、繁荣的气味，在前座的女秘书，看起来年轻干练，4 个创始人西装革履，地毯留着整齐划一的吸尘痕迹，大型的复印机、碎纸机、邮戳机和办公室电脑，一流，高级，一片蓬勃景象。

在会议室的橡木桌和舒适的皮椅上，他们踌躇满志地诉说着，他们以及那些投资者将如何成为百万富翁。他们计划一面筹资，一面致力于开发和行销新产品，他们已设定了一年的期限让产品上市。

我后来拒绝加入他们，因为我曾在其他的"准企业家"身上，看过类似的情节，我很肯定这情节的结局为何。

半年后，我再度应邀去访，那时公司已有 20 个员工，正热热闹闹地工作着。产品即将完成，也已经为要来的商展印好了宣传手册。他们提供就业机会给当地社区，支付租金给房东，增加座车至 6 部，银行里有了 25 万美元的资本。虽然他们尚未生产或卖出任何东西，但将迅速出击，一切看好。

再过半年，我从他们的一位投资者口中得知他们公司关门了，那 4 位合伙人的薪水涨了 4 倍，而产品还没来得及上市，公司已经用尽了现金。公司看起来光鲜亮丽而且稳固直到最后一天，所有员工仅给予 24 小时的离职通知。投资人赔尽了资本，因为他们在能财务独立之前就先吸光了资产。

"庞氏骗局"

庞氏骗局是天下太平直到最后断粮之日，就在最后一日突然瓦解的另一种方式。以下这个美国企业家的故事颇引人入胜。

1917 年，庞氏（Charles A. Ponzi）是个佛罗里达的串街油漆匠，当时第一次世界大战刚结束的欧洲，其财政系统正在蹒跚学步，庞氏感到可以利用这种战后财务混乱的机会，牺牲数千人的生计来成就自己为百万富翁。

1919 年，他迁居到波士顿并开了一家"证券交易公司"，他宣称，该公司将购买法、德两国的国际回邮优待券（此时两国的货币严重贬值），再到美国以美元卖出，以此赚取美元与崩盘的法、德货币之价差。

这样的计划，其实是行不通的，但庞氏和其初期投资者竟然都发财了。

庞氏以一个半月内即提供 50% 的回收，招揽超过 4000 个波士顿市民的投资。这些刚开始的几千人均得到如宣传所言之优厚的利息：庞氏用新投资者的钱来支付旧投资者的利息。这些获利的投资者口耳相传地把这个快速发财的机会传了开来。庞氏曾盛极一时地雇用数十个员工日以继夜算着层叠如山的钞票，不到半年就累积了 1500 万美元以上。

在庞氏企业的全盛期，一家报纸甚至称他为历史上最伟大的意大利人。他以不惯有的谦逊语气回答说："不对，还有发现美洲新大陆的哥伦布及发明收音机的马可尼。"

但是后来波士顿报纸对他不利的报道，最后造成新投资者却步，没有新钱来支付旧投资者的利息，他把店门一关，带着成千上万个对他没有怀疑心的投资人之毕生积蓄潜逃。

1996 年阿尔巴尼亚也发生了类似的阴谋，几乎使政府垮台。1/4 以上的阿尔巴尼亚人把毕生积蓄投入由地方性犯罪组织所进行的数个大型庞氏骗局。阿尔巴尼亚总统贝里沙说，当时认为这种事是自由市场的正常情形，政府不应介入资本主义的运作，因此未及时阻止它。虽然人民进行示威暴动，但终究无效，这些积蓄再也回不来了。

矿物燃料：初始资本或庞氏骗局？

这世界正依赖其储存于矿物燃料（石油、煤、天然气）的能量存款而生活与成长，这是像庞氏骗局或那家充满希望的软件公司的经营方式？我认为较像后者，不过二者的影子均存在。

地球矿物燃料的蕴含量是有限的，虽然对确实的数目有多种说法，无人否认限值的存在，而且我们相当清楚这限值的范围。我们利用这些燃料来维持人口的成长，从发现石油与煤之前的 5 亿左右到现在的 60 亿。这些燃料使全球得以进行看来似乎重要的狂行，而这些狂行正造成世界环境与人类家庭永久性的改变。

燃料什么时候用尽

那些在近来兴盛时期大捞一笔者可能认为他们存活的机会颇大。除非爆发全球性传染病或核战争，他们也许是对的，甚至可以带着一小部分人存活下去，就如在经济盛景逐渐消失的社会所必然发生的状况一样。最后剩下来给较不幸的大多数人的食物和能源，就如同庞氏骗局和那家软件公司的投资人所回收的一样：一点点甚或零。

那些软件公司的人离开了公司，只要再找一份工作维生即可，但我们世界若用光了石油，可不能就关上门再找替代能源就好。

第一，数千年的历史告诉我们燃料缺乏时，战争必然爆发（以后会再谈此点）。第二，替代能源尚未发展完全。

然而也有好消息：非矿物能源的确存在，其使用也在增加中；只是不幸的，普利策奖得主吉尔斯潘（Ross Gelbspan）（在其 1997 年 *The Heat Is On* 一书中）指出，美国石油和煤炭工业正积极而有效地阻碍那些科技发展。

吉尔斯潘清楚地告诉我们，需强化替代方案的研发，如此，当石油枯竭时我们的孩子才有油可用。

我们能借成长把问题抛开吗

同时一些专家和经济学家敦促我们"借成长把问题抛开"。1954年英国财政大臣巴特勒（R. A. Butler）首先提出这方案，他建议政府不应再设定某种成长目标，如建造多少房子或新铁道，而只要注意维持3%的成长率。他估计在此成长率下，到1980年每个英国人会比当时富有两倍。

根据爱尔兰经济学家杜思韦特（Richard Douthwaithe）在1989年的研究，事情的发展确如巴特勒所料，然而却也发生了其他指标也成长两倍的问题。在收入分布金字塔顶端的人和最穷的人，其财富都增为两倍了，意即本来一年赚1000万英镑者，现在赚2000万；本来一年赚1000英镑者，现在2000镑。虽然后者的生活标准稍微有改善，但仍在赤贫中煎熬。杜思韦特说，在此过程中，发生了"社会及环境灾祸"，犯罪率增加8倍，失业也增加了，慢性病和精神疾病蹿升，离婚率激增。这些效应都先被杜思韦特预测，然后被历史证实。

美国的生活状况也同样地江河日下，平均每天有10万个儿童带枪到学校，40个儿童多因意外而在枪下丧命或受伤。（最近看到一个汽车保险杆上的贴纸说："武装的社会是有礼貌的社会"，不知他是否认为今日的学校比上一代有礼？）而且，稳定家庭的美梦已被单亲儿童的事实所取代，美国一半以上的儿童是单亲儿童。

环顾世界，我们发现，快速成长正绷紧每个国家，而遭受最大痛苦的，通常是没有分享到社会上流所把持的权势与财富者（无论社会上流是指企业、政府或军方）。

科技，如果有任何作用的话，便是加速这个过程。例如，20世纪初，

B卷

所有战争90%的死伤都是军人，而在世纪末，由于遥控高科技武器（可以更有效地杀人并使士兵免于直接战斗）以及许多高效能武器的发展，军民死伤比例正好相反：所有战争90%的死者为老百姓。自第二次世界大战以来，2000万以上的人死于战乱，而在可确认的82场战争中，79场为老百姓死伤最重的内战。

而且，大多数的战争都因争取资源的控制权而起，如林地、农地、石油、煤与矿产。

在1997年9月25日于香港举行的各国中央银行会议上，世界银行总裁沃尔芬森（James D. Wolfensohn）指出，30亿以上的人，即地球一半以上的人，或者说1800年世界人口的3倍整，在每日不到2美元维生的状况下挣扎。他说："我们活在定时炸弹之中，除非现在有所因应，否则这炸弹可能就爆炸在我们孩子面前。"约在同时，在华盛顿的人口研究院发表了一篇报告，说明82个国家（超过世界国家的半数）已经陷入危险，粮食生产不足，也无力输入足够的粮食来养活人民。

说明：

哈特曼（Thom Hartmann, 1951_）著，马鸿文译，节选自《古老阳光的末日：挽救地球资源泉》，上海远东出版社2005年，第15_24页。哈特曼为美国畅销书作家、演说家、记者、编辑。

阅读思考：

庞氏骗局的奇妙之处是，的确有部分人可以成功，但未必是作为参与者之一的你，而且几乎不可能是，因此信息、地位严重不对称。在现代社会中，"庞氏骗局"有多普遍？传销公司，只是其中一小部分。你所在的学校、公司、政府部门等是否也有类似现象？

全球危机的本质

米萨诺维克 帕斯托尔

　　危机对人类社会并不新鲜。实际上，人类还从来没有经历过无危机的时期。历史表明，人类或迟或早总能克服所遇到的各种危机。回顾这一点似乎可以使人相信，现今社会的各种危机不久就会被克服，形势将转忧为喜。

　　有什么理由表明我们不能像过去那样克服当代的危机呢？我们不应该像往常那样处理事务吗？过去发生过的事情今后就不会重演吗？我们不应该选择适当的时机去应付所有的危机吗？

　　是的，我们不能够用过去的老办法去解决当代的各种难题。这是因为当前存在的大量危机同时发生，盘根错节，使我们不能在一段时间内单独对付其中的一个。再者，就危机的程度和本质而言，今天的危机不同以往，具有世界性和程度深刻的特点，最重要的是，今天我们所遇到的危机其发生的根源不同于过去的危机。过去的危机主要由天灾人祸等客观原因所造成。这些原因有外族入侵、瘟疫、洪水、地震等。与此相反，当前的很多危机是由主观原因造成的，而且往往起源于人们最美好的愿望。例如，为了节省人力而探索利用自然界的能源，这个目的本是无可非议的，但是正是它导致了当前的能源危机。为了增强一个家族或一个民族的实力而多生一些孩子，这本没什么不对；为了减轻人们的痛苦延长人们的寿命而研究征服疾病，更是高尚的目标；但是，这些都将导致人口的增加，引起人口危机。人类为了自身的利益进行改造自然的活动，把人类的设想强加给自然，为此人们搞了大量建设项目，大规模建筑道路，修筑堤坝，开凿运河，大办农业和林业设施，饲养动物，进行狩猎活动，开发矿山，兴建工业工程，不一而足。所有这些导致了环境危机。今天，正是那些构成人类社会所有意识形态和宗教信仰的基本准则最终导致了许多麻烦。但是如果将来的危机可以避免，那么这些基本准则是否还需要调整？是否一定要抛弃那些迄今为止被证明对人类进步做出过贡献的基本准则呢？

在最近 3 个世纪中，人类进步往往可以用"人类征服自然"这个术语来表述。人类取得了如此伟大的成就，以至于"人定胜天"被认为是理所当然。大自然并没有被征服，但它确实是退却了。对那些大自然暂时还不肯退出的阵地，人们认为最终攻克只是时间问题。例如，"征服癌症之战"其实并不是真正的战争，因为残敌败局已定，不堪一击。然而，人类今天又遇到了新的危机，证据表明，这次人类的对手还是大自然。大自然并未被征服，而是更加难以捉摸，更加难以对付，这是人们未曾想到过的。

譬如，我们需要重新思考对自然资源的态度。过去在追求无限制的物质增长和经济增长过程中，我们曾坚信像食物、能源和原料等自然资源是取之不尽用之不竭的。但是今天，我们发现这些基本资源不再是垂手可得了。现在基本资源的供应已感不足，而替代的资源能否及时找到，以及其数量是否够用，这些都还没有把握。考虑到这种自然资源供给的不确定性，人类社会发展的进程被迫中断就在所难免；如果再考虑到控制发展进程的复杂性，那么可以肯定，这种中断将十分严重，会给人类社会带来灾难性的后果。

人类对大自然的依赖确实很深，至于利用资源的正确与否只是问题的一个侧面。在地球的生命系统中人类逐渐成为统治的势力。在这个过程之中，由于人类活动而使有些种类的生物数量减少，有的物种甚至灭绝了，从而使自然界中生物物种总数减少。如果这种趋势继续下去，地球上生存的物种将越来越少。今天，我们比我们的祖先更清楚地认识到，包括人类自身在内的所有生存在地球上的生物都离不开全球的生态系统平衡；如果地球上的生物物种减少过多，地球将不再适合人类生存，如果地球的生态系统发生哪怕是暂时性的崩溃，对人类的影响也将是灾难性的。对拥有高度技术的人类来说，来自大自然的最主要的威胁并不是地震、台风、飓风等这些破坏性巨大的灾害，而是由多种生物连结而成的脆弱的生命的网，这张网是人类无法摆脱的。

当人类将自己的意志强加给自然的时候，也就干预了自然选择的过程。这种干预的后果，人们事先并不知道。人们为了追求短期的收益而把大批新的化学物质引进生态系统，这些化学物质并没有经过充分检验，它们可能带来严重而广泛的生态影响，这可能给无数的生物造成损害，并最终损害人类自身。人类正在以社会进步的名义，为了生活舒适的眼前目的而损害将来的利益，人类可能因此而使自身的质量退化。

按照传统的关于进化的概念，人类在身体构造和智能发展方面都离开自然界越来越远。按照人们错误的假定，大自然将在各方面对世界发展进程提供无限的资源，以支持无差异的增长。人类现在遇到的危机不同于过去的危机，过去的危机相对说来容易对付，而今天的危机却是由人们自己的活动造成的。解决的办法十分复杂，但确实存在。很明显，我们不能为了清除空气污染而关闭所有的机器，这就像中世纪的人们对鼠疫毫无办法，只能听之自生自灭，因为他们没有办法消灭所有传播疾病的老鼠。

要有效地应付当前的危机，我们必须弄清这些危机的本质及其产生的原因，弄清它们相互之间的作用和它们与其他因素的联系。在本书（指《人类处在转折点》）中，我们试图尽量使用具体的语言而不是抽象的术语去分析世界发展中遇到的危机。这里我们特地提出以下几个问题：

1. 能源、粮食、原料等危机是由于人们的偶然疏忽，还是由于人们长期的过失造成的？

2. 这些危机能否在地方、国家或地区一级加以解决，还是必须在全球范围内通过共同努力加以解决？

3. 对这些危机是否可以采用传统的方法，分别从技术、经济、政治等方面加以解决，还是必须采用同时包括社会生活各个领域的综合治理战

B
卷

略加以解决呢?

4. 这些危机到底有多紧迫,拖延解决是否可以赢得时间并减轻解决过程中的疼痛,或是使问题的解决更加困难?

5. 有没有这样的办法,在解决全部危机时,通过全球合作以避免世界体系的任何一部分遭受过度的损失?世界的某些地区总在寻求与其他地区对抗中获利,这有什么危险?

我们必须特别指出:

1. 当前的危机不是一种暂时现象,它反映了历史发展格局之内在的长期趋势。

2. 只有全面认识正在出现的世界系统,并从全球长期发展的角度看问题,才能解决危机。这要求国际经济新秩序和全球资源分配体系的建立。

3. 按照局限于世界系统某一方向(如经济学)的传统方法是不能解决问题的。真正需要的是综合考察世界系统的各个层次,也即同时考虑从个人价值观到生态和环境等人类发展的各个方面。

4. 解决危机的可行办法是合作而不是对抗。在大多数情况下,合作的确也给各方带来好处。合作的最大障碍是通过对抗得到的短期利益。虽然这种利益稍纵即逝并肯定会造成长期损失,但总存在一种压力迫使人们去寻求这种利益。

总之,解决世界发展危机的战略要求世界系统实现有组织的增长。这是避免地区性甚至是全球性灾难的唯一途径,是控制世界不同地区以不同方式出现的无差异增长的正确的方法。这种情况下,没有必要制定"零增长"政策。另一方面,如果人类走上有组织发展之路的计划落空,就有必要采取严厉措施控制恶性增长。

为了创造出一种可以设计出有组织增长的蓝图的环境,个人和社会应马上采取什么行动呢?以下的改革是必要的:

1. 应该意识到任何出于短期考虑的行为终将带来相反的结果。在各种决策中，这一点必须作为所有决策过程中的最基本前提。长期分析应成为作出发展问题的重要决第的基本程序。只有这样，各企业、政府或国际团体等组织机构才能积极地影响正在形成的世界系统。否则，它们只能是受外力左右的航船上被动的乘客。

2. 狭隘的民族主义是无济于事的，这一点应视为决策过程中的公理。全球问题只能靠全球一致的行动才能得到解决。例如，一个国家如果试图仅靠它自己境内的措施来解决世界各国都面临的通货膨胀问题，那肯定会失望。同样，少数国家抵制这一措施的联合行动也不会奏效。

3. 有效的国际机构的发展是由于必要而不是意志和偏好的产物。在这机构中，合作对人类走上有组织发展之路至关重要。为达到这一目标，世界系统各部分必须保持平衡；除了其他措施以外，它要求加强区域规划并加速发展世界某些地区。这种发展有益于所有地区，即有益于全世界。

4. 应该认识到本书（指《人类处在转折点》）所论述的世界发展中持久性危机的重要，各国政府和国际组织必须把它当作头等大事彻底解决。因为这些全球性危机的征兆在 21 世纪末很可能全部显现，所以现在是行动的时候了。当各种征兆明朗化时，就没法对付了。本书曾多次谈到这一点。未来历史的焦点不像以前那样集中在个人和社会各阶级上，而是集中在资源利用和整个人类的生存方面。对未来施加影响历史时刻已经到来。

需要详细论证的问题是目前各国政府和国际组织都沉溺于军事联盟和集团政治。但这一问题正在退居次要地位，因为核战争显然是一种大规模自杀行为，有理性的人不会把它作为一种选择。因此，自杀排除后人类将面临有史以来最严峻的考验：必须改变人与大自然的关系并将人类理解为有生命的全球系统。如果对此毫无准备，国家和地区间的竞争势必升级，最终导致两大军事集团更尖锐的对峙，也将增加打破均衡爆发世界核大战的可能性，这意味着人类的自我毁灭。因此，在寻求和平的过程中，应该通过合作而非对抗帮助世界系统在其发展的每一阶段都走上有组织的发展道路，没有什么比这一任务更为紧迫。当世界上任一地区面临崩溃时，冲突便不可避免。找到避免重大冲突的方式对和平的贡献远远超过有关边界和联盟问题的和平谈判。

就个人价值观而言，以下几点可能对包含在上述分析中的新型全球伦理观念至关重要：

1. 每个人必须树立全球观念，认识到他作为国际社会一员的责任。对一个德国公民来说，应将赤道非洲的饥荒视作和巴伐利亚的饥荒问题一样可怕、一样息息相关。每个人都必须意识到人类合作及生存的基本单位已从国家民族这一层次上升到全球水平。

2. 为了适应即将来临的稀缺时代，我们必须树立利用物质资源的新型道德观，并据此调整我们的生活方式。这就需要一种资源耗费最少，产品周期最长的新技术，而不是建立在产出最大化基础上的技术。人们应该节约，而不是为奢侈浪费感到自豪。

3. 对自然的基本态度应是协调而不是征服。只有这样人们才能实际运用那些在理论上被接受的观点，即人是自然界不可分割的一部分。

4. 只要人类还想继续生存，他就必须意识到下一代的存在并乐意为了自身的利益而为后代谋福利。如果每一代人只追求自己的最大利益，人类必将毁灭。

我们倡导的社会和个人价值观念的改变需要有新型的教育来配合；这种教育必须面向 21 世纪，而不是面向 20 或 19 世纪。现在进行必要的变革并不为早。今天上一年级的孩子很难在 2000 年前成为真正懂业务的人。当你考虑基础教育问题时，21 世纪就不那么遥远了。教育的主要内容应该是人类的经验。

说明:

米萨诺维克（Mihajlo D. Mesarovic, 1928_），帕斯托尔（Eduard Christian Kurt Pestel, 1914_1988）著，刘长毅、李永平、孙晓光译，节选自《人类处在转折点：罗马俱乐部第二报告》，中国和平出版社 1987 年，第 17_21；133_136 页。作者为南斯拉夫学者。

阅读思考:
新危机与过去的诸多旧危机有何本质不同？科技在危机的促成和可能解决中起什么作用？建议顺便读一下乌尔里希·贝克的《风险社会》。

第二条黄河
苇岸

　　长江已经变成第二条黄河了。近年来有关专家及人士担心、忧虑和恐惧的一种可能，今天终于演变成了现实。如果一个初次来中国旅行，且知道有一条黄河的外国人首先看到了长江，他会认为他看到的就是天下闻名的黄河。因为现在长江与黄河在颜色上几乎已经没有什么差别了。

　　1991 年 8 月，我曾从重庆乘船到泸州。也是汛期，那时江水的颜色与现在不同，不是黄色，而是一种岩石的灰褐与泥土的赭黄的浅淡的混合色。这是一种江河在汛期大多特有的颜色，这种颜色依然能够体现江水固有的碧蓝背景。我还记得江面断断续续漂来的被洪水从上游的伐木场 冲下的原木，溯流而上的小型客轮，需要小心翼翼地躲避它们。仅仅短暂的 6 年时间，长江从什么时候开始变得与黄河颜色相同了？在巫山，我曾问过一位在江边长大做导游工作的姓谢的小姐，她无法确切说出是哪一年，但她说长江现在一年四季都是黄色的了。

长江变成黄色的意味着什么呢？很多。在艺术家眼里，首先受到损害的是黄河。过去，对我们来说黄河并不像黑龙江或密西西比河那样，仅仅是一条河。一个民族的肤色与一条大河的颜色相映，决不会是完全偶然的。当我们将黄河称做"母亲"或"摇篮"的时候，我们并非在单纯使用某种比喻或象征。我们能够隐隐觉察并确信，在我们的体内，存在着这样的秘密感应：即我们与黄河有一种难以言尽的血缘关系。现在，长江使黄河丧失了她在世界上通过巨大代价而获得的审美的独特与惟一，削弱或分享了她的伟大的象征和寓意。一位作家即从历史与文化的角度，将黄河称做中华民族的祖母河，而将长江称做母亲河。今天，长江以它的无可辩驳的颜色，使这一观点得到了最后的印证和确定。

长江是黄色的，但它的两岸众多知名与不知名的支流，则是清澈的、本色的。在支流与干流的"泾渭"交汇之处，我能够看出一种恐惧的缓慢，一种别无选择的踌躇，显现出清纯少年融入社会式的痛苦。当纤弱的碧绿醒目地触及浩涌的黄浊时，它竟使我产生了一个奇怪印象：仿佛支流污染了干流。这种情景在社会中也存在着对应，比如一个正直之士或一个理想主义者，在他的生存环境里的孤立和遭际。

长江的黄色，像夜一样掩盖和消融了沿岸向它排放的各色生产与生活污水，而往来的轮船和游客则毫无犹疑地向江中倾倒、抛掷各类垃圾。在一个孩子的眼里，今天的长江就是一列天然的运输污水和垃圾的火车。一位在美国生活了 15 年，且到过许多国家旅行的朋友最近对我讲，通过他的比较和感受，他觉得还是中国人最自由。我明白他所讲的意思。在一个脏乱的社会环境里，人们对自己的欺诈、蒙骗、背信、不义以及无视环境卫生、嗜食野生动物等等行径，将不再心跳、脸红、内疚和愧悔。

这种现象，就如现在人们随心所欲对待长江一样。（1997 年 9 月 5 日）

说明：

苇岸（1960—1999），选自《上帝之子》，袁毅编，湖北美术出版社 2001 年，第 90—92 页。苇岸，北京昌平人，大学时学哲学，诗人、散文家，患肝癌英年早逝。

阅读思考：

大江大河哺育了无数的文明。但文明发展到一定阶段，肆无忌惮的人类会污染大江大河，现在我们已经找不到几条干净的河流。这事情很严重，作家却为何很少关注？不要说长江、黄河，对你家乡的小河小溪，你可曾注意过、描写过？北京周边有哪些河流，它们怎么样？推荐一本书《北京路亚记》，虽是写钓鱼，却间接讲述了首都北京周边的各条河流。

第六章
大自然的权利

"人人生而平等""天底下没有卑贱的花朵"。

我们时常见到这样的语录，我们多少相信它们包含着真理、正义。可是古往今来有谁给出过严格的逻辑证明？没有。但是，这决不意味着根本就不能给出有力的说明和论证。充分且必要的论证、严格因果的论证、演绎覆盖（科学哲学中关于科学说明的 D-N 模型）式的论证等等，从来都不曾真正实现过。相反，隐喻式、类比式、讲故事式的论证有着相当悠久的历史，每人每天都在使用着。它们当然也是有道理的，只是在学理上专家还没有对它们进行必要的梳理（赫茜（Mary Hesse）与布鲁门伯格（Hans Blumenberg）的工作均可借鉴）。

人是进化过程中产生的一种智慧生物，人凭着"人类中心论"能够认识自身和宇宙，人能从事科学研究和历史研究。但是，辩证法讲的"两极相通"的确不是胡说，由人类中心论竟然可能引出、走向非人类中心论。

翻看人类发展史，哪怕只是最近的一百多年的历史，人的权利是如何界定的？起初什么人享有人的权利？是贵族、男人、白种人等。

思想史家纳什的《大自然的权利》一书列有关于"不断扩展的权利概念"的表格，由早到晚排列着：英国贵族大宪章（1215）；美国殖民主义者独立宣言（1776）；奴隶解放宣言（1863）；女人：宪法第 19 修正案（1920 年）；印第安人：印第安公民法案（1924）；劳动者：公平劳动标准条例（1938）；黑人：民权法案（1957）；大自然：濒危物种法（1973）。（《大自然的权利》中译本，杨通进译，青岛出版社 1999 年，第 5 页）

此表格传达的意思非常清楚，人权的概念是变化的，一直变化着，总的发展方向是不断扩大所包含的范围，原来不享受权利的后来变得有权利了。

与此类似，纳什的书中还有"伦理观念的演化"一张表格。他分出四个阶段。最低级的阶段是"前伦理观念的过去"：自我；接下去是第二阶段"伦理观念的过去"：家庭、部落、地区和国家；第三阶段"现在"：种族、人类、动物；第四阶段"未来"：植物、生命、岩石、生态系统、星球、宇宙。这张表格传达的意思也非常清楚，伦理主体的扩展是挡不住的。

在若干年前，动物权利的概念对于国人来说闻所未闻，甚至有人觉得实在荒唐，即使到了现在仍然有人用"人的尊严""以人为本"来对抗"动物的权利"。现在动物权利问题已经走过伦理讨论而进入立法和司法层面（包括我们中国），有些粗浅争论已经没有必要。抛开学究气的各种"主义"的讨论，在现实层面上，问题并不在"人类中心论"和"非人类中心论"谁更有道理，或者必须二者择一；而在于是你、我是否相信善、慈悲、优良道德所覆盖的范围可以逐渐扩展。

当我们理解到男人的权利是权利时，就不难理解女人的权利也是权利；当我们多少接受了史怀哲（Albert Schweitzer, 1875-1965）的"敬畏生命"观念，也就不难理解利奥波德所讲述的"土地伦理"，虽然作为学者我们深知这中间仍然缺少严格的论证。知道了妇女歧视在历史上相当长时间里竟然被认为是那样合理、天经地义，就不难想象当今天那么多有知识、有教养的人物反对动物权利、植物权利和土地伦理了。

我们不得不承认，以上所有表述都只是一种类比推理。不错。类比推理有时是不可靠的，但是上述类比是建立在有内在联系基础上的一种说明，如杰弗逊（Thomas Jefferson, 1743-1826）在《独立宣言》中所讲"We hold these truths to be self-evident, that all men are created equal, that they are endowed by their Creator with certain unalienable Rights, that among these are Life, Liberty, and the pursuit of Happiness."或者退一步讲，即使不把它视为论证，也可以把它视为一种信念，一种道德追求。实际上，我们都知道世人生来并非平等，但平等是我们坚定的信念和追求。

真正的"齐物论"可能做不到，但以平等的眼光看待他物并不会令强势的人、人类群体损失什么，反而能获得一种崇高感、一种救赎感。

保护地球，保护生物多样性，保护森林、土地、自然景观、生态系统等以及地母"盖亚"，针对当前的局势来说，就是一种对"自我"（个体、集团、人类）的超越，就是一种优良道德。人类要做一种讲文明的宇宙居民。

纳什的长文"从天赋权利到大自然的权利"，从历史的角度揭示了"大自然的权利"作为一种思想是如何可能的。利奥波德则从对待女奴态度的生动故事入手，阐述了"共同体的概念"、生态学意识，进而提出"土地伦理"的伟大思想。他将科学因素融入伦理事物的讨论，但如果以为功利的和认知的考虑就是利奥波德的全部考虑，那就大错特错了。利奥波德的思想与圣雄甘地（Mohandas Karamchand Gandhi，1869-1948）的非暴力主义是同一数量级的"大思想"，是几千年才有机会出现一次的杰出思想。

利奥波德说："一种用于补救和指导土地关系的伦理观，是需要有一种智力上的想象的，即能把土地当成一种生物结构的想象。"（《沙乡年鉴》中译本，侯文蕙译，吉林人民出版社1997年，第203页）"我不能想象，在没有对土地的热爱、尊敬和赞美，以及高度认识它的价值的情况下，能有一种对土地的伦理关系。所谓价值，我的意思当然是远比经济价值高的某种涵义，我指的是哲学意义上的价值。"（第212页）他还说："土地伦理的进化是一个意识的，同时也是一个感情发展的过程。"（第214页）没有情感的单纯思辨的人与自然关系，是苍白的、没有渗透力的，无法与民众日常生计结合的。

生物学家默迪在"人类中心主义"一文中也表达另一类颇有影响的想法。了解他是如何论证的是一回事，是否同意其观点是另一回事。

本章标题为"大自然的权利"，许多人并不赞同。在一些人看来，在今日纷争不断的世界上，人与人之间的关系还没有搞定，相当多人类个体和群体还没有享受到应有的权利，还侈谈什么大自然的权利？问得好！似乎很有道理。其实毫无道理！慈悲、善行不惧多，多者反而可以相互促进与补充。"人与自然二分"本来就是一种权宜之计，根本上说"人与人的关系"同"人与自然的关系"是联系在一起的。在今天，一个可以随意破坏环境的个人或民族，很难想象对待他人会表现出什么优良道德。

编者仍然固执地坚持"大自然的权利"这样的标题，相信这种"过分"的追求和呼唤会有更好的结果。

从天赋权利到大自然的权利
纳什

尽管人们容易夸大《大宪章》的重要性并且把它现代"化"，但我们还是有几分理由认为，在英美文化中，它是自由的一个里程碑。这一文献首次阐述的是这一观念：社会的某些成员（在这次事件中指 25 名贵族）因其存在本身就享有独立于英国国王意愿的某些权利。例如，第 39 条规定，除非依据法律并经由同级贵族的审判，不得监禁或流放任何贵族。《大宪章》还对皇室未经大议会（the Great Council）同意而征收税赋和没收土地的权力作了某些限制。天赋权利的观念，甚至该宪法的某些措辞，后来都影响了美国政府的建制。当然，对于朗理米德的贵族来说，人们对他们的原则所作的这种扩展肯定会令他们感到吃惊。他们根本不可能想象，除了处于社会上层的男性贵族，任何人还会拥有权利。但是，时间站在了扩展伦理范围这一边。

英国哲学家约翰·洛克（J. Locke，1632–1704）的思想是美国天赋权利传统最重要的精神源泉。正如其《政府论》（1690）所展示的那样，洛克的思想包含着一种对于像美国人民这样一个在荒野中缔造社会的民族来说尤其具有吸引力的逻辑。在洛克的伦理学体系中，"自然状态"是一个前社会、前国家的状态，在其中，所有的人在上帝和他人面前都是平等的、自由的。在这种状态中，自然法或基本法由绝对永恒的或（如美国人喜欢说的）"不能放弃的"道德公理组成。其中，最重要的道德公理是：每一个人，仅仅由于其存在的缘故，就享有继续存在下去的天赋权利。据此，洛克开列了人的天赋权利清单："生命、自由、健康、财富或私有财产。"就私有财产或他在别处所说的"财产或所有物"而言，洛克相信，一个人对于其劳动所得拥有权利。后来的历史表明，这一原则在解决奴隶问题时会遇到一些麻烦。正如我们将看到的那样，1776 年，托马斯·杰弗逊在论述天赋权利时用"幸福的权利"代替了"财产权"，从而巧妙地避免了这一困难。到了现代，当环境主义者力图把环境当作不受所有权影响的权利所有者来对待时，财产的神圣性原则又遇到了麻烦。

洛克没有像他的同行托马斯·霍布斯（1588–1679）走得那样远，把自然状态下的生活特点概括为"孤独的、可怜的、肮脏的、野蛮的和短暂的"。但他的确承认，自然状态的危险性促使有理性的人们组成社会和国家。他称这一过程为制定"社会契约"的过程。通过这一契约，每个人都放弃了某些具有自然状态特征的绝对自由，但保留了自然的、前社会的或上帝给予的生命权、自由权和财产权。的确，社会和政府组织的目的就是保障这些基本价值。由这一原则可以推出进一步的权利，即革命的权利。在洛克看来，如果政府的行动威胁了人民的天赋权利，那么，他们解除政府权力的行为就是合理的。通过革命，个人就使他们通过社会契约委托给国家的天赋权利重新得到了保护。

因此，洛克式原则的拥护者更愿意选择宪政体制（民主制与共和制），而非君主制，后者的集权很容易导致腐败。洛克的《政府论》是对英国1688年"光荣革命"的辩护，那场革命是对皇权与宪法规定的民权的调和。

天赋权利意识形态的力量在于：一场革命蕴含着另一场革命。因此，光荣革命刚完成，特别是1760年后，在美国的英国殖民者就开始蓄积反对昨天的革命者的道德能量，那些革命者现在已联合成为殖民地"母国"的政府。伯纳德·贝律恩（B. Bailyn）所谓的"美国革命那种变革的激进主义"，就是这样一种观念：英国议院和君主制否认了殖民者的天赋权利。美国的革命者退回到500年前的《大宪章》中去为他们的行为的合理性寻找理由；像詹姆斯·奥提斯（J. Otis）一样，他们也认为，"大宪章本身就是⋯⋯一份声明"，即人民绝对拥有"其天生的、固有的、不可剥夺的天赋权利"。当独立的脚步声越来越近的时候，美国再次借用"专制""奴役"和"压迫"这些词语来描绘他们的处境。自由成了目标，而革命思想则把它提升成了一种神圣的世俗天职。

1776年的《独立宣言》是那个时代的天赋权利哲学结出的最丰盛的果实。正如卡尔·柏克（C. Becker）等人最理解的那样，杰弗逊的宣言与其说是一种首创性的思想，不如说是对一个世纪来在英国、法国和北美广为流传的理想的总结。不过，杰弗逊的措辞特别精妙。他写道，理性和良知依据"自然法和自然的上帝之法"揭示出的"自明的"真理是：在拥有"某些不可剥夺的权利方面，所有人都是平等的"。杰弗逊列举的三种不可剥夺的权利是"生命、自由和对幸福的追求"。

但是，杰弗逊的真实思想与他写在纸上的思想并不完全一样，在现实中，某些人较其他人拥有更多的权利。例如，妇女并不完全享有1776年独立宣言所规定的天赋权利。奴隶和印第安人也不是权利的享有者。美国的大多数州最初都规定，只有那些拥有财产且纳税的白种男人才享有权利。到19世纪早期，对男性白人投票权的大多数限制都取消了；但是，直到1870年，宪法也没有把这种权利赋予黑人，又过了半个多世纪，妇女（1920）和印第安人（1924）才获得了投票权。为黑人争取民权是20世纪50和60年代的社会抗议运动的基本内容。在杰弗逊阐述美国的卓绝理想的两个世纪后，人们仍可在为大自然争取权利的运动中发现这个理想的最丰富的意蕴。

17和18世纪，天赋权利原则在西方思想中得到广泛传播。这些原则在马萨诸塞州孕育了一场革命，这场革命反过来在西方世界掀起了一个强大的自由主义浪潮。权利拥有者的神奇范围正在扩展。这正是1787年本杰明·拉什（B. Rush）在评论正在进行的美国革命时提出的看法。拉什所描绘的"伟大戏剧"的随后几幕对民主的发展远远超出了18世纪的革命者所能想象和希望的范围。在罗伯特·帕尔默（R. R. Palmer）看来，美国革命的自由主义领导人"正在探索一种新型的共同体"。只有他们当中那些最激进的人才可能理解，这种新的共同体可以加以扩展，使之超出人类这个物种的范围。然而，这一思想并不是全新的。

希腊和罗马的哲学家曾拥有一种明确的自然法（与人定法相对）思想。虽然他们没有谈到"权利"，但却认识到了人们是先于政府或其他文明秩序而存在的。这种原始的自然状态是根据某些基于存在和生存的生物学意义上的原则而组织起来的。在拉丁文中，这些原则被称为"自然法"。相反，人类建立在这一基本秩序之上的公正观念被认为是"社会法"；这是适用于人的普通法，它体现在不同国家或民族的法律中。那么，哪种法适用于非人类存在物呢？对于古典思想家来说，人类明显地不是孤立地存在于荒野中、伊甸园中或人们所设想的任何一种处于历史黎明时期的自然状态中的。动物（更不用说结构较简单的生命形式了）与环境中那些没有生命的构成要素一道，也存在于其中。那么，人们与时间之流中的这些旅行同伴之间应当建立什么关系呢?

考察这些问题时，罗马人发现，假定存在着另外一种道德体系，即"动物法"，是合乎逻辑的。这意味着，动物拥有哲学家们后来所说的那种独立于人类文明和政府的内在的或天赋的权利。正如3世纪罗马的法学家乌尔比安（Ulpian）所理解的那样，动物法是自然法的一部分，因为后者包括了"大自然传授给所有动物的生存法则；这种法则确实不为人类所独有，而属于所有的动物。"当然，乌尔比安只把动物包括进他的公正概念中，但它却源自这样一种观念：作为一个整体的大自然构成了一种人类应当予以尊重的秩序。

自从希腊和罗马衰落，基督教出现以来，大自然在西方伦理学中就没有得到公平对待。越来越多的人相信，大自然（包括动物）没有任何权利，非人类存在物的存在是为了服务于人类。并不存在宽广的伦理共同体。因此，人与大自然之间的恰当关系是便利和实用。这里无须任何负疚意识，因为大自然的唯一价值是工具性和功利性的——也就是说，是根据人的需要来确定的。这种观点的基督教变种可以在《创世纪》中找到根据，即上帝给予了人类统治和无节制地掠夺大自然的权利。因此，在近代早期，胡果·格老秀斯（H. Grotius, 1583–1645）和萨谬尔·普芬多夫（S. Pufendorf, 1632–1694）这类哲学家认为，人与环境的关系不是伦理思考的一个主题；这是不足为怪的。与乌尔比安不同，他们争辩说，天赋权利不是源于前社会的自然状态，而完全植根于人的本性。这意味着，天赋权利不是起源于普遍适用于人与动物的基本的公正原则。毋宁说，它代表的是一套反映人的利益的人为规则。因此，普芬多夫总结说：人与畜牲没有共同的权利与法律。约翰·罗德曼（J. Rodman）称17世纪对动物权利的这种拒斥是"思想史上的一个转折点。"

在近代早期，关于道德能在多大程度上应用于大自然的讨论是围绕着动物活体解剖实验问题展开的。从其最坏的方面讲，这种实验是直接切割那些被活活捆绑在案板上未经麻醉的动物。由于医学产生于 17 世纪，因此它对身体功能的研究依赖于对动物的活体解剖实验。但是，这种实验遭到了早期仁慈主义者（humanist）的严厉谴责；而活体解剖者则转向勒内·笛卡尔（1596-1650），用他的理论来证明其实验方法的合理性。作为一名备受称赞的数学家、生物学家和心理学家，笛卡尔提出了一种认为伦理学与"人——自然关系"无关的哲学思想。在笛卡尔看来，动物是无感觉无理性的机器。它们像钟那样运动，但感觉不到痛苦。由于没有心灵，动物不可能受到伤害。用笛卡尔的话来说，它们没有意识。相反，人具有灵魂和心灵。事实上，思想决定着人的机体。"我思故我在"是笛卡尔的基本原则。这种把人与自然分离开来的二元论，证明了活体解剖动物和人对环境的所有行为的合理性。笛卡尔坚信，人类是"大自然的主人和拥有者"。非人类世界成了一个"事物"。笛卡尔认为，这种把大自然客体化的作法是科学和文明进步的一个重要前提。

但是，在西方思想的大潮中，也存在着另一股对这种人类中心主义进行挑战的涓涓细流；它的部分源头活水是希腊 – 罗马的这样一种传统观念：动物是自然状态的组成部分和自然法的主体。尽管基督教削弱了广延共同体的理想，但动物法的原则在欧洲思想中却生生不息。许多残缺的有趣证据表明，在中世纪，法庭经常对那些（例如）夺人性命的动物进行刑事审判。这种做法使得 20 世纪 70 年代的下述观点显得并非如它看起来的那么新颖：树木与其他自然客体在法律面前应当拥有地位。

有趣的是，尊重非人类存在物的权利或人类对它们至少有责任的第一个法律出现于马萨诸塞湾一带的殖民地。"自由法典"——它于 1641 年被州议会接受——的作者是纳萨尼尔·华德（N. Ward，1578-1652）。作为一名律师和后来的部长，华德于 1634 年来到新英格兰，定居于伊普斯维奇（Ipswich）。应法庭要求，华德编辑了殖民地各州的第一部法律汇编。华德在"惯例"（他使用这一词的含义即权利）这一栏的第92条列举了这样一个规定："对那些通常对人有用的动物，任何人不得行使专制或酷刑"。第93条"惯例"要求那些"用牛拉车或耕种"的人要定期地使它们休养生息。很明显，这还是一种十足的功利主义观点——只有家畜得到保护——但是，在1641年，当笛卡尔的影响在欧洲正值高峰时，这位新英格兰人能够第一个站出来维护"动物并非毫无感觉的机器"的观点，可谓意义深远。而且，"专制"一词的使用似乎隐含着这样一种观念，在动物法传统中，非人类存在物也拥有天赋权利或自由。或许，在荒野中创造一个新社会的任务使得清教徒的心灵更容易接受一种宽广的伦理原则，这种伦理原则产生于一种与他们所征服的荒野相似的自然状态。

约翰·洛克所关心的主要问题不是如何对待动物，而是财产；在他的哲学中，动物能够被人拥有这一事实使得动物也获得了某些权利。当然，动物的这些权利源于其拥有者（而非动物本身）的权利，而且与人的利益有关。与笛卡尔相反，洛克在《关于教育的几点思考》（1693）中指出，动物能够感受痛苦，能被伤害。毫无疑问，对动物的这种伤害在道德上也是错误的。但是，这种错误不是源于动物的天赋权利，而是源于对动物的残忍给人带来的影响。洛克写道，许多儿童"折磨并粗暴地对待那些落入他们手中的小鸟、蝴蝶或其他这类可怜动物。"洛克认为，这种行为应被制止并予以纠正，因为它"将逐渐地使他们的心甚至在对人时也变得狠起来"。洛克接着说，"那些在低等动物的痛苦和毁灭中寻求乐趣的人……将会对他们自己的同胞也缺乏怜悯心或仁爱心。"洛克赞扬了他所熟悉的一位母亲。她教育她的孩子以一种负责任的态度对待他们的"小狗、松鼠、小鸟"和其他宠物的福利。他认为这些儿童是在朝着变成一个有责任感的社会成员的方向发展。在他1693年的论文中，洛克超越了那种狭隘的功利观点。人们不仅要善待以往那些被人拥有且有用的动物，而且还要善待松鼠、小鸟、昆虫——事实上是"所有活着的动物。"

纳萨尼尔·华德和约翰·洛克并不是孤军奋战。在反对残酷对待动物方面，早在 15 世纪，特别是在 17 和 18 世纪，抗议下述行为的呼声就不绝于耳：活体解剖、斗鸡、故意让狗追咬牛和熊的纵狗咬牛和纵狗斗熊（熊由链条拴住——译注）、打猎、以及洛克在 1693 年指出的那类毫无目的的残忍行为。有两种观点经常出现。像洛克那样，英国的早期仁慈主义运动也指出了残酷对待动物的行为对残害动物的人所产生的有害影响。它还认为，既然动物是上帝创造的一部分，那么，作为最受宠爱和最强大的生命形式，人类就有责任站在上帝的立场成为动物福利的优秀受托人或托管人，这种观点的某些推论还暗含着这样的结论：上帝会计算人类的残忍并予以适当的惩罚。仁慈主义运动的第一批抗议者毫不怀疑这一假定：大自然是为了人类而存在的。但是，他们的确呼吁人类对大自然的统治要尽量温柔些。

在 17、18 世纪西方思想的人类中心论和二元论的洪流中，人们可以发现一个微弱但却绵延不绝的可以推导出广延共同体（expanded community）概念（它是环境伦理学的基石）的观念，这个革命性的观念就是：世界并不仅仅是为了人类而存在的。前生态学时期的思想家大都以宗教语言来表达这一观念：大自然中的所有事物都是缘于、而且是为了上帝这一创造者的荣光而存在的；他对最微不足道的存在物的福利的关心与对人的福利的关心相差无几。这种谦卑观念的另一思想资源是万物有灵论的或有机体主义的哲学。这种哲学相信，有一种相同的、绵延不绝的力弥漫在所有的存在物中，而组成这个世界的所有存在物，实际上是一个巨大的有机体。

亨利·莫尔（H. More，1614-1687）是在剑桥大学执教的一名万物有灵论者。在他看来，存在着一种"世界灵魂或自然精神"（他称之为"生灵之心"），它显现在大自然的每一个部分中。这种神秘的"模塑一切的力量"把宇宙万物紧密地结合在一起。德国人歌特弗莱德·莱布尼茨（G. Leibnitz，1646–1716）不仅放弃了对笛卡尔来说是如此亲切的人与自然二分的思想，而且反对把存在物区分为生物与无生物。他相信，所有的事物都是相互联系在一起的。但是，当代的生态哲学家，尤其是乔治·塞欣斯（G. Sessions），却认为，巴鲁奇·斯宾诺莎（B. Spinoza，1632–1677）是最早几近于提出生态意识和环境伦理学的有机体主义者。与他同时代的笛卡尔这类人类中心论思想家不同，这位荷兰思想家提出了一种泛神论思想：所有的存在物或客体——狼、枫树、人、岩石、星星——都是由上帝创造的同一种物质存在的暂时表现。一个人死后，构成其躯体的物质就变成另外的事物：例如，变成一株植物所需的土壤和养料，这株植物会给一头鹿提供食物；反过来，这头鹿又会为一头狼或另一个人提供食物。斯宾诺莎对事物之间相互关系的这种理解，使他能够把终极伦理价值奠定在整体、系统，而非任何单一的短暂个体的基础之上。在他的哲学中，没有"较低者"或"较高者"。因此，他的共同体观念是没有界线的，因而他的伦理学也是没有界线的。一棵树或一粒石头拥有的价值和存在权利与人一样多。

英国植物学家约翰·雷伊（J. Ray，1623–1705）从其良师益友亨利·莫尔那里学来了万物有灵论哲学。雷伊终生致力于收集植物标本并把它们分类。他的成果是《普通植物学》，一部三卷本的世界植物概论，被公认为英国自然科学的最高成就之一。在研究过程中，雷伊不仅产生了对自然过程的深深敬畏，而且还形成了一种地球意识。他越来越相信，那种认为整个自然界都仅仅是为了人的利益而存在的观点是一个站不住脚的虚幻观念。因此，在64岁时，约翰·雷伊从植物学转向了哲学，并撰写了《表现在其创造作品中的上帝的智慧》（1691）一书。他的理论的核心是："下述观点不过是一种因袭的意见：这个世界是为人而创造的，人是创造的目的，就好像其他创造物除了以这种或那种方式为人服务就没有任何其他目的似的。"但是，雷伊继续说，"明智的人现在已不再这样认为。"雷伊相信，动物和植物的存在是为了荣显上帝，或者如他的朋友莫尔指出的那样，"是为了享受它们自己的生活"。换言之，它们的价值，它们的生命权并不依赖于它们的功利性功能。这样一种思考方式完全废黜了人的统治地位，这种地位是传统的基督教和笛卡尔式的科学所给予的。至少在万物有灵论者的哲学中，共同体的范围明显地扩展了。

只有英国的天才诗人亚历山大·蒲柏（A. Pope，1688–1744）才能用几行诗句总结万物有灵论者的上千页的哲学。在其《论人》一诗中，蒲柏写道：

生物全都是但也只是一个宏大的整体的一部分，

大自然就是这个整体的身躯，上帝是它的灵魂。

在说明关于人—动物关系的有机体主义的含义时，他继续写道：

尔等蠢人！难道上帝辛勤劳作仅仅是为了你们的利益、

你们的工作、你们的消遣、你们的盛装、你们的食物？

要知道，大自然的所有子女都能分享她的关怀，

她既恩及君王，也泽及野熊。

由于把"大自然的子女"定义为所有的生物，蒲柏就为一种宽广的伦理奠定了思想基础。

在科学正飞速发展的时代，斯宾诺萨、雷伊和蒲柏就着手写作挑战人类中心主义的著作，回忆这一点是有助益的。对天体的观察（通过望远镜）表明，地球很难说是宇宙的中心。例如，约翰·雷伊就认为，其他星球甚或月球上存在着生物——这并非不可想象。这种观念与那种认为所有生命都是为人类服务的观念怎能并存？在科学王国的另一端，显微镜揭示了一个复杂的共同体，人似乎是依赖于这个共同体，而不是相反。微生物学的先驱者安冬·凡·列文虎克（A. V. Leeuwenhoek，1632–1723）指出，

在他口中生存的微生物比居住在荷兰的人还多，研究者发现，在地球表面广大无人居住的荒野地区充盈着各式生命，它们完满自足，甚至从未被人见过。总之，人们对大自然的了解越多，就越难以接受那种认为宇宙（甚至那些不适宜人居住的空地）是为人类而存在的观点。与其说人类是大自然的主人，不如说他是自然共同体的一个成员。我们将看到，查尔斯·达尔文于 1859 年把这种思想发展到了一个新的阶段。

在《大自然的经济学》一书中，唐纳德·沃斯特（D. Worster）已令人信服地说明，把 17 至 18 世纪的有机体主义者的著作解读成环境伦理学著作是错误的，虽然他们对人类中心论提出了疑问，但他们仍然认为，人类控制自然是合理的。作为最发达的生命形式，人类将一如既往地使用其他存在物并改造其环境。问题的关键在于——根据优秀托管员的原则，人类在这样做时要细心一点，同时要注意到他们的行为已经影响了其他存在物——上帝、其他生命形式——的利益这一事实。根据这种观点，人对地球的影响本身就带来了某些令人担忧的伦理问题。例如，约翰·布鲁克纳（J. Bruckner，1726–1804）就对英国在新世界的扩张表示担忧。在《关于动物的哲学思考》（1768）一书中，他怀疑，改变美国的荒野是否会打乱"生命之网"（布鲁克纳是第一个使用这个对后来的生态科学是如此重要的词语的人）和"上帝的整个计划"。在布鲁克纳看来，在开垦处女地的过程中，许多物种会受到严重伤害甚或完全灭绝。完整的上帝创造物的这种减少令可敬的布鲁克纳感到担心，但他却回避了这样一个可能的结论：这在道德上是错误的。他也没有对美国人应如何行动的问题作出回答。相反，他信心十足地认为，上帝的神奇计划甚至会允许人类那些目光短浅的行为的存在。

18 世纪虽然没有为环境保护运动完全扫清道路，但是，在民主革命横扫美国和法国的同时，人类与（至少）部分环境的关系的伦理学却得到了越来越多的人的关注。所有那些为争取人权而掀起的社会政治风暴，至少已促使少数知识分子开始思考权利运动的下一个逻辑阶段的问题。1776年，哈姆弗里·普莱麦特（H. Primatt）博士以一篇题为"论仁慈的义务和残酷对待野生动物的罪孽"的论文揭开了英国关于动物权利问题的讨论序幕。作为一名牧师，普莱麦特争辩说，作为上帝的作品，所有的创造物都应获得人道的待遇。在他看来，既然痛苦是"罪恶"，那么，对任何一种生命形式的残忍行为都是"亵渎神的"和"不虔诚的"。

英国的杰罗米·边沁（J. Benthan）写于1789年的著作也用类似感人肺腑的语言，要求结束对动物的残酷行为。"总有一天"，他宣称，"其他动物也会获得这些除非遭专制之手剥夺、否则绝不放弃的权利。"边沁的伦理学是从其"最大幸福原则"推导出来的。痛苦是恶，快乐是善。因此，一个行动的正确或错误取决于它所引起的快乐或痛苦的程度。边沁把行为的这些后果称为功利。他的理论就是著名的功利主义，但他的观点包含着超越功利主义一词狭隘的人类中心论含意的可能性。边沁知道，如何把最大幸福的逻辑从殖民者扩展应用到奴隶和非人类存在物身上去。他论证说，"皮肤的黑色不是一个人无端遭受他人肆意折磨的理由。人们总有一天会认识到，腿的数量、皮肤上的绒毛或脊骨终点的位置也不是驱使某个有感觉的动物遭受同样折磨的理由。"边沁反对把推理或说话的能力视为人与其他生命形式的伦理分界线。在一段经常被仁慈主义者引用的话中，他总结道："问题的关键不是：它们能推理或说话吗？而是：它们能感受苦乐吗？"

根据边沁的功利主义，最不道德的行为就是带来最大痛苦的行为。因此，对他来说——恰如对他的学生约翰·斯图亚特·密尔那样，与对较低形式的生命的残酷比起来，对神经系统最发达的人的残酷是更坏的行为，但是这种差别仅仅是数量上的。一个有道德的人或有道德的社会应最大限度地增加快乐，并最大限度地减少痛苦的总量，不管这种痛苦存在于什么地方。他不同意笛卡尔的观点，而认为动物能感受痛苦。因此，边沁问道："为什么法律拒绝保护所有具有感觉的存在物？"人的解放的一种形式（指奴隶的解放——译者）是支持他挑战现存的法律与道德的一个令人鼓舞的例子："我们已开始关心奴隶的生存状态；我们将把改善所有那些给我们提供劳力和满足我们需要的动物的生存状况作为道德进步的最后阶段。"很明显，对边沁来说，那些对人有益的动物（如马和鸡）所占据的伦理地位低于奴隶，但高于其他生命形式。在这段论述的前一部分，他曾预言："这样的时代终将到来，那时，人性将用它的'披风'为所有能呼吸的动物遮挡风雨。"边沁所用的"披风"一词所指的就是道德地位和法律保护。

边沁的哲学和 18、19 世纪英国一般意义上的仁慈主义运动都把对动物的残忍行为视为人所犯的一种错误，或从宗教的角度视为一种罪孽。但是，边沁的许多同代人却提出了一种更为激进的观点；他们把权利赋予动物，并从正义的角度讨论如何对待动物的问题。小有名气的英国乡间绅士、具有自我风格的文学耕耘者约翰·劳伦斯（J. Lawrence）就是一个例子。劳伦斯的自由主义的政治信念使他赞扬美国和法国革命的原则，赞成废除奴隶贸易，支持妇女的权利。然而，劳伦斯并不就此止步。1796 年，他写了《关于马以及人对野兽的道德责任的哲学论文》。在《论畜类的权利》一章中，他首先考察了人们为什么会对畜类作出"野蛮、无情和任性行为"的原因。直言之，问题的症结在于：动物"完全没有权利并被置于正义原则管辖的范围之外"。劳伦斯反对这种认为动物没有权利的观点，也反对那种认为动物"完全是为了人的使用和人的目的"而存在的笛卡尔式的观点。他以自然法原理为依据，指出："生命、智力和感觉就是拥有权利的充足条件。"他的意思是说，在这些方面，动物与人是相同的，"正义的本质"是"不可分割的"。

约翰·劳伦斯认为，在 18 世纪 90 年代，动物没有权利的根源在于"人们所制定的宪法无一例外地都存在着一个缺陷。"他继续指出，没有一个政府"承认动物法，而真正说来，动物法应当是任何一种建立在正义与人性原则之上的司法制度的一部分"。于是，劳伦斯提出了自己的主张："因此，我提议，国家正式承认兽类的权利，并依据这种原则建立一种法律，以保护它们免遭那些明目张胆的、不负责任的残忍行为的伤害。"即使是在人权宣言频频出现的时代，他的这一主张也是非常引人注目的。

在他这部700页的巨著中，劳伦斯用了大量篇幅来阐述他自己的观点。他明确指出，他并不反对为了食物而宰杀动物，只要在宰杀动物时采取一种十分人道的方式。他痛恨纵狗咬牛和斗鸡的行为，但并不反对打猎。在反思边沁的功利主义时，他认为猎杀过剩的动物比让它们慢慢痛苦地饿死更仁慈。总之，劳伦斯不是一个纯粹主义者。他承认，在英国，有"比他觉悟更高的"不吃肉的人。但他仍对那些想为"虱子和跳蚤修建医院"的激进的仁慈主义者大加嘲讽。就其实质而言，劳伦斯的伦理学关注的是人们使用的那些动物，特别是马；但是他的"兽类的权利"的观念在西方思想中却是一个重要的伦理进步。

把仁慈主义的理想转变成法律的作法，可追溯到1596年英国切斯特郡的一项关于纵狗斗熊的禁令。17世纪，英国又限制在本土斗鸡。在英美法律体系中，马萨诸塞湾各州于1641年制定的"自由法典"是最早正视残酷对待家畜这一问题的普通法。

范围更宽广、内容更具体且更易实施的法律是在18世纪后期的解放革命运动中出现的；它使仁慈主义者意识到了关于天赋权利的广延哲学（extended philosophy）的内在逻辑。1800年，英国议院曾准备制定一项禁止纵狗咬牛的全国性的法令，但未获通过。9年后，边沁的朋友托马斯·艾斯金（T. Erskine）爵士在议院中倡议建立一部禁止残酷对待家畜的法律。他预言，这一法律的通过将在世界历史中把仁慈运动推向一个新纪元。但是，这个新纪元直到 1822 年 6 月 22 日才出现；那时约翰·劳伦斯和托马斯·艾斯金的朋友，一位被称为"仁者迪克"的爱尔兰庄园主理查德·马丁（R. Martin, 1754–1834）力排众议，使人们接受了"禁止虐待家畜法案"（马丁法案）。虽然马丁曾希望该法案的适用范围更广泛些，但这一法案的最后修订本关注的只是那些较大的家畜。在 1822 年，英国社会并不准备走得更远。当时的气氛也决定了人们只能从是否伤害了他人的家畜的角度来理解马丁法案。换言之，法律制定者并不愿意讨论动物的拥有者对其动物施加的残酷行为的问题。（这种不愿也表现在改善主—奴和夫—妻关系的早期活动中。）财产被认为是如此神圣不可侵犯、是如此明显的一种天赋权利，以致非人类存在物的天赋权利根本不可能对之构成挑战。尽管如此，在把对动物的残酷行为确定为一种在全国都应受惩罚的罪行方面，马丁法案仍为现代立法机构提供了第一个例子。

1824 年，理查德·马丁和英国其他仁慈主义者组织了"禁止残害动物协会"（1840 年后改为禁止残害动物皇家协会，RSPCV）。禁止残害动物协会的许多开创者，特别是威廉姆·威尔伯弗斯（W. Wilberforce），都是英国废除奴隶制和奴隶交易的领导者。从扩展天赋权利的角度看，这是意味深长的。很明显，解放被压迫者的观念，不能轻易地限制在人类的范围内。19 世纪卓越的自由主义哲学家约翰·斯图亚特·密尔于 1848 年写道：应当扩展那些把父母虐待子女的行为确定为犯罪的法律，使之"以稍弱的形式应用于那些不幸的奴隶、罪犯……低等动物遭受虐待的场合。"由于禁止残害动物皇家协会这个上流阶层的组织忽视了其成员对动物的侵犯（例如，打猎，用羽毛和毛皮做高档时装），并且只关注穷人虐待动物的不良行为，因此，密尔后来拒绝了要他担任禁止残害动物皇家协会副主席的请求。密尔对该协会所存在的上述不足的分析，可得到这一事实的支持：英国的那些动物之友组织最初所取得的成就，主要是在全国范围内禁止了在下层民众中广为流行的某些娱乐方式，诸如纵狗咬牛和纵狗斗熊（1835 年禁止）和斗鸡（1849 年禁止）。

在英国，仁慈主义者争取立法的斗争于 1876 年达到了顶点。活体解剖是当时讨论的热门话题，英国的科学团体和仁慈主义团体的领导人对此都提出了自己的观点。反活体解剖主义者的动机是复杂的。对弗朗士·鲍威尔·克伯（F. P. Cobbe）来说，对医学的敌意和为妇女争取政治权力的愿望是最主要的原因，她对动物不朽的信念和对宠物的多愁善感的拟人崇拜也是重要原因之一。反活体解剖主义者不谈论动物的权利；他们强调的是对人来说，特别是那些自信是世界上最发达的社会的成员的人来说，以科学的名义解剖活动物是错误的。1876 年的法案是调和的产物：活体解剖可以继续进行，但只能在被法律许可的医学中心进行，而且要用麻醉药把动物的痛苦降低到最低限度。这部法律还存在着许多可被动物实验者钻的空子。但是，活体解剖问题已作为一个前所未有的道德二难选择——在把伦理学从人际范围扩展到人与其他存在物的关系的过程中，这种二难选择是必然要出现的——摆在了人们面前。

维多利亚时代后期出现了一大批观点激进的伦理学著作。例如，备受称赞的大英历史学家亚瑟·赫尔普斯（A. Helps）就把昆虫包括进他的扩大了的伦理体系中。下面的对话出自他 1873 年写的《关于动物及其主人的几次谈话》中：

米尔维顿：我坚决认为，所有的生物都拥有其权利，而且最高形式的正义也许适用于它们。

艾勒斯默：所有的动物都有其权利……为什么就在此止步呢？那么，所有的爬虫呢？所有的昆虫呢？

米尔维顿：当然……瞧这，此时，从这个打开的窗子前面，你看到了许多飞行动物……它们正以令人眩晕的舞姿转着；就我们所知，它们正在自我陶醉，且对我们毫无伤害。对于律师们如此喜爱的"财富"，它们并未光顾。如果此时你消灭了其中的一只，那么，我认为这不仅是残酷的，而且是对权利的侵犯。

伦敦学院的自由主义者爱德华·尼乔尔松（E. B. Nicholson）把他1879 年创作的关于动物权利的作品奉献给约翰·劳伦斯以及著名的杰罗米·边沁。该书一开始就批评了那些反对扩展伦理范围的流行观点。尼乔尔松抛弃了那种认为动物没有推理能力的观点，因为它与人们对家庭宠物的观察所得出的结论相悖。就算动物的大脑功能较低、情感较人有限，可是，白痴的大脑功能和情感也是如此，但却没有一个有良知的人建议否认这类人的生存权以及相应的自由权（一个世纪以后动物权利的拥护者将经常使用这种论证方法）。在谈到据说人死后灵魂仍继续存在的观点时，尼乔尔松认为，这种观点不可能得到证明，因而"不能用来作为反对动物拥有天赋权利的理由"。

在批驳笛卡尔的哲学时，尼乔尔松指出，和人一样，动物也拥有神经系统，而且能够体验痛苦和快乐。他总结说："动物和人享有同样的生存权和个人自由"。尼乔尔松对他的这个论断作了一点限制：为满足人们对营养的需要而杀死动物，或为保证人的生存空间而杀死多余的超过地球承载力的动物是合理的。但是在其他方面，这个伦敦的自由主义者却大胆地把"与人相同的权利"（而不是一种较低层次的天赋权利）赋予了动物。

如果说普莱麦特、边沁、劳伦斯、马丁、密尔和尼乔尔松的思想开启了英国扩展伦理共同体的思想先河，那么，这种思想则于19 世纪在亨利·塞尔特（H. S. Salt）那里达到了顶峰。塞尔特对英国的道德习惯的反对是如此的彻底，以致当他于 1885 年放弃他在爱顿城学术大师的优越职业、退居到萨里乡村过一种清心寡欲的简朴生活时，他就把自己的学者长袍全部撕成了布条，用来包扎他的葡萄树和蔬菜。作为一个多才多艺的思想家和实践家，塞尔特像他尊重的英雄亨利·大卫·梭罗那样，为能超脱自己时代占统治地位的价值观而欣喜自得。在一个资本主义正处于兴盛期的时代，他为社会主义辩护，在一个对烤牛排趋之若鹜的文化中，他倡导素食主义；而在第一次世界大战期间他却提倡非暴力抵抗和动物权利。1891 年他领导组建了仁慈主义者同盟，次年他出版了《动物权利与社会进步》一书；这是继 1796 年劳伦斯那篇哲学论文后论述这个问题的杰出著作，并且继续影响着美国的环境保护思想。

塞尔特一开始就明确提出了他的观点：如果人类拥有生存权和自由权，那么动物也拥有。二者的权利都来自天赋权利；就动物而言来自动物法。塞尔特认为，1822 年的马丁法案标志着动物法在英国法律中的最早出现；但是他又冷静地指出，人们在应用这一法律时更多的是"出于财产的考虑而非出于对原则的尊重"。他觉得在英国人和美国人的态度中，缺乏一种与非人类存在物的"真正亲属感"。道德共同体的范围需要扩展。因此，塞尔特提出一个对他那个时代的社会来说卓尔不群的观点："如果我们准备公正地对待低等种属（即动物），我们就必须抛弃那种认为在它们和人类之间存在着一条'巨大鸿沟'的过时观念，必须认识到那个把宇宙大家庭中所有生物都联系在一起的共同的人道契约。"在几处论述中，塞尔特把他的天赋权利哲学扩延得如此宏大，以致他认为人和动物最终应该也能够组成一个共同的政府。他号召人们把"所有的生物都包括进民主的范围中来"，从而建立一种完美的民主制度；他的这一思想的提出比加里·施耐德（G. Snyder）早了 80 年。他还宣称："并非只有人的生命才是可爱和神圣的，其他天真美丽的生命也是同样神圣可爱的。未来的伟大共和国不会只把它的福恩施惠给人。"

19 世纪 90 年代对塞尔特的批评主要集中在他那种把所有生物都组织进同一个"伟大共和国"中来的思想。例如，英国哲学家大卫·雷切尔（D.

G. Ritchie）认为，动物不是人类社会的成员。虽然我们应该友好地对待它们，但是把动物当作"仿佛它们有权利反对我们"的存在物来看待，这却是不正确的。雷切尔继续指出，伦理学完全是单向的——人类无偿地把它延向动物；同时，他还在动物保护法的问题上向塞尔特发难。塞尔特坚持认为，动物保护法表明，动物拥有权利。雷切尔不同意这一看法，"因为法律保护艺术品和古迹，使之免遭损坏，难道我们就要说这些画或石头拥有'权利'吗？"在雷切尔看来，我们显然不能这样说。耶稣会会士约瑟夫·里卡比（J. Richaby）对塞尔特提出了更为严厉的批评。他说"野生动物没有任何权利……它们是纯粹的物品，"因此，"我们对低等动物既无怜悯的义务，也无任何仁慈的义务，就像对木头和石头那样。"他的结论是：动物"是为了我们而非它们自己而存在的"。

塞尔特并没有忽视这些观点；他是一个敏锐的思想家，且真诚地相信，人类和动物之间能够建立互惠的伦理和政治关系。他知道，只有人才有是非观念。在它们是伦理扩展的受益者的意义上，动物能够享有权利；但我们却不能指望它们自己能以伦理的方式去行动。因此，在《动物的权利与社会进步》一书的其他部分，塞尔特明确指出：动物的解放将取决于人类的道德潜能的彻底发挥，取决于——如塞尔特在该书最后一页指出的那样——人类变成"真正的人"。通过这种方式，塞尔特巧妙地把动物权利运动转换成了改善人的运动，而后者是很少有人不同意的。塞尔特是这样论述他的这一重要观点的："维护动物的权利，远不止于要求我们同情或公正地对待受虐待的动物受害者；这不仅仅是为了、也主要不是为了那些我们为其辩护的动物受害者，而是为了人类自己。我们的真正文明，我们民族的进步，我们的人性……都与道德的这种发展有关。如果我们践踏了那些我们对其恰好拥有司法权的存在伙伴（人或动物）的权利，那犯错误的……就是我们。"通过重新理解人类中心主义，塞尔特奇妙地超越了人类中心主义。他也因此使自己成为一个过渡性的人物，他的伦理学在现代动物权利主义者激进的非人类中心主义面前戛然止步。

塞尔特非常顺利地把动物权利与人际关系的改善联系起来。在《文明的残酷性》（1897）一文中，他指出："把人从残暴和不公正的境遇中解放出来的过程将同时伴随着解放动物的过程。这两种解放是不可分割地联系在一起的，任何一方的解放都不可能单独完全实现。"他预言，民主的范围将被扩展，从而把所有的人和所有的非人类存在物都包括进来。在塞尔特看来，"只有把同一种民主精神扩展开来，动物才能享受'权利'；这种权利是人们通过长期艰苦卓绝的斗争才争取到的。"塞尔特专心致志于对人类文明进行"大检修"。他引发了19世纪后期英国和美国的知识分子对社会主义的兴趣。确实，塞尔特于1890年为之作传的亨利·大卫·梭罗，主要是作为一名要求把人的潜力从压抑人性的政治和经济制度中解放出来的倡导者（而非自然主义者）吸引他的。社会民主联盟和费边社也引起了塞尔特的注意。美国的税收改革家亨利·乔治（H. George）的思想也吸引了他；乔治的《进步与贫困》（1879）一书对土地的私人占有制提出了挑战。在塞尔特看来，资本主义对大自然和人民都犯下了罪行。在其自传《混迹蛮邦70年》（这些年他生活在英国）一书中，塞尔特回顾了他1885年离弃豪华时髦的爱顿亚文化圈的理由："我们爱顿城的主人们……只不过是穿着主教法冠和长袍的同类相食者——当他们吞噬那些与我们是如此亲近的高等非人类动物的皮肉和鲜血时，他们是地地道道的同类相食者；当他们依靠这个世界上做着艰苦工作的阶级的汗水和辛劳而生活时，是间接的同类相食者。"

塞尔特坚信，对非人类存在物的不公正是普遍存在的社会弊端的一部分。"当前这个把商业利润视为工作的主要目的的不平等、不公正的社会制度"永远不可能对男人和女人的幸福给予恰当的关心，更不要说动物的幸福了。他相信，那些掌管经济和政治权力并从中获利的人是不会自愿进行改革的。在这方面，社会主义或许会有所帮助。但是，作为社会主义的一个前奏，社会还需要一个真正"人道主义"意义上的全面教育计划。不仅儿童，还有"我们的科学家、我们的宗教家、我们的道德家、我们的文人"都需要进行仁慈行为的技术教育。塞尔特认为，一旦教育改变了社会的道德观念，那么法律也会发生变化，因为"立法不过是对社会的道德观念的纪录和认可；它取决于（而非决定）道德观念的发展。"

《动物权利与社会进步》一书的大部分篇幅都是讽刺 19 世纪 90 年代早期维多利亚时代英国的风俗和习惯。塞尔特抨击了"残忍的至福千年"的工业神话，因为它把无数物种推向灭绝的边缘，以便"悠闲的绅士和少妇能够用……借来的羽毛和毛皮打扮他们自己。"他把游猎运动谴责为"业余屠杀"；他领导仁慈主义者同盟经过十年的抗争，成功地解散了皇家逐鹿猎犬队，这是女王拥有的一群善于追猎鹿的精锐猎犬。这支猎犬队在英国存了七个世纪，因而塞尔特的胜利引起了公众的广泛注意。"实验的折磨"是塞尔特著作中一章的标题，该章关注的是以科学的名义对动物施加的残忍行为。他反对那种只要对后代有利便以错为对的"道德……短视"。他的著作的结尾部分还用 40 页的篇幅刊载了纽约的医生和仁慈主义者阿尔伯特·勒芬威尔（A. Leffingwell）关于美国人对活体解剖的态度的讨论。英国在 1876 年就对动物解剖实验施加了限制，但在美国，直到 1966 年《动物福利法》颁布前，对动物的活体解剖一直未受到挑战，勒芬威尔的讨论一方面赞扬了威廉姆·威尔伯弗斯[1]和威廉姆·罗依德·加里森，一方面呼吁，他们二人在英国和美国废除奴隶制斗争中所做出的榜样，应能激励下一代人，促使他们废除折磨动物的行为。

---

[1] 威廉姆·威尔伯弗斯（W. Willberforce, 1759 -1833）英国下院议员（1780 -1828），慈善家，支持议会改革，致力于废除奴隶贸易和英国海外属地的奴隶制，创建反奴隶制协会（1823）。——译注。

塞尔特尽管激烈地批评他生活于其中的社会（他1926年出版的一本诗集标题为《人的劫掠》），但他仍满怀信心地认为，进步将导致人的道德水准的提高，并进而带来动物的解放。"圣·弗朗西斯（S. Francis）和梭罗这类人所具备的"道德成长能力使他相信，"我们的道德潜能还有十分巨大的发展可能性。"塞尔特还从对历史的了解中得到鼓舞。他在威廉姆·勒基（W. E. H. Lechy）的《欧洲道德史》（1869）一书的"道德的自然史"一节发现了下面的句子："曾几何时，慈爱情感只限于家庭，它的范围很快就扩大到了首先包括一个阶级、然后一个民族、再后是民族联盟、再后是全人类，最终，人与动物的关系也将受它的影响。"塞尔特总结道："每一个伟大的解放运动"都把人们的模糊的同情意识提升为一种明确的权利观念。对压迫者来说，达到这一点的必要条件是承认被压迫者是其所属的共同体的成员。

塞尔特对于权利范围的这种扩展坚信不疑。在他看来，在作为动物，在拥有天赋权利方面，以及作为大自然的一部分方面，人类和其他"低等种属"都是完全相同的。塞尔特指出了废奴主义和仁慈主义的相似之处，这是不足为怪的。他写道："被严加看管的家畜的现状在许多方面都类似于一百年前黑奴的状况。"二者"都经受着被排除在仁慈恩泽范围之外的痛苦"，都体验到了"对他们的社会权利的有意的顽固拒绝"。很明显，塞尔特希望，那种在19世纪使殖民者获得解放、使奴隶获得自由的道德进步能继续朝着动物解放的方向发展。1935年，在总结他一生的工作时，塞尔特表达了这样的愿望："未来的宗教将信奉一种万物一家的教义，一种关于人类与准人类之间的关系的宪章。"

确实，劳伦斯、边沁、尼乔尔松、塞尔特和英国19世纪其他的仁慈主义者本来是可以走得更远的。他们强调的都只是动物和家畜。"环境"在他们的词汇中是不重要的。但他们的仁慈主义却是通向环境伦理学的一个意识形态桥梁。更进一步的发展要等待生态学的出现，要等待塞尔特及其同伴所理想化了的（人与动物之间的）"亲缘"或"兄弟情谊"能够得到科学事实的证明。塞尔特《动物权利与社会进步》一书的辉煌成就在于把古老的天赋权利论与18、19世纪的自由主义融为一体，并在20世纪前把这种思想发挥到了极致。

亨利·塞尔特是造就了亨利·大卫·梭罗的现代声誉的少数英美知识分子之一。在这个过程中，他自己的声誉和影响也提高了。正如塞尔特所期望的那样，在20世纪，那种认为至少应把大自然的某些部分包括进道德体系中来的观念获得了越来越多的同情。塞尔特1892年提出的具有创造性的小册子以书籍的形式于1894、1899、1915年出版，并于1922年出版了（对批评作出回应的）修订本。这本书在美国可谓家喻户晓。1894年的版本收录了美国医生勒芬威尔讨论活体解剖实验的论文，该版是在罗得岛州普罗维登斯城的艾迪太太的资助下出版的。塞尔特和他的这位女资助者把该书免费赠送给美国各地的图书馆。《动物权利与社会进步》在美国的最后一版是在动物权利协会的资助下于1980年出版的。

虽然塞尔特的著作在19世纪90年代影响不大，但他弹奏的音符却得到了后来的动物权利和环境保护的支持者的回应。塞尔特的著作首次出版后没几年，密歇根大学教授爱德华·伊文斯（E.P. Evanc）就指出，任何一种试图把人从大自然中孤立出来的企图，"在哲学上都是错误的，在道德上是有害的"。1910年，麦克基（W. J. McGee）把进步的资源保护运动描绘为完善美国自由（或如他指出的）"使美国革命锦上添花"的一种方法。1949年，当生态学已开始扩展伦理共同体的范围后，奥尔多·利奥波德即倡导一种"把人类的角色从大地共同体的征服者改造成其中的普通成员与普通公民"的"大地伦理"。与此同时，环境哲学的前锋已开始超越塞尔特对动物的偏爱。1978年，美国仁慈协会的官员米

B卷

447

切尔·福克斯（M. W. Fox）宣称："如果人类仅仅由于其存在本身就享有自由的天赋权利……那么这种权利肯定也应赋予所有其他生物。"同年，西尔多·罗斯雷克追随塞尔特，把奴隶和劳动阶级的解放视为道德进步过程中人们接受"大自然也拥有天赋权利"这一观念的一个阶段。的确，像彼特·辛格的《动物的解放》和汤姆·雷根（Tom Regan）的《为动物权利辩护》这类著作都是直接以塞尔特的观点为依据的。区别仅在于，辛格、雷根和整体主义的环境伦理学家是从一种更值得人同情的思想和政治角度立论的。在塞尔特于 1885 年反抗英国的陈规陋习后一个世纪，扩展天赋权利的范围、使之容纳大自然的权利的思想不再被视为对自由主义的歪曲而搁置一旁。对愈来愈多的人来说，那正是自由主义哲学的一个新的前沿阵地。

说明：

纳什（Roderick Frazier Nash）著，杨通进译，节选自《大自然的权利》，青岛出版社 1999 年，第 13—37 页。纳什是加州大学圣巴巴拉分校历史与环境研究荣誉教授。

阅读思考：

权利与权力是什么关系？人的权利观念是如何扩展的？有不争取而自动获得的权利吗？把大自然、自然物纳入人类权利讨论的范围，这是怎样的境界？你及你周围的人目前能接受吗？北京大学的法学专家曾为黑龙江的鲟鳇鱼代言，为其争取权利，你怎样看待这一进展？这对传统法学是否有根本性的改变？

自然写作读本

土地伦理

利奥波德

当尊严的俄底修斯[1]从特洛伊战争中返回家园时，他在一根绳子上绞死了一打女奴，因为他怀疑这些女奴在他离家时有不轨行为。

这种绞刑是否正确，并不会引起质疑，因为女奴不过是一种财产，而财产的处置在当时和现在一样，只是一个划算不划算的问题，而无所谓正确与否。

但是，在俄底修斯时代的希腊，也并非不存在正确与否的概念：当俄底修斯的黑色船头的船队驶过昏暗的海洋回到家里之前，他的妻子在漫长岁月中所持的忠诚就是一个明证。这种伦理结构在那个时代是针对妻子的，而并不能延伸到有人性的奴婢身上。自那以后的3000年间，各种伦理标准已经涉及品行的很多方面，只是在衡量其标准上，根据利害，而有着相应的缩减。

伦理的演变次序

这种迄今还仅仅是由哲学家们所研究的伦理关系的扩展，实际上是一个生态演变中的过程。它的演变顺序，既可以用生态学的术语来描述，同时也可用哲学词汇来描述。一种伦理，从生态学的角度来看，是对生存竞争中行动自由的限制；从哲学观点来看，则是对社会的和反社会的行为的鉴别。这是一个事物的两种定义。事物在各种相互依存的个体和群体向相互合作的模式发展的意向中，是有其根源的。生态学家把它们称作共生现象。政治学和经济学则是提高了的共生现象，在这种共生现象中，原有的

---

[1] 俄底修斯：古代希腊《荷马史诗》中的英雄。——译者注

自由竞争有一部分被带有伦理意义的各种协调方式所取代了。

　　各种协调方式的复杂性随着人口的密度，以及工具的效用而不断增长。例如，如果在剑齿象时代，要给反社会的棍棒和石头规定一个准则，就比在摩托时代给子弹和广告规定准则要难得多。

　　最初的伦理观念是处理人与人之间的关系的，"摩西十诫"[1]就是一例。后来所增添的内容则是处理个人和社会的关系的。《圣经》中的金科玉律力图使个人与社会取得一致；民主则试图使社会组织与个人协调起来。

　　但是，迄今还没有一种处理人与土地，以及人与在土地上生长的动物和植物之间的伦理观。土地，就如同俄底修斯的女奴一样，只是一种财富。人和土地之间的关系仍然是以经济为基础的，人们只需要特权，而无需尽任何义务。

　　如果我对这种迹象的理解是正确的，那么，伦理向人类环境中的这种第三因素的延伸，就成为一种进化中的可能性和生态上的必要性。按顺序来说，这是第三步骤，前两步已经被实行了。自以西结和以赛亚时代以来，某些思想家曾从个人角度声称，对土地的掠夺不仅是不明智的，而且是错误的。然而，社会还未确定自己的信念。我把当今的资源保护主义看作是确认这种信念的萌芽。

　　一种伦理可以被看作是认识各种生态形势的指导模式，这些生态形势是那样新奇，那样难以理解，或者引起了如此不同的反应，以致普通的个人对寻求社会性对策的途径也分辨不清了。动物的各种本能是个人认识这类形势上的指导模式。各种伦理也可能是一种在发展中的共同体的本能。

---

[1] "摩西十诫"：摩西，古希伯来人（约公元前1350-1250年）的宗教和军事领袖。相传他率领其部落逃出埃及，来到西奈半岛。在西奈山，上帝授予摩西"十诫"，以统一部落的行动。见《圣经》。——译者注

共同体的概念

迄今所发展起来的各种伦理都不会超越这样一种前提：个人是一个由各个相互影响的部分所组成的共同体的成员。他的本能使得他为了在这个共同体内取得一席之地而去竞争，但是他的伦理观念也促使他去合作（大概也是为了有一个可以去竞争的环境吧）。

土地伦理只是扩大了这个共同体的界限，它包括土壤、水、植物和动物，或者把它们概括起来：土地。

这听起来很简单：我们不是早就在高唱我们对自由土地和美丽家园的热爱和责任了吗？是的，回答是肯定的。不过，我们所爱的究竟是何物和何人？当然不是土壤，我们正在急急忙忙地把它冲到河的下游；当然不是水，在我们看来，它除了转动涡轮、浮运驳船和排除污水外，是没有功能的；当然也不是植物，我们正在漫不经心地毁灭着它的整个共同体；当然也不是动物，我们已经灭绝了它们中间最大和最美丽的品种。一种土地伦理当然并不能阻止对这些"资源"的宰割、管理和利用，但它却宣布了它们要继续存在下去的权利，以及至少是在某些方面，它们要继续存在于一种自然状态中的权利。

简言之，土地伦理是要把人类在共同体中以征服者的面目出现的角色，变成这个共同体中的平等的一员和公民。它暗含着对每个成员的尊敬，也包括对这个共同体本身的尊敬。

在人类历史上，我们已经知道（我希望我们已经知道），征服者最终都将祸及自身。为什么会如此？这是因为，在征服者这个角色中包含着这样一种意思：他就是权威，即只有这位征服者才能知道，是什么在使这个共同体运转，以及在这个共同体的生活中，什么东西和什么人是有价值的，什么东西和什么人是没有价值的。结果呢，他总是什么也不知道，所以这也就是为什么他的征服最终只是招致本身的失败。

在生物共同体内存在着类似的情况。亚伯拉罕[1]确切地懂得土地的涵义：土地会把牛奶和蜜糖送到亚伯拉罕一家人的口中。当前，我们用以对待这种观点的狂妄态度恰与我们的教育程度成反比。

今天，普通的公民都认为，科学知道是什么在使这个共同体运转，但科学家始终确信他不知道。科学家懂得，生物系统是如此复杂，以致可能永远也不能充分了解它的活动情况。

事实上，人只是生物队伍中的一员的事实，已由对历史的生态学认识所证实。很多历史事件，至今还都只从人类活动的角度去认识，而事实上，它们都是人类和土地之间相互作用的结果。土地的特性，有力地决定了生活在它上面的人的特性。

例如，可以来看看密西西比河流域的居民。在独立革命后的那些年里，这个地区有三种人：土著印第安人、法国和英国的商人，以及美国居民。历史学家们不知道，在这种不稳定的形势下，如果当初在底特律的英国人稍稍给印第安人一方加点力量，将会发生怎样的结果——要知道，正是这种不稳定的局面才使移民们进入了肯塔基的野藤地。现在已经能认定这样一个事实了，即正是在这些野藤地受制于那种由拓荒者的牛、犁、篝火和斧子所表现出来的混合力量时，它们才变成了蓝草地。如果这片黑暗和带着血污的土地上所固有的植物演替，在拓荒者的影响下，所给予我们的是某种无用的野藤、矮树丛或者杂草，那将会是什么样的状况？布恩和肯顿能够坚持下来吗？会有大批移民涌入俄亥俄、印第安纳、伊利诺斯和密苏里吗？还会发生什么路易斯安那的购买吗？[2]会有横贯大陆的新州的联合吗？会发生内战吗？

[1] 亚伯拉罕：古希伯来人的始祖，出自《圣经》。——译者注
[2] 路易斯安那的购买：1803 年，美国总统杰斐逊派公使赴法，以 1500 万美元的代价从拿破仑手中购买了整个路易斯安那，其面积几乎相当于现今美国大陆领土的 1/3。——译者注

肯塔基只是历史戏剧中的一句台词。我们一般都知道在这幕戏剧中人类演员力图要做的事情，但是很少有人告诉我们，这些演员是成功了，还是失败了。他们的成功与否，在很大程度上依赖于各种不同的土壤对他们所使用的生产手段做出的反应。就肯塔基的情况来看，我们甚至不知道那些蓝草最早是从哪里来的——是当地的土生品种，还是从欧洲偷运来的？

我们后来所知道的有关西南部的情况，与野藤地区成为鲜明的对照。西南部的拓荒者们同样是勇敢、机智和坚韧不拔的，但移民的影响给这儿带来的既非蓝草，也非其他适于艰苦生活摔打的植物。这个地区，由于放牧，一系列越来越多的野草、矮树丛和杂莠被消耗掉了，而转回到一种不稳定的均势。每次不同类型的植物的衰亡都引起土壤的流失，而每次新增的土壤流失，又带来了进一步的植物的衰亡。今天的结果则是一种步步发展的普遍的衰败：不仅是植物和土壤，而且也包括动物。早期的居民料想不到会有这种情况：在新墨西哥的沼泽区，有些人甚至还挖掘渠道来加速这种局势。这种局势的进展是那样细微，以致这里的居民几乎无人能意识到它。旅游者是看不到这种情况的，他们所发现的是这片被毁坏的景观的绚丽和魅力。（它确实是美丽和吸引人的，但显然已没有与1848年时的相似之处了。[1]）

这种同样的景观以前也曾一度有所"发展"，但却伴随着不同的结果。普布洛印第安人在哥伦布发现新大陆前住在西南部，但他们恰恰不是靠草原放牧生活的，他们的文明灭绝了，却不是因为土地灭绝了。

在印第安人那里，那些没有任何形成草甸草原的地区，显然也就不存在土地的破坏，他们用简单易行的方法把青草带给乳牛，而不是采用不道

---

[1] 1848年2月2日，在美墨战争中失败的墨西哥和美国签订瓜达卢佩—伊达尔戈条约，被迫割让了包括加利福尼亚和新墨西哥在内的52万平方英里的土地。从此，大批美国移民开始涌入这个地区。——译者注

德的手段。（这是某种深奥的智慧的表现，还是只不过碰上了运气？我不知道。）

总而言之，这种植物的演替就是一个历史的过程。拓荒者只是证明了——不论是好心或是恶意——在这块土地上，是什么样的植物在演替着。历史是否在以这种精神被讲授着？一旦土地是作为一个共同体的概念真正被深刻地融会在我们的理智中时，它就会以这种精神被讲授。

生态学意识

资源保护是人和土地之间和谐一致的一种表现。尽管经过了一世纪的孕育，资源保护仍然像蜗牛一样蠕动着，所取得的进步大部分仍然是一种书面的虔诚和大会上的演讲。在过去的 40 年里，我们依然是在每前进一步时就要往回滑两步。

如何解决这种尴尬的局面？一般的回答都是：开展更多的资源保护教育。没有人怀疑这一点，然而，能够肯定只有教育的分量需要加大吗？是不是在这个内容中同时还缺少点什么？

要给这种教育的内容做一个简洁的恰如其分的概括，是很困难的。不过，根据我的理解，它在实质上就是：遵纪守法；行使投票权利；参加某些组织，并在你自己的土地上来进行实践，以证明资源保护是有利可图的。其余的事情则由政府来做。

这个方案不是太容易，以致根本不能完成任何值得去做的事情了吗？它不分正确与错误，也不提出任何义务，也不号召做出一定的牺牲，在流行的价值论上也不进行任何改变。就土地的利用而言，它激励的也仅仅是开明的个人的权利。试想一下，这样的教育会把我们带到什么地方去？有个例子可能会做一部分回答。

到 1930 年时，除了那些对生态学毫无所知的人，所有的人都已经很清醒地接受了这样一个事实,即威斯康星西南部的表土层正在向海洋流失。1933年,农场主们被告知,如果他们能在连续5年内采用一定的补救措施,政府将派国家资源保护队来免费进行安装,并提供必要的机器和材料。这项提议被广泛地接受了,然而,当5年的合同期满后,这些措施则又广泛地被忘却了。农场主们继续使用的仅仅是那些能使他们获得最直接和最明显收益的措施。

这种情况导致出一种想法,即如果农场主们自己制订出规则,也许他们会懂得更快些。于是,1937年,威斯康星的立法机关通过了土壤保护区法令,它事实上是对农场主们说:"我们,政府,将免费向你们提供技术服务,以及你们所需要的专门机器的贷款,如果你们将制订自己的土地使用规则的话。每个县也可以制订它们自己的规则,这些规则将具有法律的效力。"结果,几乎所有的县都迅速地组织起来接受了这种有利可图的协助。可是,经过10年的实践之后,还是没有一个县制订出一个单独的规则来。在这个实践过程中也有明显的进步,如条播、牧场更新、土壤灰化等,但是并不禁止在林地放牧,也不禁止犁耙和乳牛进入陡坡。一句话,农场主们只是选择使用那些确实有利可图的措施,而忽视那些对共同体有利,同时显然对他们自己无利的措施。

当人们问到为什么规则制订不出来时,回答是,社会还没有做好支持它的准备,在制定规则之前,必须先进行教育。然而,在进行中的教育,除了那些受私利支配的义务以外,实际上是不提及对土地的义务的。结果则是,我们受到的教育越多,土壤就越少,完美的树林也越少,而同时,洪水则和1937年一样多。

在这种形势下的令人不解的情况是,那些除了私利以外所存在的义务,是为帮助改善道路、学校、教堂,以及棒球队这样一类农业社区的事业而存在的。这些义务的存在并不是为了使得注入土地的水的活动能够循规蹈

B卷

矩，或为了保护农场景观的美丽和多彩，而且也不曾被认真严肃地讨论过。使用土地的伦理观念仍然是由经济上的私利所支配的，就和一个世纪以前的伦理观念一样。

总而言之，我们要求农场主们做的是他能以保全其土壤的实用主义的事情，而他也就做那一点，并且仅仅是那一点。那位把树林伐成75度的陡坡，把乳牛赶进林间空地放牧，并把雨水、石块以及土壤一起倾入社区小河的农场主，仍然是社会上一位受尊敬的成员（同时也是正派的）。如果他向他的田里撒石灰，并按等高线种植他的庄稼，他就仍然享有土壤保护法的所有特权和补贴。这个法令是一部漂亮的社会机器，但它却因为有两个汽缸而患有咳嗽病。因为我们过于胆怯，太急于求成，以至于我们不能告诉农场主们其义务的真正意义。在缺乏觉悟的情况下，义务是没有任何意义的。我们所面临的问题是要把社会觉悟从人延伸到土地。

如果在我们理智的着重点上，在忠诚感情以及信心上，缺乏一个来自内部的变化，在伦理上就永远不会出现重大的变化。资源保护还未接触到这些最基本的品行的证据，就在于这样一个事实：哲学和宗教都还没有听说过它。因为我们企图使资源保护简单化，我们也就使它失去价值了。

土地伦理的代用语

当历史的逻辑渴求面包时，我们拿出来一块石头，而且还煞费苦心地解释说，这块石头与面包是多么相似。现在我就来描述一下那些代替土地伦理的石头。

在一个全部是以经济动机为出发点的资源保护体系中，一个最基本的弱点是，土地共同体的大部分成员都不具有经济价值。野花和鸣禽就是一个例子。在威斯康星，当地所有的2.2万种较高级的植物和动物中，是否有5%可以被出售、食用或者可做其他的经济用途，都是令人怀疑的。然而，这些生物都是这个生物共同体的成员，因此，如果（就如我所相信的）这个共同体的稳定是依赖它的综合性，那么，这些生物就值得继续生存下去。

当这些非经济性的种类中的某一种受到威胁，而我们又正好很喜欢它，我们就会想方设法地找出一些托词来使它具有经济上的重要性。在这个世纪初，鸣禽看来是要消失了。于是，鸟类学家们便急忙提出某种使人震惊的证据来说明它们灭绝的后果，以挽救它们。他们说，如果没有鸟儿控制虫子，其后果将是昆虫把我们吃掉。这种证据必须是经济上的，为的是使其产生效用。

今天读到这些托词是很痛苦的。我们还不具备土地伦理观，但我们至少都几乎接受了这样一种观点，即承认鸟儿就生物的权利的角度来说，也是应该继续存在的，而不论它们是否对我们有经济上的利益。

类似的情况也存在于食肉的哺乳动物、猛禽，以及食鱼的鸟儿中。因而曾几何时，生物学家们确实有点过分强调了这样一种证据：这些动物杀害了较小的动物，从而保护了猎物的健全，或者为农民控制了鼠害，或者捕食的仅仅是那些"无价值"的动物。在这里又一次出现了这种情况，即证据必须是经济上的，以便能产生效用。只是在最近几年里，我们才听到比较坦率的论点。食肉动物也是这个共同体的一员，没有任何特殊的利害关系有权利去为了某种自身的利益——无论是真的，或是空想出来的——去灭绝它们。遗憾的是，这种有见识的观点还仅仅停留在谈论阶段。在野外，对食肉动物的灭绝正在兴致勃勃地进行着：由于国会、环境保护局，以及很多州立法机构的批准，眼见着灰狼在逐渐地被消灭了。

某些树种已经被有经济头脑的林业工作者们"开除树籍"了，因为它们长得太慢，或者出售价格太低，所以它们对伐木者来说无所收益。如美国尖叶扁柏、落叶松、落羽杉、山毛榉，以及铁杉就是例子。在欧洲，林业从生态学上的角度来看是比较先进的，那些非商业用的树种已被认识到是当地森林共同体的组成部分，从而受到了保护，是情理之中的。另外，某些树种（如山毛榉）还被发现在增强土壤肥力上具有很有价值的功能。森林，以及它的不同的树种，地面植物和动物的内部联系已被认为是固有的。

缺乏经济价值有时不仅是某些品种，或某些类别的特点，而且是某些整体性的生物群共同体的特点，如沼泽、泥塘、沙丘，以及"沙漠"就是例子。在这种情况下，我们惯常的是把它们委托给政府作为保护区、名胜或者公园的机构来管理。但困难在于，这些地区通常是与较有价值的私人土地交织在一起的，政府有可能无法拥有或者控制这些星星点点的一块块土地。最后的结果则是，我们让一些这样的地区大面积地消失了。如果私人拥有者是有生态学头脑的，他会自豪地成为这类区域的合理化建议的管理人，这类区域会为他的农场和社区增添更多的色彩和美丽。

在某些情况当中，那种认为这些荒僻地区是无利可图的看法被证明是错误的，都只是在它们大部分已被除掉了之后。当前乱哄哄地向麝鼠沼泽里放水就是这方面的一个例子。

在美国资源保护中有一个非常明显的倾向，即要让政府来做所有的一切私人土地拥有者们所未做到但又必须要做的工作。由政府所有、支配、补贴或者管理，现在已经在林业、牧场管理，土壤和水域管理、公园和荒野保护、渔业管理以及候鸟管理中广泛盛行起来，同时还在继续发展。这种政府性的保护主义的发展，其大部分都是适宜和合乎逻辑的，某些还是不可避免的。我并非含有反对它的意思，事实上，我的大半生都是在为它的工作中度过的。然而，问题出现了：这种事业的最终意义是什么？它的承载基础将会使其可能有的各个部门正常运转吗？将会产生什么实际结果吗？从哪个角度上看，政府性的保护，就如同一个巨大的柱牙象，将会因其本身的体积而变得有碍于行动？如果存在着什么答案，似乎就是：用一种土地伦理观或者某种其他的力量，使私人土地所有者负起更多的义务。

产业性的土地所有者和使用者们，尤其是伐木业主和牧场主们，对政府拥有和管理土地的发展始终是抱有强烈的不满的，但是（令人注目的例外）他们也有一点进行某种依稀可见的变化的倾向：在他们自己的土地上做自愿性的保护措施。

当私人土地所有者被要求采取某种为了社区利益的无利可图的法案时，他今天也只有伸出手掌表示赞同。如果这个法案花了他的钱，这是公平和适宜的。但是，这个法案所花费的仅仅是深思熟虑、坦率或者时间，这个问题至少就是可争论的。最近一些年里，土地使用补贴的巨大增长，在很大程度上必须归咎于政府自身的推行保护主义的机构：土地局、农业学院，以及技术推广机构。就我能观察的程度来看，在这些机构中，是不讲授对待土地的道德责任的。

总而言之，一个孤立的以经济的个人利益为基础的保护主义体系，是绝对片面性的。它趋向于忽视，从而也就最终要灭绝很多在土地共同体中缺乏商业价值，但却是（就如我们所能知道的程度）它得以健康运转的基础的成分。它设想，生物链中有经济价值的部分，将会在没有无经济价值的部分的情况下运转我认为是错误的。它倾向于让政府去实施很多功能，结果这些功能实际上过于巨大，过于复杂，或许还过于分散，从而不能由政府去实施。

对这种形势的唯一可见的补救办法，就是使私人的所有者负有伦理上的责任。

说明：

利奥波德（Aldo Leopold，1887–1948）著，侯文蕙译，节选自《沙乡年鉴》，吉林人民出版社 1997，第 191–203 页。利奥波德是美国林学家、博物学家、环境伦理学家。

阅读思考：

俄底修斯绞死 12 个女奴却不犯法，这件事说明了什么？利奥波德讲的共同体是什么意思？利奥波德故意拿商品（commodity）与共同体（community）比较，表现了怎样的修辞技术和思想境界？现行的一般政策、城市规划考虑到了"土地伦理"吗？

地球的绿色斗篷

卡逊

　　水、土壤和由植物构成的大地的绿色斗篷组成了支持着地球上动物生存的世界；纵然现代人很少记起这个事实，即假若没有能够利用太阳能生产出人类生存所必需的基本食物的植物的话，人类将无法生存。我们对待植物的态度是异常狭隘的。如果我们看到一种植物具有某种直接用途，我们就种植它。如果出于某种原因我们认为一种植物的存在不合心意或者没有必要，我们就可以立刻判它死刑。除了各种对人及牲畜有毒的或排挤农作物的植物外，许多植物之所以注定要毁灭仅仅是由于我们狭隘地认为这些植物不过是偶然在一个错误的时间，长在一个错误的地方而已。还有许多植物正好与一些要除掉的植物生长在一起，因之也就随之而被毁掉了。

　　植物是生命之网的一部分，在这个网中，植物和大地之间，一些植物与另一些植物之间，植物和动物之间存在着密切的、重要的联系。有时，我们没有其他选择而必须破坏这些关系时，我们必须谨慎一些，要充分了解我们的所作所为在时间和空间上产生的远期后果。但当前灭草剂销路兴隆，使用广泛，要求杀死植物的化学药物大量生产，灭草剂行业突然兴旺，它们当然是不会持有谨慎态度的。

我们未曾料到的、对风景破坏惨重的事件很多。这里仅举一例，那是发生在西部鼠尾草地带，在那儿正在进行着毁掉鼠尾草改为牧场的大型工程。如果从历史观点和风景意义来理解一个事业，也是一个悲剧。因为这儿的自然景色是许多创造了这一景色的各种力量相互作用的动人画面。它展现在我们面前就如同一本打开的书，我们可以从中读到为什么大地是现在这个样子，为什么我们应该保持它的完整性。然而现在，书本打开在那儿，却没有人去读。

几百万年以前，这片生长鼠尾草的土地是西部高原和高原上山脉的低坡地带，是一片由落基山系巨大隆起所产生的土地。这是一个气候异常恶劣的地方：在漫长的冬天，当大风雪从山上扑来，平原上是深深的积雪；夏天的时候，由于缺少雨水，一片炎热，干旱在严重地威胁着土壤，干燥的风吹走了叶子和茎干中的水分。

作为一个正在演化的景观，在这一大风呼啸的高原上移植植物是需要一长期试验与失败的过程。一种植物接着一种植物生长都失败了。最后，一类兼备了生存所需的全部特性的植物发展起来了。鼠尾草，长得很矮，是一种灌木（通常鼠尾草是草本植物，不知这里指的是哪种鼠尾草？——编者注），能够在山坡和平原上生长，它能借助于灰色的小叶子保持住水分而抵住小偷一样的风。这不是偶然的，而是自然选择的长期结果，于是西部大平原变成了生长鼠尾草的土地。

动物生命和植物一道发展起来，同时与土地的迫切需要一致。恰好，在这时，有两种动物像鼠尾草那样非常圆满地被调整到它们的栖息地。一种是哺乳动物——敏捷优美的尖角羚羊；另一种是鸟——鼠尾草松鸡，这是路易斯和克拉克地区的平原鸡。

鼠尾草和松鸡看来是相互依赖的。鸟类的自然生存期和鼠尾草的生长

B
卷

461

期是一致的；当鼠尾草地衰落下去时，松鸡的数目也相应地减少了。鼠尾草为平原上这些鸟的生存提供了一切。山脚下长得低矮的鼠尾草遮蔽着鸟巢及幼鸟，茂密的草丛是鸟儿游荡和停歇的地方，在任何时候，鼠尾草为松鸡提供了主要的食物。这还是一个有来有往的关系。这个明显的依存关系还表现在由于松鸡帮助松散了鼠尾草下边及周围的土壤，清除了在鼠尾草丛庇护下生长的其他杂草。

羚羊也使它们的生活适应于鼠尾草。它们是这个平原上最主要的动物，当冬天第一次大雪降临时，那些在山间度夏的羚羊都向较低的地方转移。在那儿，鼠尾草为羚羊提供了食物以使它们度过冬天。在那些所有其他植物都落下叶子的地方，只有鼠尾草保持常青，保持着它那缠绕在浓密的灌木茎梗上的灰绿色叶子，这些叶子是苦味的，散发着芬芳香气，含有丰富的蛋白质和脂肪，还有动物需要的无机物。虽然大雪堆积，但鼠尾草的顶端仍然露在外面，羚羊可以用它尖利、挠动的蹄子得到它。这时，靠鼠尾草为食的松鸡在光秃秃的、被风吹刮的突出地面上发现了这些草，也就跟随着羚羊到它们刨开积雪的地方来觅食。

其他的生命也在寻找鼠尾草。黑尾鹿经常靠它过活。鼠尾草可以说是那些冬季食草牲畜生存的保证。绵羊在许多冬季牧场上放牧，那里几乎只有高大的鼠尾草丛生长着。鼠尾草是一种比紫苜蓿含有更高能量价值的植物，在一年的一半时间内，它都是绵羊的主要饲料。

因此，严寒的高原，紫色的鼠尾草残体，粗野而迅捷的羚羊以及松鸡，这一切就是一个完美平衡的自然系统。真的是吗？恐怕在那些人们力图改变自然存在方式的地区，"是"应改为"不是"，而这样的地区现已很多，并且日益增多。在发展的名义下，土地管理局已着手去满足放牧者得到更多草地的贪婪要求。由此，他们策划着造成一种除掉鼠尾草的草地。于是，在一块自然条件适合于在与鼠尾草混杂或在鼠尾草遮掩下长草的土地上，现在正计划除掉鼠尾草，以造成一种单纯的草地。看来很少有人去问，这片草地在这一区域是不是一个稳定的和人们期望的结局。当然，大自然自己的回答并非如此。在这一雨水稀少的地区，年降雨量不足以支持一个好的地皮草场；但它却对在鼠尾草掩护下多年生的羽茅属植物比较有利。

然而，根除鼠尾草的计划已经进行了多年了。一些政府机关对此活动很为积极；工业部门也满怀热情地参加和鼓励这一事业，因为这一事业不仅为草种，而且为大型整套的收割、耕作及播种机器创造了广阔的市场。最新增加的武器是化学喷洒药剂的应用。现在每年都对几百万英亩的鼠尾草土地喷洒药物。

后果是什么呢？排除鼠尾草和播种牧草的最终效果在很大程度上只能靠推测。对于土地特性具有长期经验的人们说，牧草在鼠尾草之间以及在鼠尾草下面生长的情况可能比一旦失去保持水分的鼠尾草后单独存在时的情况要好一些。

这个计划只顾达到了其眼前的目的，但结果显然是整个紧密联系着的生命结构就被撕裂了。羚羊和松鸡将随同鼠尾草一起绝迹，鹿儿也将受到迫害；由于依赖土地的野生生物的毁灭，土地也将变得更加贫瘠。甚至于有意饲养的牲畜也将遭难；夏天的青草不够多，绵羊在缺少鼠尾草、耐寒灌木和其他野生植物的平原上，在冬季风雪中只好挨饿。

这些是首要的、明显的影响。第二步的影响则与对付自然界的那杆喷药枪有关：喷药也毁坏了目标之外的大量植物。司法官威廉·道格拉斯在他最近的著作《我的旷野：凯达丁西行》中叙述了在怀俄明州的布类吉国家森林中由美国森林服务管理局所造成的一个生态破坏的惊人例子。屈从于想得到更多草地的牧人的压力，一万多亩鼠尾草土地被公司喷了药，鼠尾草按预想方案被杀死了。然而，对于那沿着弯弯曲曲的小河、穿过原野的垂柳树，它那绿色、充满活力的柳丝也遭到同样命运。麋鹿一直生活在这些柳树丛中，柳树对于麋鹿正如鼠尾草对于羚羊一样。海狸也一直生活在那儿，它们以柳树为食。它们伐倒柳树，造成一个跨过小河的牢固水堤。通过海狸的劳动，造成了一个小湖。山溪中的鳟鱼很少有比六英寸长的，然而在这样的湖里，它们长得肥大，许多已达到 5 磅重。水鸟也被吸引到湖区。仅仅由于柳树及依靠柳树为生的海狸的存在，这里已成为引人入胜的钓鱼和打猎的娱乐地区。

但是，由于森林管理局所制定的"改良"措施，柳树也遭到鼠尾草的下场，被同样的、不分青红皂白的喷药所杀死。当 1959 年道格拉斯访问这个地区的时候，这一年正在喷药，他异常惊骇地看到枯萎垂死的柳树，"巨大的不可相信的创伤"。麋鹿将会怎么样呢？海狸以及它所创造的小天地又怎样呢？一年以后他重新返回这里以了解风景毁坏的结果。麋鹿和海狸都逃走了。那个重要的水闸也由于缺少精巧的建筑师的照料而无踪影了，湖水已经枯竭，没有一条大点儿的鳟鱼留下来，没有什么东西能够生存在这个被遗弃的小河湾里，这个小河穿过光秃秃的、炎热的、没有留下树荫的土地。这个生命世界已被破坏。

除了 400 多万英亩的牧场每年被喷药外，其他类型的大片地区为了控制野草，同样在直接或间接地接受化学药物的处理。例如，一个比整个新英格兰还大的区域（5000 万英亩）正置于公用事业公司经营之下，为了"控制灌木"大部分土地正在接受例行处理。在美国西南部估计有7500 万英亩的豆科植物的土地需要用一些方法处理，化学喷药是最积极推行的办法。一个还不大清楚、但面积很大的生产木材的土地目前正在进行空中喷药，其目的是为从喷药的针叶树中"清除"杂木。在 1949 年以后的 10 年期间，用灭草剂对农业土地的处理翻了一番，1959 年已达到 5300 万英亩。现在已被处理的私人草地、花园和高尔夫球场的总面积必将达到一个惊人的数字。

化学灭草剂是一种华丽的新型玩具。它们以一种惊人的方式在发挥效用；在那些使用者的面前，它们显示出征服自然的眼花缭乱的力量，但是其长远的、不大明显的效果就很容易被当作是一种悲观主义者的无根据想象而被漠视。"农业工程师"愉快地讲述着在将犁头改成喷雾器的世界中的"化学耕种"问题。成千个村镇的父老们乐于倾听那些化学药物推销商和热心承包商的话，他们将扫荡路边丛林以换取报酬，叫卖声比割草是便宜的。也许，它将以整齐的几排数字出现在官方的文件中，然而真正付出的代价不能仅以美元计，而是要以我们不久将要考虑到的许多同样不可避免的损失来计算，以对风景及与风景有关的各种利益的无限损失来计算。如用美元来计算最后结果，化学药物的批发广告应当被看作是很昂贵的。

例如，被遍布大地的每一个商会所推崇的这一商品在假日游客心目中的信誉如何呢？由于一度美丽的路边原野被化学药物的喷洒而毁坏，抗议的呼声正在日益增长，这种喷药把由羊齿植物、野花点缀着由花朵、浆果的天然灌木所构成的美丽景色变成了一种棕色、枯萎的旷野。一个新英格兰妇女生气地给报社投稿写道："我们正在沿着我们的道路两旁制造一种肮脏的深褐色的气息奄奄的混乱。""但这种状况不是游览者所期望的，我们为这儿的美丽景色做广告花了所有的钱。"

1960 年夏天，从许多州来的保护主义者集中在平静的缅因岛来目睹由国家阿托邦[1]（Audubon）协会的主持人密里森特·T. 滨哈姆给该协会的赠品。那天的讨论中心是保护自然景色以及由从微生物到人类一系列联系所组成的错综复杂的生命之网。但是来访此岛屿的旅行者们背后谈论的都是对沿路的破坏表示极其气愤。以前，沿着在四季常青的森林中穿过的道路走路始终是件愉快的事，道路两旁是杨梅、香甜的羊齿植物、赤杨和

---

[1] 译注：阿托邦（Audubon）是美国一位著名鸟类学家，阿托邦协会是鸟类学会。

越橘。现在只有一片深褐色的荒芜景象。一个保护派成员写下了他在 8 月份游览缅因岛的情景："我来到这里，为缅因原野的毁坏而生气。前几年这儿的公路邻接着野花和动人的灌木，而现在只有一英里又一英里的死去的植物的残痕……作为一个经济上的考虑，试问缅因州能够承受由于丧失景色而对旅行者丧失信誉而带来的损失吗？"

在全国范围内以治理路旁灌木丛为名正进行着一项无意识的破坏。缅因原野仅仅是一个例子，它所受破坏特别惨重，使我们中间那些深爱该地区美丽景色的人异常痛心。

康涅狄格植物园里的植物学家宣称对美丽的原生灌木及野花的破坏已达到了"路旁原野危机"的程度。杜鹃花、月桂树、紫越橘、越橘、荚莲、山茱萸、杨梅、羊齿植物、低灌木、冬浆果、苦樱桃以及野李子在化学药物的火力网中正奄奄一息。曾给大地带来迷人魅力及美丽景色的雏菊、苏珊、安女王花带、秋麒麟草以及秋紫菀也枯萎了。

农药的喷洒不仅计划不周，而且如此滥用。在新英格兰南部的一个城镇里，一个承包商完成了他的工作后，在他的桶里还剩有一些化学药粉。他就沿着这片不曾允许喷药的路旁林地放出了化学药物。结果使这个乡镇失去了它秋天路旁美丽的天蓝色和金黄色，这儿的紫菀和秋麒麟草显示出的景色本来是很值得人们远游来此看一看。在另一个新英格兰的城镇，一个承包商由于缺乏对公路的知识而违反了对城镇喷药的州立规定，他对路边植物的喷药高度达到八英尺，从而超过了规定的四英尺最大限度，因此留下了一条宽阔的、被破坏的、深褐色的痕迹。马萨诸塞州乡镇的官员们从一个热心的农药推销商手中购买了灭草剂，而不知道里面含有砷。喷药之后道路两旁所发生的结果之一是，砷中毒引起 12 头母牛死亡。

1957 年当渥特弗镇用化学灭草剂喷洒路边田野时，康涅狄格植物园自然保护区的树木受到了严重伤害；即使没有直接喷药的大树也受到了影响。虽然这正是春天生长的季节，橡树的叶子却开始卷曲并变为深褐色，然后新芽开始长出来，并且长得异常快，使树木显出凄惨的景色。两个季节以后，这些树上大一些的枝干都死了，其他的都没有了树叶，变了形，所有树令人伤心的样子还留在那儿。

我很清楚地知道在道路所及的地方，大自然用赤杨、英蒾、羊齿植物和杜松装饰了道路两旁，随着季节的变化，这儿有时是鲜艳的花朵，有时是秋天里宝石串似的累累硕果。这条道路并没有繁忙的交通运输任务需要负担，那儿几乎没有灌木可能妨碍司机视线的突然转弯和交叉口。但是喷药人接管了这条路，使这条路变成了人们不愿留恋的地方，对于一个忧虑着贫瘠、可怕的世界的人的心灵来说，是一个需要忍耐的景象，而这一世界是我们让我们的技术造成的。但是各处的权威不知什么缘故总迟疑不决。由于某种意外的疏忽，在严格安排的喷药地区中间留下了一些美丽的绿洲——正是这些绿洲使得道路被毁坏的绝大部分相比之下更难以令人容忍。在这些绿洲，在到处都是火焰般的百合花中，有着飘动的白色的三叶草和彩云般的紫野豌豆花，面对这些景色，我们精神为之振奋。

这样的植物只有在那些出售和使用化学药物的人眼里才是"野草"。在一个现已定期举行的控制野草会议的一期会讯中，我曾看到一篇关于灭草剂哲学的离奇议论。那个作者坚持认为杀死有益植物"就是因为它们和坏的植物长在一起"。那些抱怨路旁野花遭到伤害的人启发了这位作者，使他想起历史上的反对活体解剖论者，他说"对于这些反对活体解剖论者，如果根据他们的观点来进行判断，那么一只迷路的狗的生命将比孩子们的生存更为神圣不可侵犯"。

对于这篇高论的作者，我们中间许多人确实怀疑他犯了一些严重歪曲原意之罪，因为我们喜爱野豌豆、三叶草和百合花的精致、短暂的美丽，但这一景色现在已仿佛被大火烧焦，灌木已成了赤褐色，很容易折断，以前曾高高举着它那骄傲的花絮的羊齿植物，现在已枯萎地耷拉下来。我们看来是虚弱得可悲，因为我们竟能容忍这样糟糕的景象，灭绝野草并不使我们高兴，我们对人类又一次这样地征服了这个混乱的自然界并不觉得欢欣鼓舞。

司法官道格拉斯谈到他参加了一个联邦农民的会议，与会者讨论了本章前面所说过的居民们对鼠尾草喷药计划的抗议。这些与会者认为一位老太太因为野花将被毁坏而反对这个计划，是个很大的笑话。有位文雅、聪明的律师问道："就如同牧人寻找一片草地，或者伐木者寻求一棵树木的权利不可剥夺一样，难道寻找一株萼草或卷丹就不是她的权利吗？""我们继承的旷野的美学价值就如同我们继承我们山丘中的铜、金矿脉和我们山区森林一样多。"

当然，在保存我们的原野植物的希望中，还有更多的东西超过了美学方面的考虑。在大自然的组合中，天然植物有其重要作用。乡间沿路的树篱和块状的原野为鸟类提供了寻食、隐蔽和孵养的地方，为许多幼小动物提供了栖息地。单在东部的许多州里，有70多种灌木和有蔓植物是典型地生长在路旁的植物种类，其中有65种是野生生物的重要食物。

这样的植物也是野蜂和其他授粉昆虫的栖息地。人们现在更感到需要这些天然授粉者。然而农夫本身却认识不到这些野蜂的价值，并常常采取各种措施，这些措施使野蜂不能再为他们服务。一些农作物和许多野生植物都是部分地或全部地依赖于天然授粉昆虫的帮助。几百种野蜂参与了农作物的授粉过程——仅光顾紫苜蓿花的蜂就有100种。若没有昆虫的授粉作用，在未耕耘的土地上的绝大部分保持土壤和增肥土壤的植物必定要绝灭，从而给整个区域的生态带来深远的影响。森林和牧场中的许多野草、灌木和乔木都依靠天然昆虫进行繁殖；假若没有这些植物，许多野生动物及牧场牲畜就没有多少东西可吃。现在，清洁的耕作方法和化学药物对树篱笆和野草的毁灭正在消灭这些授粉昆虫最后的避难所，并正在切断联结生命与生命之间的线索。

这些昆虫，就我们所知，对我们的农业和田野是如此重要，它们理应从我们这儿得到一些较好的报偿，而不应对它们的栖息地随意破坏。蜜蜂和野蜂主要依靠像秋麒麟草、芥菜和蒲公英这样一些"野草"提供的花粉来作为幼蜂的食料。在紫苜蓿开花之前，野豌豆为蜜蜂供给了基本的春天饲料，使其顺利地度过这个春荒季节，以便为紫苜蓿花授粉做好准备。秋天，它们依靠秋麒麟草贮备过冬，在这个季节里，再没有其他食物可得了。由于大自然本身所具有的精确而巧妙的定时能力，一种野蜂的出现正好发生在柳树开花的那一天。并不缺乏能够理解这些情况的人，但是这些人并不是那些用化学药水大规模地浸透了整个大地景观的人。

被想象为懂得固有栖息地对保护野生动物的价值的人现在在什么地方呢？他们中间那么多的人都在把灭草剂说成是不会伤害野生动物的，认为杀草剂的毒性比杀虫剂要小一些，这就是说，无害即可用。然而当灭草剂降落在森林和田野，降落在沼泽和牧场的时候，它们给野生动物栖息地带来了显著的变化，甚至是永久性的毁灭。从长远来看，毁掉了野生动物的住地和食物——也许比直接杀死它们还更糟糕。

这种全力以赴地对道路两旁及路标界区的化学袭击，其讽刺性是双重的。经验已清楚表明，企图实现的目标是不易达到的。漫用灭草剂并不能持久地控制路旁的丛林，而且这种喷洒不得不年年重复进行。更有讽刺意味的是，我们坚持这样做，而全然不顾已有完全可靠的选择性喷药方法，此方法能够长期控制植物生长，而不必再在大多数植物中反复喷药。

控制沿着道路及路标界的丛林的目的，并不是要把地面上青草以外的所有东西都清除掉，说得更恰当一点，这是为了除去那些最后会长得很高的植物，以避免其阻挡驾驶员的视线或干扰路标区的线路。一般说来，这指的是乔木。大多数灌木都长得很矮而无危险性，当然，羊齿草与野花也是如此。

选择性喷药是弗兰克·伊格勒博士发明的，当时他在美国自然历史博物馆任路标区控制丛林推荐委员会的指导者。基于这样一种事实，即大多数灌木区系能够坚决抵住乔木的侵入，选择性喷洒就可利用这一自然界固有的安定性。相比较而言，草原很容易被树苗所侵占。选择性喷洒的目的不是为在道路两旁和路标区生产青草，而是为了通过直接处理以清除那些高大乔木植物，而保留其他所有植物。对于那些抵抗性很强的植物，用一种可行的追补处理方法就足够了，此后灌木就保持这种控制效果，而乔木不能复生。在控制植物方面最好、最廉价的方法不是化学药物，而是其他植物。

这个方法现已一直在美国东部的研究区中试验。结果表明，一旦经过适当处理后，一个区域就会变得稳定起来，至少 20 年不需要再喷洒药物。这种喷洒经常是由步行的人们背着喷雾器来完成的，而且对喷雾器严加控制。有时候压缩泵和喷药器械可以架在卡车的底盘上，但是从不进行地毯式的喷洒。仅仅是直接对乔木进行处理，还对那些必须清除的特别高的灌木进行处理。这样，环境的完整性就被保存下来了。具有巨大价值的野生动物栖息地完整无损，并且灌木、羊齿植物和野花所显示出的美丽景色也未受损害。

到处都曾采用通过选择性喷药来安排植物的方法。大体来说，根深蒂固的习惯难以消除，而地毯式的喷洒又继续复活，它从纳税人那儿每年勒取沉重代价，并且使生命的生态之网蒙受损害。可以肯定地说，地毯式喷洒之所以复活仅仅是因为上述事实不为人知。只要当纳税人认识到对城镇道路喷药的账单应该是一代送来一次，而不是一年一次的时候，纳税人肯定会起来要求对方法进行改变。

选择性喷洒优越性有很多，其中有一点就是它渗透到土地中的化学药物总量减到最少。不再漫撒药物，而是集中使用到乔木根部。这样，对野生动物的潜在危害就保持到最低程度。

最广泛使用的除草剂是 2，4–D、2，4，5–T 以及有关的化合物。这些灭草剂是否确实有毒，现在还正在争论之中。用 2，4-D 喷洒草坪，被药水把身上搞湿了的人，有时会患严重的神经炎、甚至瘫痪。虽然此类的事件并不经常发生，但是医药当局（医药局）已对使用这些化合物发出警告。更隐蔽一些的其他危险，可能也潜藏于 2，4-D 的使用中。实验已经证明这些药物破坏细胞内呼吸的基本生理过程，并类似 X 射线能破坏染色体。最近的一些研究工作表明，比那些致死药物毒性水平低得多的一些灭草剂会对鸟类的繁殖产生不良的影响。

且不说任何直接的毒性影响，由于某些灭虫剂的使用而出现了一些奇怪的间接后果。已经发现一些动物，不论是野生食草动物还是家畜，有时很奇怪地被吸引到一种曾被喷过药物的植物上，即使这种植物并非它们的天然食料。假若一直使用一种像砷那样毒性很强的灭草剂，这种想要除去植物的强烈愿望必然会造成损失重大的后果。如果某些植物本身恰好有毒或者长有荆棘和芒刺，那么毒性较小的灭草剂也会引起致死的结果。例如：牧场上有毒的野草在喷药后突然变得对牲畜具有吸引力了，家畜就因满足这种不正常的食欲而死去。兽医药物文献中记满了这样的例子：猪吃了喷过药的蓍麦草，羊吃了喷过药的蓟草而引起严重疾病。开花时蜜蜂在喷过药的芥菜上采蜜就会中毒。野樱桃的叶子毒性大，一旦它的叶簇被 2，4-D 喷洒后，野樱桃对牛就具有致命的吸引力。很明显，喷药过后（或割下来后）的植物的凋谢使其具有吸引力。豚草提供了另一个例子，家畜一般不吃这种草，除非在缺少饲料的冬天和早春才被迫去吃它。然而，在这种草的叶丛被 2，4-D 喷洒后，动物就很愿意吃。

这种奇怪现象的出现是由于化学药物给植物本身的新陈代谢带来了变化。糖的含量暂时有明显增加，这就使得植物对许多动物具有更大的吸引力。

2，4-D 另外一个奇怪的效能对牲畜、野生动物，同样明显地对人都具有重大的反应。大约十年前做过的一些实验表明，谷类及甜菜用这种化学药物处理后，其硝酸盐含量即急剧增高。在高粱、向日葵、蜘蛛草、羊腿草、猪草以及伤心草里，可能有同样的效果。这里面的许多草，牛本来是不愿吃的，但当经过2，4-D处理后，牛吃起来却津津有味。根据一些农业专家的追查，一定数量的死牛与喷药的野草有关。危险全在于硝酸盐的增长上，这种增长由于反刍动物所特有的生理过程立刻会引起严重的问题。大多数这样的动物具有特别复杂的消化系统——其胃分为四个腔室。纤维素的消化是在微生物（瘤胃细菌）的作用下在一个胃室里完成。当动物吃了硝酸盐含量异常高的植物后，瘤胃中的微生物便对硝酸盐起作用，使其变成毒性很强的亚硝酸盐。于是引起一系列事件的致命环节发生了：亚硝酸盐作用于血色素，使其成为一种巧克力褐色的物质，氧在该物质中被禁锢起来，不能参与呼吸过程，因此，氧就不能由肺转入机体组织中。由于缺氧症，即氧气不足，死亡即在几小时内发生。对于放牧在用2，4-D处理过的 某些草地上的家畜伤亡的各种各样的报告终于得到了一种合乎逻辑的解释。这一危险同样存在于属于反刍类的野生动物中，如：鹿、羚羊、绵羊和山羊。

虽然其他种种的因素（如：异常干燥的气候）能够引起硝酸盐含量的增加，但是对2，4-D滥卖与滥用的后果再也不能漠然不顾了。这种状况曾引起威斯康星州大学农业实验站的极大关注，证实了在1957年提出的警告："被2，4-D杀死的植物中可能含有大量的硝酸盐。"如同危及动物一样，这一危险已延伸到人类，这一危险有助于解释最近连续不断发生的"粮库死亡"的奇怪现象。当含有大量硝酸盐的谷类、燕麦或高粱入库后，它们放出有毒的一氧化碳气体，这对于进入粮库的任何人都可产生致命的危险。只要吸几口这样的气体便可引起一种扩散性的化学肺炎。在由明尼苏达州医学院所研究的一系列这样的病例中，除一人外，全部死亡。

"我们在自然界里散步，就仿佛大象在摆满瓷器的小房子里散步一样。"清楚地了解这一切的一位荷兰科学家G. J.贝尔金这样总结了我们对灭草剂的使用。贝尔金博士说："我的意见是人们误认为要除去的野草太多了，我们并不知道长在庄稼中的那些草是全部都有害呢，还是有一部分是有益的。"

提出这一问题是很难得的，野草和土壤之间的关系究竟是什么呢？纵使从我们狭隘的切身利益观点来看，也许此关系是件有益的事。正如我们已看到的，土壤与在其中、其上生活的生物之间存在着一种彼此依赖、互为补益的关系。大概，野草从土壤中获取一些东西，野草也可能给予土壤一些东西。最近，荷兰一个城市的花园提供了一个实际的例子。玫瑰花生长得很不好。土壤样品显示出已被很小的线虫严重侵害。荷兰植物保护公司的科学家并没有推荐化学喷药或土壤处理；而是建议把金盏草种在玫瑰花中间。这种金盏草，讲究修辞的人无疑地认为它在任何玫瑰花坛中都是一种野草，但从它的根部可分泌出一种能杀死土壤中线虫的分泌物。这一建议被接受了：一些花坛上种植了金盏草；另外一些不种金盏草以作为对比。结果是很明显的。在金盏草的帮助下，玫瑰长得很繁茂，但在不种金盏草的花坛上，玫瑰却呈现病态而且枯萎了。现在许多地方都用金盏草来消灭线虫。

在这一点上，也许还有我们尚很不了解的其他一些植物正在起着对土壤有益的作用，可是我们过去残忍地将它们根除。现在通常被斥之为"野草"的自然植物群落的一种非常有用的作用是可以作为土壤状况的指示剂。当然，这种有用的作用在一直使用化学灭草剂的地方已丧失了。

那些在喷药问题上寻找答案的人们也在关注一件具有重大科学意义的事情——需要保留一些自然植物群落。我们需要这些植物群落作为一个标准，与之对照就可以测量出由于我们自身活动所带来的变化。我们需要它们作为自然的栖息地，在这些栖息地中，昆虫的原始数量和其他生物可以被保留下来。对杀虫剂的抗药性的增长正在改变着昆虫，也许还有其他生物的遗传因素。一位科学家甚至已提出建议：在这些昆虫的遗传性质被进

B
卷

一步改变之前，应当修建一些特别种类的"动物园"，以保留昆虫、螨类及同类的生物。

有些专家曾提出警告说，由于灭草剂使用日益增加，在植物中引起了影响重大而难以捉摸的变化。用以清除阔叶植物的化学药物 2，4-D 使得草类在已平息了的竞争中又繁茂起来——现在这些草类中的一些草本身已变成了"杂草"。于是，在控制杂草上又出现了新问题，并又产生了一个向另外方向转化的循环。这种奇怪的情况在最近一期关于农作物问题的杂志上被供认："由于广泛使用 2，4-D 去控制阔叶杂草，野草已增长为对谷类与大豆产量的一种威胁。"

豚草——枯草热病受害者的病源提供了一个有趣的例子，控制自然的努力有时候像澳洲土人的飞旋镖一样，投出去后又飞还原地。为控制豚草，沿道路两旁排出了几千加仑的化学药物。然而不幸的事实是，地毯式喷洒的结果使豚草更多了，一点也没有减少。豚草是一年生植物，它的种子生长每年需要一定的开阔土地。因此我们消除这种植物最好的办法是继续促使浓密的灌木、羊齿植物和其他多年生植物的生长。经常性的喷药消灭了这种保护性植物，并创造了开旷的、荒芜的区域——豚草迅速地长满了这个区域。实际上引起过敏症的花粉含量可能与路边的豚草无关，而可能与城市地块上、以及休耕地上的豚草有关。

山查子草化学灭草剂的兴旺上市是不合理的方法却大受欢迎的一个例子。有一种比年年用化学药物除去山查子草的更廉价而效果更好的方法。这种方法就是使它与另外一种牧草竞争，而这一竞争使山查子草无法残存。山查子草只能生长在一种不茂盛的草坪上，这是山查子草的特性，而不是由于本身的疾病。通过提供一块肥沃土壤并使其他的青草很好地长起来，这会创造一个环境，在此环境中山查子草长不起来，因为它每年的发芽都需要开阔的空间。

且不谈下述基本的状况，苗圃人员听了农药生产商的意见，而郊区居民又听了苗圃人员的意见，于是郊区居民每年都在把真正惊人数量的山查子灭草剂不断喷在草坪上。商标名字上看不出这些农药的特征，但是它们的配制中包括着像汞、砷和氯丹这样有毒物质。随着农药的出售和应用，在草坪上留下了极大量的这类化学药物。例如：一种药品的使用者按照指数，他将在一英亩地中使用 60 磅氯丹产品。如果他们使用另外一些可用的产品，那么他们就将在一英亩地中用 175 磅的砷。鸟类死亡的数量正在使人苦恼。这些草坪究竟对人类的毒害如何现在还不得而知。

　　一直对道旁和路标界植物进行选择性喷药试验的成功提供了一个希望，即用相当正确的生态方法可以实现对农场、森林和牧场的其他植物的控制规划；此种方法的目的并不是为了消灭某个特别种类的植物，而是要把植物作为一个活的群落而加以管理。

　　其他一些稳固的成绩说明了什么是能够做得到的。在制止那些不需要的植物方面，生态控制方法取得了一些最惊人的成就。大自然本身已遇到了一些现在正使我们感到困扰的问题，但大自然通常是以它自己的办法成功地解决了这些问题。对于一个有足够的知识去观察自然和想征服自然的人来说，他也将会经常得到成功的酬谢。

　　在控制不理想的植物方面的一个突出例子是在加利福尼亚州对克拉玛斯草的控制。虽然克拉玛斯草，即山羊草是一种欧洲土产，它在那儿被叫做"圣约翰草"，它跟随着人向西方迁移，第一次在美国发现是 1793 年，在靠近宾夕法尼亚州兰喀斯忒的地方。到 1900 年，这种草扩展到了加利福尼亚州的克拉玛斯河附近，于是这种草就得到了一个地方的名字。1929 年，它占领了几乎 10 万英亩的牧地，而到了 1952 年，它已侵犯了约 250 万英亩。克拉玛斯草非常不同于像鼠尾草这样的当地植物，它在这个区域中没有自己的生态位置，也没有动物和其他植物需要它。相反，它在哪里出现，哪里的牲畜吃了这种有毒的草就会变成"满身疥癣，嘴里生疮，不景气"的样子。土地的价值因此而衰落下去，因为克拉玛斯草被认为是折价的。

在欧洲，克拉玛斯草，即圣约翰草，从来不会造成什么问题，因为与这种植物一道，出现了多种昆虫，这些昆虫如此大量地吃这种草，以至于这种草的生长被严格地限制了。尤其是在法国南部的两种甲虫，长得像豌豆那么大，有着金属光泽，它们使自己全部的生存十分适应于这种草的存在，它们完全靠这种草作为食料，并得以繁殖。

1944 年第一批装载这些甲虫的货物运到了美国，这是一个具有历史意义的事件，因为这在北美是利用食草昆虫来控制植物的第一次尝试。到了 1948 年，这两种甲虫都很好地繁殖起来了，因而不需要进一步再进口了。传播它们的办法是，把甲虫从原来的繁殖地收集起来，然后再把它们以每年 100 万的比例散布开去，先在很小的区域内完成了甲虫的散布，只要克拉玛斯草一枯萎，甲虫就马上继续前进，并且非常准确地占据新场地。于是，当甲虫削弱了克拉玛斯草后，那些一直被排挤的、人们所希望的牧场植物就得以复兴了。

1959 年所完成的一个 10 年考察说明对克拉玛斯草的控制已使其减少到原量的 1％，"取得了比热心者的希望还要更好的效果"。这一象征性的甲虫大量繁殖是无害的，实际上也需要维持甲虫的数量以对付将来克拉玛斯草的增长。

另外一个非常成功而且经济的控制野草的例子可能是在澳大利亚看到的。殖民者曾经有过一种将植物或动物带进一个新国家的风习。一个名叫阿瑟·菲利浦的船长在大约 1787 年将许多种类的仙人掌带进了澳大利亚，企图用它们培养可做染料的胭脂红虫。一些仙人掌和霸王树从果园里生长出来，直到 1925 年发现近 20 种仙人掌已变成野生的了。由于在这个区域里没有天然控制这些植物的因素，它们就广阔地蔓延开来，最后占了几乎

6000 万英亩的土地。至少这块土地的一半都非常浓密地被覆盖住，变成无用的了。

1920 年澳大利亚昆虫学家被派到北美和南美去研究这些仙人掌天然产地的昆虫天敌。经过对一些种类的昆虫进行试用后，一种阿根廷的蛾于 1930 年在澳大利亚产了 30 亿个卵。七年以后，最后一批长得浓密的仙人掌也死掉了，原先不能居住的地区又重新可以居住和放牧了。整个过程花费的钱是每亩不到一个便士。相对比，早年所用的那些不能令人满意的化学控制办法却在每英亩地上的花费 10 英镑。

这两个例子都说明了密切研究吃植物的昆虫的作用，可以达到对许多不理想的植物的非常有效的控制。虽然这些昆虫可能对所有牧畜业者是易于选用的，并且它们高度专一的摄食习性能够很容易为人类产生利益，可是牧场管理科学却一直对此种可能性根本未予考虑。

说明：

卡逊（Rachel Carson，1907–1964）著，吕瑞兰，李长生译，节选自《寂静的春天》，吉林人民出版社 1997，第 53–61 页。卡逊，也译作卡森，是美国环境运动先驱、生物学家、作家。

阅读思考：

卡逊的身份是什么？作家、博物学家、科学家？为什么许多人愿意把她事后建构成杰出的科学家？你知道塑料这种化工产品在环境中的广泛释放产生了多大的影响？一个领域或者一个方面的进步在其他领域、其他方面会有怎样的代价？事先可能并不知道，我们人类应当如何慎重决策？

人类中心主义

默迪

达尔文以前的人类中心主义

上帝创造出自然界为人类谋福利的这种概念，在西方历史上是一贯流行的信念。这个信念直到 19 世纪还仍然存在。比较解剖学和古生物学"创始祖"居维叶说过："对于鱼类的存在，想不出比鱼类为人类提供食物更好的理由"。19 世纪权威地质学家赖尔，早年也认为家畜动物显然是为供人类役使的，他写道：

"赋予马、狗、牛、羊、猫和其他许多种家畜的体力，使它们几乎能够在各种气候之下生活，显然是使它们在世界各地跟随人类，以便为我们服役，而它们则得到我们的保护"。

达尔文的人类中心主义

达尔文在《物种起源》一书中提供了充分的证据，足以最后埋葬自然界为人类服务而存在的概念。按照 18 世纪自然神学家代表威廉·佩利的说法，"响尾蛇的响声显然是为了警告它的捕食对象而设计的"。达尔文断言："自然选择不可能是专为另一个物种的利益而在一个物种里产生任何改变。"他宣称：

"假使能证明任何一个物种构造的任何部位是专为另一个物种的利益而形成的话，这将会毁灭我的学说，因为这样是不可能通过自然选择而产生的。"

物种的存在是为了它们本身的目的，他们不是专为任何其他物种的利益而存在的。用生物学的话来讲，一个物种的目的是为繁殖而生存的。V. R. 波特写道："所有成功的现存生物都是为自身或物种的生存而发生有目的的行动的。"凡是不能这样行动的物种就会绝灭。

人类中心主义的一个现代观点

所谓人类中心主义就是人类自己肯定人类比自然界的其他生物具有更高的价值。用同样的逻辑，蜘蛛也可以肯定自己比自然界其他生物具有更高的价值。人类把人类做中心，蜘蛛把蜘蛛做中心，这都是完全正确的。一切其他生物物种都是如此。G. G. 辛普森表达了人类中心主义的现代说法：

"'人类是最高等的动物'。惟有他才能作出这个判断，这个事实本身就是证据的一部分，证明这个决定是正确的。即使人类是最低等的动物的话，在考虑到人在事物体制中的位置并在寻找他的行动和对行动作出评价所依据的向导的时候，人类中心主义观点显然仍然是能采取的唯一正确的观点。"

人类中心主义在许多讨论所谓"生态危机"的论文中是受到贬斥的。L. 怀特在一篇被广泛引用的论文《生态危机的历史根源》中，谴责基督教是世界上前所未有的最为人类中心主义的宗教：

"基督教与古代的异教和亚洲各种宗教（也许拜火教除外）绝对相反，不但建立了人类和自然界的两重性，并且主张人类为了正当目的利用自然是上帝的意志。"

怀特正确地提醒我们，我们利用自然是何等可悲的近视行为，但他以为人类为了"正当的目的"而利用自然，不知怎么地也是错误的。这样的推论是不正确的。我们必须利用自然以求生存。问题在于难以区别"正当目的"和"不正当目的"。前者是进步的，促进人类价值的，后者是倒退的和毁灭人类价值的。

对自然界的另一种态度是避免人类中心主义的圣芳济派的教义，认为所有生灵是根本平等的。据此观点，人类只不过是几百万物种中的一种，构成了"一切上帝创造物的一种民主制度"。D. S. 乔丹宣称："那个时候将会到来，文明人感到地球上一切有生物的权利，都像他自己的一样神圣"。朱利安·赫胥黎发表过同样的意见："用伦理学的话来说，这条金科玉律适用于人同自然的关系，也适用于人类之间的关系。"

假使我们肯定所有物种都有"平等权利"，或者人类权利的价值并不大于其他物种的权利的话，它会怎样影响我们对于自然的行为呢？"你想人家怎样待你，你也要怎样待人"，《新约》里的这一条待人规则乃是在懂得伦理的人们之间应当相互遵守的道德准则。但怎样可以把这一准则应用到不懂得伦理、不能相互报答的生物中去呢？冷酷无情地蛮横任性地杀害生命，当然不是人类的正当目的；但是为了保持我们的健康去杀死致病的细菌，或者为了我们的营养，而残害植物或动物的生命，又怎么样呢？肯定人类、狗、猫有比植物、昆虫和细菌更多的权利，那就承认物种之间没有平等的权利。然而，假使我们相信所有物种都一律平等的话，那就没有一个物种专为另一个物种的利益而应当进行遗传的操作，或者被杀死了。

由于自然界的事物对人类有利而把价值归之于这些事物，这是把它们当作人类生存或福利的工具。这是人类中心主义的观点，由于我们对自然的依赖关系的知识不断增加，我们把这样的工具性价值，放在愈来愈多样的事物上去。当我们认识到海洋浮游植物对于供给地球上游离氧气起着关键性作用时，这些植物变得更有价值。知识的不断增加，会导致我们意识到自然界没有一件事物不对于整体起些作用，而我们是整体的一部分，因此，我们应当尊重自然界每一事物的价值。在本篇所阐明的这种人类中心主义的基本要义，是承认个体的福利、是既依靠他的社会群体也依靠生态的供养系统的。

人类在自然界的位置

生态学家有一句名言："你不能只做一件事"。我们的许多动作，由于希望改善我们生活水平的动机，走向了没有预料到的对我们有害的结果，因为我们没有认识到一切事物之间实质上的相互联系。D. 波姆写道："人类首先认识到人与自然界不是同一的"。这是进化上有决定性意义的一步。"因为这使得在他的思想中有一种自主性的可能，容许他首先在他的想象中，而最后在他的实际工作中能超过自然界所直接给定的限度"。"认识到我们选择的自由是受与整体的动力结构一致的范围限制的"，而必须"继续保持在自然的系统价值限度之内"。这是进化的另一决定性的步骤。H. H. 伊尔蒂斯写道："非到人类承认他对自然界的依赖性，并把他自己放在作为自然界的一部分的位置上的时候，非到那个时候人才把人放在第一位。这是人类生态学上最大的自相矛盾的谬论"。

从进化意义来讲，自从大约 30 亿年以前在地球上第一次出现生命以来，有活力的生命以一条遗传下来的不间断的线而存在着，以无数适应于极其多种环境的种类而存在着。在生命出现以前，我们的祖系可上溯到通过亿兆年的分子变化直至远古星球的核心时代。这时生命所必需的元素是由氢构成的，氢是宇宙间最简单、最丰富的元素。超越了原始状态的氢之外，我们祖系的线索便迷失在深邃莫测的神秘之中——即事物的开始，宇宙的物质、能量、时间与空间的起源。

从生态意义讲，我们的存在依赖于地球上现存的生态系统发生正常的作用。在宇宙进化过程中，物质和能的力量产生了一颗能适宜于维持生命的行星。

在生物的进化过程中，有生物的各种活动产生了一种适合于维持人类生活的环境。我们的"生命供养系统"日复一日地维持，是依赖无数的相互依存的生物和生理化学因素功能上的相互作用。海洋水流的运动和土壤微生物的活动，对于我们的生存是和我们呼吸的氧气一样必不可少的。

从社会意义讲，我们是文化的产物如同我们是基因的产物一样。H. G. 威尔士写道："我们不但是我们自身，而且我们也是人类经验和思想的一部分。"我们并没有比我们的史前祖先具有更大的先天智能、艺术技巧或情绪感情，他们早在3万多年以前就在洞穴壁上画出了栩栩如生的形象。我们现在和克罗马农人不同，是因为我们继承了数千年来人类文化进化所收集的大量知识宝库的缘故。因此，我们的性格大部分是由集体意识决定的，我们对集体意识也有所贡献，并且集体意识自身也在不断进化发展之中。

文化、知识和力量

在进化过程中，一经产生了有文化的物种，这个物种对于自然界的知识，就不可避免地将以加速的步伐发展。文化以独特方式获得、储存并传授关于世界的知识。一代所获得的知识，可以通过社会的学习作用传递给以后每代。虽然每一个新生的人必须重新学习文化知识，社会集体所能得到的文化知识的数量是用累积方式不断增加的。D·霍金斯写道："文化像细胞一样，可能死亡，但是不像对于多细胞动物那样，死亡却不是文化所固有的，并且通过文化学习就变得累积的和进化的了"。

凡能从前代经验中学习知识的物种，就能潜存地在不断扩大的基础上建立新的知识。累积的知识为人类——一个有文化的物种——提供了在利用自然界方面增加了无限的力量，结果，人类是生物学上一个伟大的成就。以人种和其他任何物种比较，人类成功地占有更多样的栖息地，有更广大的地理分布和更多的人口数目。人类现在被承认为在进化过程中先后出现的各种优势类型中最后出现的优势类型，并且是以一个物种，而不是以一群物种，第一次在世界上取得优势。

人种在取得现在的优势地位后，从根本上改变了自然界的面貌。全部地貌现在是被人类占优势的（一部分是人类创造的）动物区系和植物区系所占据了。在地球进化史上，第一次出现了一个能够对其他物种进行遗传操作的、对其他物种有害而对它自己有利的物种。达尔文说道："在驯养的动物种类中一个最值得注意的特点，是在这里面我们看到了实际上不是为了动物或植物自身的利益，而只是为了人类的用途或珍贵品种的培育"。

人类利用自然界的能力受到人种可以利用的能的数量的限制。在人类历史上，人类活动的能量完全来自被他们消耗的植物和动物。"最早的文化体系发展了狩猎、捕渔、设立陷阱、采集、捡拾等技术，作为利用自然界动物和植物资源的手段。"为建立文化所需的能源的第一次大跃进是实现植物和动物的驯养，怀特断言：在这事件之后的几千年内"很快使出现了伟大的古代文明了……"，可供人类利用的能源的第二次大跃进是开发煤、石油、天然气的化石燃料储藏。怀特写道："燃料革命的后果，一般说来，和农业革命很相似：人口增加，分立更大的政治单位，大城市的建立，财富的积聚，艺术和科学的迅速发展。总之，整个的文化获得迅速的和广泛的进步。"

文化进化上不可避免的危机

亚里士多德在《形而上学》开头有这样一句话："人都天生有求知的欲望"。在全部历史中，尽管预言者警告说："知识增加悲哀"，但人类掌握的知识在继续增长，在知识积累的过程中，有几个里程碑，包括文字的发明和近代科学的出现。

科学知识给我们能力去做创造奇迹的事情，也去做荒谬可笑的事情。我们能够消除疾病，移植器官，勘探月球，而同时也能毒害地球上的生命，或者从事化学的、生物学的和核武器的战争。19世纪的科学家看到了科学的发达和应用。J. 莫诺写道，"把人类没有错误地引向如日方中的前途光明的美妙世界，而今天出现在我们面前的却是黑暗的深渊。"

我们生在人类历史上知识危机极其尖锐的时代。我们现有的知识使我们能够"移山"，但我们还仍然不知道这样做是否符合我们的最高利益。我们使自然界的集体知识产生了我们的集体智慧，这就是波特所说的"如何运用知识以谋人类生存和改善生活水平的知识"。

在我们的挫折中，为了我们的问题有时抱怨科学和技术；或者产生一种特殊的意识形态；或者希望进化能采取一种不同的方向。然而假使我们这个现代社会完全毁灭掉，并且要从我们的旧石器时代的祖先重新开始的话，文化进化将不可避免地导向同样的知识危机，即使它所遵循的途径和发展的时间会是不同的。知识危机是宇宙中每一个可居住的行星上的每一个有文化的种族在它的发展过程和时间上必定要达到的一点，不然的话，就绝灭了。乔治·沃尔德曾在一次讲演中指出："行星地球费了45亿年的时间才发现自己的年龄是45亿年"。他接着说："达到了这一点以后，……我们年龄有没有变得再长一些吗？"

人类对于自己生存的威胁

怀特海说："进化机制的关键是为了一个有利环境的进化，并结合能十分持久的特殊生物类型进化的必要性。任何一个由于它的力量而使它的环境败坏退化的种种都是自杀"。

达尔文在《物种起源》中称："不要忘记，每一个单独生物，可以说都在尽力增加它的数量"。B. 罗素说："每一种生物都是帝国主义者企图尽可能地改造环境成为它自己和它的种子"。人类现正以前所未有的规模利用自然界的力量，一部分用来改善人类生活水平，但一部分也是用来尽可能多地改变环境，适应不断增多的人类。这后一过程，在我们现在这时代，威胁着并要损害前一过程。沃尔德认为："在这个行星上，人类是第一个生存下来的物种，无论是动物，还是植物，由于它本身生殖的成功而老是受到了威胁。"

从生物学的观点看来，生殖潜力的最大限度是符合绝大多数物种的最高利益的。这在绝大部分的人类历史上，也是如此，在变化无常的环境的摆布下，人口稀少的世界里，有着无人居住的大面积地区和未经开发的大量资源储藏。《圣经》上说："丰收结果，繁育子女，并制服地球！"这在当时有适应价值，是符合人种最高利益的，但在现代世界，这种教条就犯了时代错误。

来自环境的负反馈，表现事物之间实质上的相互关系，比哲学家的预言教导对我们确实更有说服力。在地球上有限的生态系统范围内，人口和人类活动的无限增长，是造成我们的生态学问题的根本原因，我们的行星地球，除了继续接受太阳能以外，实质上是一个闭合系统，地球供应的空间、空气、水以及其他天然资源是肯定有限的。广泛的污染、资源的稀少和人口的过度拥挤，是警告人类对于生态空间已逐渐变成不适应的危险信号。

E. W. 辛诺特写道："有机体，往往不能这样地行动，以有利于他们的生存"。为了生产更多的人类生活需要的物资，不惜破坏更多的环境，这是反人类中心主义的，因为这对于那物种是适应不良的。辛诺特继续说："自然选择……保存了对环境能发生有利反应的那些个体，他们具有导致有效生活和生存的'目的'。并且'需要'正确的东西。"这几句话也适用于人、人种和文化。

为了个体和种族的生存，我们必须选取去做那些能维持我们的"生活供养系统"的事情。然而，成为人类中心主义的，不仅是为谋生物的生存，人类不但是一个在进化中的生物的实体，而且也是在进化中的一个文化的实体。L. 艾森堡问道："不关心生活水平，只顾到人种的永存即使对自然界是如此的话，这难道对于人类是一个足够的准则吗？"我们最大的危险不是人种将会消灭——这在可以预见的未来似乎不会发生，而是使我们成为人的文化价值将会消灭。

"生态学的危机"基本上是人类进化中的一个危机。现代人正站在十字路口。人口以几何级数继续增长，自然资源的消耗，环境的污染，将迫使人类走向愈来愈无可奈何的下坡路。沿这条路不多远，很快将要达到一点，在这一点上，为了避免人种的灭亡，唯一可选择的办法是把人群编成严加管制的蚂蚁堆。这是一个退化的过程，在这个过程中，为了生物生存的根本价值而高级的突创的价值被毁灭了。

尊重那些使我们独一无二地成为人类的因素的价值，维持和增进这些因素并且抵抗那些威胁着要降低或破坏这些因素的反人类的力量，这就是人类中心主义的观点。人类以外的自然界是不会采取行动以保护人类的价值的。这只能是我们自己的责任。

参加到我们自己的进化中去

假使所有的人类的行动都被事先决定了的话，那他就不能希望对于人类进化的过程通过有意识的意图产生建设性的影响。即使他下这样的结论认为它的方向对于个人自由和人类价值是有害的。他只能希望"去探测这个过程的方向，以便为了少受些痛苦，而去接受它不是去斗争它"。照此观点，由于人不能针对人类的目的而指导变化的发生，他的唯一办法是把人类的目的作无穷无尽的调整，以适应漫无目的的变化。

人类在进化舞台上充当一个完全受环境支配的消极被动的角色这样一幅阴暗的图景，只不过是进化过程中的一个方面。进化不仅仅是由环境所塑造出来的许多实体，也包括种种实体以创造性的、理智的和新颖的方式与环境发生相互作用，并适应和改造环境的能力。

人类由于他的设计才能比其他物种有更大的潜力对他自己的进化发生影响。就我们所知，人类是唯一的物种有为目的而设计（目标—观念）的能力，这些目的，从关于未来的希望、幻想和梦境在人的心里产生出来，然后他进行工作以求其实现。伯奇写道："可能性是看不见的现实性，就人类生活而言，可能性乃是能指导和转变我们生活的潜在的原因"。因此，人类所采取的关于未来的形象，不仅是一种错觉，而是在一连串因果关系中的一个要素。

生、死和生殖是一切生物所共同的，人，由于他能反映和计划自身的动作而不像其他生物那样对自然界发生盲目的反应，能同化和转变自然界，并给予它以意义和可以理解的道德价值。德日进写道："因为我们在成为人的时候，我们获得了展望未来和评价事物的能力。我们不能什么事情也不做，因为我们拒绝作出决定，这本身就是一个决定"。

对于人类潜力的信心

人不是一切事物的尺度，不是宇宙的中心，也不是所有价值的源泉，也不是地球进化的顶点；人"是现在进化波上的浪峰"，是更大组织复杂性和更大意识的进化趋势有了最高发展的一个生物实体。那是在人类进化中，真理、正义、爱和美的更高价值才有它们最大的表现。更进一步地朝着实现这些价值的更高级状态的进步假定真的会出现的话，一定是在人里面和通过人而发展起来的。他不但是自身生存的关键，也是具有宇宙意义的生存和提高价值的关键。

为了用明智的和负责的方式影响进化，我们必须努力争取对更大的整体——社会、自然界，和最终世界秩序和价值的主要根源的关系有更全面的了解。把个人和大整体同一起来，对于发现我们自己的整体性是必不可少的。按怀德海的说法："只有把它自己所在的大整体一起拉引到它自己的局限性中去的时候，一个实体才是它本身。相反，也只有把它的各个方面引导到它所在的这同一环境中去的时候，一个实体才是它本身"。

有效地参加到我们自身的进化中去，不但需要我们同一些较大的整体建立和谐关系，而且我们还要肯定人类现象自身是有极其重要意义的过程，而我们个人自己都是对世界能作出特殊贡献的、具有自发性和自我创造性的整体中心。

德日进看到一种可能性写道："人类突然同他自己的命运失恋了"。他又写道："假如由于不断发展的反映活动的结果，我们变得相信人类的结局只能是在一个密封的世界里集体死亡的话，这种从着魔状态中清醒过来是可以想象的并且是不可避免的。"K. E. 布尔丁同意地说："有一种意识形态宣称这个世界是根本毫无意义的，但是我们应该为它努力、受苦和斗争。这种意识形态看来不会有强大力量的，因为在它的组成部分中间有本质的矛盾性。假使有一种历史观说世界是无意义的，那么我们的价值体系就很可能会成为纯粹的享乐主义——'吃、喝、玩、乐，因为明天我们就要死了！'——要不然的话，就是一种冷酷无情或禁欲主义的价值体系。"

在一代男女方面不顾未来的后代而采取毫无拘束的纵欲态度，是生物进化上的做法，而且可以认为是合理的行为。R. L. 勃朗纳问道："究竟根据什么'私下'的或'合理'的考虑，现在我们应当作出牺牲，去缓和那些我们将永远不会活着去看到的后代的命运呢？"假定人类以其非常强大的生殖、消耗和污染能力，仅仅企图使短时期的收获达到最大值的话，那结果在不久的将来，将会发生全球性的灾难。据勃朗纳的意见，上述问题的唯一答案："在于我们同未来的后代形成一个同一性的集体结合"。这样做就是去肯定人类事业具有超越于个人生命之上的价值。

对人类怀有人类中心主义的信心，就要肯定我们不是隔离的单细胞在一个无意义的场合内起一些悖谬的作用，而是有意义的完整体的基本元素，而且我们每一个人的行动，对于人类进化本身的自我实现过程和对提高世界上的价值，都是极其重要的。

总结

"人类中心主义"的提出，是作为一个正当和必要的观点，以供人类考虑人在自然界的位置。我们当前的生态问题不是从人类中心主义的态度本身产生的，而是从一种极其狭隘地构想出来的态度产生的。人类中心主义和这样一种哲学是一致的，就是肯定事物之间本质上的相互关系，并且重视自然界中所有项目的价值，因为任何事件对于我们为它一个部分的整体都不会不产生某些影响。生态学的危机被看成是人类进化过程中不可避免的危机。通过文化，知识积累了起来。当我们对自然界的知识（这种知识决定着我们利用自然界的能力），超过了我们如何运用知识以谋求我们自己的生存和提高生活水平的时候，危机就会发生。对人类现象的价值、意义和创造潜力的人类中心主义信念，可以看作对参与进化是一个必不可少的动力因素；同样，人类中心主义对于人种的未来生存和人类的文化价值，也是必不可少的。

说明：

默迪（W.H.Murdy）著，刘咸译，节选自《外国自然科学哲学摘译》（人类学专辑），国内发行，1976 年，第 169–181 页。摘译自美国《科学》1975 年 187 卷第 4182 期。原文为 Anthropocentrism: A Modern Version, *Science*, New Series 187（4182）:1168–1172。默迪为佐治亚州默里大学生物学教授。

阅读思考：

什么是人类中心主义？"以人为本"与"非人类中心主义"是否必然矛盾？"人

B
卷

不是一切事物的尺度，不是宇宙的中心，也不是所有价值的源泉，也不是地球进化的顶点。"这与西方古希腊以来的主流学术有多大的冲突？由此思索，在一定意义上超越人类中心主义有多难？

古道尔的选择
田松

2000 年，珍·古道尔来到北京，推广她在全球倡导的"根与芽"活动。在北大演讲时，一位女生问了一个问题："如果你只剩下最后一个香蕉，你是把它送给人，还是送给黑猩猩？"这个问题很有挑战性，然而古道尔却说，她会把香蕉分开，一家一半。来了个四两拨千斤，把锋芒化解了。当然我们也可以说，这是一个象征，意味着人与动物同等重要。但是，如果我们把问题设计得苛刻一些，让古道尔做一个苏菲的抉择，她会给谁呢？

经过多年的宣传，"可持续发展"的概念已深入人心。我们终于认识到，地球只是个小小寰球，她所能提供的资源和能源都是有限的，人类若想长久生存，必须自我克制，有节才能有利。以前我们向大森林要宝，把轰隆隆的机器开进原始森林，唤醒沉睡的矿山和森林，伐木、开山，只要对人有利，想做什么就做什么。现在我们开始收敛，知道要慢慢地砍才能多砍几年了。以前人是想要就要，现在知道不能要个没够，得让人家休息休息。常见的宣传口号是：人类只有一个地球。这好比说：咱家只有一个菜园子，别一下子拔光了，算计算计再吃。以前我们把园子里的杂草拔光，把吃菜的虫子杀光，甚至洒农药连不吃菜的虫子一块灭，结果却发现，不光菜长不好，人也长不好了。于是我们逐渐意识到，人的菜园子不是孤立的，而是与整个大自然构成了一个生态系统，各个物种之间存在着复杂的相互依存和相互制约的关系，于是我们开始保护生态，保护物种的多样性。

"大自然是人类的母亲""野生动物是人类的朋友"，这种拟人法现在经常出现，有时显得很矫情。如果大自然是人类的母亲，人类就是最最不孝最最残忍的儿子，小的时候吃母亲的奶，长大了喝母亲的血。把野生动物说成朋友，也是一厢情愿，人家凭什么要和你做朋友？其实，人在设计这个宣传文案的时候，真正要说的意思是：野生动物对人是有用的！只是不愿说得那么赤裸裸，给自己弄块遮羞布。

不过，即使是不怎么发自内心的口号，说得多了，说得让孩子们信以为真了，那也不错。哪天上山看到一匹狼，特高兴，人类的朋友嘛，一激动，冲过去和狼握手，结果把狼吓死了——天哪，人，太可怕了！另一只胆大的狼走过来，握手就握手呗，咱们谈谈：这片林子，这片山，我们狼已经生活了不知道多少年，没有几千年，也有几万年，比你们人的历史长得多，凭什么拆了我们的家供你们可持续发展呀？招呼也不打一个，太不够朋友了吧？

老狼的这番话触到了问题的实质。人类只有一个地球，可地球上不只有人类。你要发展，还要可持续，那是你的事儿，可是为了你的发展和持续就把朋友的家给拆了淹了炸了，总是不大好吧？地球就这么大一点，上面生灵无数，都需要阳光、空气和水，不能全凭人说了算吧？不是拿野生动物当朋友吗，是不是该在召开地球切割大会的时候给安排几个席位呢？

人类只有一个地球，在这个说法中，地球还是属于人类的，所以人类要精打细算，才能可持续地发展。应该说，这种理念比之于人定胜天、改造自然要好得多。但是，只要人类仍然以自己为中心，可持续的发展注定是难以为继的。就如癌细胞，只要以自己的生存和发展为第一要义，就不可能克制自己的膨胀，就必然导致寄主的死亡。

很多很多年以前，三藏师傅就教育他的徒弟不要乱扔东西："就算砸不到小朋友，砸到花花草草也是不好的嘛！"花花草草也是生命，也有生存的权利，在佛祖面前，在上帝面前，这种权利与人的权利是平等的。

地球不是人类独有的财产。既然我们不再说人类是上帝的选民，不再认为人类是地球上有特权的物种，我们没有什么理由不承认：人类与其他物种是平等的。如果仅仅因为我们自己是人，就要把自己置于比其他物种更高的地位，然后仗着自己力量大，谁也打不过，就一切从自己的利益出发，称霸全球，这种逻辑是强权逻辑，它的后果我们从癌细胞身上已经看到了。如果我们不只是在爱鸟周的时候才承认鸟儿是人类的朋友，如果我们不只是在什么什么日的时候才想起来野生动物是人类的朋友，那只有承认，动物有着和人同样的基本权利。否则，这朋友关系就不可能存在。

1792 年 Mary Wollsronecraft 发表《为妇女权利辩护》时，剑桥哲学家 Thomas Taylor 匿名发表了《为畜生的权利辩护》，加以讽刺。他说，如果她的论证应用于妇女可以成立，那么为什么不适用于猫、狗、马？Taylor 的逻辑是：因为说畜生有权利是错误的，因此说妇女有权利也是错误的。（邱仁宗，动物权利何以可能？）

权利是随着民主化进程不断地扩散的。在两百年前的西方，白人有权利，黑人没有权利；男人有权利，女人没有权利。这是当时社会的常识，缺省配置，很少有人想过这事有什么不对。在这种大众语境下谈妇女权利，自然被大多数人认为是一件荒唐得不可思议的事情——那还不如说什么骡子呀、马呀都有权利呢！所以 Taylor 的讽刺在当时非常到位。现在我们谈动物权利，相信大多数人也会觉得荒唐——那就是说什么老鼠啊、蟑螂啊，都有权利了？那人就不能消灭它们了？然而，今天，如果有谁说妇女不应该有权利，马上会被人看成怪物，不光女同学看他可乐，男同学也看他别扭。美国学者纳什在《大自然的权利》中指出，如同现在的妇女权利一样，动物拥有权利这件事也会在将来的某一天，成为我们的常识。到那时，如果有人还像今天似的宣称动物不应该拥有权利，也会被投来异样的、鄙视的目光。

按照纳什的观念，这种权利的扩散还将延伸到植物、岩石，直至整个自然界。这种想法在今天看，似乎是天方夜谭。不过，据邱仁宗教授介绍，动物权利在欧洲一些国家，如德国，已经进入到现实的立法阶段。

大自然有其内在的，不依赖于人的价值！

子非鱼，不知鱼之苦。我不能拉着自己的头发离开地面，我怎么能够脱离自己的人的立场承认动物的权利呢？很多人都会有这样的疑问。回顾历史，我们看到，废奴运动的领袖几乎都是白人，而不是黑人！同样，主张妇女权利的，也不都是女人。这意味着，人能够超越自己的个体利益、性别利益、种族利益，从其他人群的角度去看待事物。那么，人也能够超越自己的物种立场，从其他物种的角度看待事物。

在佛的眼中，在上帝面前，一个人和一个黑猩猩是平等的！

古道尔超越了她自己的民族，我相信她也超越了自己的物种，所以我想，如果让古道尔做一个苏菲的抉择，她会把那根香蕉送给黑猩猩。在我们这个人满为患的世界上，人的权利已经太多了，而黑猩猩的权利却还没有被承认。（2003 年 11 月 21 日，北京稻香园）

说明：

田松（1965—）著，《中华读书报》2003 年 11 月 26 日。田松为北京师范大学哲学与社会学学院教授、哲学家。

阅读思考：

人类整体与自然的矛盾是何时变得激化的？背后的原因有哪些？古道尔为何拥有那样的视角，跟她的个人经历有关吗？

B
卷

自然价值论
杨通进

　　"苏格拉底曾说：'你知道，我爱好学习；但乡村和树木不能教给我任何东西，城里人却能告诉我许多知识。'他喜欢城市及其政治和文化，远离对心智无益且枯燥乏味的自然。与之相反，约翰·缪尔在完成其常规教育且到内华达州的塞拉村去居住时却说：'我不过是离开一所大学到另一所大学去。'一个人，只有当他获得了某种关于自然的观念时，他的教育才算完成；一种伦理学，只有当它对动物群、植物群、大地和生态系统给予某种恰当的尊重时，它才是完整的。"[1] 因此，罗尔斯顿决心"引导文化去正确地评价我们仍然栖居其中的自然"，为环境伦理学提供一个客观的价值论基础。在他看来，"衡量一种哲学是否深刻的尺度之一，就是看它是否把自然看作与文化是互补的，而给予它应有的尊重……一个人如果对地球生命共同体——这个我们生活和行动于其中的、支撑着我们生存的生命之源——没有一种关心的话，就不能算作一个真正爱智慧的哲学家"[2]。

1、从权利到价值

　　在环境伦理学的初期发展阶段，许多伦理学家都主张用"权利"这一

---

[1] H.Rolston,*Environmental Ethics: Duties to and Values in Natural Word*, Philadephia: Temple University Press. p. 192. Pojman 认为罗尔斯顿是"以哲学的严密方式阐发史怀哲的思想的最得力的哲学家"（L.P. Pojman, *Global Environmental Ethics*, Mayfield Publishing Company,2000, p. 144），但我们认为，罗尔斯顿的伦理视野比施韦泽"敬畏生命"的伦理更为宽广，因而我们把罗尔斯顿放在生态中心主义的框架内来加以叙述。

[2] 罗尔斯顿，"一个走向荒野的哲学家"，见罗尔斯顿《哲学走向荒野》，刘耳、叶平译，吉林人民出版社，2000 年版，第 3、11 页。

概念作为环境伦理学的基础。这一现象是不难理解的。牧利理论在西方是一种较为成熟且居于统治地位的伦理学说。西方人普遍认为，说一个人拥有权利，就可以使这个人获得一道坚固的道德屏障，使他免遭他人的随意伤害；他的权利构成了他人的行为的一道不可逾越的约束边界。"权利是最强硬的道德货币。"[1] 因此，许多环境伦理学家认为，把权利这一概念直接移用于动物，就可以为保护动物的行为提供强有力的道德支持，从而使动物的生存和延续获得强有力的保障。

但是，随着环境伦理学的进一步发展，人们越来越发现，把权利概念作为环境伦理学的基础是有困难的。纳什虽然说过"所有的生物都拥有生存权"，但他也认为，这只是"生物拥有内在价值"这一观念的另一种表述。克里考特亦指出："物种拥有权利"这一判断，只是"物种拥存内在价值"这一判断的一种象征性表述。[2]

泰勒认为，从"某人拥有某种利益"这一判断，不能推出"某人拥有某种权利"的判断；前一判断是一个事实判断，而后一个则是一个应然判断。后一判断假定的是：某人应当拥有做某事的自由或获得某物的机会；至于某人为什么应当拥有这种自由或机会，则是由一套规范系统来决定的。这套规范系统的核心就是：每一个人都应作为目的（而非工具）本身来予以尊重。依据这一规范系统推导出来的基本道德权利包括生存与安全的权利、自由权和自主权。道德权利是一种天赋权利，是每个人作为人（而非作为社会的某个角色）生来就具有的（而非某个社会恩赐的）；道德权利是不可让渡的，他人或政府都没有合理的道德理由剥夺我们的道德权利；当我们的基本道德权利与他人的基本道德权利发生冲突、我们不得不放弃我们

[1] 德沃金，《认真对待权利》，信春鹰、吴玉章译，中国大百科全书出版社1998年。

[2] J.B.Callicott，*In Defense of the Land Ethic*, Albany: SUNY Press, 1989, p.134-136.

的权利时，我们有权要求他人为此作出补偿。在上述意义上，道德权利是绝对的。在泰勒看来，道德权利这一概念中所包含的下述几个方面的意蕴使得它难以沿用到非人类存在物身上去。第一，"道德权利的主体被假定为道德代理人共同体的一个成员"。他们彼此承认对方的权利，从理论上讲，道德权利拥有者具备这样一种可能性：要求道德代理人承认其权利。但是，我们却不可能想象动物和植物能够要求道德代理人承认其权利的合理性。第二，"道德权利这一概念与自我尊重这一概念有着内在的联系。"成为道德权利的拥有者，就是应当获得与他人相同的关心，而且，所有的道德代理人都有义务尊重权利拥有者的人格。但是，我们必须首先理解尊重的含义，我们才能要求他人如何尊重自己，我们也才能知道如何去尊重他人；动植物显然不是那种可以设想"自我尊重究竟为何物"的存在物。第三，如果一个主体是道德权利的拥有者，他就必须能够主动地行使或停止行使这种权利，他必须拥有在各种不同的选择之间作出抉择的能力；"这样一种能力从逻辑上就排除了动物和植物作为道德权利主体的可能性。"[1]第四，成为道德权利主体意味着，该主体还拥有一些派生性的权利，如要求赔偿的权利（若基本权利受到侵犯），要求自己的基本权利得到社会的公开支持和维护的权利；而要拥有这些权利，权利主体就必须具有发出抱怨、要求公正、使其权利得到法律保护的能力，而这些能力是动物和植物所不具备的。因此，根据上述四点，把权利概念直接延用到环境伦理学中是不恰当的。泰勒指出，大多数人使用"非人类存在物拥有道德权利"这一命题的目的，无非是要表达这样一种愿望：非人类存在物应该获得道德关怀。但是，这一观念完全可以由"非人类存在物拥有天赋价值"这一观念来支持；"非人类存在物的道德权利"这一概念想要实现的目标亦可由"非人类存

[1] P.Taylor, *Respect for Nature： A Theory of Environmental Ethics*, Princeton： Princeton University Press, 1986, p.250.

在物的天赋价值"这一概念来实现。因此，在环境伦理学中，非人类存在物的权利这一概念即使不是荒谬的，也是多余的。

权利观念主要是近代西方文化的产物，在柏拉图和亚里士多德的伦理学和政治哲学中，很少提到权利这一概念。对于东方社会来说。权利概念也是很陌生的。罗尔斯顿指出，通过构筑权利这一概念，西方伦理学家虽然发现了一种可用来保护那些天生就存在于人身上的价值的方法，但并不存在任何生物学意义上的与权利对应的指称物。权利这类东西只有在文化习俗的范围内，在主体性的和社会学的意义上才是真实存在的，它们是用来保护那些与人格不可分割地联系在一起的价值的。我们只能在类比意义上把权利这一概念应用于自然界。权利概念在大自然中是不起作用的，因为大自然不是文化。在罗尔斯顿看来，环境伦理学家最好停止使用作为名词的"right"（权利），因为这一概念所表示的并不是某种存在于荒野中的动物身上的属性，而只使用作为形容词的"right"（正确的），用来表示道德代理人的某些行为的属性，这些行为被认为是与道德代理人所发现的、在他出现之前就已存在于大自然中的某些属性（价值）相适宜的。在环境伦理学中，"对我们最有帮助且具有导向作用的基本词汇是价值。我们将从价值中推导出我们的（环境）义务。"[1]

2、从主观价值论到客观价值论

罗尔斯顿的自然价值论首先面对的是流行于现代西方的以人的主观偏好为标准的主观主义的工具价值论。在文德尔班看来，"价值不是作为客体自身的某种属性而被发现的。它存在于与某个欣赏它的心灵的关系之中，这个客体满足了心灵的某种愿望，或在心灵受到环境刺激时，它能激起心

---

[1] H.Rolston, *Environmental Ethics*, p. 2.

灵的某种愉悦的情感；离开了意志与情感，就不存在价值这类东西。"[1]
这种观点还只是强调了价值与主体之间的联系，并未完全否认价值的客观
性；但到了实用主义那里，价值就完全变成了人的偏好的另一种表述。佩
里指出：自然事物没有任何价值，除非它能用来满足人的需要，因此，"任
何客体，无论它是什么，只有当它满足了人们的某种兴趣时，才获得价值。"[2]
价值是"欲望的函数"，"事物是由它们被意愿着而产生的值的，而且它
们愈被意愿就愈具有价值。"[3] 厄本则干脆地说："一个客体的价值……
存在于它对愿望的满足之中，或广义地说，存在于它对兴趣的满足中。"[4]
詹姆斯亦认为："宇宙中的所有事物都没有意义色彩，没有价值特征……
我们周围的世界似乎具有的那些价值、兴趣或意义，只不过是观察者的心
灵送给世界的一个礼物。"[5] 这种主观主义的价值论完全否认了价值评价
与价值对象之间的内在联系，把自然物的价值理解成了完全由人的兴趣和
欲望来随意模塑的泥团，使对自然价值的认定完全陷入了主观主义的泥潭
之中。

　　为反对这种赤裸裸的以人为中心的主观主义的价值论，克里考特提出
了一种非人类中心的主观价值论。他也认为，价值依赖于人的情感，"是
由观察者的主观情感投射到自然实体或自然事件中去的。如果所有的意识
都突然消失了，那么，世界上就不再存在善与恶、美与丑、对与错了；存
在的只是僵死的现象。"不过，在克氏看来，在这种内在价值人造论(theory

---

[1] W.Windelban, *An Introduction to Philosophy*, London：T.Fisher Unwin, 1921,p.215. 转引自 H.Rolston, *Environmental Ethics*, p. 110-111.

[2] R.B.Perry, *General Theory of Value*, Harvard University Press, 1954, p.116 转引自 H. Rolston, *Environmental Ethics*, p. 111.

[3] 佩里，《现代哲学倾向》，商务印书馆 1962 年，第 326 页。

[4] W.M.Urban，Value and Existence，转引自 H.Rolston, *Environmental Ethics*, p. 111.

[5] W.James，*Varieties of Religious Experience*, N. Y. ，1925；转引自 H.Rolston, *Environmental Ethics*, p.111.

of anthropogenic intrinsic value) 的框架内，仍能构建一种非人类中心的内在价值论。他说：

人的意识是所有价值的根源，但这丝毫也不意味着所有价值的寄存地 (locus) 都是意识本身或意识的某种样式（诸如理性、快乐或知识）。换言之，某物之所以有价值，可能仅仅是由于某人赞美它，但也可能是因为该物本身而赞美它，而不是由于它给评价者所带来的主观体验（快乐、知识、审美满足等）。价值也许是主观的，情感的，但它也是意向性的，而不是自我指涉的……一个具有内在价值的事物是由于它自身的缘故而被认为有价值的，它的价值是自为的(for itself)，但不是自在的(in itself)，也就是说，不是完全独立于某种意识的，……从原则上讲，任何价值都不可能完全独立于一个正在评价的意识而存在。"[1]

在克里考特看来，他的这种观点是非人类中心论的，因为人类评价者是因为事物本身的缘故而赞赏它们。换言之，人类虽然是惟一的评价者，但人的意识并不是惟一的评价尺度或相关因素。

罗尔斯顿认为，克氏这种内在价值人造论至少忽视了几个问题：第一，在大自然中，并非只有人才是评价者；所有的生物都从自身的角度评价、选择并利用其周围环境，它们都把自身理解为一种好的存在，把自己理解为一个目的。因此，即使人这一评价者消失了，大自然中仍然存在着内在价值（如果像康德那样把内在价值理解为某种目的性的存在物）。第二，评价虽伴随着情感的投入，但评价过程中的投射一词的具体含义最好理解为"翻译"，因为并不存在"价值投射光线"，价值投射并没有把任何东西从人类评价者这里传送到自然客体那里。人的评价有些类似于把树的电

---

[1] J.B.Callicott, On the Intrinsic Values of Nonhuman Species, in B.G.Norton ed, *The Preservation of Species*, Pnnceton University Press, 1986, pp.138-172.

磁波信号翻译成了绿色，并把这种绿色投射给树。但是，树本身的电磁波仍是人的视觉发现绿色的前提；同样，事物本身的属性也是人们确定其价值的前提。因此，价值不完全是主观的。第三，说事物是有价值的；这意味着它是能够被评价的，假如评价者真的遇见它的话；但无论评价者是否出现，它都具有这种特性。说某物内在地具有价值，意思是说，它是这样一种事物，如果评价者遇见它，评价者就会从内在价值（而非工具价值）的角度来评价它。因此评价的形式虽然是主观的，评价的内容却是客观的。由于内在价值人造论一方面想承认价值是客体的属性，一方面又主张价值赋予的主观性，因而它是"一种充满逻辑矛盾的范式，它已掘好自己的坟墓。"即使主张弱式人类中心论的哈格罗夫也承认："有许多非人类中心的工具价值独立于人的判断而存在于大自然中。而且，非人类存在物也拥有它们自己的'好'，也就是说，它们是从工具的角度为了它们自身的缘故而利用其环境的目的性的存在物——在这个意义上，它们拥有独立的内在价值。"[1]

　　罗尔斯顿是把价值当做事物的某种属性来理解的。在他看来，评价过程就是去标识出事物的这种属性的一种认知形式，尽管对事物的价值属性的认知不是用认知者的内心去平静地再现已经存在的事物，而是要求认知者全身心地投入其中，伴随着内在的兴奋体验和情感表达。换言之，我们只有通过体验的通道才能了解事物的价值属性。人们所知道的价值是经过体验整理过的，是由体验来传递。但这并不意味着价值完全就是体验，因为"全部自然科学都建立在对大自然的体验之上，对大自然的所有评价也是建立在体验之上的，但这并不意味着它的描述、它所揭示的价值仅仅是这些体验。评价是进一步了解这个世界的某种非中立的

[1] U.C.Hargrove，Weak Anthropocentric Intrinsic Values，*The Monist* (April 1992).

途径。如果没有对自然界的感受，我们人类就不可能知道自然界的价值；但这并不意味着，价值就仅仅是我们所感觉的东西。"[1] 我们评价的东西，就是某种我们观察到的东西。这种被我们观察到的价值，属于体验性的价值，而未被我们观察到的价值，则属于非体验性的价值；有些价值依赖于被意识到了的偏好，有些则不是。"在某个特定事件中，价值的某些部分可能受偏好的制约，但其余的部分则不尽然。对莴苣的评价部分基于我的有意识的偏好（我可以选择花椰菜来代替它），但部分是基于我身体的生物化学机制。这种机制与我的有意识的偏好无关。"[2] 因此，把价值完全归结为人的主观偏好是难以令人信服的。

当然，仅仅说价值是事物的一种属性是不够的，我们还必须要把事物的价值属性与非价值属性区别开来。那么，这二者的区别究竟何在呢？对这一问题，罗尔斯顿没有作出正面的回答。也许，价值本身就是一种特别复杂的现象，很难用一两个命题或判断把它说清楚，只能从各个不同的角度加以说明。因此，在罗尔斯顿那里，缺乏一个明确的关于价值的完整定义。他对价值的理解是开放性的，未完成的，可进一步发展的。

罗尔斯顿所理解的价值属性的最重要的特征就是它的创造性。他明确指出："自然系统的创造性是价值之母，大自然的所有创造物，只有在它们是自然创造性的实现的意义上，才是有价值的。……凡存在自发创造的地方，就存在着价值。" 价值就是自然物身上所具有的那些创造性属性，这些属性使得具有价值的自然物不仅极力通过对环境的主动适应来求得自己的生存和发展，而且它们彼此之间相互依赖、相互竞争的协同进化也使得大自然本身的复杂性和创造性得到增加，使得生命朝着多样化和精致化

---

[1] H.Rolston, *Environmental Ethics*, p. 28.

[2] H.Rolston, *Environmental Ethics*, p. 112.

的方向进化。价值是进化的生态系统内在地具有的属性；大自然不仅创造出了各种各样的价值，而且创造出了具有评价能力的人。自然是朝着产生价值的方向进化的；并不是我们赋予自然以价值，而是自然把价值馈赠给我们。从系统的角度看，评价行为不仅属于自然，而且存在于自然之中。总之，价值就是"这样一种东西，它能够创造出有利于有机体的差异，使生态系统丰富起来，变得更加美丽、多样化、和谐、复杂。"[1]

3. 生态系统的价值

罗尔斯顿认为，生态系统也是价值存在的一个单元：一个具有包容力的重要的生存单元，没有它，有机体就不可能生存。共同体比个体更重要，因为它们相对来说存在的时间较为持久。共同体的美丽、完整和稳定包括了对个性的持续不断的选择。这是生态系统的一种奇怪的、雍容大度的"倾向性"（heading）：逐步增加和提高个体的种类和复杂性、数量和质量，但从不创造两类一模一样的个体——而且在完成这一切时无须毁灭许多或任何散布宽广的、基本的"较低级"的物种原型。

在生态系统中，有机体既从工具利用的角度来评判其他有机体和地球资源，也从内在的角度来评价某些事物：它们的身体，它们的生命形式。因此，工具价值和内在价值都是客观地存在于生态系统中的。生态系统让各种价值在其怀抱中争奇斗妍，它也因此而变得更加美丽。就其对共同体的贡献而言，工具价值与内在价值难分伯仲。生态系统是一个网状组织，在其中，内在价值之结与工具价值之网是相互交织在一起的。这个松散的生态系统虽然并不拥有任何完整的计划，不护卫任何东西，但它也拥有内在价值；毕竟，它是生命的发源地。当然，生态系统拥有的是自在的价值，

---

[1] H.Rolston, *Environmental Ethics*, p. 222.

而不是自为的价值（像有机体那样）。它不是价值的所有者，尽管它是价值的生产者。它不是价值的观赏者；尽管它设计、保存和创造了价值的观赏者。

　　生态系统的性能对生命来说也是至关重要的。有机体只护卫它们自己的身体或同类，但生态系统却在编织着一个更宏伟的生命故事。有机体只关心自己的延续，生态系统则促进新的有机体的产生。物种只增加其同类，但生态系统却增加物种种类，并使新物种和老物种和睦相处。恰如有机体是有选择能力的系统一样，生态系统也是有选择能力的系统。自然选择来自生态系统，而且是被强加在个体之上的。个体是按既定的程序去繁殖更多的同类，但发生在系统层面的事情却远不止此；生态系统力图创造更多的种类。生态系统选择那些持续时间较长的性能，选择个性，选择分化，选择充足的遏制，选择生命的质量及其数量。通过借助于冲突、分散、概然性、演替、秩序的自发产生以及历史性，生态系统在共同体的层面上恰如其分地做到了这一点。

　　因此，"在生态系统层面，我们面对的不再是工具价值，尽管作为生命之源，生态系统具有工具价值的属性。我们面对的也不是内在价值，尽管生态系统为了它自身的缘故而护卫某些完整的生命形式。我们已接触到了某种需要用第三个术语——系统价值(systemic value)——来描述的事物。"[1] 系统价值并不完全浓缩在个体身上；它弥漫在整个生态系统中。它不仅仅是部分价值的总和。系统价值是某种充满创造性的过程；这个过程的产物就是那被编织进了工具利用关系网中的内在价值。每一种内在价值都与那个它从中产生的价值以及作为其发展目标的价值之间，有着千丝万缕的联系。内在价值只是整体价值的一部分，不能把它割裂出来孤立地

[1] H.Rolston, *Environmental Ethics*, p.188.

加以评价。"在一个功能性的整体中……内在价值恰似波动中的粒子，而工具价值亦如由粒子组成的波动。"[1]

由于生态系统本身也具有价值——一种超越了工具价值和内在价值的系统价值，因而，我们既对那些被创造出来作为生态系统中的内在价值之放置点的动物个体和植物个体负有义务，也对这个设计与保护、再造与改变着生物共同体中的所有成员的生态系统负有义务。对个体和物种的义务，与对生态系统的义务并不矛盾，因为，它们其实就是对生态系统的成果和发展趋势的义务。这些层面的义务虽然是各不相同的，但从深层次上看，它们却是统一的。

在罗尔斯顿看来，那种认为人只对主体负有义务的观点是犯了以偏概全的错误。它有一种主体癖(subjective bias)。它只赞赏生态系统的后期成果：有心理能力的生命，而把此外的所有事物都降低为这种生命的奴仆。它是误把果实当成了果树，误把生命故事的最后一章当成了生命故事的全部。它把所有的义务都安排在一个可延伸的愉快／痛苦之轴的周围，从体验较为丰富的动物延伸到体验较为贫乏的动物。这样一种伦理学是某种名副其实的心理享乐主义，尽管它常常是某种开明的心理享乐主义。但是，各类生态系统都不纯粹是心理痛苦和心理快乐的园地。它们就是生命本身，在生生不息的进化过程的催逼下，它们相互依赖，并在这种相互依赖中生生不已。我们在这个层面所要履行的义务不是去满足主体的偏好，而是要保证物种之间的和谐共存。

毫无疑问，生态系统所成就的最高级的价值，是那些有着其主体特征的个体。这些个体是进化之箭所指向的最重要的目标。但是，进化的这些成果并不是价值的惟一居所，尽管价值"高密度地"聚集在它们身上。即

---

[1] H.Rolston, *Environmental Ethics*, p.218.

使是最有价值的构成部分，它的价值也不可能高过整体的价值。客体性的生态系统过程是某种压倒一切的价值，这不是因为它与个体无关，而是因为这种过程既先于个体性又是个体性的产物。主体是重要的，但是，它们也不是重要到可以使生态系统退化或停止运行。因此，生态系统本身就是我们的道德义务的恰当对象，对生态系统的义务不能化约或归结为对生命个体的义务。

从个体的角度看，自然物的内在价值与其对生物共同体所具有的工具价值成反比。就内在价值而言，人的内在价值最高，往下依次是高等动物、低等动物、植物、微生物；就对生物共同体的工具价值而言，无生物的工具价值最大，往后依次是植物、无感觉的动物、有感觉的动物、人。随着自主活动能力的提高，生物身上的个体性价值逐渐超过了其身上的集体性价值；而到了人这里，个体性价值有时甚至取代了集体性价值。尽管如此，程序化的生态系统仍然是"宇宙中最有价值的现象"，人只是这个系统所产生的最有价值的作品；人所具有的较高的内在价值，不能成为他把其他存在物排除在"道德俱乐部"之外的理由（像人类中心论那样），也不是他的利益优先于其他存在物的利益的根据（像万德韦尔的双重平等论那样）。"无论从微观还是宏观角度看，生态系统的美丽、完整和稳定都是判断人的行为是否正确的重要因素"。作为道德代理者的人在进入自然共同体、追求那些现存于大自然中的价值时，应当具有一种责任感，一种整体意识（这种责任意识还要求人们关心生物个体的痛苦、快乐和福利）。这种责任是一种显见的责任：人类应尽量保护生物共同体的丰富性。这也是人类的一种实际的义务。当然，它不是人类的惟一义务。但是，在最根本的意义上，它又是终极性的义务，因为所有的事物都是在有序自然中产生和保存着的。这些义务必须得到重视；在被忽视时，必须给出忽视的理由。美德并不是由那些以自我为中心的品性构成的，而是由那些能给他人带来益处的品性构成的。这对个人、动物和植物都是如此。完美不是变成封闭的自我，而是适应无所不在的整体。

说明：

杨通进（1964—），节选自《生态伦理》，河北大学出版社2002年，第466—477页。

阅读思考：

苏格拉底、缪尔、梭罗对自然的看法有何不同？"衡量一种哲学是否深刻的尺度之一，就是看它是否把自然看做与文化是互补的，而给予它应有的尊重。"以此观察，你学过的西方哲学或者东方哲学，哪些派别是深刻的哲学？人给自然赋权，人损失了什么吗？非人类中心论的观念，让人类实际损失了什么吗？

第七章

长程思考，与大自然和谐相处

国际组织"自然保护"(The Nature Conservancy)的主席索希尔(John C. Sawhill, 1936—2000)说:"最终,决定我们社会的,将不仅仅在于我们创造了什么,还在于我们拒绝去破坏什么。"(见威尔逊著,《生命的未来》扉页引语)

创造、创新,得到呼应和大笔投资;拒绝破坏,却不被重视,被认为是拉后腿。

人类"征服自然"的口号表征着人类社会特定发展阶段的生存压力和生存幻想,历史上曾有许多思想家论证其合理性,现在看来这既无科学依据也不合情理。生产力概念强调人类征服自然。基督教神学曾认定人类统治其他所有生物天然合法。在西方文化背景上涌现出来的近现代工业化文明,颠倒人与自然的关系,破坏大自然,看来并非只是一种巧合。

具有讽刺意味的是,这种工业化文明在其原产地,如今已渐次退出(phasing out)核心舞台,至少在环境问题上、人与自然关系问题上是如此。在该文明的发祥地已经开展了形式多样的、十分有效的环境保护运动,公众环境意识普遍增强,保护自然成了全社会的基本共识,环境污染在本土几被杜绝。

但是,令人遗憾的是,这种已经过时的文明,仍然在向第三世界国家输出,目前我们国家是这种文明的最大受益国也是最大受害国。利害从来都是相伴的。

讲再多的道理,最后还要落到实处。千里之行,始于足下。

我们没有权利要求每个人都成为社会的领导者,利用自己的权利有效地干预目前人与自然的关系,使之摆脱危险境地。但是我们有责任使大家回到"生活世界",通过每个人的日常生活实践,实实在在地体验大自然的恩赐、欣赏大自然的美妙,用我们大家的行动在人与自然关系中做一点点善事。

"勿以善小而不为，勿以恶小而为之。"人与自然关系的良性存续，特别需要这种常识性的认同。

"生活世界"不是数理科学所描述的宇宙大爆炸、原子碰撞、量子跃迁等，而是我们某年某月某日栽了两株树、洗了个热水澡、把一包未分类的垃圾习惯性地丢进了垃圾箱、买汽车时本可以买 1.4 升排量的却买了 1.6 升排量的，等。"生活世界"不是空口论道：坚持什么观建设什么国，而是在一堆不起眼的小事上表现我们的慈悲、恻隐，注入我们同情、关爱。"还原论"不受欢迎，但在这一点上，我们宁愿相信还原论有力量。

自然科学之博物传统在 20 世纪几乎退出创新型科学研究的第一线，但这不意味着它的伟大历史应当被遗忘，更不意味着对它的广泛传播没有现实针对性。博物学"门槛"较低，甚至没有门槛，男女老幼均可以参与。公民了解博物学并实践，是公民了解科学技术、参与公共决策的一个界面友好的有效"接口"。此时公民博物不容易得出一流的发现，靠它发表 SCI 论文、创造国内生产总值等都不现实。重要的是，博物学有助于树立一种全面的、均衡的、联系的世界观，有助于个体身心健康。说到底，博物学不属于科学，它一直平行于自然科学而存在、发展。

中国的民间环境保护组织发展迟缓，生存困难。但是确实已经有许多先驱者为自己的信念而努力了数十年。书写大写自然、保护大自然的人，似乎也没做成什么"大事"，但他们是值得尊敬的人；他们的努力一时半会儿也扭转不了大局，但他们始终坚持着，大地看在眼里。

现实不容乐观，但我们依然要有信心。

大科学教育培养出的"生态学专家"

马古利斯

正规科学教育的一个例子是，美国人从进入幼儿园到研究生是如何学习"生态学"或者"环境科学"的。在大学之前，"生态学学习"，若有的话，是对教科书上关于云和岩石等字词的死记硬背。甚至连课本的选择也不是由教师控制的。到大学时，"生态学"作为一门专门的学科，只是生物学专业学生的选修课程。通常，这些三年或四年级的学生都希望将来成为药剂师、牙医，或是科学家。

正规的科学教育，比如，生态学教会，当然会吓倒任何一名普通民众。今天，要成为一名专业生态学家，人们实际上要宣誓：他必须声明成为生物学专业学生，在这里，要求人们投入大量的时间来学习使自己超凡脱俗的语言，这是进入科学的神圣殿堂的前提。学习生命科学，无论在中学还是在大学都要求非常严格。有志于此专业的学生在不晚于中学第三年就要开始学习三到四年的外语、四到六年的生物学、三到五年的化学、三到四年的数学、五年的英语以及至少一年的物理学。这些课程一般都由那些没有这些方面专业训练且并非教这些科目的、超负荷工作的、低工资的教师来教。到了大学后，一个有志于此专业的学生还要求每学期按确定的、没多大选择余地的等级秩序学习生物学。生态学课程安排，就像几乎所有的生物学研究课程，实质上都早由医学院事先确定好了。

只有那些个性坚毅、不屈不挠或坚决献身的大一学生，才能想象日后早已确定的、漫长的年年岁岁。有可能成为生态学家的人，如热爱自然的人、有好奇心的园丁、生活的哲人、生物学人类主义者、未来的物理治疗学家或营养学家，往往要面对两种极端的选择：是毅然跳入化学或生物学的激流之中，还是去忍受别的琐碎和平凡的东西，如为非科学专业设立的

"环境研究"。大部分为"非科学专业"设的课程，不过是些专业词汇（例如，有丝分裂、减数分裂、氨基酸、渗透、内自动平衡系统、管胞和导管）的罗列，它们是从为"科学专业"设置的课程简化而来的。在我的经验中，无论是专业还是非专业，都很少有实验或野外调查的机会。实际上，无论是"严格的有志成为科学家的人"还是"环境研究的业余爱好者"通常都不在正式的课堂上从事真正的野外或实验室的科学。标准的教学方法仍然是中世纪报告大厅的"粉笔谈话"(chalk talk)。

当今还未予阐明的科学世界观是更大的文化哲学中的一小部分。W. I. 汤普森这样描述这种文化构成：……在我们关于劳伦斯·安德森所称的大科学的父权制的想象中，我们把世界看成是分立的个体的集合，这些个体都有它们自己可收集的东西：装在汽车里的自我，关在房子里的妻子和油画，装在学校里的儿女……我们现在被要求从我们的容器中走出来，进入进化的对话中，以理解生物圈和正在出现的星球文化，在这种文化中，作为相互竞争与敌对的自我的防御性集合的人类（这里，我故意用了性别主义者的词语 Mankind）已经走向他的终结。(Thompson, 1990)

生态学学生——不管他们以前认真的程度——像我们其他人一样，融入了大科学的假定之中。他们直接从神圣的大学必读课本中学到了"竞争和敌对的"有机体之间的计算机"模型"相互作用。所谓"从我们的容器中走出来，进入进化的对话中"，从现今所受的教育来看，是非常奇怪的说法。为了"走出来"，急切的学生需要去体验、去认识和直接感受与他关系密切的地球大气、沉积岩和大量的生命体。而当年轻的生态学家普遍地渴求与自然的直接联系时，可笑的文化背景却使她们在装着空调的、完全没有非人类生命的办公室里上着计算课。即便她"觉得"，当一个国家与他的邻国进行积极的生态交流，并且这种不停的生态交换和边界往来是走向生态健康的社会前奏时，国家的边界将处于最安全的状态，但她却会

B
卷

被告知，这些是政治和经济问题，因而"超出了她的研究领域"。

在生命科学尤其是生态学中可以找到或阐明几乎所有主要哲学问题的答案，因为生命科学的既定目的就是要说明有机物与环境间的关系。尽管学院生态学家强调数学和计算机语言的重要性，但对成千上万的植物、动物及微生物的具体研究清楚地说明，生物的语言是碳化学。从生命科学得到的哲学洞见，因僵化的学院传统的武断归类而受到了压制。作为人类，我们与环境的关系是什么？保证一个人、一个家庭的健康和生长需要多少及何种类型的土地？什么是生命？生命是如何起源的？它是怎样进化的？什么是性？两性系统是如何起源的？人和其他主要物种的主要区别是什么？人的生理机制是如何运行的？这些本身很有趣的启蒙性问题，在要求"覆盖材料"的学术环境中甚至不会被考虑。

无论是现代的量子物理学，还是最近的认知神经生物学，都告诉我们，在说明科学结果时，实验仪器是不可忽视的。"每件事都是由一个观测者所看见的"。(Maturana, 1987) 然而，学院科学的课程仍不断地追求着笛卡尔式的绝对客观性观念。科学仍被教成是好像观察者与观察结果之间是绝对可分离的。但是，像现代认知生物学和物理学所表明的那样，如果绝对客观性是虚幻的，那么所有科学的研究计划，尤其是生态科学的研究计划就滞后了。因为旧的牛顿机械主义范式仍然根深蒂固，我们从预设出发进行推论的生态学家就要忍受认知上的不和谐。当我们问"什么是生命"时，不用说，机械主义观念是牢牢印在研究科学的学生中的，就像他们的国籍一样无法抹去。

如果我们把生态学从科学讨论的边缘（在这里它被指控是"软的""从物理学和化学中推导出来的"）转到科学讨论的主流，也许我们就能改进我们的科学观念。生态学，当然与量子物理学一样是绝对的科学。然而生态学处于核心地位，因为作为生命体，我们学习每件事都是通过我们在人类社区中的成员关系学得的。生态学研究的最重要的"客体"是我们人类与这个多水的被叫做地球的轨道空间岛上的 3000 多万多种其他物种的关系。也许，生态科学应该放在科学教育的中心位置。这样一种课程修订才能直接表现出生命科学在人类知识框架中的真正地位。

具有讽刺意味的是，现今美国教育的课程组织机构使得充满好奇心的学生面临着一个可笑的选择：要么成为一个专业科学家，要么成为一个科盲。科学研究所不仅把大部分生态学家，而且把化学家、物理学家以及地理学家都塑造成了这类有缺陷的"专家"。不知不觉地，工程师、气象学家、粒子物理学家，以及许多其他科学家，虽然完全没有生物学经验，却都被称为"专家"，并为人们咨询解决生态学问题。我们不能因这种发展而责怪这些科学家；他们尽管有着善良的天性，但他们的无知却一直在持续。这些缺陷源于科学研究院的专业化程度不断加强的历史，这既阻碍了我们接触有关生命的知识，也使我们不能实际介入到生命有机体之中。没有哪位个人是错的。我们在中小学、大学、研究院艰难地学习被强制分开的生物学、化学以及地理学，而实际上地球环境并不遵循如此严格的"种族隔离"。地球环境作为生态系统的演化和反应，包含人类，但决不仅限于人类为止。我们自以为是地球上的公民，却忽视了地球的生命物质对我们自身的损害；我们的垃圾和废物从来没有消失过，它们只是不断地循环、循环。与蓝藻和青草不同，人类从来不是生产性的。我们是有机物的消费者。本质上可以无限制繁殖的人口，将总是趋于扩展而最终又受到控制。我们忽视了从生态学得来的对我们的险境至关重要的这些信息。

科学主要不是一种职业，生态学也不例外。科学是一种通过探测和直接感觉而发现世界的方法。积极的观察和实验胜过对单词表或教科书的死记硬背。世界级的生态学家通过研究作为他们职业生涯中部分内容的珊瑚礁、池塘、沙漠、森林以及盐沼滩，而使我们对生态系统感兴趣。为什么不能让这些疑惑的学生免除强加在他们身上的过量的教育？为什么大学阶段的严肃的科学课程，不能在尊重量化探求的同时，把科学当作文学艺术一样来教？为什么不能让"博物学"的研究重新获得人们的尊敬？

说明：

马古利斯（Lynn Margulis，1938–）著，李建会等译，节选自《倾斜的真理：论盖亚、共生和进化》，江西教育出版社 1999 年，第 292–297 页。马古利斯为著名生物学家、美国国家科学院院士。

阅读思考：

生态学和保护生物学均源于博物学，现在的一些生态学已部分异化。马古利斯在文末发问："为什么不能让'博物学'的研究重新获得人们的尊敬？"你认为博物学整体上是科学吗？今日复兴博物有必要自讨没趣、寄人篱下把博物学打扮成科学吗？平行于自然科学，博物学是否有更好的生存希望？"把科学当作文学艺术一样来教"会触动谁的神经和利益？

蘑菇圈

阿来

阿妈斯焖说，天哪，你怎么可能知道！

丹雅说，科技，你老人家明白吗？科学技术让我们知道所有我们想知道的事情。

阿妈斯铜说，你不可能知道。

丹雅问她，你想不想知道自己在蘑菇圈里的样子？

阿妈斯烔没有言语。

丹雅从包里拿出一台小摄像机，放在阿妈斯烔跟前。一按开关，那个监视屏上显出一片幽蓝。然后，阿妈斯烔的蘑菇圈在画面中出现了。先是一些模糊的影像。树，树间晃动的太阳光斑，然后，树下潮润的地面清晰地显现，枯叶，稀疏的草棵，苔藓，盘曲裸露的树根。阿妈斯烔认出来了，这的确是她的蘑菇圈。那块紧靠着最大栎树干的岩石，表面的苔藓因为她常常坐在上面而有些枯黄。现在，那个石头空着。一只鸟停在一只蘑菇上，它啄食几口，又抬起头来警觉地张望四周，又赶紧啄食几口。如是几次，那只鸟振翅飞走了。那只蘑菇的菌伞被啄去了一小半。

丹雅说，阿妈斯烔你眼神不好啊，这么大朵的蘑菇都没有采到。她指着画面，这里，这里，这么多蘑菇都没有看到，留给了野鸟。

阿妈斯烔微笑，那是我留给它们的。山上的东西，人要吃，鸟也要吃。

下一段视频中，阿妈斯烔出现了。那是雨后，树叶湿淋淋的。风吹过，树叶上的水滴簌簌落下。阿妈斯烔坐在石头上，一脸慈爱的表情，在她身子的四周，都是雨后刚出土的松茸。镜头中，阿妈斯烔无声地动着嘴巴，那是她在跟这些蘑菇说话。她说了许久的话，周围的蘑菇更多，更大了。她开始采摘，带着珍重的表情，小心翼翼地下手，把采摘下来的蘑菇轻手轻脚地装进筐里。临走，还用树叶和苔藓把那些刚刚露头的小蘑菇掩盖起来。

看着这些画面，阿妈斯烔出声了，她说，可爱的可爱的，可怜的可怜的这些小东西，这些小精灵。她说，你们这些可怜的可爱的小东西，阿妈斯烔不能再上山去看你们了。

丹雅说，胆巴工作忙，又是维稳，又是牧民定居，他接了你电话马上就让我来看你。

阿妈斯炯回过神来，问，咦！我的蘑菇圈怎么让你看见了？

丹雅并不回答。她也不会告诉阿妈斯炯，公司怎么在阿妈斯炯随身的东西上装了 GPS，定位了她的秘密。她也不会告诉阿妈斯炯，定位后，公司又在蘑菇圈安装了自然保护区用于拍摄野生动物的摄像机，只要有活物出现在镜头范围内，摄像机就会自动开始工作。

阿妈斯炯明白过来，你们找到我的蘑菇圈了，你们找到我的蘑菇圈了！

如今这个世界没有什么是找不到的，阿妈斯炯，我们找到了。

阿妈斯炯心头溅起一点愤怒的火星，但那些火星刚刚闪出一点光亮就熄灭了。接踵而至的情绪也不是悲伤。而是面对一个完全陌生的世界那种空洞的迷茫。她不说话，也说不出什么话来。

只有丹雅在跟她说话。

丹雅说，我的公司不会动你那些蘑菇的，那些蘑菇换来的钱对我们公司没有什么用处。

丹雅说，我的公司只是借用一下你蘑菇圈中的这些影像，让人们看到我们野外培植松茸成功，让他们看到野生状态下我公司种植的松茸怎样生长。

阿妈斯炯抬起头来，她的眼睛里失去了往日的亮光，她问，这是为什么？

丹雅说，阿妈斯炯，为了钱，那些人看到蘑菇如此生长，他们就会给我们很多很多钱。

阿妈斯炯还是固执地问，为什么？

丹雅明白过来，阿妈斯炯是问她为什么一定要打她蘑菇圈的主意。

丹雅的回答依然如故，阿妈斯炯，钱，为了钱，为了很多很多的钱。

阿妈斯炯把手机递到丹雅手上，我要给胆巴打个电话。

丹雅打通了胆巴的电话，阿妈斯炯劈头就说，我的蘑菇圈没有了。我的蘑菇圈没有了。

电话里的胆巴说，过几天，我请假来接你。

过几天，胆巴没有来接她。

胆巴直到冬天，最早的雪下来的时候，才回到机村来接她。离开村子的时候，汽车缓缓开动，车轮压得路上的雪咕咕作响。阿妈斯炯突然开口，我的蘑菇圈没有了。

胆巴搂住母亲的肩头，阿妈斯炯，你不要伤心。

阿妈斯炯说，儿子啊，我老了我不伤心，只是我的蘑菇圈没有了。

说明：

节选自阿来《蘑菇圈》，长江文艺出版社2015年，第113_116页。阿来，当代著名作家，茅盾文学奖得主。

阅读思考：

有机会请阅读完整版小说《蘑菇圈》，回答问题：野生蘑菇与人工种植的蘑菇有何不同？可以用"实质等同"来描述吗？蘑菇对于阿妈斯炯除了食物之外还意味着什么？

感知的奥秘
薛定谔

一方面，我们对于周围世界的了解依赖于我们直接的感知，无论这些知识是来自日常生活，还是来自精心安排的困难实验；另一方面，这类知识无法揭示感知与外部世界的联系，为此，我们在科学发现基础上形成的对外部世界的认识或模式中没有任何关于感知的成分。我认为，虽然所有人都很容易接受和赞同以上论断的前一部分，但并不经常意识到第二部分的内涵，这只因为人们崇尚科学，并相信我们科学家可以凭借"非常精确的方法"去弄清那些可能本身永远无法被人认识的事物。

如果问一名物理学家黄色光是什么，他会告诉你它是波长在590纳米（一纳米为十亿分之一米）范围内的横向电磁波。如果接着问他黄色来自何处？他会说：在我看来根本没有黄色，只是当这些振动接触到健康眼睛的视网膜时，会使人产生黄色的感觉。如果继续询问下去，你会听到他说，不同波长会产生不同色彩感，但这只有当波长为800~400纳米时才会出现，并不是所有波长的光都会如此。对物理学家来说，红外线（超过800纳米）和紫外线（不足400纳米）与人眼能感受到的800~400纳米的光波是基本相同的现象。眼睛对光的这种特殊选择是如何产生的呢？显然这是对太阳光辐射的一种适应，因为阳光在光波的这个波长区域最强，而到两端逐渐减弱。眼睛感受到最亮的光是黄色，它正好在阳光辐射最强的峰值区域内。

我们可能会进一步询问：是否仅仅波长邻近590纳米的光才能产生视觉上的黄色。答案并非如此。760纳米的光波能产生红色，535纳米的光波能产生绿色。将红色光波与绿色光波按一定比例混合后产生的黄色光波与590纳米处的黄色光波感觉上并无区别。分别在单色光照和混合光照下的两个相邻区域看起来完全相同，无法区分彼此。是否能通过波长对色觉作出某些预先判断呢？也就是说，是否色觉与光波的客观物理性质有某种数值联系？答案是否定的。所有这类混合光图都是通过实验发现的，这叫色三角形[1]，但这并不仅仅和波长有关。光谱中的两种光混合产生波长介

---

[1] 在生理学中，任何颜色都可由红绿蓝三原色混合而得，这个理论的图形表示称为色三角形。——译者

自然写作读本

于其中的光并非普遍规律，例如将光谱两端的红色和蓝色混合后产生的紫色不属于光谱中任何一种单色光。并且，不同人对混合光图和色三角形的感觉略有不同，而那些三色视觉异常的人（并不是色盲）对此的感觉则与常人有很大差异。

物理学家对光波的客观描述无法解释色彩感。假如生理学家对视网膜内的变化过程，及该变化在视神经簇和大脑内引发相应的神经变化过程，有更充分的了解，他们是否能对此做出解释？我不这样认为。我们至多可以客观地掌握，每逢在某个特定方向或某个特定视觉感受范围内感觉到黄色时大脑中的变化过程，哪些神经纤维以多大比率被激发，或许甚至可以准确知道它们在特定脑细胞中引起的变化过程。但即便如此细致的了解，也不能告诉我们色彩感觉，或某特定方向的黄色感觉是如何产生的。对于味觉，甜的或其他的感觉，生理过程也是同样的。我只想说，任何对神经系统变化过程的客观描述，肯定不包含对"黄色""甜味"特征的解释，正如对电磁波的客观描述中不包含这些特征的解释一样。

对于其他感觉，也是一样。将我们刚研究过的色彩感和听觉做个比较是非常有趣的。在空气中传播的膨胀或收缩的弹性波可以传到我们耳朵中。它们的波长，或准确地说是它们的频率，决定了听到声音的音高。（注意，生理学中使用频率而不是波长来描述声音，对光也是一样，但频率和波长实际上正好互为倒数，因为真空和空气中光的传播速度并没有明显不同。）我无需告诉你们，可听到的声音的频率范围与可见光的频率范围有很大差异，声音的频率是从每秒 12~16 赫兹到每秒 20000~30000 赫兹，而光的范围则在几百万亿间。但声音的相对变化幅度要更大，包括十个八度变化（可见光还不到一个）；这种变化因人而异，特别是随着年龄变化而不同：音高的上限通常随着年龄的增长而明显下降。但声音最显著的特点是：几种频率不同的音混合后，永远和某一中间频率的音单独产生的音高感觉相同。人们可以在很大程度上区分同时出现的重叠音调，那些有很高音乐造诣的人更是如此。混合许多不同强度，不同特点的较高单音（泛音）会产生所谓的音色。即使只听到一个音符，我们也可凭借音色的不同区分出小提琴、军号、教堂铃声及钢琴等的演奏。即使噪音也有音色，我们可以借此推断出正在发生的事情。就连我的狗也对开启某种铁盒的声音很熟悉，因为我们有时从中取饼干给它吃。所有这些中，重叠声音的频率比是最重要的。如果它们以同样的比例变化，比如无论将留声机唱片的播放速度加快或是减慢，你仍然可以辨认出它的曲调。但是，如果某些分量的绝对频率发生变化，情况就不同了。如果将记录人声的留声机唱片播放得太快，唱片中的元音会发生明显的变化，具体地说，"car"中的"a"就变成了"care"中的元音。一定频率段内连续的音总是不悦耳的，无论它们是有先后顺序、此起彼伏，就像警报声或尖叫的猫，还是同时发出。同时发声很难做到，除了当许多警笛一块鸣响，或者很多猫一起叫时才可能。这又与对光的感觉大不相同，我们通常看到的所有色彩都是光连续混合的结果。无论在绘画中还是大自然里，连续的色彩层次有时异常绚烂。

我们对听觉主要特征的详尽了解缘于对耳朵生理构造的了解。而我们对耳朵生理机制的知识比对视网膜化学的了解准确和丰富得多。耳朵的主要器官是耳蜗，它是一蜷曲的管状骨，类似一种海生蜗牛的壳：它像细小的螺旋式上升的楼梯，越向上越窄。在台阶上，弹性纤维沿楼梯蜿蜒伸展，形成耳膜。耳膜的宽度（或每一根纤维的长度）从"底部"向"顶部"减小。因此，就像竖琴或钢琴的琴弦，不同长度的耳纤维会对不同频率的振动做出机械反应。对于一特定音频，耳膜的某一小区域——不止是一根纤维——做出反应；而对于较高音频，包含较短纤维的耳膜的另一区域做出反应。特定频率的机械振荡在神经纤维中产生了人们熟知的传到大脑皮层特定区域的神经刺激。我们知道，所有神经系统的传导过程都是相同的，其变化只与刺激强度有关；而刺激强度只影响神经脉冲的频率。（不能将神经脉冲的频率与音频相混淆，这两者没有任何关系。）

但情况并不像我们希望的那样简单，如果根据一个人实际拥有的区分音调与音色的细微差异的能力来设计耳朵，一位物理学家可能会设计出全然不同的耳朵构造。当然他也可能获得人类耳朵本来的样子。假设穿过耳蜗的每一根"弦"，只对入射振荡的严格界定的特定频率作出反应，那么一切将简便易行得多。但事实却不是这样。为什么呢？因为这些弦的振荡都经受了强烈的衰减，而这必然会扩大共鸣的范围。于是我们的物理学家尽可能地设法减少阻尼，但这又会导致很糟的后果。也就是说，当产生声音的声波已停止，而我们听到的声音还要持续一段时间，直到我们耳蜗中这个几乎不受阻尼的共鸣器停止活动。这种对音调细微差异的区分是以牺牲对前后声音的及时辨别而获得的。令人迷惑的是我们的耳朵构造如何能将二者完美地协调起来。

我上面讲到一些细节，是为了让大家认识到无论物理学家还是生理学家的描述，都没有包含听觉的任何特点。任何这类描述都以同样的一句话结束：神经刺激传到大脑的某一部分，在那里它们被记录成一系列声音。当空气中的压力变化使耳鼓产生震动时，我们可以追随这种变化，我们也能看到声音的运动是如何通过一连串细小的骨头传到另一层膜，进而传到上文描述过的长度各异的纤维组成的耳蜗内膜。我们可以理解，耳蜗中一根振动的纤维如何与相连的神经纤维建立电磁和化学传导。我们可以循着这些传导直至大脑皮层，甚至对那里发生的事情也有一些客观了解。但我们在任何地方都无法解开"如何记录为声音"这个谜。它并没有包括在我们的科学画面中，而是存在于我们正在谈论其耳朵和大脑的这个人的意识中。

我们可以以同样的方式讨论触觉，对冷热的知觉、嗅觉和味觉。后两种通常被称为化学感觉（嗅觉可检测不同气体，味觉则可对不同液体作出判断），它们与视觉有共同之处，即对无限种可能的刺激产生有限种的感觉反应。就味觉而言只是苦、甜、酸、咸和其一定的混合。嗅觉，我认为，要比味觉种类多，特别是某些动物的嗅觉远比人类灵敏得多。物理和化学刺激的哪些客观特性明显影响了动物感觉，这在动物界中有很大差异。例如蜜蜂的视力强到可看到紫外光；它们是真正有三色视觉（而不是早些实验给出的双色视觉，那时没有注意紫外线）。正如慕尼黑的冯·弗里希(von Frisch) 不久前发现，非常有意思的是蜜蜂对光的偏振特别敏感，这帮助它们以一种难以令人理解的精确方式判断太阳的方向。事实上即使完全偏振的光，人类也无法将它与普通的非偏振的光区别开来。蝙蝠对高频振动（超声波）的敏感远远超出了人类听觉范围的上限；它们自己发出超声波，并用做"雷达"帮助自己避开障碍。人类对冷热的感觉表现出一种碰到极端条件时奇怪的特征：如果没有留意碰到一个非常冷的物体，我们会在瞬间觉得它很热，而且手指有烧灼感。

　　大约二三十年前，美国的化学家发现了一种奇怪的化合物。我忘了它的化学名称，它是一种白色粉末。有些人觉得它无味，而另一些人则觉得它很苦。这个现象引起了人们极大的兴趣，从那以后人们对它进行了广泛的研究。发现品尝这种特殊物质的"试味员"的味觉有某种天生的特性，与其他条件没有关系。而且这种特性的遗传遵循了孟德尔法则，与血型特征的遗传类似。如同血型遗传一样，作为"试味员"或是"非试味员"，并没有什么令人信服的优势或劣势。只是试味员拥有杂合子里两个"等位基因"中的显性基因而已。依我看，这种偶然发现的物质极不可能是独一无二的，而这种"味道不同"的感觉现象却很可能是非常普遍的。

　　现在我们回来对光的产生方式及物理学家是如何发现其客观特性的，作略为深入的探讨。我认为迄今为止，人们普遍认为光通常是由电子产生，特别是原子核周围"做某种工作"的电子。电子非红非蓝也非其他颜色；质子、氢原子的原子核，也是如此。但依照物理学家的观点，氢原子中质子和电子的结合，就会产生某些分立的不同波长的电磁辐射。在棱镜或光栅的分离下，电磁辐射的单色成分，借助于某些生理过程就会使观察者产生红、绿、蓝、紫的感觉。从对生理过程的已有了解可以有把握地说，神经细胞并没有因刺激而显示出颜色；神经细胞是否表现出灰色与白色，以及是否与刺激有关，这些与每个人伴随刺激产生的色彩感觉相比，显然并不重要。

我们对氢原子辐射及对这种辐射的客观物理性质的了解，来自发光氢蒸气光谱中某些位置上谱线的观察。这种观察使我们获得了第一手知识，但这绝不是完整的知识。为了获取辐射的完整知识，必须首先消除人们的主观感觉；在这个典型的例子中这一点还是值得继续研究的。颜色本身并不能告诉你任何关于波长的特性；事实上我们早就明白了这一点，例如，如果没有分光镜，一条感觉上黄颜色的光谱线，按物理学家的看法可能并不是"单色"，而是由许多不同波长的光组成，靠分光镜才能把特定波长的光聚集在光谱特定位置上。无论光源来自何处，在分光镜的同一位置上总表现出同一种颜色的光。但即使这样，色彩的感觉仍无法给我们提供任何直接的线索，去推理光的物理性质、波长，以及撇开色彩辨别能力的其他特性。人类相对较弱的色彩区分能力不会令物理学家满意。事实上正好反过来，可以用波长来对颜色做出适当规定，蓝色的感觉可以先验地认为是由于长波引起，红色是由短波引起，等等。

为了透彻了解来自任意光源光的物理性质，我们必须使用一种特殊的分光镜——衍射光栅——将光分解。如果你用棱镜，预先不知道它对不同波长的光折射到什么角度，因为不同材料的棱镜有不同的折射度。事实上，通过棱镜你甚至无法预先判断；波长越短，折射越强。

衍射光栅的原理远比棱镜简单。在对光的基本物理假设——光是一种

B
卷

波动现象——的基础上，若已测量出每英寸（约为 2.540 厘米）光栅中所包含的等间距沟槽的数量（它的数量级通常是几千个），你就可判断特定波长光的衍射的准确角度。因此反过来，通过"光栅常数"和衍射角度就可推断出波长。在某些情况下（在塞曼和斯塔克效应[1]中很明显），一些光谱线产生了偏振[2]。对此人眼完全觉察不到，若想完成对它的物理描述，需在分解光束前，在光通过的路径上放一个偏振仪（尼科尔棱镜）。沿着轴慢慢转动棱镜，当转动到某个方向时，一些谱线消失或亮度减至最弱。这就是完全或部分偏振的方向。

这种技术一旦完善，它的应用将远远超出可见光的范围。闪烁蒸气的谱线绝不仅限于可见的区域，它们无法由肉眼具体区分出来。这些谱线构成了很长的、理论上无限的序列。每个序列的波长之间都服从一个相对简单的数学规则。它对整个序列成立，不管谱线是否在可见光波段的范围内。这个规则首先是在实验中发现的，但目前我们已掌握了相关的理论。在可见光区域外，可以用一块显影板来代替人眼。波长可通过测量长度的方式获得：首先测量光栅常数，即相邻沟槽间的距离（每单位长度沟槽数目的倒数），然后测量显影板上谱线的位置，通过这些测量结果和装置的已知体积，我们可算出折射的角度。

以上方法是众所周知的，但我想强调两点，它们对几乎所有的物理测量都有重要意义。

我在这里详细描述的情况经常被说成是"随着测量技术的完善，观测者逐渐地被越来越精密的仪器所代替"。但事实并非如此；观测者不是逐

---

[1] 塞曼效应是指光谱线在磁场影响下的移动和分裂现象，斯塔克效应是指光谱线在电场影响下的移动和分裂现象。——译者

[2] 在垂直于光的传播方向上，电磁场有两个独立的振动方向，称为偏振方向。通常光包含两个偏振分量，而偏振光只有一个分量。用偏振仪可把这两个分量区分开来。——译者

渐被替代，而是从一开始就被取代。我在前面已试图解释了观察者对色彩的感觉不能为判断光的物理性质提供丝毫线索。在发明光栅和测量长度角度的装置之前，对光的物理性质和成分，即使只是粗浅的了解也不可能。测量仪器的使用是相当重要的一步。虽然这种装置在今后还会逐渐得到完善，但无论多大的改进，这在认识论上并不太重要。对于认识论来说，它们的作用本质上是相同的。

其次，仪器永远无法完全替代观察者；倘若可以完全替代，观察者显然无法获得任何知识。他必须制作仪器；无论在制作过程中，还是在完成制作后，他必须仔细测量仪器的大小，并认真检测可移动的部分（例如圆形角度仪上围绕锥形针滑动的支撑臂），以确认其运动合乎我们的设计要求。诚然，物理学家对于一些测量和检测工作，需依赖生产和出售仪器的工厂，可是所有的信息最终要反馈到某个人或某些人的感官，尽管许多精巧装置的使用已方便了这项工作。最后，在使用仪器进行研究时，不管是直接在显微镜下还是在显影板上测量，不管是角度还是距离，观察者必须读出这些数据。许多装置可以使数据读取工作更加便利，例如通过透明片的光度记录仪，可显示出谱线位置的放大图像。但无论如何，这些数据还得被人读出，观察者的感官最终还是要介入。若不经人的观测，即使最精细的记录也无法说明任何问题。

于是我们又回到了前面提到的奇特的情况。虽然人的直接感觉无法告诉我们任何光的客观物理性质，感觉作为信息的来源从一开始就被抛弃，但我们最终得到的理论图景完全依赖于错综复杂的各种信息，而这些信息又都是通过我们的直接感知获得的。我们的感觉建立在这些信息之上，由它们合成，但是还不能说它包含了这些信息。然而，在使用以上图景时，我们通常忘掉了感觉，只是一般地知道，光波的概念不是突发奇想而是建立在实验的基础上。

我很惊诧地发现，早在公元 5 世纪前德谟克里特就清楚地了解了这种奇怪的现象，虽然他并不知道任何可与上述物理测量仪器相比拟的装置（而我前面讲到的装置也只是现在使用的最简单的一种）。

　　盖仑[1]为我们保存了德谟克里特的一个论断，其中德谟克里特介绍了智慧与感觉就什么是"真实"的一场争论。智慧说："表面上有色彩，表面上有甜味，表面上有苦味，但实际上只有原子和虚空。"感觉反驳说："可怜的智慧，你希望借用我们的论据击败我们吗？你的胜利就是你的失败。"

　　在这章中，我试图用最基础的科学，物理学中的一些简单的例子来比照两个普通的事实：(a) 所有的科学知识都以感觉为基础；(b) 然而这样形成的对自然现象的科学观点缺少关于感知的成分，因此无法解释感觉。下面我作一个简单的总结。

　　科学理论便利了我们的观察和实验。每一个科学家都知道，至少是在一些初步理论确立之前，记忆相当数量的事实很难。令人奇怪的是，当一个逻辑缜密的理论建立后，它的创始人在相关论文或论著中并不描述他们发现的基本事实，或不愿意将它们介绍给读者，而是将它们隐藏在理论的术语里。当然，我在这里绝不是指责这些作者。这种方式虽对于有规律地记忆事实有效，但容易抹去实际观察与通过观察获得的理论间的区别。由于观察总是包含了感觉成分，于是理论很容易被认为可以解释感知；而事实上它永远无法做到这一点。

---

[1] Galenus(129-199)，古罗马医师，自然科学家和哲学家。——译者

说明：

薛定谔（Erwin Schrödinger,1887–1961）著，罗来欧，罗辽复译，《生命是什么？》，湖南科学技术出版社 2003 年，第 154–164 页。薛定谔是物理学家、量子力学奠基人之一、诺贝尔奖得主。

自然写作读本

阅读思考：

薛定谔作为一名探讨事物机理的物理学家，为何还能重视"不靠谱"的感觉、感知？仅凭这一点是否能说明他比一般的物理学家高明？关于科学取得成功的简化宣传，为何会严重忽视情感、感知。科学研究与科学进展与感知有怎样的复杂关系，人们对外部世界的感知一定要纳入现有的科学范式来讨论吗？

卡逊："感觉"比"认识"更重要

苏贤贵

蕾切尔·卡逊（Rachel Carson, 1907–1964）被誉为"现代环境运动"的开创者，她在《寂静的春天》（1962 年）一书中通过严谨的科学事实，说明人类广泛使用化学农药（尤其是 DDT）是如何毒害昆虫、鸟类和鱼类，并通过生物链最终使人类受害。她的著作极大地唤起了美国乃至世界的公众环境意识，以环保著称的美国前副总统阿尔·戈尔在为这本书 1994 年新版作的序言中称："如果没有这本书，环境运动也许会被延误很长时间，或者甚至现在还没有开始。""《寂静的春天》的出版应被恰如其分地看作现代环境运动的开始。"

但很多人把卡逊仅仅看成是一位科学家，把她对环境运动的贡献仅仅看成是"环境科学"的发展，这种看法其实是片面的。卡逊当然是一位合格的科学家，但促使她对杀虫剂的环境危害进行调查，并且冒着压力把自己的结果公之于众的，是她高度的社会责任感，更是她自己的自然哲学，即一种热爱自然、敬畏生命的情感。她自己曾经对朋友说过，她的贡献重

B
卷

要的不是在科学事实方面，而是试图唤醒人们对自然界的情绪上的反应。

　　卡逊从小热爱自然，有文学天赋，1932 年在约翰斯·霍普金斯大学获得海洋动物学硕士学位，后来进入美国渔业署工作多年。早在《寂静的春天》之前，卡逊就以《在海风下》(1941 年)《我们周围的海洋》(1951 年)以及《海的边缘》(1955 年)三本畅销书而成为知名的科普作家和一流的文学家。她在这些书中不只是介绍一些科学的事实，更重要的是表达了自己对自然和生命的欣赏，她在《海的边缘》中说，"海岸是一个古老的世界……每次我走进它，对它的美和更深的含义就有新的体察，感受到使一种生物与另一种生物相联系的生命之网的精巧，而每一生命又和周围的环境相连。"她后来又说："在我的每一本书里，我都力图说出，在这个星球上所有的生命都是相互关联的，每一个物种都以自己的方式和其他物种相联系，而所有物种又都和地球相联系。这是《我们周围的海洋》的主题，也是《寂静的春天》的主题。"

　　在《寂静的春天》这本看似最关心人类利益的著作中，她表达了人类和所有其他生命共享地球的观点，她说"人不是控制着自然，而是自然的一部分，人类的生存依赖于所有生物的生存。"她对支配自然的观念表示了强烈的批评，她说"控制自然"这个词是一个妄自尊大的想象的产物，是当生物学和哲学还处于低级幼稚阶段时的产物，当时人们设想中的"控制自然"就是要大自然为人们的方便有利而存在。而现今应用昆虫学这门简陋的科学却已经被用最现代化、最可怕的化学武器武装起来了；这些武器在被用来对付昆虫之余，已转过来威胁着我们整个的大地了，这真是我们的巨大不幸。从改造自然的结果来看，人类总是失败者，她说，"我们冒着极大的危险竭力把大自然改造得合乎我们的心意，但却未能达到目的。"更明智的方法就是顺应自然，用卡逊的话说，"我们是在与生命——活的群体、它们经受的所有压力和反压力、它们的兴盛与衰败——打交道。

只有认真地对待生命的这种力量，并小心翼翼地设法将这种力量引导到对人类有益的轨道上来，我们才能希望在昆虫群落和我们本身之间形成一种合理的协调。"她赞同这样一种观点："我们必须改变我们的哲学观点，放弃我们认为人类优越的态度，我们应当承认我们能够在大自然实际情况的启发下发现一些限制生物种群的设想和办法，这些设想和办法比我们自己搞出来的更为经济合理。"

在卡逊的身上，她的文学气质常常压倒她的科学气质。她在很多地方提到，对于理解自然，"感觉"（sense 或 feel）比"认识"（know）更重要。在《海的边缘》中，她说："要理解海岸，光把它的生物分门别类是不够的。只有当我们站在海滩上，感觉到地球，以及雕琢出了海岸的陆地形状，并产生了构成海岸的岩石和沙子的大海的悠长节奏时，只有当我们用心灵的眼睛和耳朵感觉到生命的波涛盲目地、无情地寻求一个立足之地，永远地拍打着海岸时，理解才会到来。"卡逊专门写了一本小书《神奇的感觉》（*The Sense of Wonder*，1956），记叙她领着年幼的表外孙在缅因的海边树林度过的无数快乐时光，论述自然的神奇感在儿童教育中的作用。她说，"我真诚地相信，对于儿童，或对于想指导儿童的家长来说，'认识'（know）的重要性连'感受'（feel）的一半都不到。如果事实是日后产生出知识和智慧的种子，那么情绪和感官的印象就是种子成长所必需的肥沃土壤。儿童的早期岁月就是为这土壤作准备的时期。一旦唤起了情感———种对美的感觉，对新的未知事物的兴奋感，一种同情、惋惜、赞叹或热爱的感情，我们就会希望去获得那引起我们情绪反应的事物的知识。"

卡逊并不认为这种对自然的惊奇感只是儿童才需要，相反，她对于成年人失去这种感受能力感到悲哀，她写道："不幸的是，对于大多数人而言，在我们达到成年之前，那种对于美丽的、激发人敬畏的（awe-inspiring）事物的清晰想象和本能就变得黯淡了，甚至是消失殆尽了。倘若我能够影响那传说中主持孩子起名仪式的好仙女，我会请求她给世上每个孩子一份礼物，那就是一种终身都不可摧毁的惊奇感，作为一副永不失效的解毒剂，来克服以后岁月的枯燥和祛魅（disenchantment），对人工制造物的乏味的迷恋，以及同我们力量源泉的异化。"有意思的是，卡逊这里所用的"祛魅"一词正是马克斯·韦伯所说的世俗化，即科学祛除了自然的神秘，使得人可以"客观"地看待自然，但在卡逊看来，它是和枯燥和异化联系在一起的。而卡逊把保持对自然的惊奇感或敬畏感提高到克服人类异化的高度。由此可见，在卡逊看来，"感觉"应该是统领科学认识的更根本能力，对自然的惊异感也高于对自然作科学的分析。所以，卡逊的环境意识首先来自于她自己作为一位女性文学家对于自然的感受，她的科学训练为她提供了论证，使她的立论更具说服力。

　　卡逊受伟大的人道主义者史怀哲的影响甚深，并且对敬畏生命的伦理原则身体力行。在研究海洋生态的时候，她每天都把研究完毕的海洋生物用篮子活着放回海里。在《寂静的春天》中她引用别人的话说，"生命是一个超出我们理解的奇迹，甚至在我们不得不和它进行斗争的时候，我们仍需尊重它。"1963 年，卡逊获得"动物福利研究所"颁发的"史怀哲奖章"（珍妮·古道尔 1987 年也获该奖），在颁奖演说中，卡逊比较了史怀哲在非洲河中看见河马的体验（正是这次体验使史怀哲一下子想到用"敬畏生命"来概括自己思考已久的伦理原则），和自己看到一只小螃蟹夜晚单独停留在漆黑的海滩时的心情，"这个脆弱的小东西等候在怒吼的冲浪边缘，它在自己的世界里悠闲自得。"她说，"史怀哲告诫我们，如果我们只关心人与人的关系，那我们还不算真正的文明人。重要的是人同所有生命的关系。"卡逊也表达了对动物在现代工业化饲养条件下受虐待的愤慨，她相信，"人将永远不能和他的同类和平相处，除非他已认识到包含对所有生物的足够考虑的史怀哲伦理——即真正地敬畏生命。"

说明:

苏贤贵（1966－）, 节选自《敬畏自然》, 河北大学出版社2005年, 第110－116页。苏贤贵为北京大学哲学系副教授。

阅读思考:

如何理解"对于理解自然, 感觉（sense或feel）比认识（know）更重要"?

如果把卡逊视为科学家, 那么她与一般科学家有何不同?

近代文化病根在城市[1]
歌德

　　歌德说, "我们这老一辈子欧洲人的心地多少都有点恶劣, 我们的情况太矫揉造作、太复杂了, 我们的营养和生活方式是违反自然规律的, 我们的社交生活也缺乏真正的友爱和良好的祝愿。每个人都彬彬有礼, 但没有人有勇气做个温厚而真诚的人, 所以一个按照自然的思想和情感行事的老实人就处在很不利的地位。人们往往宁愿生在南海群岛上做所谓野蛮人, 尽情享受纯粹的人的生活, 不掺一点假。

　　"如果在忧郁的心情中深入地想一想我们这个时代的痛苦, 就会感到我们越来越接近世界末日了。罪恶一代接着一代地逐渐积累起来了! 我们为我们的祖先的罪孽受惩罚还不够, 还要加上我们自己的罪孽去贻祸后代。"

[1] 本文选自爱克曼（J.P.Eckermann）编选的《歌德谈话录》。1823－1832年间, 他经常见到歌德, 并将谈话记录下来, 后编辑成书, 并大受欢迎。本篇谈话时间为1828年3月12日。

我回答说，"我往往也有这种心情。不过这时我只要碰到一队德意志骑兵走过，看到这些年轻人的飒爽英姿，我就感到宽慰，对自己说，人类的远景毕竟还不太坏啊。"

歌德说，"我们的农村人民确实保持着健全的力量，还有希望长久保持下去，不仅向我们提供英勇的骑兵，而且保证我们不会完全腐朽和衰亡。应该把他们看作一种宝库，没落的人类将从那里面获得恢复力量和新生的源泉。但是一走到我们的大城市，你就会看到情况大不相同。你且到'跛鬼第二'或生意兴隆的医生那边打一个转，他会悄悄地对你谈些故事，使你对其中的种种苦痛和罪恶感到震惊和恐怖，这些都是搅乱人性，贻害社会的。"

"……"

"就拿我们心爱的魏玛来说，我只消朝窗外看一看，就可以看出我们的情况怎样，最近地上有雪，我的邻家的小孩们在街头滑小雪橇，警察马上来了，我看到那些可怜的小家伙赶快纷纷跑开了。现在春天的太阳使他们在家里关不住，都想和小朋友们到门前游戏，我看见他们总是很拘谨，仿佛感到不安全，生怕警察又来光顾。没有哪个孩子敢抽一下鞭子，唱个歌儿，或是大喊一声，生怕警察一听到就来禁止。在我们这里总是要把可爱的青年人训练得过早地驯良起来，把一切自然、一切独创性、一切野蛮劲都驱散掉，结果只剩下一派庸俗市民气味。"

"你知道，我几乎没有一天不碰见生人来访，看到他们的面貌，特别是来自德国东北部的青年学者们那副面貌，我要是说我感到非常高兴，那我就是撒谎。近视眼、面色苍白，胸膛瘦削，年轻而没有青年人的朝气，他们多数人给我看到的面相就是这样。等到和他们谈起话来，我马上注意到，凡是我们感到可喜的东西对他们都像是空的、微不足道的，他们完全沉浸在理念里，只有玄学思考中最玄奥的问题才能引起他们的兴趣，他们对健康意识和感性事物的喜悦连影子也没有。他们把青年人的情感和青年人的爱好全都排斥掉，使它们一去不复返了，一个人在二十岁就已显得不年轻，到了四十岁怎么能显得年轻呢？"

歌德叹了一口气，默然无语。

我想到上一个世纪歌德还年轻时那种好时光，色任海姆的夏日微风就浮上心头，于是念了他的两句诗给他听：

"我们这些青年人，

午后坐在凉风里。"[1]

歌德叹息说，"那真是好辰光啊！不过我们不要再想它吧，免得现在这种阴雾弥漫的愁惨的日子更使人难过。"

我就说，"要来第二个救世主，才能替我们消除掉现时代这种古板正经、这种苦恼和沉重压力哩。"

歌德说，"第二个救世主要是来了，也会第二度被钉上十字架处死。我们还不需要那样大的人物，如果我们能按照英国人的模子来改造一下德国人，少一点哲学，多一点行动的力量，少一点理论，多一点实践，我们就可以得到一些拯救，用不着等到第二个基督出现了。人民通过学校和家庭教育可以从下面做出很多事来，统治者和他的臣僚们从上面也可以做出很多事来。"

"举例来说，我不赞成要求未来的政治家们学习那么多的理论知识，许多青年人在这种学习中身心两方面都受到摧残，未老先衰。等到他们投身实际工作时，他们固然有一大堆哲学和学术方面的知识，可是在所操的那种窄狭行业中完全用不上，因而作为无用的废物忘得一干二净了。另一方面，他们需要的东西又没有学到手，也缺乏实际生活所必需的脑

---

[1] 一首题为《狐狸死了，皮还有用》的小诗的头两句。

力和体力。"

"......"

"所有这些人情况都很糟。那些学者和官僚有三分之一都捆在书桌上，身体糟蹋了，愁眉苦脸。上面的人应该采取措施，免得未来的世世代代人都再像这样毁掉。"

歌德接着微笑说，"让我们希望和期待一百年后我们德国人会是另一个样子，看那时我们是否不再有学者和哲学家而只有人。"[1]

说明：

歌德（Johann Wolfgang von Goethe, 1749–1832）著，朱光潜译，选自爱克曼（J.P.Eckermann）编选的《歌德谈话录》，人民文学出版社1978年，第170–173页。

阅读思考：

在体面的社会中，"按照自然的思想和情感行事的老实人就处在很不利的地位"，这说明了什么？作为浪漫主者诗人，歌德对农村和城市做了怎样的对比，他为什么说农村的生活更可持续？那时的教育就使得"一个人在二十岁就已显得不年轻"，今天呢，情况是否在加剧？

---

[1] 在这篇谈话中，歌德已看到西方文明在开始没落，并且把原因归到城市与乡村的差别以及理论和实践的脱节。他把德国未来的希望寄托在乡村中身心健全的青年人，他还没有来得及见到城市产业工人的有组织的力量。他的教育理想着重实践和身心两方面的健全，反对当时德国空谈哲理的风气。

找回人与自然的协调

陈敏豪

　　人类的能动性，如果说在以往仅仅是一种对自然对未来的蒙昧无知的冲撞，那么在今后，它应当而且必将（确切地说只能）是眼界越来越高的与自然的协调相处和对未来的明智选择。

　　目前，各国公众普遍意识到现代社会无论在政治上、经济上还是技术上都面临着重大而又深刻的历史转折。富于使命感的人们因此而陷于困惑：未来的人类文明将以何为傍依？又将向何处去？

　　大多数人，特别是发达国家的战略家以及为数不少的发展中国家的决策者们给出的答案是：靠技术，不断地追求和发展更多、更高、更新、更密集、更强有力的技术，这是未来人类文明的希望；他们认为，技术不仅将决定未来世界的形态与面貌，还将决定人们的观念、意识、价值和生活方式。

　　然而，正是在对"新技术革命"的一片高亢礼赞声中所出现的种种事实，非但没有消除人们的困惑，反而引起了日益增多的人们对这种礼赞的反思与内省。

一 "技术至上主义"的魅力衰减了

　　技术固然给地球表面带来了值得礼赞的繁荣，可是技术的运用却严重地破坏了生物圈系统的生态稳定和有序，而对人类的生存、发展来说，后者是更基本的；技术固然为人类创造了现代物质文明，却同时又为毁灭人类及其文明提供了效力极高的手段和武器，技术的发展和人类的不安全感是同步增强的；技术的进步标志着富裕时代的到来，然而却无助于财富的合理分配，甚至导致国际和一国之内的更严重的不公道，即使在发达的西方国家也无法摆脱贫穷的困扰，而第三世界的不少国家和地区则饥荒遍野，民不聊生；技术革命和技术进步本来应当缩短劳动工时，给人们带来更多的闲暇时间，但是越来越多的人（尤其是在发达的西方）却发现自己已经或行将被推入失业的技术"陷阱"；如今，计算机一马当先出来"为人类思想了"，"想"得比人还快，但这或许潜在着"导致人们的记忆、判断和创造能力衰退"的危险，与此同时还不无可能造就出一种"神气十足、兴旺发达而又存在着官能性智力缺陷的人种"。

技术受到人们广泛的称颂，也引起了越来越激烈的争论，给人们带来了希望，也给人们的心灵罩上了阴影。它在迅速地向前发展，然而"技术至上主义"对人们所具有的魅力也在显著地衰减，作为解决当代人类困境问题的一张"王牌"，人们对它的灵验性所怀的疑虑正在蔓延。在日本，有人曾以技术为基础，构想设计了关于未来开发的国家计划即全国综合开发计划，然而计划的设计者们因碰到意想不到的并且是自身难以解决的矛盾不得不一次、再次地修改计划。与此同时，欧洲的巨型技术及其发展也受到了各国广泛崛起、方兴未艾的生态学运动的弹劾与抨击。如今，"技术至上主义"即令风韵犹存，但却已失去了曾经有过的号召力而不能够在世界上继续畅行无阻了。一种新兴的、面向未来世界的生态文化正在通过建立一个多样性的价值体系而逐渐改变着人们对技术的迷信。

二 技术进步使人产生的一种错觉

工业革命以来，技术的持续进步似乎证实了理性主义关于"人类主宰自然"的观念和启蒙时代乐观主义的正确性。19 世纪的生物进化论和社会进化论，又促使人们期望利用科学技术实现物质的无限增长，并由此而导致社会、文化和道德的进步。因此，距今不过几十年以前，人们对技术为现代文明所作的一切贡献大抵都是怀着热忱和信赖而欣然接受的。

第二次世界大战期间，首先是诗人和艺术家凭借他们敏锐的心灵感受和直观认识，比哲学家和科学家的理性思维更早、更多地表现出对科学技术及其发展后果的关注。战后，科学技术的突飞猛进及其在各方面的应用，使人类大开了眼界，尝到了更多的甜头，拥有了更大规模变革环境和开发自然资源的强有力的手段。航天技术使人类能够遨游太空，从而使某些人产生了一种傲立于尘寰之上的巨人感。前美国总统里根曾对"哥伦比亚号"航天飞机上的宇航员说"多亏了你们，我们现在再一次感到自己像巨人一样"。这真是画龙点睛的自白！"主宰者"的自我意识和主观意志论的极度膨胀，使许多决策人物忽视甚至无视人类对自然环境和自然资源的依赖性，对技术取实用主义态度，从而把各国人民引入了生态困境的深重危机之中。

20 世纪 50 年代后期至 60 年代中期被认为是人类踌躇满志、趾高气扬的时期，但六十年代末期开始，严酷的客观现实已经使人们感到困惑不定了。全面爆发的生态灾难，席卷全球的能源危机和资源短缺，令人不堪忍受的环境污染，许多不发达国家的频频饥荒，超过环境容量的人口增长，以及旷日持久、饕餮巨额财富的军备竞赛等，使越来越多的人陷于思索，开始重新认识曾被自己视为"救世主"而对之顶礼膜拜的现代技术。人们逐渐从盲目崇拜和信赖技术的陷阱中醒悟过来。

美国生物学家 B. 康莫纳作了富有人情味的表述："我们自称先进，并宣告已逃脱了对环境的依赖。在南非卡拉哈里沙漠地区，一个游牧部落的成员，只有从找到的一根块茎中才能榨出水来，而我们只要打开自来水龙头，水就来了。我们走的不再是无路可循的荒野，而是城市的街道网。我们不再追寻阳光取暖，或是躲开烈日避暑，只要利用这样或那样的机器取暖或降温就行了。这一切逐渐形成这样一种思想，即我们已创建了自己的环境，不再需要自然环境了。在热切探寻现代科学技术利益的过程中，我们几乎产生一种致命的错觉：我们已最终逃脱了对自然平衡的依赖。而事实是可悲的，截然不同的。我们依赖于自然界的平衡，不是少了，而是更多了。现代技术异常猛烈地扯动着生存环境进程网的薄弱环节，以至这个网再也经不起牵扯了。如果我们不将技术能力同对自然界平衡的更深了解一致起来，我们就会冒毁灭这一适宜人类居住的星球的危险。"

在"技术至上主义"信仰者的行列中，有越来越多的人伸直了膝盖，从其匍匐之地站起来，迈出脚步去寻找新的立足点，从新的角度观察他们原先顶礼膜拜的对象。

是的，人类如今正跨立在一个技术时代的门槛上。在这个时代，人类不仅有可能拥有以往梦想不到的创造财富的物质力量，而且还存在着令人焦虑不安、忧心忡忡的深刻危机。如今，技术对个人和社会生活的一切领域都产生着直接、间接的影响。虽然人们往往倾向于不加思索地接受技术的好处和效益，不过，它的消极后果更常常引起人们的思索和批评。例如，人们抱怨劳动分工和劳动过程的非人化，片面追求效率而在劳动领域和人际关系方面导致人的异化，它使人背离了合乎常情的、内心充实的存在状态等。然而，人是注定离不开技术，尽管它总是人类活动的结果，但却有其自身的发展动力，仿佛是几乎无法控制地发展着。对整个人类社会来说，生态环境的恶化，各类生态系统遭到的严重破坏，生态金字塔因人口过度增长而发生的变形，能源危机和资源、食物的匮乏，军备竞赛不断升级及其导致的社会贫困化等事实，又清楚地表明技术不可能无限制地这样发展下去。

三 绕开一个众说纷纭的概念陷阱

"技术"在当代世界是被使用得最多、最广泛、也最频繁的词汇之一。它的含义既是确定的，也是含混的，为它下一个规定性定义的余地是十分狭窄的。要给"技术"下定义的人都面临着一个很难逾越的障碍，他们会发现，一旦避开了这个术语的模糊性，实际上就是不适当地绕开了问题的复杂性，从而也就意味着抹杀了所要研究对象和问题的复杂性。而复杂性正是包括技术问题在内的当代世界发展的极重要的特征。

对技术本质的阐释与界说形形色色，众说纷纭，举不胜举。

看来，要对技术这样一个广泛而又复杂的现象给出一个能为人们所公认的定义是极其困难的，甚至是相当渺茫的。因为，似乎在每一种关于技术本质的定义后面，都存在着一种哲学观点。正如，关于"美"的本质迄今没有一个公认的定义但并未妨碍人们去进行美的创造一样，也正如"信息"的本质迄今没有一个大家都能接受的说法但也并未妨碍信息科学的发展和应用一样，人们也不应当因为关于"技术"的本质目前尚未取得完全一致的见解而在与技术有关的各种问题的研究和探讨面前踟蹰徘徊，裹足不前。

那么，我们不妨绕开技术本质这个概念而试着往前走下去吧！

从狭义上说，技术包括具体的人造物质产品，是根据物质世界的变化，通过工程方法创造和使用的。从广义上说，技术并不限于工程学的范畴，而是扩展到一切讲究方法的有效活动之中，是在一切人类活动领域中通过理性得到的、具有绝对有效性的各种方法的总体。

技术既是对自然力的开发和利用，又是一种社会文化过程。对它的探讨既可以以物质技术为中心，也可以以社会文化为中心，这要看看重点放在什么地方。从总体上说，重点似乎应当放在社会文化条件和物质技术的后果方面，因为对工程活动的最终评价正是以此为基础的。

生态文化关心的是体现于工程活动中的物质技术，以及它对大自然、人类社会、未来世界的作用及其后果，并从社会文化方面对其作用和后果进行探讨和评估。因此，后文将要提到的"技术"，都是指体现为工程活动的物质技术——也就是人们通常所理解的那种技术——而言的。

B
卷

四 技术的双刃性

当今世界，生态灾难和环境危机的普遍激化，促使越来越多的人把注意力集中到技术和技术的发展问题上。人们提出：是人控制技术，还是技术控制人？技术是人的解放者、还是人的奴役者？技术是"救世主"、还是"魔鬼"？人是技术的创造者，还是它的创造物？技术将把人们引进"天堂"，还是将把人们推入"深渊"？……围绕着这些问题，争论越来越激烈，参加争论的人士越来越多，涉及的领域和范围越来越广泛。

人们在自然科学中提出疑问和形成概念是为了建立尽可能精确和具有普遍意义的理论；而工程科学的目标则是具体实现技术系统和技术过程。尽管目标不同，但这两个领域的基础研究都力图通过适当的实验安排，尽可能明晰清楚地研究特定的对象，并用相应的数学语言加以表述。从逻辑学的角度看，这两种研究所用的表述都具有条件命题的特点，它们说的是假如遇到一定的原因（前提），物理世界就会出现一定的结果（结论）。基于对这种规律性关系的认识，就可以通过人为的控制和干预，造成一定的原因，从而导致人所期望的结果。

这种自然关系可以为任何目的服务。为获得科学和工程知识而设计的经验的和实验的方法，是为了精确表达所研究的过程。然而，这些过程对人们利用它们去达到什么目的是没有选择性的。它们没有方向感，只服从自身的规律，并不排斥人们对它们的任何可能的应用方式和应用目的。

现代科学技术的辉煌成就正在于人们对这类规律的理解、悟性已经达到了空前的程度。然而，这些成就既能够以建设性的方式被应用，也能够以破坏性的方式被应用，既可以为创造性的目的服务，也可以为毁灭性的目的效力。技术系统和技术过程在其自身规律的许可范围内，可以在性质不同甚至完全相反的事情上派用场。核技术既可以作为破坏生态环境，大规模、高效率屠杀生灵的武器，也可以作为一种发展生产、创造财富、推进人类文明的能源。微生物技术既可以用以传播疾病、污染环境、制造杀人武器、搞细菌战，也可以贡献于医药科学和食品制造，以及水体净化、治理污染、保护环境。激光技术可以用于杀人，也可以用于文化和医疗事业。自控技术既可以造出机器人，也可以将人致死。生物技术可以搞体外授精、试管婴儿、基因重组，但也会由此而造成一些伦理道德和社会法律方面的严重问题。技术的工具性和应用归宿的不确定性，就带来一种独特的双重性，它既是仁慈的，也是残忍的；它既是温情的，也是冷酷的，它既是富有人性的，也是灭绝人性的；它既是"救世主"，也是"魔鬼"；它既能将人引上"天堂"，也能将人推入"深渊"。对这种性质相反的双重性的取向，关键在于技术被掌握在什么人的手上，以及他们应用技术的方式和所要达到的目标。

就另一重意义而论，建设性技术应用也具有双重性。人们出于发展经济、创造财富、推进物质生活的建设性目的而应用着一系列的技术。但是在实现既定目标的过程中，也造成了一系列消极的甚至严重的破坏性技术后果。工业化的进程伴随着环境污染的不断强化和升级；农药和化肥的大量使用固然丰富了食物，但同时也导致了食物天然品质的损坏和土壤的贫瘠化；对能源、资源不当的开发利用又不断增强对生态的压力；水电工程建设的失误又导致河流生态系统整体功能的下降；对森林的过度开发和垦荒事业的发展，破坏了生态系统能量流动、物质循环的运行机制，并加速了土地的沙漠化；城市化的进程导致了人与大自然的疏远和间离，扭曲着人的某些自然本性；……这一切的一切，无处不存在着技术的踪迹及其作用和影响。技术使人类创造物质财富的能力达到了空前的高度，也使人类赖以生存的唯一的地球生物圈陷入了空前脆弱的地步，从而使人类面临着一系列前所未有的忧患和危险。

造成这种局面的主要原因是：

①人类的理性认识总是滞后于技术变革的实际过程；

②人类习惯于以单一性的价值尺度而不是以多样性的价值体系作为决策的基础；

③阶级的、集团的利益和偏见，或民族利己主义导致某些决策者急功近利，刚愎自用，无视或漠视已经出现的某些消极技术后果。

正是上述这些原因，使人类呕心沥血创造、设计出来的技术，如今竟成为一种严重威胁人类自身的可怕的异己力量。

技术也是一把双刃剑，它一刃对着自然，一刃对着人类自己。而人类同自然是相互作用、相互影响的，不断进行着能量、物质的交换。技术对自然产生了什么后果，终究还是要反映到人类身上来的，所以，这把双刃剑对着自然的那一刃，实际上也是对着人类自己的。

手执这把极其锋利的技术双刃剑的人类究竟怎样运用、发挥手中利器的作用，将取决于他们自己的文化、道德、悟性、价值观、使命感和责任感。简而言之，取决于人的素质。这意味着注重成效的"技术主义"绝对不能取代深思熟虑的"人文主义"。技术与人文这两种文化之间的对峙必须消除，二者之间的鸿沟必须填平。它们不应当相互排斥，而必须是一种互补关系。当探讨技术发展的意义和技术决策的标准时，离不开关于价值的、伦理的"人文主义"的思索；然而要为解决特定问题技术上可能的方案确定范围，并预测某一些技术决策的物质后果，则必须由科学家和技术专家作出回答。

对宇宙和地球的演化来说，亿万年只不过是短促的一瞬间；和悠悠的自然界相比，人类还是一个十分幼小的孩子。玩弄着手中技术之火的孩子必须格外当心，火可以发光发热，但也可以烧上身来。人类在利用技术之火为自己造福的过程中，切不可随心所欲，满不在乎，否则可能身陷火海，化为灰烬。现代科学技术赋予人类的巨大力量，要求人类必须具备能与之取得相对平衡的高度自我控制能力。要取得这种力量与控制之间的相对平衡是极不容易的，这或许正是当代世界的现实常常令人进退维谷、步履艰难的原因。要逐步逼近这种相对的平衡，将有赖于人们努力学习（特别是创新性学习），缩短、消除"人类的差距"，充分开发尚处于沉睡状态的人类潜在的智慧。

五　技术圈与生物圈关系的新状态

生物圈是地球上有生命存在的部分，包括人类在内的所有生命形式生存环境的总体。它是在地质史和生物进化史上通过植物（生产者）、动物（消费者）和微生物（分解者）同无机世界长期相互作用而形成的。而技术圈则是人类用以变革环境的各种技术的总和，它是人类出于自己的需要而创造出来的人工技术环境。

在历史上，技术圈同生物圈以及各种自然过程的动态关系基本是协调的、相互适应的。可是如今它已经成为一种独立的力量，它的发展态势已不再是与生物圈相协调，而是与之相抗衡，甚至决定着生物圈的状况。技术圈这种强劲的干扰性和"决定性"作用，它所特有的机械的、无机的功能联系，极大地强化着技术中人工的、非自然的成分，甚至把自然过程改变为技术过程、工业过程。技术发展的内在势头和技术圈的统治，破坏了技术活动与自然生命的统一，打乱了自然过程的各种节律；而且还使自然过程变得使人难以通过感官去感知。现在技术专家所运用的研究方法，往往并不是将客观存在的生命世界和物理世界视为有自身结构、功能和规律的实体；而仅仅是把它们当成服从于抽象数学定律与方程的物质混合体。正是这种以技术为中介的抽象自然观，成为将既有的"第一自然"改造成技术圈这种"第二自然"的认识基础。

在工业发达国家，人们生活的外部条件今天已经完全由技术决定了。人们所面对的技术是人类自己的创造物，因此，他们间接面对的实际上仍然是他们自己。技术圈与生物圈的这种状况，使得人类历史上第一次出现了人类在地球只面对自己的局面。作为一种生命形式，作为一个生物种群，人类似乎既没有伙伴，也没有竞争者了。这种局面客观上也是人类自己选择的结果。

过去，人类的生存和命运听凭大自然的支配，而今天，人们还要依赖于技术圈的平衡运行。人们运用现代技术使生活更舒适，更方便，可是也承受着现代技术给自己带来的许多新的限制。技术固然使人们摆脱了许多繁重劳累的体力负担，不过，代价也不小，人们必须完全服从技术活动刻板的、纯理性的原则，从而导致了异化。

作为整体的技术，并不是任何个人的创造；越过了满足人们物质需求而产生的种种不良后果也不是哪一个人引起的。人们在创造和发展技术时，通常没有企图，也没有预见到会使生物圈变得脆弱，会破坏自然的协调，会损害生态系统能量流动、物质循环和信息传递的运行机制，会过分消耗资源和能源，会严重污染环境等。这些后果是在技术活动的强度和规模超过一定的生态阈限以后，才被人们普遍觉察并引起广泛警惕的。

当代世界，技术的非预期后果是如此之突出和严重，其中某些后果给人们造成的危害甚至超过给人们带来的利益。不同的评价标准所依据的价值观各不相同，观察的角度和强调的重点也就各异。所以，技术圈与生物圈关系的这种状况以及人类因此而遭受的损害迄今仍旧没有什么改变。

说明：

陈敏豪（1934–），节选自《自然哲学》第 2 辑（吴国盛主编），中国社会科学出版社 1996 年，第 169–195 页。陈敏豪是国务院发展研究中心上海发展研究所研究员，人类生态学家。

自
然
写
作
读
本

阅读思考：

技术进步使人产生了什么错觉？全球的高等教育和科学研究是否仍然过分重视技术？你认为这种局面是合理的吗，是否需要改变？

超越环境运动

卢茨

大多数评论家相信，作为经济全球化和新通信技术不可避免伴随现象的民族国家主权的侵蚀，对于有国际头脑的环境主义者来说也许未必是一件纯粹的幸事。在全球政治体制中缺乏有效的民主控制机制的情况下，民族国家主权的侵蚀在巨大地提高了精英机会和权力的同时实现了对最贫穷和最虚弱的人的束缚。

有人认为，所有的环境行动都不可避免地是地方性的。从政策实现意义上来说，那是真实的，但更重要的事实是，损害或保护环境的最重要决定和行动都是在精英层次上做出的。许多环境运动所熟悉的直接民主的神话——以及授权地方社区的律令——是一种道德观念而不是一种实践战略。被授权的地方社区只能做出几乎无关于其他生活在较远社区人们的环境的决定。如同清洁欧洲河流体系的努力所展示的，环境难题超越了政治边界。但超国家政治论坛的存在虽然促进了对这些难题的讨论，鉴于观点和涉及利益的多样性，达成协定和有效的政策执行是特别困难的。缺乏这种跨地域的政治安排，保护和改善环境的联合行动将是不可能的。关于环境政策决定应该"在合适的层次"上做出的更加理性和更少基要主义的建议，存在着如何以某种民主方式决定谁应该决定、哪里是合适层次的困难而失败。

B
卷

正常的民主过程并不足以可靠地将对最没优势人群的最大关切送入政治议程，即使是在最民主的国家里。因为普通公民没有足够的知识或者对环境议题的理解，他们不能指望给那些实际上（而不只是明显的）对他们自己或其他人最具威胁的环境危险的缓和施加压力。较不可见和更加复杂的环境难题不太可能作为公共议题由下层提出。

几乎在每个地方，精英压力和行动而不是大众压力是新环境规定的代理人。如果政府尤其是在欧洲已经准备好对付如此复杂的议题，这很少是因为，它们对民主大多数的要求做出了回应，而更多的是因为，它们屈服于非选举精英的论点（并且有时是威胁）——科学共同体或者环境非政府组织。如此多的国际协定这么快达成是非常显著的，但如果不是霸权的管理精英接纳科学精英和非政府组织的论点或者至少是如此开放性的政府代表的话，很难想象结果会是这样。当产生这些协定的谈判历史被写出来时，它更可能是精英之间互动而不是一个大众动员的历史。

非政府组织推进环境议题的成功再次提出了负责性问题。环境运动组织很少是民主上可问责的，甚至对其成员和支持者而言也是如此。非政府组织在资源上不可能与政府竞争，而且值得怀疑的是，即使它们获得了科学共同体的善意，它们总是能够想出正确的答案。这是因为，像政府一样，非政府组织具有使其不能成为最科学的中性接受者的先入之见和既得利益。就环境运动组织动员了大量受到情感而不是对议题的正确理解的公众而言，它们可能无意识地迫使政府行动和达成从科学观点来看不仅是次最佳而且甚至达不到预期目标的协议。

太多的环境政治讨论已经假定环境正义的压力来自下面。很清楚的是，它只是偶尔地做到这一点，因为所有国家人口中教育水平较低和资源较少的大众没有知识或者手段来实现对既存政治和经济权力的集中进行有效的挑战。环境运动组织也许在某种程度上可以补偿，但它们自己对议题的理解和民主信用是成问题的。这里提出的根本问题是，精英们将他们自己认为必需的紧迫环境难题的解决出路强加在不情愿的大众身上是否是合适的。只不过由于最复杂环境难题的突出性和克服它们所付出代价的相对缺乏，迄今为止模糊了这种情形的严峻性。

精英对民主压力的更大回应性并不能保证环境正义会被更加安全地得到确立。在一些国家，通过经济发展实现物质进步的意识形态是如此流行以至于当国际环境协议强加真正的经济成本变得显而易见时，一个强大的对抗性反应是可以预期的。例如，澳大利亚宣布反对将二氧化碳排放目标包括在京都谈判的气候变化条约草案中。因为澳大利亚代表认为，执行这样的目标将会严重限制经济发展并且会威胁就业。澳大利亚工党政府很可能准备在这个问题上冒被国际孤立的风险，因为国内政治日程意味着，对国际社会的承诺可能威胁已经变得难以捉摸的经济增长，而这样进入大选对执政党来说是自杀性的；它的保守党继承者甚至更加无条件地承诺于经济增长。最后的结果是，在气候变化议题上，澳大利亚环境非政府组织已经完全地被边缘化了。在澳大利亚由于相当特殊的原因发生的事情，可能是也在其他地方出现的征兆。如果统治精英开始对被统治者的经济关切更加具有回应性（不可避免地是短期的），那么，国际环境协定将会变得更加捉摸不定，而它们的执行甚至会更加不确定。

民主的出路是投资于大众教育，以便使人们更好地理解议题并在环境政治中扮演一个负责任的角色。当前，这似乎只是一个虔诚的希望。全球环境难题不只是对于大多数人来说难以接近，也基本上不被他们所理解。大众对全球变暖的理解仍然停留在视每一段不寻常的温暖天气为温室效应的证据——然后以每一次严重寒流来否定它——的水平。这些如此没有科学共识和较少大众理解的议题尤其易受媒体简化和误传的影响，并且，因此要比一个能够被有效动员的明智的公共舆论更可能产生恐慌和警报。

结果，问题从民主领域撤退到了精英决策领域，并且成为一个在科学家和政治家之间的平衡行为。在为一个有效的民主全球环境运动所作的悲观预测中，斯克莱尔引用了米歇尔关于革命目标将会从属于官僚机器的可能性的观点。但是，米歇尔不像大多数评论家所描述的那样是一个彻底的悲观主义者。他相信，民主大众政党组织的必然代价是权力在其内部的不平等分配，但他没有假定那种不平等的程度是不变的。相反，他认为，随着教育水平的增长，更大比例的市民将会能够进行有效的政治参与，而且，他确定工人阶级的社会教育是一项紧迫的任务以便与工人阶级运动的寡头政治趋向做斗争。在我看来，那似乎是展示了过去三十年里成为先进西方社会普遍经验的渴望民主参与浪潮的相当程度上的先知先觉。因此，这一进程可能也将与环境运动同在。在每个地方，受过高级教育的人口比例正在增加，而且，受过更多教育——尤其是更好的科学和技术教育——的人口，将能够更好地理解环境议题和维系可以应对它们的民主组织。

说明：

卢茨（Christopher Rootes，1948—）著，徐凯译，节选自《西方环境运动：地方、国家和全球向度》，山东大学出版社 2005 年，第 335—339 页。卢茨为英国肯特大学环境政治学和政治社会学教授。

阅读思考：

环境政策决定应该"在合适的层次"上考虑和实施，而且可能同时需要在几个层面上、一定的时空范围同时考虑，但是现实情况是利益相关者容易作出过分局部化、短期化判断和决策，比如短视和以邻为壑，如何避免这种情况？在环境决定中，民主扮演什么角色，民主是万能的吗？对孩子从小进行公民教育、环境正义教育，是否有助于"新人类"的诞生？

图书版权编目（CIP）数据

自然写作读本. B 卷 / 刘华杰 编. —北京：中国科学技术出版社，
2018.9（2020.10 重印）

ISBN 978-7-5046-8118-8

Ⅰ. ①自… Ⅱ. ①刘… Ⅲ. ①自然科学 - 名著 - 介绍 - 世界 Ⅳ. ① N4

中国版本图书馆 CIP 数据核字 (2018) 第 177517 号

策划编辑	田文芳　杨虚杰
责任编辑	田文芳
特约编辑	李　娜
装帧设计	林海波
责任印制	马宇晨

出　　版	中国科学技术出版社
发　　行	中国科学技术出版社有限公司发行部
地　　址	北京市海淀区中关村南大街 16 号
邮　　编	100081
发行电话	010-62173865
传　　真	010-62173081
网　　址	http://www.cspbooks.com.cn

开　　本	880mm×1230mm　1/32
字　　数	450 千字
印　　张	17.5
版　　次	2018 年 9 月第 1 版
印　　次	2020 年 10 月第 3 次印刷
印　　刷	北京盛通印刷股份有限公司
书　　号	ISBN 978-7-5046-8118-8/N・248
定　　价	68.00 元